亚洲环境情况报告

第3卷

日本环境会议《亚洲环境情况报告》编辑委员会　编著
责任编辑：井上真　小岛道一
　　　　　大岛坚一　山下英俊
监　　修：淡路刚久　寺西俊一
顾　　问：宫本宪一　原田正纯等

周北海　邵　霞　郑　颖　郑晋君　张坤民　翻译
张坤民　郑　颖　郑晋君　审校

中国环境出版社 · 北京

版权登记号：01-2014-6392
图书在版编目（CIP）数据

亚洲环境情况报告. 第3卷/日本环境会议《亚洲环境情况报告》编辑委员会编著；周北海，邵霞译. —北京：中国环境出版社，2014.10

ISBN 978-7-5111-2097-7

Ⅰ. ①亚… Ⅱ. ①日…②周…③邵… Ⅲ. ①区域环境—调查报告—亚洲 Ⅳ. ①X321.3

中国版本图书馆 CIP 数据核字（2014）第 232237 号

Printed in Japan ISBN 4-492-44306-1 http://www.toyokeizai.co.jp/

出版人	王新程
责任编辑	周 煜
文字编辑	曹 玮
责任校对	尹 芳
封面设计	宋 瑞

出版发行	中国环境出版社
	（100062 北京市东城区广渠门内大街 16 号）
	网　址：http://www.cesp.com.cn
	电子邮箱：bjgl@cesp.com.cn
	联系电话：010-67112765（编辑管理部）
	发行热线：010-67125803，010-67113405（传真）
印　刷	北京中科印刷有限公司
经　销	各地新华书店
版　次	2015 年 1 月第 1 版
印　次	2015 年 1 月第 1 次印刷
开　本	880×1230 1/32
印　张	14.5
字　数	405 千字
定　价	48.00 元

原书前言

本书为非政府组织（NGO）版《亚洲环境情况报告》系列丛书的日文版第3卷（2003/04年版）。我们于1997年12月首次刊行了本丛书的《亚洲环境情况报告》（第1卷）（1997/98年版），进而在2000年10月出版发行了《亚洲环境情况报告》（第2卷）（2000/01年版）。这段时间，给予我们的最大鼓励是本丛书荣幸地得到多方好评。至今，《亚洲环境情况报告》（第1卷）已重印多达7次，《亚洲环境情况报告》（第2卷）的印刷已有4次，读者越来越多。同时，第1卷和第2卷的英文版——《*The State of the Environment in Asia 1999/2000*》及《*The State of the Environment in Asia 2002/2003*》（均由Springer-Verlag Tokyo出版）也分别印刷了2次。该系列丛书不仅受到亚洲地区，还受到了包括各个国际组织和欧美地区的非政府组织（NGO）在内的海外人士的关注。

本卷（2003/04版）延续前两卷的基本框架，由3部分组成，在编辑内容上也下了很大工夫，做了多处新的尝试。

首先，第I部“专题篇”，在考虑21世纪的亚洲环境问题方面，有意识地列举了一些无法回避的重要课题，大胆地提出了若干前瞻性问题。如第1章“军事活动与环境问题”、第2章“环境与贸易”、第3章“农业、粮食与环境”和第4章“森林与水田的生物多样性”这些篇章，从中长期观点看，明确指出了亚洲地区今后必须在相互合作的框架下致力于环境保护。

其次，第II部“各国（地区）篇”，尝试性归纳并提出了超越国家概念的“地区”（region）这一独特观点，并基于该观点，整理问题和提出新课题。本卷初次采用这种观点，介绍了3个地区的基本情况，即第1章“环日本海地区”、第2章“湄公河地区”和第3章

“亚洲内陆地区”。基于这种“地区”视野的努力，不仅是对于亚洲，而且在今后解决全球环境问题方面也将变得越发不可或缺。

第三，如前所述，本书尽可能详细地总结了具体建议和面向未来的具体行动。在本套丛书创刊（1997/98版）号中，我们提出了“全球环境保护从亚洲开始”这一理念。作为实现这一理念的提议，我们在第2卷中提出了“为了21世纪亚洲环境合作的新发展” 口号。这次在新出版的第 3 卷中，我们提出了更加具体化的建议和行动，进一步充实了这些基本理念和口号。谨此，我们衷心期望，本书能得到比以往更广泛的各界人士的惠读，并被实际应用于今后亚洲地区的环境保护，进而作为全球环境保护的行动指南。

第四，如卷末“编辑、执笔与协作者一览”中所列，全部编辑工作得益于井上真先生、小岛道一先生和山下英俊先生等这些骨干和年轻研究人员的紧密协作和团队的共同努力。此外，全书各部分的编辑、执笔和合作者的阵容也比以往更加强大。怀着保护亚洲地区环境的热情，再加之我们还受到不遗余力地给予志愿合作的大量研究人员、NGO人员等宝贵的且不断扩大的人际网络的鼓励，我们正在考虑着手丛书第 4 卷的编写与出版工作。谨此，再次恳请各有关方面对于我们的真挚努力继续不吝赐教，给予各种建议、援助和合作。

最后，需要说明的是，本书编写与出版的经费，一部分承蒙“环境事业团地球环境基金” 2002年度的赞助（《推进〈亚洲环境情况报告〉续编和〈亚洲环境合作网〉项目》，受援代表为淡路刚久）以及“日本学术振兴会”2002年度科学研究费补助金（《关于亚洲向环境保护型经济转型可行性研究》，受援代表为寺西俊一），谨此表示由衷的感谢。

编辑委员会代表
淡路刚久　寺西俊一
2003年8月

中译本前言

摆在读者面前的这本书，是非政府组织（NGO）“日本环境会议”之下的《亚洲环境情况报告》编委会编辑出版的系列丛书（下称《报告》）第 3 卷。其第 1、第 2 卷已于 2004 年、2014 年由东洋经济新报社授权中国环境出版社翻译出版。

我应邀从一开始就参与此书出版的组织与译校工作，感到它确有特色。在第 1、第 2 卷的《中译本前言》中业已提及者，此处不再赘述。现就第 3 卷补充如下。

特色之一是，《报告》编著者阵容日益壮大，且都是在本领域造诣颇高且深入现场注重实地调查的日本国内外的学者。第 3 卷中包括：顾问 7 位，编委 21 位，执笔者 74 位，执笔合作者 24 位，扣除编委与执笔重复者外，共计 106 位。

特色之二是，《报告》视野不断扩大，敢于触及一些重要的、前瞻性的或敏感性的问题。如军事基地污染，备战与实战对环境的破坏，贫铀炸弹、地雷与哑弹，日本遗弃在华的化学武器，贸易与环境，农业、粮食与环境，森林与水田的生物多样性，亚洲地区河流上下游的利害矛盾，亚洲内陆因开发不当导致咸海渐趋消亡，日本水俣病与政府的责任，以及有关各国（地区）环境政策演变及其经验与教训，等等，这些资料平常不易见到，而又恰恰是人们希望准确了解的。对于我们要治理好本国环境，还要走出国门参与周边国家与世界各地的环境与发展事业，都是很有益处的。

特色之三是，《报告》每 3 年出 1 卷，资料数据不断更新，涉及亚洲环境情况的主要方面。其信息来源比较权威或可信，经过归纳整理，一目了然，堪称 NGO 版的《亚洲环境小型百科全书》，具有相当的参考价值。

《报告》第3卷第2部第4章中评述了中国2000年前后的环境政策。我于1985年从清华大学调到原国家环保局系统，2000年从原国家环保总局退休，继续担任第2届中国环境与发展国际合作委员会的秘书长至2003年。作为以往的当事人之一，看明白了其中隐喻的若干批评，而其基调是中肯的。《报告》第2部第2章涉及湄公河（上游是云南省澜沧江）部分，批评则更多了。经请教国内专家，他们提供了若干重要情况，并认为翻译要忠于原著，除了确无实据者，批评文字不应删改。接受此忠告，原文基本照译。我想，这也符合先贤们关于“知无不言，言无不尽，言者无罪，闻者足戒”的教诲以及当今“信息公开”的潮流吧。

2009年，周北海教授夫妇在其繁忙的教学科研工作同时，不辞辛劳地完成了第3卷全书400多页的繁重翻译任务。今年初，我在《报告》第2卷交付译审稿后，潜心补充、翻译和审校全部译稿，包括同该书的英文版对照参考，力争较准确地译出各种地名、人名、生物名等。其间，曾在日本留学的郑颖工程师和日语专家郑晋君女士作为志愿者，在她们本职工作外，牺牲休息时间，全力支持译校工作。一贯支持中译本出版的寺西俊一先生（《报告》监修、编委会代表、一桥大学教授）和吉田文和先生（编委会委员、北海道大学教授）及时为出版提供帮助。如果没有这些朋友的支持，这本书不知还要延后多久才能出版，在此向他们表示衷心感谢。

同时，深切感谢认真评阅第2部第2章译稿并不吝赐教的专家：中国水利科学研究设计院副所长、教授级高工于福亮；高级工程师褚俊英博士；中国—东盟环境合作中心副主任周国梅博士；国家环保部宣教司综合处赵莹处长；清华大学环境工程学院环境管理系主任王灿教授。对于为编辑出版《报告》中译本第1、第2卷付出心血并尽力支持第3卷出版的中国环境出版社周煜主任及曹玮编辑，也深表谢意。第3卷交稿后，我们将立即启动《报告》第4卷中译稿的审校并组织第5卷的翻译工作。

张坤民

2014年7月25日，迎75岁生日之际

目　录

第II部　地区与各国篇

第Ⅲ部　数据解说篇

序 论

从亚洲开拓全球环境"治理"时代
——通过"关联主义"确保公平性

1. 经济全球化与环境问题加剧

高楼林立的都市繁华大街；狂躁的鸣笛、疾驶的摩托车和汽车；可怕的交通堵塞，呛人的尾气；人们交互穿梭于此的勃勃生机……至少，从表面上来看，亚洲充满了活力，洋溢着激情。亚洲各国的经济因1997年的金融危机而陷入严重的萧条状态，但是很快就以超过专家预想的速度复苏过来了。

但是，这意外地导致了后冷战时期南北间国家开发合作的基本理念——"华盛顿共识"（Washington Consensus）的修订契机。所谓"华盛顿共识"，系指美国政府和一些国际组织于1989年在华盛顿的国际经济研究所召开的国际会议上达成一致的政策建议，涵盖10个领域，包括：财政自律、利率自由化、汇率自由化、贸易自由化、外资自由化、民营化、取消政府管制、保护私人财产权等。20世纪90年代，在"华盛顿共识"的框架下，受国际货币基金组织（IMF）和世界银行的激励，由跨国公司主导的亚洲地区开发加快了全球化（世界化）的进程。

但是另一方面，贫困也在加剧，地区间、国家间的贫富差距不断扩大，环境破坏和生态系统严重恶化。我们在《亚洲环境情况报告》丛书第1卷（1997/98版）以及第2卷（2000/01版）中对此做过阐述。在"专题篇"里列举了很多重要问题，包括：压缩型的工业化与爆炸式的城市化、加速的汽车普及化、不断蔓延的环境污染与健康受害、有待探讨的生物多样性保护与利用（第1卷），对能源政策选择的质疑、矿山开发的深刻化与反复上演的矿业环境问题、漫山遍野的固体废物、海洋环境的破坏与保护（第2卷）。而且我们还主张，地方政府在环境保护方面应当发挥重要的作用。

全球化会危害环境、加剧贫困，这无疑是需要关注的。联合国开发署（UNDP）明确指出了全球化的负面影响，如：收入差距扩大、社会不稳定以及环境破坏等，为了控制这些负面影响，UNDP 还提议，需要建立以人为本的机制[(1)]。

正视这一现实，世界银行和国际货币基金组织不得不对“华盛顿共识”进行实质性的修订。然后，他们把活动战略的重点，不断地从追求经济增长转向重视消除贫困、恢复国家的积极作用、形成同市民社会之间的伙伴关系等方面。

2．“环境与贫困恶性循环”的相对化

在这一新的战略中，隐约出现了贫困与环境的“预定调和论”的认识，即在消除贫困的同时也能实现环境保护。这种认识的潜在基础是“环境与贫困的恶性循环”这一煞有介事的假说，即“贫困使环境恶化，反过来环境恶化进一步加剧贫困”这种恶性循环。如果这一假说正确的话，那么，为了消除贫困，就应当重视经济发展，推迟环境保护。

2002 年，在南非约翰内斯堡召开的“可持续发展世界峰会”（约翰内斯堡峰会），是判断国际社会如何对待环境与发展关系的试金石。约翰内斯堡峰会的目的是，评价 1992 年在里约热内卢召开的“联合国环境与发展大会”（全球峰会）之后取得的成果，讨论今后可持续发展的行动计划。约翰内斯堡峰会的成果包括：《约翰内斯堡可持续发展宣言》以及作为行动指南的《实施计划》，但这些成果的内容都仅仅是停留在重新确认迄今的国际协议上。

重要的是，约翰内斯堡峰会明确了如下认识，即为了实现可持续发展，有必要把经济增长、社会发展和环境保护这 3 个构成要素统合起来。由此可见，环境保护只是被赋予为 3 个构成要素之一的地位。环境未被置于“发展的基础”地位，这同 1992 年里约全球峰

会相比，一个明显差别是，环境出现倒退，而发展则跃升为主流。在这种基本认识前提下，消除贫困就成了最重要的任务。

但是，“环境与贫困的恶性循环”真的就是普遍性命题吗？以下将列举对此命题的相反例证。印度尼西亚的森林大火灾（1997—1998年），烟尘危害波及马来西亚、新加坡、泰国等周边各国，人们对此仍记忆犹新吧。烟雾造成能见度下降，不仅机场被迫关闭，还酿成了飞机坠落事故，夺去了许多宝贵生命（其中也包括日本人），并使过着普通生活的大量居民患上了呼吸器官和眼睛等疾患。

在森林火灾酿成问题的一开始，印度尼西亚政府说，“火灾是从事火垦田的贫困农民造成的。他们因为贫困，不得不为农业生产点燃周围的森林。他们没有受过什么教育，也不知道森林（环境）的重要性”。这正是“贫困造成环境破坏”的典型论据。但随着国际组织和 NGO 展开相关的调查显示，人们开始认识到这种说法是错误的，怀疑火灾原因已经被偷梁换柱。

在加里曼丹（Kalimantan）和苏门答腊（Sumatra）地区，为了开拓油椰园和纸浆用林地，树木遭到砍伐并点燃，人们一致认为，这才是火灾的最大原因。这种放火整地方式可以有效降低平整土地的费用，对开发企业来说，这是再好不过的了，而当地居民参加放火作业也可以领得报酬。就是说，这是“开发造成环境破坏”的典型案例。

接下来，也介绍一种基于当地居民立场的论点。1998 年 2 月，笔者之一（井上真）访问了东加里曼丹州（East Kalimantan），在他以前曾调查过的原住民村落，亲身体验了无法抗拒的火灾威胁，大火把果树园烧成灰烬，进而蔓延到民房。火源来自邻近油椰园飞扬的火星。尽管用树枝扑打可以帮助扑火，但仅仅是杯水车薪而已（《亚洲环境情况报告》第 2 卷）。也许可以这样形容吧，依赖森林维持生计的人们，因火灾而失去了森林，而且还失去了果树园这一宝贵的现金来源，成了火灾难民。这是“火灾造成的难民化”，更一般化地说，这是“环境破坏造成的贫困化”。

该事例显示了“开发—环境破坏—贫困化”这样一个过程，而且，也表明“环境与贫困的恶性循环”不一定是一个具有普遍性的命题。“为消除贫困，发展优先于环境保护”也未必总是妥当的。

3．引入“承诺”的全球性地区观点

当讨论环境与发展的问题时，从全球性观点，来鸟瞰这些问题无疑是相当重要的。国际组织公布的许多报告和国际会议上的辩论都采取这种做法。这有点像是在通过电视来遥望美军空袭的画面，终究无法看清发生环境问题的生活现场和为生存而苦苦挣扎的人们的生活现状。

无论接触多少信息，不在现场的人终究难以做出像阿马蒂亚•森（Amartya Sen）提出的“承诺”（commitment）的倡议。所谓承诺，是指对于从未见过的人们抱有道德上的关心，并有决心采取某种行动来制止那些侵犯他人权利的行为。为了许多人能够比较容易地做出承诺，是不是很有必要从环境问题发生现场的视点去接触信息呢？

例如，在热带雨林政策上，森林管理专家（森林官员、企业的林业技术人员、科学家）的言论迄今都被看作是很具有权威性的。这些专家把科学性的分析结果发表在学会杂志上，或作为年度报告出版发行，但阅读这些文章的只是少数专家。无疑，没有哪位市民在读了用专家圈子里通用语言撰写的内部文书之类的资料后就能做出承诺。如果进一步能从现场生活者和当地居民的视点抓住问题要害，用通俗易懂的形式来传播，很多人也许会被激励去做出跨越国境的承诺。可以说，全球市民性的活动产生于对地区实际状态的关心。这种“当地思考，全球行动”（Think Locally，Act Globally）的观点，同现有的“全球思考，当地行动”（Think Globally，Act Locally）观点合在一起，就成了“全球性地区”（glocal=global+local）观点，这意味着要把地区问题同全球性问题关联在一起去思考。

4．支撑地区环境“治理”的“关联主义”

“全球性地区”（glocal）的信息传送可望诱发国际性的参与，提高当地人们的潜力（capability）。所谓“潜力”，指的是人们为了过上美好生活和度过美好人生，希望自己处于怎样的状态，以及希望自己采取怎样的行动，这两者结合起来所产生的功能集合，就是潜力或潜在能力[(2)]。

不仅限于当地的人们，甚至还通过包括外国人在内的人们参与，才能建立地区环境治理（用以管理地区环境的机制）。其主体已不再仅是政府机构，而是通过居民、企业、市民、NGO、非营利组织（NPO）和政府之间的协同（collaboration）来保护地区的环境，然后再利用环境。“Governance”这一英文单词译成日文已不再是“统治”，也许应该译成“协治”吧（中文版按联合国文件语言范式，统一译成“治理”——审校者注）。

这种观点是以存在着对于人权和环境具有全球化意识的、成熟的市民社会为前提的。但是，这里不打算讨论“谁是市民”的问题。不过想声明的是，“市民”是并不一样的。既有对身边环境漠不关心的人，也有奔赴国外致力于环保的人。因此，如果抽象性地重复“市民”这一词汇时，讨论也就成为表面性的了。

因此，我们还是再提从热带雨林现场演绎出来的理念，即依据实际状况的理念。同森林之间的关联，是因人而异、因团体而异的。在森林中生活并从森林获取食物的人们，同森林之间有着相当密切的关联。另一方面，城市的人们并不依赖森林来生活，市民们或是为消遣去森林，或是为保护森林而出资。当然，他们同森林之间的关联程度，也必然比不上林民们。生活在日本的我们，也关心外国的热带雨林，在资金上援助那些活动于现场的NGO，同森林也些许地关联着。这也算是承诺的一种方式吧。

如果无视这种与森林的关联程度，谁都可以平等地参与森林的政策制定，那么，在同森林之间关联度较浅的人占多数抑或呼声较大的情况下，这些人的意见会被采纳作为森林政策。国家公园等保护区的划定便是其典型事例。结果，同森林关联密切的人们却被赶出了森林。

相反，“森林只属于当地居民”这种狭隘的地方主义（localism）

已经苍白无力。今后，所需要的是“开放的地方主义”，即当地居民，一面发挥着重要作用，一面同那些跟森林有关联的外部人们协同行动起来，以利用并管理该地区的森林与其他环境。

因此，在把尽可能多样的有关人员都看作是地区环境治理主体的基础上，依据其关联的深浅程度，决定其发言权，这种理念称作“关联主义”。倘若依据这样的理念，日本人就能够通过各自的做法，与亚洲的地区环境治理发生关联。如果有人奔赴现场，同当地人一起身体力行地协动起来，那么，在日本也有人可以提供专业知识。尽管工薪阶层的人们抽不出时间，但还是有人会赞同 NGO 的宗旨，并提供资金援助(3)。

无疑，还没有哪个事例能说明“关联主义”在现实的协议形成过程中得到了采用。在设计达成基于“关联主义”的协议时，需要做很多烦琐的工作，把成为议论对象地区的环境同各个主体之间的关联度进行量化，并按此赋予投票权重。此外，有些国家（地区）也会用老一套的“干涉内政”这种借口来拒绝外国人的承诺。但是，“关联主义”是接触现场的人们能够凭直觉接受的理念，这也许是准确的。“关联主义”鼓励的态度是，“不要因为是别人的事情、其他地区的事情或是外国的事情，就摒弃为没有关联，还是让我们一起参与吧。参与的方式可以各种各样。但是，其他人总是应该作为现场人们的援助者而关联着。如果现场的人们是受害者，尽管他人也会进行最大限度的援助，但同时，其他人也要慎于干涉，不能无视现场人们的权利。”

5．关于公平性国际谈判中的争论与“关联主义”

有些读者也会感到，“关联主义”过于完美，或者过于理想化。原因在于，以国家为单位进行国际谈判时，发达国家同发展中国家之间围绕公平性总是产生尖锐的对立。

典型事例是围绕全球变暖问题的国际谈判。据“政府间气候变化问题专门委员会”（IPCC）的报告，21 世纪末，地球表面平均气温将比现在上升 1.4～1.8℃。根据过去 1 000 年的气温变化分析，这属于异常的变化，对生态系统将产生极为严重的影响。

在可能破坏生态系统之前，造成温室气体累积的是发达国家。例如，1999 年日本的二氧化碳排放量为 3.152 7 亿 t 碳，位列世界第 4（ORNL，美国国立橡树岭实验室调查），仅日本 1 个国家就远远超过整个非洲大陆同年的排放量（2.178 1 亿 t 碳）。

然而，从对策来分析，因为发达国家温室气体的排放量过大，而仅靠发达国家的努力是不够的。为了维持未来世代的环境，还需要包括发展中国家在内的全球规模的减排努力。这对于发展中国家来说，很不公平，因为发展中国家同发达国家的人均排放量相比，差别极大。以 1999 年人均排放量为例，日本为 2.49 t 碳，而中国只有 0.61 t 碳，还不到日本的 1/4。分析这一数据可知，发达国家首先应该削减温室气体排放，在没有完成自身的减排目标前，就向发展中国家强加减排义务，这是过于缺乏公平性的。依据这种观点，发展中国家强烈反对脱离《京都议定书》来开始讨论长期削减温室气体排放问题。在发达国家同发展中国家之间这种极不公平的关系中，围绕如何完成长期的温室气体减排这一今后的气候变化问题的国际谈判，恐怕在两者之间将针对如何确保公平性问题展开激烈的争论。

实际上，作为克服这样对立的理念，“关联主义”是有效的。之所以这样说，是由于“关联主义”表现的始终是作为 1 个人的人类，或者作为 1 个市民的理念的缘故。它表明，不要为国家利益所束缚，也不要被生活在发达国家的国民的既得利益所束缚，而应当真正作为一个自由人的人类行为规范。“关联主义”是为了把“正统性”带向同他人关联到其他地区问题中的原则。只要不把自己的价值观强加于他人，尊重当地人，由他人所进行的关联，就被多数人认为具有“正统性”。

基于这样的一致看法，成立超越国境的关联区域（等于一种社会圈）也许是我们的任务，这一工作正是把灵魂置入“区域间主义”（inter-regionalism）[4] 这一“佛像”之中。全球水平上的公共利益的保护与管理，只有基于地区与地区间开放关系的各种地区性公共利益保护与管理机构，不断得到发展与加强，才会真正有可能实现。

6．建议：需要采取的行动

日本环境会议在深刻反省“战争与公害的世纪”——20 世纪的基础上，正在把21世纪变成“和平与环境的世纪”作为奋斗目标。但是，以美国入侵伊拉克为开端，各地发生了民族纷争和宗教抗争，这些武力行为导致了严重的环境破坏。战争是对环境的最大威胁。基于这样的认识，本书在“专题篇”中撰写了“军事与环境问题”。如果想认真地思考环境问题，那么，军事问题是不应该无视的。尽管我们虽不是军事问题或国际政治专家，但我们认为从环境观点来切入军事问题的时候已经来到了。

在本书“专题篇”和“各国（地区）篇”提出的建议，以下整理出了应采取的具体行动。理应采取各项行动的主体是，日本NGO、日本政府、日本企业和外国的行为主体。下面，根据行为主体把行动分成3类。

6-1 亚洲地区应采取的行动

（1）应从环境保护立场出发，构筑缩减并抑制军事活动的框架。另外，特别是对于需要紧急对策的地区，应建立国际性基金制度等，以恢复健康安全的生活。

（2）应建立海关检查、植物检疫等与贸易相关的信息交换机制，保护各国的濒危物种，妥善处理危险废物，限制在农业活动中使用不恰当的农药。

（3）尽管在世贸组织（WTO）体制限制国内农业保护以及国内政策无法充分开展的状况下，但贸易协定中应该包括克服饥饿、承认各国一定的粮食自给率这种“粮食主权”的规定，这对农业与粮食生产的可持续发展也是不可缺少的。

（4）应加强对农业与粮食问题的国际化主体农业商务（agro-business）的监督，实现同农业与粮食相关贸易投资的国际性增长管理（growth management）。

（5）应制定国际性控制农业商务无序开发的《企业行动标准》和《环境公约》，进而与各国水平的法规政策齐头并进，在亚洲水平上构筑使资本投资收益在产地环境保护中发挥作用的制度。

（6）应在国家水平上、地方政府水平上和NGO水平上，分别构筑管理日本海、湄公河流域等国际公共资源的体制。

（7）亚洲各国的政府和市民（NGO等）应合作起来，强化限制转基因作物和食品的法制与机制。

6-2 亚洲各国政府应采取的行动

（1）亚洲各国政府应严格限制军事演习，控制军事基地造成的自然破坏和环境污染。

（2）尽管缔结《自由贸易协定》（FTA）、《经济伙伴协定》等正在进一步推进贸易自由化和投资自由化，但各国政府应当对这些行动进行环境影响评价，更积极地推进环境政策，以免投资自由化招致环境破坏。

（3）亚洲各国政府应限制在农业生产现场引发各种环境破坏的行为，重新探讨开发方式。

（4）亚洲各国政府应为开发推广环境保护型农业技术制定扶持政策。作为具体事例，可考虑：①为防止农药受害，推广正确使用农药方法，贯彻登记管理制度；②采取禁止、控制有害农药的措施；③在小范围内推进和推广环境友好型的农业技术开发等。

（5）亚洲各国政府应统一管理土地资源、水资源、生物资源这些自然资源，采用推进可持续利用的战略——推进生态系统战略。

（6）日本政府应推动更多国家批准《萨姆拉尔公约》等关于保护亚洲湿地和水田的条约。

（7）日本等建有一定程度信息公开制度和居民参与制度的国家，应对于尚未建立这些制度的国家，在法制建设与健全方面给予必要的物力和人力支援。

（8）亚洲各国政府应尽早使土壤污染等污染蓄积地区的环境复原。

6-3 亚洲市民（NGO等）应采取的行动

（1）应争取设立“亚洲环境合作组织”（Asia Environmental

Cooperation Organization：AECO），发展环境NGO之间的网络。

（2）亚洲的环境非政府组织（NGO），应同从和平运动观点出发致力于军事基地问题的NGO一起合作，开展从环境保护致力于解决军事问题的活动。

（3）NGO需要对位于菲律宾的美军斯比克基地和克拉克基地旧址进行实地调查，查清环境问题，作为亚洲各国军事基地的教训。

（4）NGO，应要求外国军队进驻的国家修改《外国驻军地位协定》，主要内容包括基地以及地区内的原状恢复义务和该国环境法规的适用。

（5）NGO，应监视各国国内的非法砍伐的木材、濒危物种交易、固体废物再循环状况等。

（6）以位于农业与粮食系统两端的生产者和消费者为主的NGO、农民协会、工会、合作社等，应该携手合作，提出问题，向所希望形成的决策施加影响力。

（7）特别是严重依赖亚洲农业与粮食贸易的日本消费者，作为关系到环境破坏的过度消费和食品过度进口的当事人，应从自己做起，重新反思自己的生活方式。

（8）亚洲各地的农业生产者，应充分利用现代科学技术和传统智慧，自觉担当环境保护型农业和当地资源管理的骨干。

（9）亚洲的NGO，在提倡原住民、当地有关人员的参与和透明性的事业中，应注视人们的实际参与程度，促进居民参与森林等地区资源管理的实质化。

（10）亚洲的NGO，应致力于急速扩大的植树造林活动的合理性。这是因为，迄今那种整齐划一的、无视当地情况的、从上到下的大规模产业植树造林，会掠夺人们的土地，引起社会不稳定。

（11）亚洲的NGO，应实施以居民、政府等为对象的湿地（水田）保护的推广启发教育活动，发挥政府同居民间的桥梁作用和监督政府作用等功能。

（执笔：井上真，小岛道一，大岛坚一）

专栏 孟加拉国的气象灾害

孟加拉国是气象灾害频繁闻名的国家。灾害可分为以北部山区水流形成的洪水和南部的孟加拉湾（the Bay of Benga）沿岸台风引起的灾害。将来，随着全球气候变化的发展，可以预料这两种灾害还会进一步加重。

第一，先看一下洪灾情况。在孟加拉国，从国外流入的水量比国内的降雨量还要多，因此，从外国流入的水频频引发洪水泛滥。流入孟加拉国的水来自尼泊尔和印度。

在尼泊尔，冰川因全球变暖的影响而融化，森林砍伐不止，河流水量不断增加。在印度，正在加快巨型水库建设，为调节本国的水量而自行开闭水库闸门。因此，不仅是自然水量，而且超过预测的水量流入位于下游的孟加拉国。孟加拉国严重受到周边国家的影响，因此在采取洪水对策方面，同拥有共同河流的邻国之间的协调是不可缺少的。

此外，孟加拉国自身也有问题，即国土条件。孟加拉国90%的国土是海拔高度不到9 m的平原，广泛分布着海拔高度仅1～2 m的三角洲地带，特别容易遭受全球变暖引起的海平面上升的影响。

近年来，因大规模的洪水，有时3/4的国土遭受水淹。治水并不是件容易的事情。原因在于，有些地方的河道，每年移动达800m之多，侵蚀造成的决堤也频繁发生。由于难以预测侵蚀发生的时间和地点，建造了不合适的堤防，使有些地区水情反倒恶化。在这种情况下，当地居民有的自己决堤（public cut）。这种公众决堤弱化了堤防的治水功能。

打算依赖堤防建设等人工对策来应对所有的洪水，是难以应付超过预想的洪水和海啸的，容易造成恶性循环。今后，在推进国际合作管理入境水流的同时，还应当允许一定规模的洪水发生，把重点转移到遏制大规模灾害的工作上来。

第二是台风受害的加大。孟加拉国是台风多发的国度，台风造成的损失占世界的75%。近年来，由于全球变暖和气象异常（厄尔尼诺现象等），台风在孟加拉国发生的频率和规模均呈增加趋势。

在孟加拉国南部沿岸的高危地区（High Risk Area），贫困阶层密集地聚在一起生活着，经历了过去未曾有过的巨大台风和海啸。台风引发的海啸高达 10～12 m。在沿岸地带，为了建造养虾池等，人们加快了砍伐红树林的速度。因此，自然的防洪堤能力下降，保水能力也在弱化。贫困阶层虽然知道危险，但也只好住在沿岸地带。

作为台风和海啸对策，林业局正在沿岸地带有计划地营造红树林。孟加拉国政府和“红新月社”（进行灾害救援等活动的人道援助机构）等有关机构，正在采取对策，努力充实预报预警设备，建造台风避难场所等。预报预警有多种方式，但在国民识字率低（男性 49%，女性 26%）和收音机普及率仅 20%～30%的孟加拉国，此项对策未能奏效。

台风避难所，在河水流量变化大的地方没什么作用。即使建造，有时历经数年后也会沉没在海平面以下。以前建造的台风避难所，有的已显著老化，钢筋混凝土的钢筋都露了出来。“日本国际协力事业团”（JICA）和其他援助团体，正在不同地点建造避难所，但是尚未能采取有效的维护对策。有些地区通过充实警报系统，强化当地社区的防灾教育，收到了成效。在台风规模和频率都将增加的今天，孟加拉国不仅需要台风避难所等硬件对策，还需要充实强化教育等软件方面的对策。

参考文献：

佐藤宽编《开发援助与孟加拉国》，亚洲经济研究所，1998 年；

国际协力事业团《各国环境情报设备调查报告书（孟加拉国）》1999 年；

国际红十字会/赤新月社联盟编（日本红十字会编译）《世界灾害报告 1999 年版（日文版）》2000 年；

大矢雅彦编《防灾与环境保护应用地理学》古今书院，1994 年；

《UNICEF 儿童白皮书》2000 年。

（执笔：谏山宪司，大岛坚一）

第Ⅰ部　专题篇

第 1 章

军事活动与环境问题——

谋求实现“和平与环境保护的世纪”

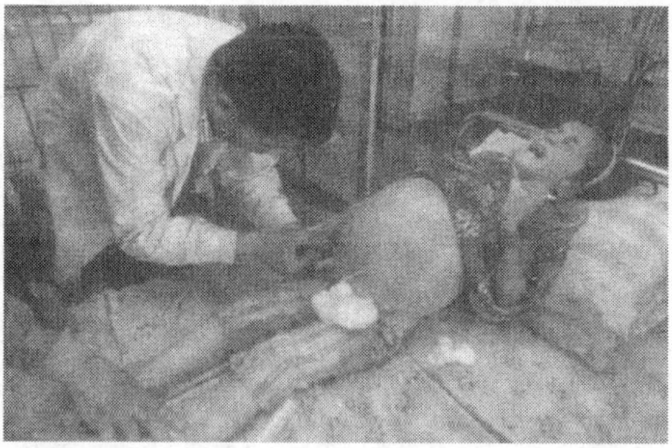

照片为巴格达的骨髓癌少女患者。她受到海湾战争中使用的贫铀弹的辐射，内脏因重金属毒性肥大（1998 年 4 月摄）。
照片提供：森住　卓

照片为韩国浓岛的梅香里射击场的射击轰炸训练靶。射击轰炸训练已使浓岛 2/3 消失。即使是现在，除星期六和星期日外训练仍在继续。
照片提供：大岛坚一

1. 从“战争与环境破坏的世纪”转向“和平与环境保护的世纪”

20世纪是“战争与环境破坏的世纪”。以两次世界大战为代表，战争与冲突在世界各地频繁发生。尽管科学技术的重大进步带来了经济增长，但军事技术的发展也在趋于极限，甚至可以把拥有数千年历史的城市环境和拥有数万年乃至数亿年历史的地球环境在一瞬间毁坏殆尽。军事活动的最终目的在于用武力贯彻其意愿。为此，武器研发已达到极致。军事技术进步完全改变了战争性质。战争已从军队在特定场所战斗，转向把全体国民变成受害者，把整个国土毁坏殆尽。因此，战争一旦爆发，必将导致环境全面破坏，不仅毁坏成片的城镇和文化遗产等历史财富，还会破坏生态系统。

21世纪初，军事活动继续表现出全面破坏环境的这种特点，同时还增加了“战争常态化”的新特点。我们已经亲眼目睹了新的全方位的军事战斗。2001年9月11日，美国国内发生了连续的恐怖事件（以下称为“9·11事件”），布什总统把对于恐怖事件的报复置于战争地位，宣布实施“反恐总决战”。在距“9·11事件”不到1个月的2001年10月7日，美英联军在阿富汗展开大规模军事行动，11月14日便摧毁了塔利班政权。接着，2003年3月20日，以伊拉克的萨达姆·侯赛因政府“藏匿大规模杀伤性武器”为由，美英又对伊拉克动武，不久就摧垮了萨达姆·侯赛因政权。

对伊拉克动武根本就不是原来意义上的“先发制敌”。先发制敌是在敌人攻击迫在眉睫、证据确凿无疑情况下发动的。进攻伊拉克则是美国在“伊拉克拥有大规模杀伤性武器，特别危险”这一“大义名分”下进行的“预防性战争”，而在美英联军发动攻击时，并不存在美国直接暴露在危险下的事实[(1)]。“9·11事件”后，在防范恐怖活动于未然、通过战争扼杀恐怖活动的名义下，美国开始把军队置于长期临战状态。军事行动超越了以往的战争定义，有可能全面进入日常生活中。军事活动造成日常生活中环境破坏的危险性也在急剧升高[2]。

为了保护地球环境，人们绝不应该放任军事活动，以免造成全面的环境破坏。可持续性（sustainability）和军事活动是水火不相容的。要实现可持续社会（sustainable society），首先必须把21世纪转变成为“和平与环境保护”的世纪。制止和削减严重破坏环境的军事行动，是全世界无论如何都必须尽早完成的任务。21世纪究竟是战争与环境破坏的世纪，还是和平与环境保护的世纪？人类正站在决定未来的关键转折点上。

市民们已经开始全面行动起来了。20世纪是环境破坏可能性增加的世纪，同时也是全世界反对并制止军事行动的世纪。20世纪和平运动的积累绝没有白费。伊拉克战争期间，世界各地的反战运动与和平呼声风起云涌，其强烈程度史无前例。2003年2月，军事攻击伊拉克的危险刚一出现，在美国、法国、意大利、英国、德国、日本、韩国、菲律宾、西班牙、澳大利亚等地就掀起了大规模的反战运动。这场在世界各地同时沸腾起来的反战运动，可以说是从反对越南战争运动以来人类历史上规模最大的[3]。

反对伊拉克战争运动的特点之一是，反对美军使用贫铀炸弹。21世纪初，和平运动同环境保护运动统一起来，这并不是一件简单的偶然事件。武器使用所造成的污染问题成为反战运动的主要内容，这是当今军事行动全面破坏环境的反映。军事行动已被公认为破坏环境、掠夺生命的罪魁祸首。以反对伊拉克战争的运动为契机，今后要把和平运动与政策同环保运动与政策统合起来。

军事活动破坏环境，主要集中在以下4个方面，即：基地建设、基地运行、战争准备（军事训练和军事演习）和实战。本章将从这4个方面阐述实际发生的环境问题和市民们针对这些问题进行的环保运动。本章所提及的环境问题几乎都是由美军造成的。虽然这是由于美军信息较易获得，但更主要的是因为美军在世界上占据着压倒性地位的缘故。

下面，就世界军事力量做个简介。在军事力量对比方面，需要使用若干指标。通过军费开支（2002年）来分析，全球军费开支为7 840亿美元，其中，仅美国1个国家就达3 357亿美元，占世界的43%。即使把占世界军费开支第2位的日本（467亿美元，占6%）到第15位的以色列（98亿美元，占1%）都加起来，还不及1个美国[(4)]。美国拥有对海洋、陆地的强大打击力量以及可以在世界各地大规模投送军力的许多大型航母，在这方面没有哪个国家可同美国相提并论[(5)]。在军费开支和军事技术两个方面，美军都遥遥领先于其他国家，在世界各地到处开展军事活动。因此，美军活动造成的环境破坏也远甚于其他国家。无疑，虽然其他国家的军事活动也在破坏环境，但在规模上都远逊于美国。

2. 军事基地建设造成的环境破坏

2-1 军事基地的规模及其影响

军事基地，需要弹药库、坦克车库和战斗机库等一系列设施，并配设港口和机场，附近还需要建有演习场。因此，军事基地的占地非常大。世界上究竟有多少土地被用于军事活动，这些数据和信息是全面掌握军事活动破坏环境的重要基础资料。但是，军事部门就连这些最基本的统计资料也不公开。每年都发行《国防白皮书》的国家只有日本和美国。事实上，绝大多数国家都全面封锁军事情报。特别是在亚洲，难以获悉各国军事活动的全貌。以前，韩国每年都公开发行《国防白皮书》，但现在变成隔年发行。朝鲜、俄罗斯、巴基斯坦、缅甸和菲律宾都尚未发行《国防白皮书》。中国、印度、中国台湾地区、泰国和印度尼西亚，不定期发行[(6)]。在这种状况下，就连军事基地的面积也不能掌握。

由世界观察研究所（Institute of World Watch）发行的1991/92年版《全球状况报告》（*State of the World* 1991）介绍了全球非战争时期军队直接利用的土地估算情况（1981年），发达国家约占其领土面积的1%，全球平均为0.5%～1.0%。假设算作1%，全球的军事基地面积几乎相当于印度尼西亚的国土面积。在军用土地中，本应包括武器生产企业所占土地、地雷埋设地带等，但这些信息都无法得到，哪怕是粗略的推测数据也没有[7]。以世界最强的军事大国美国的基地为例来分析，美国约有1.2%的国土，即约2 705万英亩（acre）（1英亩=4 047m^2，即6.07亩）被用作军事基地。美国在国外也有大量军事基地，在亚洲设置的基地占其海外基地的21.3%。美国曾在菲律宾建有大型军事基地，但在1991—1992年全面撤回，在亚洲的军事基地只剩日本（14.6%）和韩国（6.7%）了。

尽管整个亚洲的军事基地面积尚未可知，但军事基地造成的环境破坏是严重的。由于军事基地经常建在保持着原始自然状态的未开发地区，因而会对珍贵的生态系统和稀有物种造成致命影响。

2-2 普天间基地替代设施建设——令人生畏的环境破坏

关于基地建设引起的自然环境破坏方面，亚洲目前的最大问题是日本冲绳普天间基地迁移到名护市边野古海上基地的建设。据目前规划[9]，该基地规模巨大（长2 500 m、宽730 m、面积184 hm^2），建设前要先填埋边野古海面的珊瑚礁（参见图1，照片1）。从边野古村落的中心到飞机滑行跑道中心线的最短距离为2 200 m，从边野古海面的平岛到该中心线的距离不过600 m。一旦开始建设，该基地对周边居民造成噪声污染和海洋污染的可能性极高。

在礁脉（珊瑚礁的隆起部分）的内侧，分布着大量完好的海草藻场，是儒艮（俗称人鱼——译者注）的食饵场所。这便是边野古人所说的“儒艮的草海”[10]。儒艮对环境的变化极其敏感，在日本水产厅发布的红皮书——《日本稀有野生生物资料集》中被列为濒危物种。栖息在冲绳的儒艮还不到50头，属于《日本鸟兽保护法》（2002年7月5日修订）中的保护物种。如果强行进行基地建设，就存在导致儒艮灭绝的危险。

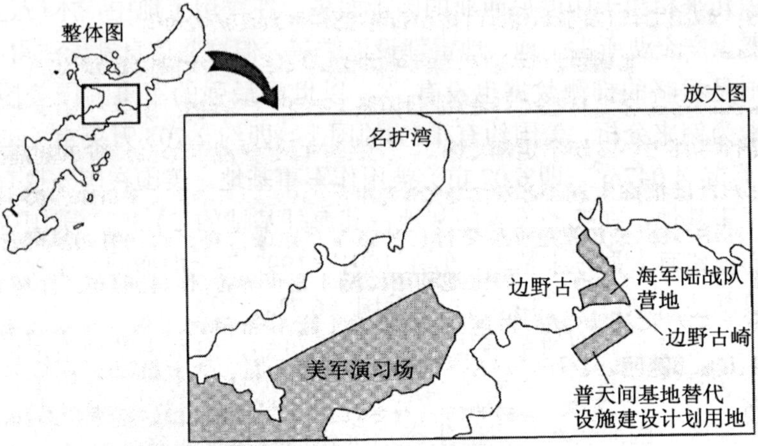

图 1　普天间基地替代设施建设的计划用地

出处：根据《普天间基地机场替代设施基本计划》（2000 年 7 月 29 日）等绘制。

照片 1　边野古一带的海岸线（1998 年，目崎茂和摄）

促成在边野古建设美军基地的决定是根据 1996 年 12 月关于普天间机场的“冲绳特别行动委员会”（Special Action Committee on Okinawa：SACO）所做的《最终报告书》。尽管冲绳政府要求美方无条件归还普天间基地，但在日美两国政府协议下，日本政府还是准备了普天间基地的替代设施用地。迁建地点本来定在“冲绳主岛的东海岸洋面”，结果选定的却是邻接美国海军陆战队基地的名护市边野古海面。该海域是1965年美军规划建设大规模军事设施的地点[11]。

边野古，是冲绳县在其《自然环境保护指南》中确定的"评价级别 I"（最优先保护场所）儒艮栖息海域。即使在集中了日本境内75%美军的冲绳，在过去40年里也没有建设过新的基地。日本政府在冲绳为美国准备的新基地，将会在亚洲造成最严重的自然环境破坏。接纳地为名护市，市长接受基地建设的条件之一是把海上基地的使用期限定为15年，但这并不具有任何法律约束力。即便是15年的使用期限，但如果建设了边野古基地，美军造成的环境破坏将进一步加剧。

在"世界自然基金会（World Wide Fund for Nature：WWF）日本"等环保团体的推动下，2000年10月，"世界自然与资源保护联盟（International Union for Conservation of Nature and Natural Resources；The World Conservation Union：IUCN）"做出决议，建议日本政府和美国政府考虑环境保护问题。该决议强调，日本政府应尽早对军事设施进行环境影响评价，遏制儒艮个体的减少，尽快实施有利于儒艮恢复的保护对策等。此外，还要求美国政府对环境影响评价给予合作[12]。

在《普天间机场替代设施基本规划》（2002年7月29日）的环境对策一项中载明，"在建设替代设施时，要实施环境影响评价，同时采取妥善措施把环境影响控制在最小范围内"。日本的环境影响评价制度因不考虑开发行为是否需要或者是否恰当而屡遭批评，在1999年制定的《环境影响评价法》做了许多改进，要求从规划阶段开始就进行评价。《环境影响评价法》规定，业主必须在规划报告书公布之前，向居民提供有关环境影响评价方法的方案，广泛征求意见[13]。所以，《普天间机场替代设施基本计划》中载明的环境影响评价绝不能以基地建设为前提。

当下，居民能够准确获取军事基地建设信息的方法仅此而已，反映居民意愿的方法除选举等政治手段外，几乎别无他法。今后，很有必要通过举办说明会和听证会，从文件阶段就反映当地居民的意见，实施恰当的环境影响评价。可是，尽管方法报告、准备报告和评价报告这些文件的数量都很庞大，但允许阅览的期限却很短，而且还有不许复印等限制，这对环境影响评价的实施运用是会有很多问题的[14]。评价制度必须在运用方面进行大幅度改进，让居民能够充分参与。如不这样做就无法实施恰当的环境影响评价，而不过是为建设普天间基地替代设施的一项形式性程序而已。

在居民和环境非政府组织等的合作下，边野古市扎实地开展了周边海域科学调查。如果把环境影响评价的运用形式加以改进，并基于科学依据反映出当地居民的意愿，那么，就完全有可能像名古屋市藤前滩涂事例那样，变更或取消普天间基地替代设施建设计划。

3. 基地内外的污染与损害

3-1 基地现场内部污染信息欠缺

- **危险品管理的必要性**

军事基地就像是一座特殊的化工厂，大量充满着各种污染物质，如火药、燃料、润滑油、清洗剂、绝缘剂、化学武器、核武器、生物武器、重金属、除草剂等可能污染环境的物质。一般工厂在接触污染物质时，必须根据环境保护规定，进行妥善管理。军事基地也同化工厂一样，尤为重要的是对人们接触的化学品进行风险评价，全面实施危险化学品的妥善管理[15]。

然而，有关军事基地污染物的信息常被隐匿，甚至连最危险的物质——核物质的情况也是如此。日本公开表示“无核三原则”，不许把核武器携入日本。事实上，日本迄今对核武器携入问题从未进行过事前协议。日本政府的官方看法是，“既然没有对核携入问题进行事前协议，美国也就没有把核武器携入日本”。实际上，核武器携入日本已是一个公开的秘密[16]。在1965年，美国提康德罗加号航空母舰（Ticonderoga）从越南来日本中途停港，一架搭载氢弹的战斗机从甲板上坠入大海。另外，过去也有过携带核武器的航空母舰和战舰在日本停港。这些军舰是否带有核武器，只要进行现场调查，本来应该很清楚。但是，现场调查通常得不到许可，日本政府也不提出要求，所以就无法获知这方面的信息。有关污染物和危险品的信息保密是军事活动的特点。

信息保密并非只限于核物质，化学武器和生物武器的情况也同样。武器种类、规模大小、保存地点和管理方法等，这些均属于军事机密。因此，就连军事基地所在地的地方政府也都不了解最危险的污染物质是否得到了妥善管理。即便是一般化学品、石油、废油和润滑油等，情况也是如此。美军基地里的东西，只要不发生偶然事故并造成损害，人们就无法得知，况且日本也没有这方面的系统信息。

20世纪90年代后半期之后，驻冲绳海军陆战队环境部加强了对多氯联苯（PCB，一种剧毒的化学物——译校者注）等有害物质的控制，有了同冲绳县政府之间创设定期协议的机会[(17)]，实现了开拓性进展。但是，美军从整体上并没有系统地进行这样的管理。多数情况下，美军都是在基地归还之后才透露出基地内曾使用过哪些化学品。就连在挤满大量美军基地的冲绳，也只是在1995年恩那通信基地归还之后，才开始广泛关注基地内存在的化学品。该件案例是，在对准备用作肥料的净化槽污泥进行分析后，结果表明，污泥中含有高浓度的汞、镉、砷、多氯联苯等污染物。直到这一事件败露后，日本才开始对美军基地内有害物质造成污染的可能性展开讨论[(18)]。

● 横须贺基地的污染问题

横须贺海军基地及其周边极有可能正在受到严重污染。航空母舰并不是单纯的战舰，而是搭载大量武器和化学品的移动基地。在成为航空母舰母港的基地，污染的危险性尤其可怕。

例如，在美军横须贺基地停泊航空母舰的12号码头，1988年发现了严重的重金属污染。横须贺基地是美国太平洋部队第七舰队第五航空母舰群的母港，是美国唯一的海外母港。在1991年美国审计署（GAO）发表的报告书中，列举了横须贺基地严重的重金属污染事例。1993—1994 年，美国海军对此进行调查，发现 12 号码头陆地部分的地下水含铅量是日本环境标准的 250 倍。日本政府的调查也发现，该码头的土壤、地下水和海底淤泥都遭到高浓度的重金属、有机氯化物的污染。然而，美国海军只是用沥青覆盖了这一部分，没有进行进一步的污染治理[19]。

1997 年年初，12 号停泊码头开始着手延长停泊工程，污染土壤流入了大海。结果，附近海域遭到污染，海水的铅浓度为日本环境标准的 4.8 倍。神奈川县健康保险医师协会对横须贺基地周边的虾虎鱼等进行了调查。1999 年的调查发现，在钓上来的 22 条虾虎鱼中，有 7 条（31.8%）出现鱼骨异常。2000 年的调查发现，背骨弯曲的畸形虾虎鱼的比例增加了，2001 年还发现了患有肿瘤的虾虎鱼[20]。然而，横滨防卫设施局既没有进行综合的环境调查，也没有采取相应对策，2002 年 12 月竟依据《港湾法》向港湾管理者横须贺市提交了延长停泊的协议书，2003 年 6 月横须贺市批准了 12 号停泊码头延长工程，该项工程自 2002 年 8 月下旬起开工。

除了 12 号停泊码头邻近地点外，污染也有可能正在横须贺基地大范围地四处蔓延。2000 年 6 月，从居民区的住宅建筑工地土壤中发现了汞、砷和铅，含量都大大超过了日本的环境标准，同年 12 月公布了调查结果，但污染来源和污染途径全然不明，因为污染地点是以前从未进行过舰艇维修等可能引起污染活动的场所。据此推断，整个基地都有可能遭到污染。因此，很有必要对整个横须贺海军基地进行综合环境调查。

在不远的将来，横须贺港还会有放射性污染的潜在危险性。这是因为，现在以横须贺为母港的柴油动力航空母舰“小鹰号”（Kitty Hawk）预定在 2008 年退役，剩下唯一的常规航空母舰“肯尼迪号”（Jonh E. Kennedy）在服役到 2017 年退役，取而代之的是作为现代标准的尼米兹级航空母舰，每艘装备 2 组电功率为 20 万 kW 的核反应堆，之后所有的航空母舰都将是核动力的。如果横须贺港成为核动力航母的母港，核反应堆有关设备都将保管在那里，那就会增加反应堆事故和其他放射性污染的危险性[21]。当地的环境非政府组织

“核动力航母横须贺母港问题市民会”和“NEPA 会”都开展了激烈的反对运动，要求停止有可能扩散有害物质的 12 号停泊码头延长工程，呼吁美国政府对环境污染进行全面调查并治理，要求放弃把横须贺港作为核动力航空母舰的母港(22)。

3-2 菲律宾军事基地的大规模污染(23)

● 健康受损情况

在亚洲，美军最早全面归还的军事基地是在菲律宾。由于没有认真管理军事基地内的废弃物，现正暴露出它对人体健康的严重危害。发生健康危害的地方是在美军驻菲律宾的两大基地，即克拉克空军基地（Clark Air Base）和苏比克湾海军基地（Subic Bay Naval Base）的旧址及其周围地带。美国在 1991 年和 1992 年分别把克拉克基地和苏比克基地归还了菲律宾，现在，这两个基地正在加快由军用向民用的转换。日本都是把这两个基地的旧址作为经济快速发展地区来介绍的。目前，那里分布着大量来自日本、中国台湾、韩国和美国的外资企业。

菲律宾的环境非政府组织“基地净化国民对策会议”（People's Taskforce for Bases Cleanup：PTFBC）针对以上两个基地旧址周边居民出现的健康问题，进行了入户访问式调查，记录了健康损害情况（参见表 1）。截至 2002 年 8 月，在两基地周边发现的污染受害者总数多达 2 457 名，发病症状多种多样，如白血病、癌症、肾脏疾患、呼吸器官障碍等。

● 克拉克空军基地旧址内的污染

在菲律宾的案例中，特别受到关注的是在皮纳图博火山（Mt. Pinatubo）爆发时，住在克拉克基地内的克拉克空军基地通信中心（Clark Air Base Communication Center）临时避难中心的人们遭受的健康损害事件。该事件是由于人们住在基地内而直接暴露于基地内的污染物之下而造成人身损害的典型事例。

表1 菲律宾美军基地旧址的污染受害者（2002年8月31日）

克拉克基地	生存人数	死亡人数	合计
中枢神经障碍、脑性小儿麻痹（1～7岁）	39	0	39
先天性心脏疾患（包括并发肺病、肾脏病）	26	28	54
白血病及其征兆	16	112	128
皮肤病、各种皮肤异常症状	71	5	76
肾脏病	28	8	36
肺病、肺结核	34	11	45
癌症（乳房、咽喉、子宫、肝脏、膀胱等）	29	37	66
胃病	8	4	12
自然流产、死产	16	5	21
哮喘	26	5	31
猝死	0	9	9
慢性脑膜炎	2	0	2
睾丸肥大	0	1	1
血管肿	1	0	1
合计	296	225	521
苏比克基地	生存人数	死亡人数	合计
中枢神经障碍、脑性小儿麻痹（1～7岁）	15	1	16
先天性心脏疾患（1～14岁）	19	4	23
心脏病、心脏功能异常	11	6	17
白血病以及包括贫血症在内的白血病征兆	55	244	299
皮肤病、各种皮肤异常	71	5	76
肾脏病	17	7	24
石棉症、肺异常（舰艇原维修工人）	833	487	1 320
癌症（乳房、咽喉、子宫、肝脏、膀胱等）	15	42	57
肿瘤	14	4	18
自然流产、死产	6	5	11
哮喘、肺病	52	5	57
脑水肿	6	4	10
慢性脑膜炎	3	0	3
睾丸肥大	0	2	2
血管肿	3	0	3
合计	1 120	816	1 936

出处：基地净化国民对策会议（PTFBC）的调查。

污染暴露受害的起因是到基地临时避难者饮用和洗澡所用的浅井地下水。浅井地下水来自易受基地内，已经受到污染土壤的影响。当时美军使用的是比较安全的深井地下水，但却禁止难民日常生活使用。住在避难中心的人们一开始就反映浅井地下水有臭味，味道、颜色都很奇怪，而且水中还漂浮着油污。在住进临时避难中心后，难民中很快就有人出现健康受损状况。由于没有留下丝毫的正式记录，无法了解当时究竟有多少人的健康遭受了损害。

临时避难中心社区负责人玛迪·里弗拉（Mandy Rivera）保留下来了一些数据，这是唯一能表明当时污染损害程度的资料。该资料被详细地刊登在菲律宾参议院“基地污染受害问题专门委员会”的《最终报告书》里[(24)]。据此可知，1994 年，里弗拉曾对当时住进临时避难中心的 500 户人进行过健康调查，发现在 500 户调查对象中，有 144 人的健康遭到损害（癌症、白血病、畸形、流产、死产、心脏疾患、肾脏疾患等）。根据委员会的跟踪调查发现，到 2000 年 5 月，在里弗拉调查中涉及的 144 名受害者中，已有 76 人死亡。从 1991 年临时避难中心设置到 1999 年关闭的 9 年时间里，避难居民达 2 万户之多。如果采用里弗拉调查的家庭数、出现健康损害的居民数和死亡数的比例来推算，污染造成的健康受害者应该接近 7 000 人，其中，近半数极有可能已经死亡。除这些直接受害者以外，另一个特点是，在住过临时避难中心的妇女生育的婴儿中，发现大量患脑性小儿麻痹症，其中还有类似胎儿性水俣病的患者（参见照片 2）。

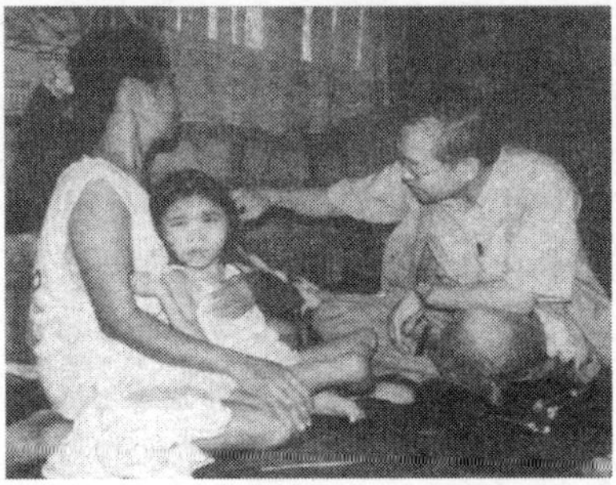

照片 2　接受原田正纯先生诊疗的污染受害儿童。住过克拉克基地通信中心的妇女生出了大量的患小儿麻痹症状的婴儿（2002 年 8 月，大岛坚一摄）

● 苏比克海军基地工人的受损情况

大量污染物的存在，也会影响到基地工人的健康。在基地归还之前，菲律宾就出现了基地工人健康受损情况，特别突出的是大量接触石棉的原舰艇维修工人。在日本，横须贺美国海军基地也发生同样的受害现象。1 000 多名菲律宾苏比克海军基地的工人于 1993 年，在美国向有关石棉企业提出了损害赔偿诉讼，企业同一部分原告达成了和解[(25)]。这次诉讼后，现在仍有 400 名左右的原告继续提出诉讼，双方尚处于讼争之中。在日本横须贺基地的舰艇维修设施，遭受同样健康损害的受害者们也提起了诉讼[(26)]。

● 基地内外固体废物处置场造成的损害

在基地内外的固体废物处置场周围，也出现了严重的健康损害问题。几十年来，为了处理美军基地产生的大量固体废物，菲律宾建造了无数个固体废物处置场，但这些废物在多数处置场均未得到合理处理。例如，在苏比克基地内设置的公共设施中心（Public Works Center）回收区，工人们在军方管理下，从固体废物中回收金属、纸、布等有价值的和有用的物品。1 名原基地的工人（48 岁，男，年龄是 2002 年 3 月和 8 月现场调查时的年龄。下同）。1973—1979 年，在基地内的固体废物处置场回收有价值、有用品工作时，从未配备过任何安全用具，一直工作到美军基地关闭。该工人已患有肺病和胃病，从事同样工作的前妻于 1998 年死于癌症，时年 46 岁。据说医生在了解到他们的工作经历后，判断其前妻的死亡原因与危险废物有关。在基地内的回收区和固体废物处置场，工人们每天都接触石棉、涂料等化学品。另外，据说军方曾发过告示，要大家别靠近地下埋藏的储罐。

住在基地外固体废物处置场附近的、靠从固体废物中回收有价和有用品维持生计的拾荒者中，也发生了健康损害。如 M.L.（化名，14 岁，女）即是其中的 1 名受害者，她的心脏出现了空洞（心脏中隔膜缺损）。其母亲以前是一名拾荒者，曾住在运出苏比克基地固体废物的外部处置场所在地——帕格阿沙（Pag-Asa），1988 年生出女儿 M.L.时，仍住在那里，第二年才迁居别处。靠家庭收入，M.L.无力接受良好治疗，尽管她在上议院议员奥斯麦尼亚三世（S. Osmena）的帮助下，于 2001 年接受了医师的诊疗，但医药费仍需由其家庭收入来支付。M.L.本人的自觉症状有目眩和失聪，已休学 2 年。

● 美国审计署调查报告的披露

据菲律宾和美国于 1947 年签订的《军事基地协议》（1947 Military Bases Agreement），美国有责任负担撤军费用。因此，在军事基地归还之际，美国参议院预算委员会国防分委员会委托美国审计署（GAO）对撤军的财政费用进行调查。调查目的包括查明环境污染状况、清除污染和恢复环境的责任。1992 年 1 月 22 日，美国审计署将调查结果以《报告书》（Military Bases Closure：U. S. Financial Obligations in the Philippines）形式发表。

在该《报告书》中，美国首次承认在菲律宾基地造成环境污染的事实，并明确了如下内容：

- 苏比克和克拉克两个军事基地都没有执行美国国内的环境标准，导致有些地点和设施受到了污染。
- 两基地都没有安装地下储罐防泄漏装置，消防设施也没有排水设备，所以用于消防活动的燃料、化学品污染了土壤和地下水，在苏比克基地，有径流流入苏比克湾水域。
- 苏比克基地每天产生 500 万加仑[1（美）加仑=3.385 41 L]废水，而仅有 25%的废水得到处理。
- 从舰艇维修设施的喷砂现场产生的铅等重金属污染物，直接被排入海湾或直接被填埋处理。
- 在苏比克基地的发电厂排出大量的多氯联苯（PCBs），其浓度远远超过美国国内相应标准。

据《报告书》判断，美军本身已经充分认识到污染的存在，认识到进行基地环境修复需要巨额费用。在关闭这些基地时，如果美军本身对环境污染进行认真调查，并向菲律宾政府提供调查结果，那么，特别是在克拉克基地内发生的皮那兹堡难民的环境损害事件也许可以避免。美国政府对该事件负有不可推卸的责任。

4．基地旧址净化与受害补偿相关课题

4-1 关于菲律宾受害补偿课题

- **毫无进展的污染净化与受害者救助**

在上述菲律宾案例中，美国政府既没有对环境污染进行净化，也没有对受害者给予补偿。美国不采取恢复原状措施和不给予受害补偿的依据是《军事基地协议》第17条规定。该条文载明，在归还基地时，美国既没有采取恢复原状措施的义务，也没有给予任何损害补偿的义务。据此，美国的主张认为是菲律宾放弃了要求补偿的权利。

对此，上述的菲律宾参议院专业委员会的报告书中作了如下阐述。即在缔结1947年《军事基地协议》时，菲律宾并没有意识到污染物对人们生命和健康造成的影响，因此菲方并没有放弃要求设施恢复的权利；此外，菲方还主张，即便载明了美方没有采取原状恢复措施的义务和给予受害补偿的义务，但同时也绝不是把填埋污染物、造成健康损害等严重影响环境的权利无条件地给予了美国；因此，在居民出现重大健康损害后，美国有义务净化环境污染并进行损害补偿[(27)]。

菲律宾参议院专门委员会建议菲律宾外交部向美国提出强烈要求，同时还建议菲外交部向国际法庭提起诉讼。但考虑到国家之间的利害关系，菲律宾政府没有采取上述行动。大部分受害地区的污染并没有进行净化作业，还是原封不动地放置着，受害者也没有得到任何补偿。

● 围绕菲律宾基地污染诉讼的动向

想要打破这种局面的，正是污染受害居民和支持其的环境非政府组织、律师们和科学家们。克拉克和苏比克两基地的受害者及其家族和遗族们，在环境非政府组织“基地净化国民对策委员会”的支持下，于 2000 年 8 月针对美国和菲律宾两国政府提起诉讼，要求他们补偿损害并清除污染。提起诉讼的原告人数，克拉克基地有 63 名，苏比克基地为 34 名。之后，原告人数不断增加，在诉状上签字的受害者超过 300 人，受害者总数高达 1 000 多人。诉讼的申请金额（参见表 2），克拉克和苏比克两基地合计高达约 1 008 亿美元（约 12 万亿日元）。

表 2　申请污染损害赔偿的金额

		苏比克基地	克拉克基地
对美国政府	实际损害	350 万比索	2 520 万比索
	精神性损害	250 亿美元	250 亿美元
	惩罚性损害赔偿	250 亿美元	250 亿美元
对菲律宾政府	实际损害	350 万比索	2 520 万比索
	精神性损害	125 亿比索	125 亿比索
	惩罚性损害赔偿	125 亿比索	125 亿比索
合计	约 1 008 亿美元（约 12 万亿日元）		

摘自：Alexander L. Lacson 律师提供的诉状。

2001 年 7 月，安赫莱斯（Angeles）地方法院驳回了对克拉克基地的起诉，理由是根据国际法，在菲律宾国内不能把美国政府作为被告。尽管到 2002 年 11 月，法院还没有对苏比克基地诉讼案进行判决，但受害者正准备把这两个诉讼案合并成 1 个进行起诉。除了菲律宾国内的这种诉讼外，受害者和环境非政府组织也开始运用国际互联网采取行动。他们同美国的援助团体“解决环境问题美籍菲人联盟”（Filipino-American Coalition for Environmental Solutions）一起合作，于 2002 年 12 月依据美国《综合环境响应、赔偿和责任法》

（*Comprehensive Environmental Response*，*Compensation and Liability Act*，通称《超级基金法》）在美国国内提起了诉讼，要求美国依据美国法律对菲律宾美军基地旧址进行环境调查[28]。这次诉讼旨在通过综合环境调查以确认这两个基地旧址的污染事实，进而发展成为受害者要求得到救助的运动。

4-2 关于驻日、驻韩美军地位协定的几个问题

● 关于免除原状恢复义务与补偿义务

关于原状恢复举措，日本和韩国都分别同美国缔结了《美军地位协定》，其内容与菲律宾《军事基地协议》几乎相同。关于基地旧址原状恢复义务的免除和补偿义务的免除问题，在日、韩的《美军地位协定》中完全一样（参见资料1）。在《美军地位协定》中，并不是没有关于原状恢复义务和补偿义务的规定。问题在于，在这些协定中明确承认，美国没有原状恢复义务和补偿义务。

资料1　日、韩《美军地位协定》第1条第1款内容

美国（政府）在把军事设施及其占地归还日本（韩国）时或归还前，没有义务要把基地及其占地恢复到日本（韩国）提供给美军当时的状态，或作为原状恢复的替代手段给予日本（韩国）补偿。

由于有此条款，即使在归还基地时发现污染，美国也可以用此作为挡箭牌，拒绝补偿和采取环境净化措施。岂止如此，由于存在这一条款，甚至可能导致美军在归还基地时抓紧把污染物倾倒在基地内这样的事态。据世界卫生组织（WHO）调查组1993年4月在苏比克基地旧址调查发现，美军在撤离前倾倒了大量的杀虫剂、除草剂、氯系溶剂和多氯联苯等有害化学品以及燃料和炸药等易燃易爆物质[30]。

在日本和韩国，都可能发生与菲律宾同样的污染事件。对日、韩来说，菲律宾的诉讼并不仅仅是其他人的事情。在这一意义上，

《美军地位协定》问题对于环境污染来说是非常关键的。

- **韩国《美军地位协定》的修改运动及其成果**

为了修改《美军地位协定》，韩国近年来形成了亚洲最大规模的运动，取得了巨大进步。运动的契机是位于首尔市内的龙山美军基地于 2000 年 7 月往汉江排放大量甲醛事件[31]。韩国的环境非政府组织“绿色联盟”发现了此事，利用媒体，开展了大规模的抗议行动。社会舆论猛烈抨击美军污染环境的行径，驻韩美军司令通过新闻发布会，在韩国历史上首次正式向韩国国民赔罪[32]。事件发展到 2000 年年末，韩方要求修改驻韩《美军地位协定》，终于在 2001 年 1 月 18 日，韩美签署了《环境保护谅解备忘录》（Memorandum of Special Understandings on Environmental Protection）[33]。

《环境保护谅解备忘录》的内容大致如下：按照韩、美两国《环境标准》中较为严格一方的标准，制定基地《环境管理标准》；对于设立的新规定和标准，每 2 年讨论 1 次；韩美联合委员会共同制定基地设施和区域的准入程序，以此限定不得任意进入非基地区域；韩、美政府就环境污染的危险性进行商议；美军制定《环境影响最小化计划》，确保与此有关的费用支出，在有可能造成健康损害的紧迫时候，迅速采取行动；韩美联合委员会环境分委员会定期会晤，讨论与驻韩美军设施与区域有关的环境污染问题。

2000 年 9 月 11 日，日本也公布了类似韩国的《环境保护谅解备忘录》的文件——《关于环境原则的共同声明》（以下称《共同声明》）[34]。尽管美军在日本没有遵守日本环境法规的义务，而根据该《共同声明》，形式上变成了美军要满足日美两国间更严格一方的环境标准。但和韩美间情况不同的是，在日美间的环境原则中，并没有美军承担环境相关费用的文字内容，所以不过是个单纯的共同声明而已。另外，共同声明是否具有法律约束力也并不明确，这种政治行为的用意大多是为了顾及舆论[35]。

2002 年 1 月 18 日，继《环境保护谅解备忘录》缔结之后，韩美驻韩美军地位协定（SOFA）联合委员会制定了《环境信息共享及信息获取步骤》(Joint Environmental Information Exchange and Access Procedures，以下称程序）。进一步使《环境保护谅解备忘录》具体化了，同日本的《关于环境原则的共同声明》相比，内容更为具体详细（参见资料2）。

资料2 《环境信息共享及信息获取步骤》的主要协议内容

（1）在美军基地发生环境事故时，美方首先通过电话通报韩方，48小时内书面通报；

（2）韩美驻韩美军地位协定环境分委员会，通过双方主任委员的协商，组成联合调查小组，对污染地带进行调查；

（3）发生环境事故或归还基地时，要准备好韩国公务员的出入手续；

（4）驻韩美军，通过与韩国环境部之间的协议，修改环境管理标准以符合韩国法律。

出处：根据大韩民国外交通商部《驻韩美军基地〈环境信息共享及接近程序〉》以及“绿色联盟”的资料编写。日文翻译“‘第20回日本环境会议/亚洲国际环境会议·松江大会’报告集第92-93页”。

从2002年6月美军汽车压死女中学生事件发生之后，韩国对美军犯罪问题掀起了空前规模的运动。作为此次运动的成果，2002年5月，韩美两国在驻韩美军地位协定联合委员会特别会议上达成了新的协议，其中包括有关环境污染的内容。

据韩国外交通商部的报道资料，在关于驻韩美军归还基地时的环境污染调查与恢复的协议中规定，驻韩美军归还基地时，韩美双方共同实施环境污染调查，出现污染时，美国要采取恢复措施。对于环境污染调查和恢复原状范围的协议以及恢复措施的实施，也都制定了详细的“手续”（步骤）(36)。尽管协议文件尚未公布，但要求美军在基地归还时进行环境污染治理，这些内容是具有划时代意义的，是韩国市民运动的重大成就。该协议不仅向修订韩美地位协定迈出了一大步，而且有可能会对拥有大量美军基地的日本产生非常巨大的影响。

今后，需要公布协议文件的全文，同时还要在当地居民参与的框架下，进行环境污染调查和采取恢复措施，因为在协议文件有关"手续"中的许多内容曾遭到韩国市民的批评。尤其是在"手续"中，没有载明美军对污染环境治理费用的支付和对污染受害的补偿义务，协议和现场调查也只有在美军认为是存在重大问题时才开始进行。

4-3 在德国需要履行原状恢复义务和补偿义务

同日本和韩国的情况形成鲜明对比的是德国（参见资料3）。在德国，也有过大量的外国驻军基地，也有过在地位协定中权利受到严格限制等问题。但是，在1993年修订的《驻德外国军队地位协定》（以下简称《地位协定》）中，包括环境问题在内的各类条款都有了改进。如：在基地内，环境问题原则上要遵守德国法律（第53条）；废气排放标准遵照德国标准（第54条B）；对于所有计划，必须尽早实施环境影响评价（第54条A）；一旦发生环境污染，驻德外国军队必须采取恢复措施（第54条B）。此外，在《地位协定》修订前，德国当局也是可以进入基地进行调查的。修订后，在紧急情况或风险增加的情况下，德方可以无须事前通告就进入现场（根据《签字议定书》"第53条"第4-2项）[(37)]。

依照以上规定，驻德美军在归还基地时，需要追溯过去的使用状况，以此为基础进行环境污染调查。在德国，驻留外国军队要履行环境恢复义务。例如，在1991年归还的位于维尔茨堡（Würzburg）市的美陆军第1机械化步兵师驻地旧址，尽管是到2000年才发现有燃料和废油污染，但污染治理责任仍归美军[(38)]。日韩两国的美军地位协定，有必要进行修订，至少要把与环境污染相关义务提到与德国同等的水平。在环境影响出现前，要防患于未然；一旦发生环境破坏，由污染者自身进行原状恢复等，这些都是理所当然的事情。

资料3 北大西洋公约组织成员国驻德外国军队地位协定的补充协定（波恩补充协定）

第53条 [设施内采取的措施]

（外国驻德）军队及军属，在供其专门使用的设施内，可以采取必要措施，充分执行防卫责任。对于设施的使用，除在本协定以及其他国际协定中另有特殊规定的情况外，除了关于军队、军队组成人员、军属及家庭组织、内部功能及管理情况，以及对于第三方的权利或毗邻的地方政府和公众不致引起可预见的影响等其他内部情况外，均要遵守德国法规。（以下，省略）

第54条A [环境保护及对于环境污染的恢复措施]

1 派遣国，其军队在联邦德国进行的所有活动，均须认识到环境保护的重要性，并承认之。

2 尊重本协定要求的德国法令并且不抵触其适用，（外国驻德）军队与军属的领导部门（当局）要尽早对所有计划与环境之间的协调问题进行检查。在这一关联下，（外国驻德）军队及军属当局，要对在环境上具有重要意义的计划可能给人、动植物、土壤、水、空气、气候和景观带来的影响（包括它们之间的相互作用）以及可能给文化遗产等财富带来的影响予以确认、分析和评价。进行检查的目的在于，避免给环境造成负担，对于不可避免的环境污染，需要采取恢复措施。在进行上述相关活动时，（外国驻德）军队及军属当局，可以向德国行政与军事当局要求援助。

第54条B [燃料与排放废气规定]

军队与军属当局，在使用飞机、船舶和车辆时，必须遵照德国的环境法规，只使用低污染的燃料、润滑油和添加剂，而且必须使用达到技术要求的飞机、船舶和车辆。此外，（外国驻德）军队及军属当局，对于客用及其他用途的车辆，尤其是新车辆，都必须遵守德国关于噪声和尾气排放的相应法规，不得违反。拥有对于这些规定权限的德国当局要同（外国驻德）军队与军属当局一起，密切协商与合作，监督这些规定的实施。

补充协定的《签字议定书》 第53条

4 a（a）（外国驻德）军队当局对于管辖联邦、州、市、镇、村不同层次的德国当局，包括事前通知后进入驻军基地设施在内，军队当局要为保护德国的利益给予所有必要的援助，使德国当局得以履行公务。管理外国驻军设施的德国联邦当局，也要根据外国驻军请求，为外国驻军当局提供援助。在紧急情况或风险增加的情况下，军队当局要允许德国联邦当局无事前通知即进入现场。（外国驻德）军队当局是否要与德国当局同行，视个别情况予以决定。

（b）—（d） 略

注：下划线为本文执笔者所划（大岛）。

出处：地位协定研究会，《日美地位协定逐条评判》，第383-384，419页。

5．备战活动造成的环境破坏

5-1　对环境和社会的无视

军队总是以最大限度行使武力为目的而进行活动。为了在战争中获得最大战果，军队日常就要进行备战活动，即军事演习和军事训练。当然，动武的最大目的是要使敌人丧失战斗力，不会因为破坏环境就不用弹药，也不会为了避免噪声就限制速度。因此，在各项军事训练中，环境保护从未被赋予优先考虑地位。实弹射击训练、射击轰炸训练或是起降训练，常常都会破坏环境，损害周边人群的健康。

5-2　噪声污染

在军用机场周边，为了军事目的所进行的飞机起降，造成周围地区震耳欲聋的噪声，损害了周围居民的健康。基地周边的居民遭到各种各样的损害，主要有失眠、失聪或耳鸣等身体损害、心理和情绪上的损害、谈话和思考等日常生活上的障碍。

当地一名受害者这样说："轰鸣声要多怕就有多怕，不住在基地周围的居民是无法理解的。即使把手指塞进耳朵里，也不起什么效果。有时候，由于轰鸣声太大，连房屋都嘎吱嘎吱地摇晃，电视机、收音机、电话的声音都无法听见。简直到了令人发疯的程度。"(39) 在日本的美军嘉手纳基地附近，有时记录到的最大噪声强度高达127 dB，人在130 dB的噪声下就有丧失听力的危险，所以说飞机轰鸣简直就是杀人噪声(40)。如此程度的噪声污染，在日本的嘉手纳、宜野湾、横田、厚木、横须贺、三泽、小松和韩国的议政府、乌山、群山、大邱等地(41)，凡有军用机场或航空母舰母港的地方都存在着。

其中，日本的美军横田基地是世界上唯一建在国家首都的外国空军基地。太平洋部队（在美军10个战斗集团军中具有地理性责任地区的部队之一）所辖的第五空军司令部就设在横田。横田基地周围是人口密集地带。受害地区涉及八王子市、昭岛市、日野市、羽村市、福生市、立川市、武藏野市、瑞穗町、琦玉县入间市、饭能市共9市1镇。

围绕噪声污染，基地周围居民迄今已反复多次提起诉讼[42]。1976—1994年，横田700多名受害者提出过1～3次诉讼。原告受害者们的请求内容包括：①从晚9点到早7点期间停止飞行；②对过去的损害进行赔偿；③对将来的损害进行赔偿。在包括最高法院在内的5次判决中，尽管过去的损害赔偿请求都得到认可，但夜间凌晨禁飞要求却被驳回，居民们还在继续遭受着噪声损害。因此，为了损害赔偿和夜间凌晨禁飞，当地居民组建了1万人的诉讼团，开始了新横田基地污染诉讼，分别于1996年、1997年和1998年3次针对日本政府和美国政府提起诉讼。在对美诉讼中，日本最高法院于2002年4月的第一次裁决，以诉讼不符合法律为由予以驳回，同年5月30日，第二、第三次诉讼都同样被地方法院（东京地方法院八王子分院）一审判决驳回。当天，对于日本政府的诉讼也有了一审判决结果，判决对5 917名原告中的4 763名原告给予损害赔偿，总额约24亿日元。关于这一点，诉讼团和辩护团在宣判当日声明："此次判决被评价为促使修改驻日《美军基地协定》的一次判决。"同时批评说，夜间凌晨禁飞要求的驳回和对美诉讼的驳回等，"只好说是没有得到认可的错判"。针对这些一判决结果，原告于第2个月就开始上诉，诉讼审理仍在继续着。在韩国的梅香里、群山、平泽、春川等地的居民们也在提出噪声污染诉讼。

5-3 军事演习造成的自然破坏

● 梅香里射击轰炸场的环境破坏

演习场，特别是作为战斗机轰炸演习的射击轰炸场，由于等同于常规战争时的状态，环境彻底遭到毁灭性破坏。在韩国，射击轰炸场破坏环境的典型事例乃是梅香里美军国际射击轰炸场（Kooni Fire Range）的环境破坏。1955年，在梅香里周边的海面（面积约为

2 281 hm^2）建造了射击轰炸场，1968 年，在陆地上建造了陆地射击训练场（面积约为 96 hm^2），而美军专用的射击场实际上从 1951 年起就开始建造使用了。现在，包括从冲绳、关岛、泰国、日本起飞的战斗机，也都集中在这里进行轰炸演习，造成了大规模的环境破坏。训练场旁边，有农田和渔场，还有民房。作为轰炸场的浓岛，成了战斗机发射导弹等的靶子。该地区过去存在的龟岛现已消失，作为轰炸靶子的浓岛，现在也被削去了 2/3，面目全非（参见本章扉页的照片）。

射击轰炸训练，不只是对自然环境造成破坏，而且对周围居民也造成健康损害。在对梅香里居民造成的伤害中，有人命伤害、噪声伤害（听力衰减、电话不通、精神紧张、失眠等）和经济损失等（爆炸振动引起的住宅破坏、渔场破坏、畜产业停止、进入农田受到限制等，都造成收入减少）。

- **反对梅香里军事演习的运动**

1998 年 2 月，梅香里的受害者当中，有 14 人在韩国提起了最早的诉讼。他们以韩国政府为被告，就美军基地造成的损害，要求获得损害赔偿。在 2001 年 4 月 11 日和 2002 年 1 月 9 日，首尔民事地方法院和首尔民事高等法院，分别判决居民方胜诉，现在原、被告双方正在韩国最高法院进行争辩。这次诉讼阐明，梅香里周围的噪声已经大大超过了美国环境保护局的相关标准和韩国的环境噪声标准。这次诉讼的胜利也许可以说是 1988 年以来持续的、坚韧不拔的居民运动带来的胜诉。

围绕梅香里问题，韩国国内的市民反对运动也非常激烈。导致反对运动高涨的原因是，在受害者提起诉讼后的 2000 年 5 月 8 日上午 8 时，在梅香里发生了误炸事故。该次事故中，美国空军所属 1 架 A-10 战斗轰炸机向梅香里海面投下了 6 颗 MK82 炸弹（重约 500 磅，约 230 kg），在梅香里造成了严重的人身伤害。投弹原因是，在飞往位于梅香里以南约 150 km 的群山市射击轰炸场途中，飞机引擎发生故障，出于飞机安全，需要减轻重量，飞行员就在射击爆炸场上空投下了炸弹。经调查，该次事故对村庄造成的破坏是：房屋的170扇窗玻璃被震碎，墙壁出现了裂缝，13名居民受伤，42头奶牛因惊吓而流产等。

“取消梅香里国际轰炸场居民对策委员会”发起了对于美军轰炸的反对运动。结果，韩国国防部于2002年8月18日通过了《解决梅香里居民问题的国防部综合对策》，宣布终止陆地射击场的射击训练，转向在浓岛训练场使用练习弹。尽管在陆地射击场的训练被迫终止，但除了星期六和星期日外，对浓岛的轰炸训练仍在继续。

市民反对运动对韩国社会造成了巨大影响。尤为重要的是，促使驻韩美军开始进行环境污染调查。通过追究韩国政府的责任，也对修改《美军地位协定》产生了重大影响。而且，美军和韩国国防部也都接受了梅香里地方法院的判决，准备在2005年年底前，制定《噪声相关特别法》，自2006年开始分阶段实施。

然而，有些问题也同时显露出来了。在判决中，一个重大问题是赔偿只涉及了最近3年的噪声伤害，而对未来世代可能产生很大影响的沿岸地区的生态系统破坏与土壤污染乃至哑弹的处理问题等，全然没有考虑，而且环境破坏还在不断地蔓延。尽管反对运动风起云涌，但在韩美两国2002年4月缔结的《联合土地管理计划协定》中，并没有归还梅香里的计划，该基地将来还会继续作为军事基地被使用。像梅香里那样的自然破坏蔓延地区，要真正解决问题，恐怕要在归还了演习场、自然环境得到恢复时才能开始吧。

5-4 使用贫铀弹造成的放射性污染

除了自然破坏以外，在演习场有时还会使用造成严重放射性污染的特殊炮弹——贫铀弹。在冲绳，1995年12月5日、6日和1996年1月24日，美国海军陆战队在冲绳县鸟岛使用了贫铀弹。这些贫铀弹是25 mm穿甲燃烧弹，总共1 520颗，约200 kg。在美国国内，贫铀弹是不用于训练的，而同核武器一样受到严格管理。美军也承认，美军在鸟岛的行为违反了日本关于核反应堆等控制法规。

关于使用贫铀弹之事，美军在1年之后的1997年1月才通知日本政府，而日本政府在得到美国的信息后，也没有随即把这一事实转达给冲绳县。冲绳县知道这一事实是在同年 2 月 10 日《华盛顿时报》关于对使用贫铀弹事件的报道，该报道中列举了冲绳鸟岛贫铀弹事件。之后，美国对现场进行了 5 次调查，日本政府组织了 2 次。调查后称，除了回收炮弹周围以外，在其他地方没有发现污染[(44)]。之所以没有发现污染，是因为并没有挖掘出埋在土壤中的炮弹。在使用过的贫铀弹中，被回收的还不到 200 发。贫铀弹穿透能力本来就很强，理所当然要考虑到其深深刺入土壤中的危害。环境调查如果不以具体地点和炸弹投放量这些详细资料为基础，恰当地进行实施，就不会有什么效果[(45)]。如果任由贫铀弹这样搁置下去，长期的环境污染恐怕就无法避免。

5-5　演习场的环境复原

即使在演习终止之后，要想把演习场复原到自然状态，需要花费超长的时间。冲绳在 1997 年前，一直由美军进行穿越 104 号县道的实弹射击演习。即使在今天，仍然遗留着的哑弹处理问题，全然没有得到解决。在迄今的演习中，约有 4 万发炮弹倾泻在冲绳演习场上，由此造成的重金属污染和哑弹处理问题，成了日本政府和冲绳县政府长期背负的沉重负担[(46)]。贫铀弹也好，普通弹也好，演习场的污染清除和环境恢复责任理应归于演习场的使用者。通过这些事实也表明，需要修改上述《美军地位协定》。

6. 实战造成的环境污染

6-1　环境恢复的难度

在战场中，武器的实际使用释放出大量化学品、重金属，这些物质四处飞散，污染了战场。战争本身会破坏历史遗产，破坏地区的生态系统，而把上述军事基地和备战场地（军事训练）等造成的环境破坏特点全部集中地表现出来，呈现出最严重的环境破坏事态。

在越南战争中，倾泻到越南国土上的炸弹有 1 400 万 t 左右，到处都是巨型弹坑，数量多达 1 000 万～1 500 万处。由此造成的环境破坏，不仅加剧了水土流失，而且严重影响到生态系统。地雷和哑弹至今仍有部分残留在地下。

冲绳是第二次世界大战中日本国内唯一进行过地面战斗的地区，据估计，投下的炸弹有 20 万 t 左右，其中的 5%，即大约 1 万 t 炸弹是哑弹。战后不久，由于哑弹挨着土地表面，比较容易发现，到 1972 年美国把冲绳交给日本时，当地居民已清除了约 3 000 t，美军也清除了约 2 500 t。之后，日本自卫队在 2000 年前又清除了约 1 500 t，如果把可能永远也发现不了的永久不明弹计作 500 t 的话，依然埋在地下的哑弹估计还有约 2 500 t[(48)]。冲绳县从 1989 年开始，一边进行特定区划调查，一边开展清除哑弹工作，冲绳县和日本政府共同负担财政支出。要完全处理掉这些哑弹，还要花费 40～50 年时间[(49)]。这仅是处理哑弹所需时间，如果包括清除污染在内，花费时间就更令人吃惊。

正如从这些事例中所见，战争造成环境破坏的特点是，一旦发生战争，环境复原极其困难，而且耗时极长。所以防止此类环境污染的发生极为重要。

6-2 以破坏环境为目的的武器使用

- **落叶剂在越南的使用**

在亚洲，曾经发生过旨在破坏环境而使用武器的事件，典型代表是在越南战争中使用落叶剂。使用落叶剂的目的是，通过破坏热带雨林，扫荡潜藏在森林中的敌军。落叶剂对环境的影响，甚至衍生出“生态灭绝”（由环境污染造成的生态系统破坏）这个词汇。在越南，至少有 200 万 hm^2 的森林遭到落叶剂的严重影响。

尽管越南战争已经过去了近 30 年，但本来生长在这些土地上的树木却毫无自然再生的迹象。现在，在遭受影响的土地上，杂草丛生，动物多样性也很贫乏，同越南战争前的情景相比面目全非。尽管越南制定了通过植树造林恢复森林和生态系统的项目，而且红树林的恢复、鹤鸟向生态系统的回归等也收到了一定成效，但今后仍然需要庞大的资金和长期的努力[50]。落叶剂的影响不仅是造成自然破坏，对人员的伤害也很惨重。在越南，出生了大量连体儿和畸形儿。

● 全面查明落叶剂伤害的行动

针对落叶剂问题，越南卫生部等部门于 1980 年 10 月在河内医科大学设立了调查落叶剂长期影响的“越南落叶剂伤害国家调查委员会（10-80 委员会）”，由此开展真正意义上的调查研究。调查研究结果发表在胡志明市 1983 年举行的《战争中落叶剂对人和环境的长期影响》第一届国际研讨会和 1993 年在夏威夷召开的《战争中落叶剂对人和环境的长期影响》第二届国际研讨会上，研究表明了二噁英对越南南部的生态系统和人们造成了严重影响。之后，越南会同欧美和日本等国研究人员，在受害实况调查、二噁英残留调查等方面开展了研究。研究课题涉及许多方面，包括：落叶剂喷洒情况、自然生态系统的二噁英浓度测定、人体残留浓度、遗传毒性、森林破坏及其恢复状况等。

橙剂是落叶剂的一种，它给来越作战的美国、韩国、澳大利亚等多国士兵留下了可怕的伤痕，也给大量参战的越南北方士兵和越南南方解放军士兵造成了严重影响。今天终于查明，在他们的子女辈乃至孙儿辈中，也造成了以先天畸形为主的后患，这些问题目前仍在发生，今后还会出现什么样的影响，特别是对第三代、第四代及其对于遗传基因的影响等，这些极其严重的问题正堆积如山。

近年来，二噁英污染作为世界性问题备受关注，与二噁英有关的国际学会等组织也针对越南和印度尼西亚各国的落叶剂问题发表了调查报告。在这种情况下，国际社会也开始着手进行调查研究，2002 年 2 月，美国政府机构和越南政府在河内举办国际会议，启动了《越美合作调查计划》，同年 7 月，在瑞典也举办了国际会议等。

关于越南战争，最近发现，在战时设置在越南的美军基地周围，环境已被高浓度物质污染。备受关注的是越南南部胡志明市郊外的边和（Bien Hoa）、越南中部的岘港（Da Nang）等原美军基地周围的二噁英污染。从20世纪60年代起，已经过了40年时间，尽管自然生态系统的二噁英浓度不断下降，但在被认为储藏或倾倒二噁英的基地周围，至今仍存在着严重的二噁英伤害。2000—2001年，德克萨斯大学的阿诺德·杰克塔（Arnold Schecter）教授开展的研究中，发现了高浓度的二噁英污染事件。在边和原美军空军基地周围的43名居民的血液中，二噁英含量平均浓度高达 413×10^{-12}，为通常值 2×10^{-12} 的206倍，在那里还发现了大量的先天性畸形儿童。

2002年7月，越南副总统阮氏萍（*Nguyen Thi Binh*）（越南红十字橙剂受害者援助基金会名誉主席）发表声明，要求美国对落叶剂造成的先天性残疾儿童给予赔偿。

6-3 贫铀弹造成的健康伤害

尽管明明知道某些武器会造成严重的环境污染，但其拥有者为了达到绝对性的战果还要使用它，其典型就是前文所述发射贫铀弹。贫铀弹的特点是，比重大，能够击穿装甲车的甲板，由于贫铀弹在击穿甲板时同甲板急速摩擦生热，引起剧烈燃烧，会把车内士兵烧成灰烬，并向周围溅洒微粒状的贫铀。

贫铀具有双重毒性，即重金属毒性和放射毒性，一旦进入人体，就会引起各种恶劣影响。无疑，对战场上使用贫铀弹的士兵本身也会遭受伤害。原子弹是通过核反应在瞬间造成破坏和污染，贫铀弹则是放射性物质在体内长期蓄积，引起严重的健康损害[51]。

最早大规模使用贫铀弹是在1991年的海湾战争中[52]。其间，多国联军使用的贫铀弹总量多达290 t。之后，1995年在波黑战争中又使用了3 t，1999年在科索沃战争中使用了9 t[53]。在亚洲，除了海湾战争外，最有可能使用贫铀弹是2000年的阿富汗战争。有人认为，在2003年美国进攻伊拉克的过程中，在包括巴格达在内的市区，也曾使用过大量贫铀弹[54]。

自海湾战争以来，环境非政府组织和联合国环境规划署等对贫铀弹问题开始进行了环境调查[55]，但由于信息的制约和政治性限制，没有开展包括贫铀弹使用地点、使用量、健康损害实情等方面的综合调查，因而对于包括因果关系在内的受害全貌尚不清楚。

部分记者、环境非政府组织和反战团体确认，在伊拉克，有许多人因为海湾战争时的贫铀弹而受到健康损害（如照片3）[56]。但是，使用贫铀弹的国家对健康损害全然没有进行补偿。今后应该加快努力建立国际性框架，实施综合环境调查，根据调查结果进行损害补偿，进而禁止使用贫铀弹。

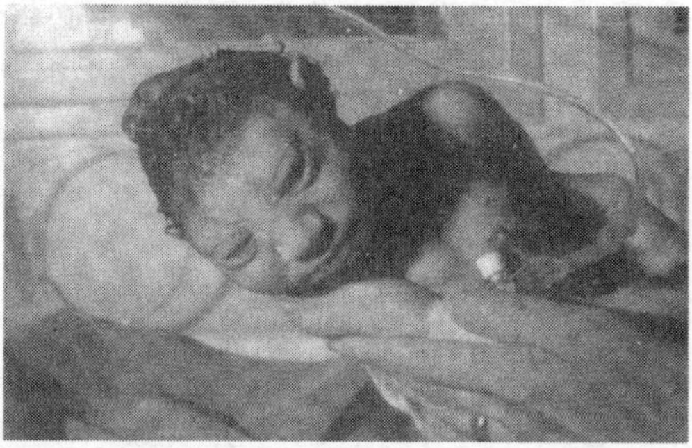

照片3　无脑症婴儿。在海湾战争后的伊拉克，据说严重先天性畸形婴儿的出生率异常地高，达3%（2003年1月，森住卓摄于巴格达）

7．面向“和平与环境保护的世纪”

7-1　凭借军事力量既得不到和平也保护不了环境

由于20世纪90年代后的全球化发展，单个国家（地区）已无法单独实现政策目标，需要国际社会合作，应对共同问题。尤其是和平与环境保护问题，没有国际合作是无法实现的。然而，美国布什政府2002年9月发表的国家安全战略政策，制定了“即使美国单独行动也要用武力铲除恐怖活动”的政策，几乎都是借助军事行动。靠这种办法就能实现世界和平与环境保护吗？

世界的现实是，即便是少数派集团，也有可能通过技术革新而拥有大规模杀伤性武器。美国的军事力量即便居于绝对优势，也很有可能受到这些小集团的挑战。更确切地说，美国越是通过军事力量来镇压恐怖组织，无数的小集团恐怕就越会热衷于恐怖活动。世界反而会因军事活动变得更不安宁。

此外，对美国来说，靠军事力量来制止恐怖活动这种战略恐怕也是会碰壁的。美国2001年对阿富汗、2003年对伊拉克发动了军事活动，从财政方面说，究竟能够支撑多久呢？照这样下去，以无数的恐怖组织为敌手，开展“防卫战争”，军费负担必将急剧增加。20世纪80年代美国出现的“双赤字”（指财政赤字和经常性收支赤字同时存在的状态）再度成为现实，若把目前的战争继续下去的话，美国经济恐将深陷危机(57)。强化军事活动，既会破坏环境，也会导致经济崩溃。

靠军事力量来确保和平与环境，这不过是个幻想而已。如果从环境保护的立场来思考，这是很明确的事情。总之，我们在进行国际性协调的同时，必须开始努力把21世纪变成“和平与环境保护的世纪”。无论对于恐怖活动，还是对于国家军事活动，我们都必须尽力遏制全球性的暴力行动。

7-2 朝向“环境裁军”

如上所述，军事活动会彻底破坏环境并危及生命健康。所谓“环境保护型的军事活动”等，这种事情原本就不可能存在。我们有必要再次回到这一点上，从环境保护立场出发，严肃质疑军事活动带来的问题。为环保所做的努力同为和平所做的努力，很多地方都是相通的。今后，如果站在环保立场上来遏制或削减军事活动，就需要重视强化以下几个方面：

首先是信息公开。多数情况下，在军事活动造成的环境问题中，信息多被作为重要机密藏匿起来，结果导致已有影响的进一步恶化。如上所述，多数地区都几乎并不了解污染与健康损害的实际情况，就连可能出现破坏地区的周边居民往往也没有意识到这些问题。政府对信息公开的态度常常是消极的，所以居民方面需要不断加强对政府的压力，收集整理信息，促使政府积极公开信息，这项工作极为重要。此外，国家还需要尽快赋予地方政府和市民进入现场开展调查的权利。

第二是市民参与。这有两层含义：一是市民，特别是受害者，能够参与环境政策的制定。尽管对其他环境问题，市民参与的必要性得到了提倡，但在亚洲，尤其是对军事环境问题，市民几乎都不许参与。欧美各国（如美国）建立了相应机制，居民，当然也包括环境非政府组织和专家，都能够参与军事基地关闭后的旧址用途转换问题[(58)]。市民参与环境问题决策的制度，对环境保护来说具有决定性的重要意义。单将军事环境问题列作例外，这是行不通的。市民参与的第二层含义是，要认识到“军事环境问题是仅仅被挤压在部分基地周围地区居民身上”这样的事实，因而需要设法如何让其他地区的人们也以某种形式参与进去。在保障国家安全的名义下，环境破坏已经被彻底地无视了。但不管站在哪种立场上，国家安全都不能孤立于环境问题之外。特别是在日本情况下，向一部分地区“挤压”的倾向很强。在韩国，修改《美军地位协定》运动大为高涨的原因在于，整个韩国都有美军基地，所以不存在市民们认为事不关已这样的土壤[(59)]，国民运动至少在环境方面不断地向前推进。日本的美军基地有 80%挤压在冲绳，除了冲绳这一部分人以外，人们都倾向于认为军事环境问题事不关己。我们是不是很有必要真正面对军事环境问题，要从漠不关心的状态中摆脱出来吗？

第三是费用负担。对于军事活动造成的环境污染，污染者要履行相关费用负担的义务。迄今为止，军事活动的含义几乎等同于国家安全保障，无论在何种政策中，都处于优先地位。因此，在军事活动面前，环境保护原则之一的“污染者付费原则”（Polluter Pays Principle：PPP）根本就没有实施。单单把军事活动作为“污染者付费原则”的例外，并无条件地使其正当化，这在哪个国家均属无稽之谈。现实中，应该像德国一样，要求外国驻军履行清除污染的义务和补偿受害者的义务，而且德国可以对基地进行现场调查。亚洲的环境破坏已经全面发生，应当很有必要参考德国经验，从军事活动属于最优先政策这种冷战型思维方式中摆脱出来，应当要求所有的军事活动，履行污染清除和向受害者补偿的义务。

通过以上说明，我们在21世纪应该实现的，并不是“军事活动的清洁化”。尽管像在3-1中所述那样，驻冲绳海军陆战队环境部的先进行动等，很有可能获得喝彩，但军事活动清洁化是根本不可能的。面对军事环境问题，站在环境保护立场上，人类社会应当明确最终目标，彻底缩小军事活动，即实现“环境裁军”。本章介绍的亚洲各地的运动，就是为了实现“和平与环境的世纪”的“环境裁军”所担负历史性行动的一翼。

（执笔：大岛坚一，除本理史，谷洋一，千憬娥，林公则，罗星仁）

专栏1　围绕残留的地雷和哑弹问题：柬埔寨案例

地雷和哑弹有两种威胁。第一，在战斗结束后，可以残留在土地里很多年仍然保持杀伤力；第二，对于同战争毫无关系的农民，乃至战争后出生的儿童，造成“无差别性”的伤害。1991年，尽管柬埔寨内战各方缔结了和平协议，但当时的2 000 km^2以上土地里仍然埋藏着400万～600万颗地雷，战后受害者仍源源不断地出现，其中多数是一般平民（参见表1、表2）。

表1　柬埔寨战后地雷和哑弹造成的事故

年份	事故次数	月死亡人数	日死亡人数
1996	3 046	254	8
1997	1 810	151	5
1998	1 929	161	5
1999	1 049	87	3
2000	802	67	2

出处：根据International Campaign to Ban Landmine，*Landmine Monitor Report 2001*，August 2001整理。

表2　受害者中的军人和平民比率　　单位：%

年份	军人	平民
1997	49	51
1998	41	59
1999	14	86
2000	7	93

出处：同表1。

农民们一面相互交换有关地雷埋设地点的信息，一面避免进入危险地带，就这样同地雷常年“共存”。地雷与哑弹问题同贫困问题密切相关。现行的土地所有制度规定，自己开垦的土地归自己所有，而且在雷区还保留着大量的优质木材，所以不少人为了开垦土地或砍伐树木而冒险踏入雷区。为了获得现金，也有人自己挖掘地雷和哑弹进行拆解，卖给清除企业。“同有地雷相比，缺粮更可怕”，这是当地农民的切实呼声。

埋设地雷有一定的规则，退伍后的农民也了解有关埋设地点的知识，而哑弹却无法预测，所以在农作时触碰哑弹的危险性很大。尽管地雷知识相当普及，但如何处理哑弹很多地方还不明白。如在校园内埋有地雷或哑弹，挖井打钻时的振动都会引爆它们。

一般发现有地雷或哑弹时，均应主动地通报给柬埔寨地雷行动中心（Cambodian Mine Action Center：CMAC）或外国的除雷非政府组织，但农民们往往只告诉信得过的人，而不通报给公共机构或非政府组织，或者如果受伤者不是本村居民的话也不报告。这背后的原因很复杂，有地区的人际关系、有对国家机关和外国人的信任问题等。在暹粒省（Siem Reap）近郊的农村，退役士兵劳•阿基拉（Lo A-kila）自愿无偿地进行除雷作业，村民们发现地雷或哑弹时，只对像他那样真心为村庄作贡献的人通报。

直到目前，柬埔寨还没有关于取缔武器的普遍性的法规文件，是否批准地雷与哑弹的引爆处理或保存，全凭地区行政当局者随意决定。一些负责人或在颁发许可证时索取贿赂，或在发现个人排除地雷时以“‘非法’持有武器”为由予以逮捕，进而索要高额保释金。可以说，地雷与哑弹滋生的权力成了致力于清除地雷与哑弹的非政府组织和个人活动的阻碍因素。

外国援助的除雷资金，大部分被挪为他用，并未在排雷作业中发挥作用。据说，清除1颗对人地雷需要几百美元，而实际上如果是熟练人员通过人工作业进行解体，基本上不需要太多费用。独占权力的一方担心，一旦这些事实泄露出去，就再得不到外国援助了，所以采用各种方式对帮助村庄除雷的人施加压力。此外，在拿到援助资金后，柬埔寨地雷行动中心有时也会在明知没有地雷的地点进行所谓“除雷作业”。

尽管这是非常遗憾的现实，但对当今的柬埔寨来说，地雷与哑弹成了争取外国援助的“资源”，成了权力问题和腐败的重要根源。为了保护像阿基拉那样的自觉开展除雷活动的人们，国外组织需要对行政当局进行核查，还需要建立经常性的监视系统。

（中野亚里）

专栏2 日本遗弃在中国的化学武器问题

1995年9月，日本政府批准了《禁止化学武器公约》，该公约自1997年4月生效。公约规定，缔约国在公约生效后，原则上要在10年内完成遗弃在其他缔约国领域内的所有化学武器的清除工作。

从抗日战争到第二次世界大战期间，原日本军队把大量化学武器运进中国大陆，使用了一部分，遗弃了一部分。战后，中国政府曾将发现的原日本军遗弃的化学武器收集埋藏在若干地点，其中一大半集中在吉林省，不少埋在民房附近。据悉，包括吉林省在内，在中国国内有14个地点埋设或保管着原日本军的化学武器(日方推测其总量约70万发)，同在欧美进行废弃处理的非贮藏化学武器数量相比，高出1个数量级。

被遗弃的化学武器都是内部装有各种危险化学物质的武器，如芥子气、路易斯气（二氯-2-氯乙烯砷）等糜烂剂、光气（碳酰氯）等窒息剂、二苯基氰胂等喷嚏剂。弹药种类也品目繁多，包括迫击炮弹、榴弹炮弹、空投炸弹、发烟筒等，其中大多数都是在装填炸药的状态下密集地埋在地下。一部分化学武器处于化学药剂泄漏状态，化学药剂多数含有剧毒化学物质砷。

日本必须承担清除全部遗弃化学武器的总费用，而究竟需要多少，迄今尚未能确定。即使参照其他国家事例，估计费用也会相当大。今后的计划是，筛选出可行的处理技术，进行试验，确定技术，在中国建立试验工厂，然后建设正式工厂进行处理。据日本政府有关人员介绍，在限期内（按公约规定，需在2007年前）实际上不可能全部完成清除工作。

如今在中国，曾多次发生过“在农作或建设工程时，因误撞了遗弃化学武器而受伤”的损害事故，这个问题作为中日战争的负面影响始终存在着。

尤其是最近，在中国还发生了一场悲剧。2003年8月4日，在黑龙江省齐齐哈尔市的建筑工地下发现了5个金属罐，是原日本军遗弃的化学武器，其中1个在现场破损，油状液体渗入土中。现场1名工人不知道这些是化学武器，就收购了这5个金属罐，切割后转卖给了废品收购者。结果，双氯乙烯硫醇气体（芥子气）从金属罐内泄漏出来，而且现场的污染土已被运到了其他几个地点。据“人民网”（日文版，2003年8月18日）报道，受害情况不断扩大，住院患者达43人，其中6人重伤，后来报道有1人死亡。受害者向日本政府提出生活费、抚养费、赡养费等7项赔偿要求，而日本政府的应对备受关注。

在日本，战争记忆正在不断地淡漠，遗憾的是日本国民对于遗弃在外国的化学武器问题不大关心。非但如此，很多人可能甚至还不知道这个问题的存在。在2003年8月的事故中，日本的报道比中国的报道要少得多。在这种意义上，日本和中国之间存在的鸿沟还在不断加深。哪怕只是给予补偿，也有可能跨越历史，有助于未来中日关系的发展，这是热心中日友好人士的愿望。

（明日香寿川）

第2章

环境与贸易

谋求实现环境保护型贸易

照片为露天堆放的由日本出口到中国的混合废金属(2002年11月摄于中国浙江省)

照片提供：小岛道一

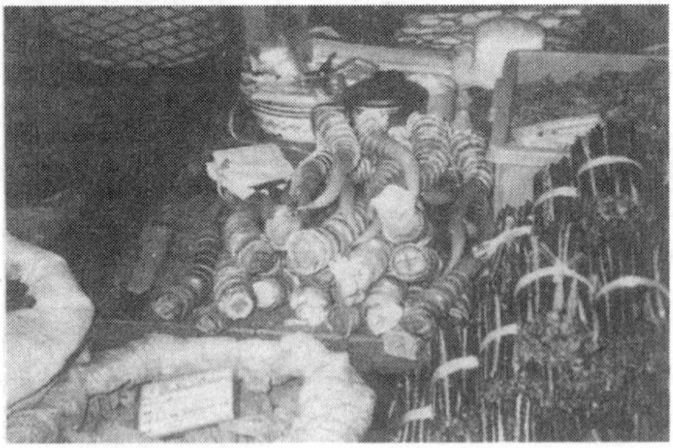

照片是位于中国广州的食材中药市场

照片提供：TRAFFIC Japan（TRAFFIC：Trade Records Analysis of Flora and Fauna in Commerce）

1. 前言

在亚洲地区，不断出现两国间或多国间缔结自由贸易协定（FTA）的动向。东南亚国家联盟（ASEAN，简称东盟）为促进进一步的经济整合，实施了降低关税等政策。日本同新加坡之间在2002年1月缔结了经济合作协定。此外，东盟同中国、韩国和日本之间，日本同韩国之间也在为缔结自由贸易协定开始谈判或开展共同研究。2001年11月世贸组织（WTO）部长会议决定，开始新的多边谈判。

同时，环保团体和劳工团体因为担心推进自由贸易可能会使环境更加恶化、导致各国政府实施预防性环境政策的可能受到限制等，而对贸易自由化谈判进程提出了批评。环境团体指出，如木材、虾、猫食、油棕、废电池、废旧家电、农药等在国际上进行贸易的各种物品都同环境问题密切关联。

关于珍稀濒危动植物和危险废物，认识到必须控制贸易才能有效遏制环境污染与破坏，因而要采取一定的环境贸易措施，即必须基于《濒危野生动植物物种国际贸易公约》（以下称《华盛顿公约》）和《控制危险废物越境转移及其处置的巴塞尔公约》（以下称《巴塞尔公约》），签约国之间只有满足一定条件，方可进行贸易活动。亚洲许多国家已经加入了国际环境公约（参见表1），采取环境贸易措施。此外，在因批准国数量不够而尚未生效的《关于在国际贸易中对某些危险化学品和农药采用事先知情同意程序的鹿特丹公约》（PIC公约）、《关于持久性有机污染物的斯德哥尔摩公约》（POPs公约）等公约中，也都要引进环境贸易措施。

围绕“环境与贸易”，正在出现两种动向，一是要推进自由贸易发展，二是出于保护环境而要对贸易进行一定控制。多数国家在成为世贸组织等推进自由贸易的国际组织成员时，也批准了实施环境贸易措施的国际环境公约。关于世贸组织规则同国际环境公约的关系，成员国（地区）之间尚未达成国际性协议，世贸组织关于这一新的多边谈判已开始进行讨论。

表1　亚洲各国对世界贸易组织、国际环境公约等的加入和批准情况

国家（地区）	WTO（1995年成立）	东盟（1967年成立）	亚太经合组织（1989年成立）	华盛顿公约（1973年制定，1975年生效）	蒙特利尔议定书（1987年制定，1989年生效）	巴塞尔公约（1989年通过，1992年生效）
日本	1995	—	1989	1980	1988	1993
韩国	1995	—	1989	1993	1992	1994
朝鲜	—	—	—	—	1995	—
俄罗斯	—	—	1998	1992	1988	—
中国	2001	—	1991	1981	1991	1991
中国台湾	2001	—	1991	—	—	—
菲律宾	1995	1967	1989	1981	1991	1993
印度尼西亚	1995	1967	1989	1978	1992	1993
新加坡	1995	1967	1989	1986	1989	1996
马来西亚	1995	1967	1989	1977	1989	1993
越南	—	1995	1998	1994	1994	1995
老挝	—	1997	—	—	1998	—
柬埔寨	—	1999	—	1997	2001	2001
泰国	1995	1967	1989	1983	1989	1997
缅甸	1995	1997	—	—	—	—
孟加拉国	1995	—	—	1981	1990	1993
斯里兰卡	1995	—	—	1979	1989	1992
印度	1995	—	—	1976	1992	1992

出处：根据各个国际组织和公约秘书处的主页编制。

本章第1节将先从亚洲珍稀濒危动植物、水产资源、森林资源、固体废物等已有贸易的实际状况出发，研讨亚洲在“环境与贸易”方面应当开展合作的课题任务及其方向。对于珍稀濒危动植物和固体废物领域，达成了国际环境公约，引进了环境贸易措施，而对于水产资源和森林资源，只有其中一部分成为《华盛顿公约》等公约的规定对象，还不属于已经充分采取了环境贸易措施的领域。在本章第2节，将概述各领域贸易的实际情况和环境影响等。第3

节将围绕对于环境保护与国际贸易关系的考虑，提出应该共同讨论的问题。

2. 贸易给环境带来的影响

2-1 亚洲的珍稀濒危动植物贸易 (1)

在过去30年里，东亚很多国家的经济取得了快速增长。尽管经济增长提高了当地居民生活水平，但同时也加重了环境负荷。土地利用的变化导致栖息地严重破坏和沙漠化加剧，环境污染等引起生物多样性丧失。另外，直接针对野生生物资源的利用也在不断增加。

人类一直在以医药品、食物、装饰品等各种形式利用野生生物。特别对于发展中国家的人们来说，野生生物是支撑其生活的重要资源。世界野生生物交易市场相当大，每年交易金额估计高达几十亿美元。

20世纪90年代初，在世界野生生物国际贸易每年出口额中，木材占65%；其次是鱼类，占25%；木材以外的森林产品占7%，活体动物、服装、装饰品、医药品、食用肉、观赏植物等其他产品占3%。

- **野生动植物贸易对环境的影响**

对于野生生物来说，最大的威胁是栖息地的破坏。但是，为了利用特定的动植物，过度采伐与捕猎也是招致物种灭绝的重要原因，甚至也是威胁整个生态系统的主要原因。而且，连依赖野生生物地区的社会生活和经济都将陷入危机状态。在生物多样性丰富的亚洲国家（地区），多数都在确保依赖野生生物的食物进行传统的健康管理。不可持续的动植物利用，从长期来说，会给地区的社会和经济带来恶劣影响。

- **保护对策**

1975年，为了防止过度贸易危及物种生存而控制其国际贸易的

《华盛顿公约》生效。现在，签约国达到160个，作为对象动植物的物种约有3万种。在《华盛顿公约》中，根据动植物所处的危机状况，将其进行分级，记载在公约的附录中。此外，关于国际贸易，还制定了以政府颁发许可证为前提的控制规定。以该项控制规定为基础，掌握贸易的实际状况，进一步组织研究妥善的保护对策。

《华盛顿公约》生效的意义在于，能够在世界规模上掌握物种的栖息与利用状况，把焦点聚集到处于濒临灭绝危机的物种上，记录和分析哪些物种、有多大的量进行了贸易，制订出可持续的管理计划。另一方面，确定公约的对象物种是比较困难的，还有随国家不同而某些国内法规不能适当实施的情况等，这些都是有效施行公约的难点。

● 野生生物利用状况

〈医药品〉 从古至今，东西方的人们都一直把野生生物用作传统医药的原料。在东亚，有1 000多种动植物被用作传统医药的原料，其中包括老虎、麝香鹿、犀牛、熊、猕猴、朝鲜人参等。

属于亚洲固有物种的老虎，是最为濒临灭绝的高级动物之一，《华盛顿公约》禁止对其进行商业贸易。由于虎骨等的昂贵价格，诱发了对老虎的偷猎，导致其个体数量减少。这几年，使用虎骨的医药品的消费量有减少趋势。这可以说是《华盛顿公约》通过建议栖息国和消费国双方实施保护对策等世界性保护老虎活动的成果。

麝香是从成熟的雄性麝香鹿的分泌腺中采集的分泌物（musk），被用作中药或香料。据说，1 g麝香的交易价格高达5 000日元（相当于人民币300元左右）。麝香，主要在东亚和东南亚的需求量较大，北美和欧洲也有需求。麝香鹿减少的主要原因是采集麝香而遭大量捕杀。此外，林业、燃料采集、观光等造成的栖息地破坏也是重要原因。《华盛顿公约》规定，麝香鹿属物种全部都是贸易控制对象。其中，阿富汗、不丹等的喜马拉雅个体群均被禁止国际贸易。此外，中国、西伯利亚等的个体群，必须在得到许可后方能进行交易。

犀牛主要栖息在非洲和亚洲，是高度濒危动物。犀牛角被用作中药药材。现在，除了日本以外的东南亚所有国家（地区），几乎都禁止犀牛角的国内交易。

在用于医药原料的动植物中，有的也被用做香料。其中，沉香作为香味的成分是不可缺少的。在瑞香科（Thymelaeaceae）沉香属（*Aquilaria* sp.）的树木中，在各种自然条件下偶然性地产生的含有树脂的那部分，被利用作沉香。其主要产地有印度的阿萨姆地区（Assam）和德干高原（Deccan）、缅甸、越南、泰国、马来半岛、文莱、苏门答腊（Sumatra）、中国南部、海南岛等地。在《华盛顿公约》中，只对其中的沉香树（*Aquilaria malaccensis*）的贸易进行控制，其他种类尚未成为公约的控制对象。以前只是从枯萎的或枯死的树木上采集，而现在有大量的成熟个体遭到采伐。由此可以推断，沉香树的个体数量正在不断减少。

〈食物〉 对于全世界的人来说，野生动植物是宝贵的食物来源。人们消费野生动物的肉类有各种各样，包括昆虫、鸟、龟、灵长类、羚羊、河马等。从这个角度考虑，野生动物减少的重大直接原因之一是为了食用的捕杀。特别是在东亚，人们对淡水龟肉的消费量很大。栖息在亚洲的 90 种淡水龟中，75%的已陷入危机状态，其中的 18 种龟濒临灭绝危险。

在用作食物的野生动物中，最熟知的应该是鱼类。大部分鱼类的贸易是合法的，但近年在金枪鱼、巴塔哥尼亚齿鱼（Patagonian toothfish）、鲨鱼等的持续捕捞方面，出现了违法、不报告、不受限等捕鱼作业问题，详细情况见后文。

〈装饰品/鉴赏品〉 世界上各种各样的动物制品均有作为装饰品进行贸易，其中包括：象牙陈设品、珊瑚礼品、牛龟甲壳、贝壳等，甚至包括蝴蝶、独角仙等昆虫标本也被买卖。

象牙因其呈乳白色，有光泽，且易于雕刻，所以在亚洲各地被制成雕刻品、装饰品、筷子、印章等各种制品。过去，亚洲利用的象牙源于亚洲象，后来开始大量利用非洲象。在东亚地区，特别是在日本、中国香港等地，对象牙的需求量很大，所以在 20 世纪 70—80 年代，接连不断发生非洲象的偷猎行为，导致非洲象存活个体量减半。1989年的《华盛顿公约》缔约国会议通过决议，禁止象牙的国际贸易。亚洲象自1975年即被禁止进行商业贸易。在第10次《华盛顿公约》缔约国会议上（1997年，津巴布韦首都哈拉雷），博茨瓦纳、纳米比亚、津巴布韦3国提出议案，希望同日本一次性交易库存象牙。缔约国会议决定，只有在满足一定条件下才批准交易。之后，缔约国判断此次议案为符合条件，作为试验性措施，上述3国遂于1999年7月把象牙出口给日本。作为缔约国制定的条件，要求构筑包括亚洲象在内的所有象的交易与违法捕杀的监视体系。亚洲是象牙的主要消费地区，在研究非洲象的保护对策时，亚洲的象牙交易经常备受关注。

为采集藏羚羊的毛，到处发生偷猎行为，导致其个体数不断减少。这是由于用藏羚羊毛的毛织品——暗花刺绣服装的价格昂贵之故。在《华盛顿公约》中，藏羚羊是被禁止进行商业贸易的。但是，暗花刺绣服装仍被非法地走私到各地，在消费地区欧美、中国香港、日本等地进行高价交易。

如上所述，亚洲各国既是世界上出名的野生生物产品的消费国，也是野生生物产品的供给国。如果该地区的人们充分了解自然资源的价值，能在可持续的范围内利用野生生物产品，这才是有利于本地区固有的生物多样性的持续保持。

2-2 水产品贸易：聚焦金枪鱼

● 水产品贸易的整体动向与金枪鱼

亚洲水产品贸易的特点已在《亚洲环境情况报告》第1卷（1997/98版）第III部[10]中做过介绍，主要特点小结如下：

第一，在世界水产品贸易中，亚洲各国所占的比例越来越高。进出口比例都在增加，特别是进口比例较高；第二，日本依然是世界上主要的水产品进口大国；第三，根据20世纪80—90年代初对中国南海地区（印度尼西亚、马来西亚、菲律宾、泰国、中国台湾、中国香港、新加坡）的水产品出口量进行统计后确认，由于向美国出口虾的数量增加等原因，向日本的出口比例相对下降了；第四，据同上统计，向中国和韩国的出口也在迅速增加，表明中、韩 2 国水产品消费的增量是通过进口来弥补的。

总的来说，中国、韩国、欧美等水产品新兴消费国的兴起，相对降低了日本进口水产品所占比例。如果从自然资源管理和食品问题观点来分析上述动向，那么，在世界捕捞量和水产品贸易额都在不断增加的过程中，亚洲地区正在引发滥捕渔业资源、掠夺国际性食品资源等问题。（参考《亚洲环境情况报告》第 1 卷第 III 部[9]）

为了实现水产资源的可持续利用（sustainable use），首先必须直接管理捕捞行为。可是，在难以直接管理且水产品贸易在全球范围内不断扩大的情况下，贸易控制则可认为是补充性地、间接性地保护资源的较为妥当的手段之一。

● 贸易量增加及其对金枪鱼资源的影响

下面，主要以水产品贸易的代表性商品之一——日本进口的金枪鱼(2)为例，介绍这一问题的现状和相关课题。据联合国粮农组织（FAO）的统计，全世界金枪鱼捕捞量（含养殖量）从 1950 年的 24 万 t 增加到了 2000 年的 184 万 t(3)，可见资源管理与保护的必要性正在增加。例如，在大西洋的黑金枪鱼中，有西部和东部（含地中海）两大群系，西部大西洋的捕捞量在 20 世纪 60 年代曾经超过东部，而现在只有东部的 5%左右，西部群系的个体数量在 1975—1995 年估计减少了 80%～90%(4)。

20 世纪 70 年代中期，冷冻和新鲜金枪鱼的贸易量（进口量）相当于金枪鱼捕捞量的 30%，而在 90 年代就增加到 50%左右（若按包括罐装在内的原鱼换算重量，国际贸易的比例会更多）。包括罐装等形态在内的金枪鱼贸易，占世界水产品贸易额和数量的近 10%。其中，日本进口在数量上占 20%，金额上占 30%～40%。若限于新鲜和冷冻金枪鱼，日本的进口数量占 40%，金额则超过 60%。这说明，日本是价格昂贵的金枪鱼生鱼片（刺身）的进口大国。但也应留意到，欧美地区以罐装原料或罐装形态进口的金枪鱼也很多(5)。

在金枪鱼的流通形态中，有冷冻和新鲜（只冷藏不冷冻）2种。新鲜金枪鱼进口主要是用飞机运到日本的成田和关西国际机场等地。2000年，金枪鱼的具体供给量参见表2，日本国内产量为：冷冻12.5万t，新鲜6.1万t；进口量为：冷冻19.3万t，新鲜7.1万t，冷冻和新鲜的进口量都超过了日本国内产量。1990—2000年动向的显著特点是，日本减少了国产冷冻和新鲜的金枪鱼（甚或不变），而增加了进口，特别是新鲜金枪鱼进口量增加了70%左右。但是值得注意的是，确定表2中的数据为国产还是进口，主要取决于渔船的国籍，在公海与其他国家的经济专属区，即使是相同渔场的金枪鱼，日本渔船捕捞的即为日本国产，外国渔船捕捞的则属于进口。

表2 日本市场的生食金枪鱼（不包括产鲭金枪鱼）的供给量

[冷冻金枪鱼] 单位：t

	1990年	1993年	1994年	1996年	1998年	2000年
国产	197 220	180 348	182 878	143 514	151 289	125 321
进口(所有合计)	169 269	197 244	172 339	190 069	214 883	193 282(100.0%)
中国台湾	56 891	108 806	74 507	86 084	81 546	74 233（38.4%）
权宜国籍国家	34 213	30 393	36 644	38 032	47 665	46 369（24.0%）
韩国	55 174	42 823	43 519	45 696	66 060	52 378（27.1%）
国产与进口合计	366 489	377 592	355 217	333 583	366 172	318 603

[新鲜金枪鱼] 单位：t

	1990年	1993年	1994年	1996年	1998年	2000年
国产	65 636	72 320	67 616	56 102	54 142	61 582
进口	43 092	63 390	70 917	71 759	71 369	71 152
国产与进口合计	108 728	135 710	138 533	127 861	125 511	132 734

注：根据日本鲣鱼/金枪鱼渔业协会联合会的推算。在权宜国籍国家中，自2000年包括中国，不包括印度尼西亚和菲律宾。新鲜金枪鱼的国内产量，假定《水产品流通统计年报》的覆盖率为50%，数值为2倍。

出处：《鲣鱼/金枪鱼统计年鉴1995年版》和《鲣鱼/金枪鱼统计年鉴2001年版》。

● 冷冻金枪鱼进口量增加的背景

日本金枪鱼进口量增加的背景，对于冷冻的和新鲜的并不一样。下面，针对冷冻金枪鱼进口量的增加背景进行阐述[(6)]。20世纪70

年代以后，鉴于国际社会通过200海里渔业水域等，日本的远洋渔业遭到了当头一棒的打击，另一方面，日本国内对于水产品的需求量在增长，包括增加了冷冻金枪鱼的进口。日本的商社和大型水产公司企图独占进口与销售渠道[7]。20世纪80年代初，他们从国内外渔业企业收购大部分冷冻金枪鱼，甚至“10家左右的大型金枪鱼批发商，几乎都属于商社或大型水产公司行业，或是大型水产公司的直销部门[8]”。之后，大型超市等也在这方面加强了竞争力[9]，日本近年来国产与进口的金枪鱼和旗鱼金枪鱼，估计总额的70%～80%由大型水产公司控制[10]。

冷冻金枪鱼主要是大型超低温绳钩渔船（以下称超低温船）的产品。向日本出口冷冻金枪鱼的国家（地区）主要是韩国和中国台湾，超低温船在这2个国家（地区）的增加经历了如下过程。

20世纪70年代中期，韩国引进了面向日本生食市场的超低温船（金枪鱼绳钩中型船，捕捞后的鱼再转送到大船——译者注），80年代捕捞量显著增加[11]。据当时调查，韩国的金枪鱼出口全部由日本商社控制，韩国捕鱼企业通过接受日本商社供给的渔船采购资金和运行资本融资，同日本商社建立起了各种合作关系[12]。“之后，韩国大大增加了以300～500 t渔船为主的金枪鱼绳钩中型船。1980年以后，韩国不断使船籍真正地本国化，主要在太平洋、印度洋和大西洋等地进行作业”。但近年来，由于人员工资上涨等因素，韩国在同中国台湾、印度尼西亚的竞争中不断丧失优势[13]。

同时，中国台湾在20世纪80年代到90年代不断增加超低温船的数量（参见表3），面向日本的生鱼片市场，扩大了云裳金枪鱼和黄肌金枪鱼的捕捞[14]。可是，由于供给过剩，导致日本生食金枪鱼的价格下跌。以此为契机，日本同中国台湾的金枪鱼捕捞团体于1993年12月缔结协议，商定了将1994年台湾向日本的冷冻生食金枪鱼出口量控制在99 000 t以内[15]。但是，台湾渔船数量的增加趋势依然旺盛，而日本在经济泡沫时期也加快建造了大量新船，大批没有出路的旧船被滞留下来。在99 000 t对日出口框架以外，1997年“大西洋金枪鱼保护国际委员会”（ICCAT）把台湾在大西洋的云裳金枪鱼捕捞量控制在 16 500 t。结果，这些旧的超低温船把船籍更换成为洪都拉斯、伯利兹（英属）、巴拿马等船籍，成了在台湾渔业许可框架外进行作业的“权宜设置国籍渔船”（以下称 FOC 船，指将船籍转往非加盟国家）(16)。大型金枪鱼绳钩渔业的 FOC 船，主要是中国台资的渔船。尽管这种渔船的实际状况和数量未必清楚，但可以估计，日本出口的旧船约 130 艘，在台湾建造的超低温船约 100 艘，若包括来自韩国等其他国家的渔船在内，至少有 240 艘(17)。中国台资 FOC 船的作业海域扩及太平洋、大西洋和印度洋。在冷冻生食金枪鱼的进口总量中，从 FOC 船进口的约占 24%，若把中国台湾和 FOC 船的进口量合在一起，估计要超过 60%（2000 年，参考表 2）。

表 3　超低温金枪鱼绳钩船数量　　单位：艘

年份	日本	韩国	中国台湾	其他	合计
1980	943	219	72	—	1 234
1985	773	156	75	—	1 004
1990	758	203	196	—	1 157
1995	703	201	334	198	1 436
2000	529	197	370	266	1 362

注：“其他”为印度尼西亚及“权宜设置国籍渔船”（FOC 船）。“其他”的船数是从金枪鱼进口量除以每艘船 200t 进口量推算出来的。
出处：《鲣鱼/金枪鱼统计年鉴 1999 年版》和《鲣鱼/金枪鱼统计年鉴 2001 年版》。

世界观察研究所发行的《地球白皮书 2001/02》指出，FOC 船的更籍行为“不仅导致渔船间的不公平竞争，而且从根本上破坏了国际渔业协定的整体效果”(18)。FOC 船回避了禁渔区和禁渔期等控制，同其他渔船相比，可以说是增加了扬水能力，提高了作业效率。联合国粮农组织（FAO）、ICCAT 等国际组织把通过渔船更换国籍以摆脱渔业资源国际管理控制的行为称作“非法的、未报告的、不规范的”（IUU：Illegal，Unreported and Unregulated）渔业。权宜国籍渔船如果不加入国际性的管理保护金枪鱼类资源的地区渔业管理委员会（在大西洋为 ICCAT）等，就不会按资源管理委员会的各种控制规定进行作业。而且，即使是地区渔业管理组织的成员国，只要没有建立起实施控制规定的体制，也会破坏国际性资源管理措施的有效性。据 2001 年 2 月第 24 届联合国粮农组织水产委员会会议上通过的《预防、阻止与消除非法的、未报告的以及不规范的渔业的国际行动计划》（*International Plan Of Action To Prevent，Deter And Eliminate Illegal，Unreported And Unregulated Fishing*，IPOA-IUU），针对“非法的、未报告的、不规范的”（IUU）渔业的定义，前者案例属于不规范的渔业，后者案例属非法的渔业。在这一意义上也许可以说，对于控制 FOC 渔船捕捞产品的进口控制等对策，评价是积极的。

由于针对 FOC 船的管理对策等原因，现在，FOC 船的数量减少了（参考专栏 1）。除了遵循国际资源管理措施方向不断改善渔业活动的渔船以外，估计 FOC 船至少还残存有 100 艘左右[(19)]。

● 金枪鱼资源管理与海洋环境保护

1992 年 3 月在京都召开的《华盛顿公约》第 8 次缔约国会议上，由于大西洋金枪鱼资源的减少，瑞典政府提出议案，建议把西部金枪鱼群系列入《公约》的附录 I，把东部金枪鱼群系列入附录 II。该提案由美国环境非政府组织“全美奥杜邦协会”（National Audubon Society）的卡尔·萨菲那（Carl Safina）博士执笔、在世界自然保护基金会（WWF）推动之下向各国政府提出的。大西洋黑金枪鱼资源的管理机构是由各国政府构成的“大西洋金枪鱼类保护国际委员会”（ICCAT），而环境非政府组织判断 ICCAT 的管理措施无效，作为替代措施，要求依据国际环境公约进行贸易控制。实际情况是，不仅以日本为主的远洋渔业国的捕捞配额量比 ICCAT 科学家建议的数值要高，而且美国的捕捞量也超过了配额量，为改善这种状况才起草了该提案，萨菲那博士如是说[(20)]。

结果，该提案被撤回，对于 ICCAT 成员国的黑金枪鱼捕捞量控制后来并未按提案执笔者的意图取得进展[(21)]，但对 ICCAT 非成员国的进口控制等反倒取得了一定效果[(22)]。现在，国际措施也取得了进展，中国台湾系的FOC船主团体也同意了，由日本渔业方面负担拆解费用，从民间层面上废止FOC船（参考专栏1）。

与此同时，环境非政府组织事实上仍在质疑ICCAT等地区渔业管理机构对资源管理的有效性。如果水产资源管理是以海洋环境保护为目标，那么，政府就应该考虑非政府组织通过贸易间接地来影响资源管理，而且是否也该要研究发展非政府组织可以直接地参与资源管理系统的机制吧[23]。

2-3 森林减少与木材贸易的关系

● 森林消失的主要原因——木材贸易

熊崎实先生简要地总结过热带雨林减少的主要原因[24]，并将其分为社会原因（包括制度原因、人口压力、传统原因、经济发展需求等）和自然原因（包括森林火灾、气候原因等）。他指出，制度原因有土地制度和环保制度的不完善、行政管理能力低效等问题；人口压力特别是农村人口密度的增加；经济发展需求有：农业开发与工业化，外汇创收，以及非传统的移动性耕作（火烧开垦）、家畜放牧、燃料采集。而换个角度来考虑，直接原因有：旨在出口的过度商业采伐，包括油棕园、咖啡园等商用种植园在内的农地营造、伴随城市化的土地利用转换、无地农民进行的非传统移动耕作（火烧开垦等）或是大规模的森林火灾。

至少可以说是，木材贸易关系到森林的减少，这恐怕是众口一词的。然而，对于“木材贸易”问题，不可以简单地就说出口国不好，或是进口国不好。正像马伊凯尔• 劳斯等明确指出的[25]，现实情况是，东南亚各国的木材贸易繁荣昌盛期的到来，不仅同国际市场需求高涨有关，还同当事国政府乃至政治力量都强烈支持木材贸易、有关采伐和流通的法律制度也没有得到充分贯彻执行有关。例如，自20世纪80年代起，印度尼西亚伴随着控制原木出口，采取了振兴复合板工业政策和促进复合板出口政策，建造了过多的木材加工设施，为获取原木而不遵守作业标准，大面积乱砍滥伐（同违法采伐有关），森林面积以惊人速度锐减。马来西亚的沙巴州（Sabah），由于过度依赖出口原木为主的木材采伐权收入（包括立木费、税费，20世纪80年代曾占到收入的70%），比平时发放了更多的短期采伐许可证，力图增加木材采伐收入[26]。这些行为无疑都会导致过度采伐。

- **近年来的森林动态与木材贸易**

根据联合国粮农组织（FAO）的《2000年全球森林资源评估》（*Global Forest Resources Assessment* 2000）的数据显示，在以东南亚岛屿为首的东南亚地区，森林正在不断减少[27]。从1990年到2000年的10年间，印度尼西亚的森林面积，从1.181亿hm^2减少到1.5亿hm^2（年变化率为–1.2%）；老挝，从1 309万hm^2减少到1 256万hm^2（年变化率为–0.4%）；马来西亚，从2 166.1万hm^2减少到1 929万hm^2（年变化率为–1.2%）；缅甸，从3 959万hm^2减少到3 442万hm^2（年变化率为–1.5%）；菲律宾，从668万hm^2减少到579万hm^2（年变化率为–1.5%）；泰国，从1 589万hm^2减少到1 476万hm^2（年变化率为–0.7%）；这些国家的年变化率同世界年均年变化率（–0.2%）和亚洲年均年变化率（–0.1%）相比，是相当高的。因此，保护这些国家的森林已是相当紧要的问题。另外，曾经是木材出口国的菲律宾和泰国，现在反倒成了木材进口国，据说在马来西亚的沙巴州、沙捞越州（Sarawak）现在也从国外进口原木。

据联合国粮农组织的《世界森林状况2001》（*State of the World's Forests* 2001），1998年世界原木产量为32.68亿m^3。其中，薪材17.53亿m^3，工业用材15.15亿m^3，出口量分别占各自产量的0.25%和5.4%；进一步加工为成品的木材4.15亿m^3（27.4%出口），木质板1.50亿m^3（32.0%出口），造纸用木浆1.76亿t（19.1%出口），纸与纸板2.93亿t（30.6%出口）。由于木材加工可以提高就业率和高附加价值化，多数木材生产国都在推进木材加工工业化，并随之增加了加工木材贸易以取代原木出口。以东南亚各国为例，印度尼西亚、马来西亚的沙巴州和沙捞越州都专门加快了劳动密集型的复合板工业化进程，而且还在那里带动了黏结剂等其他产业的发展[28]。在可持续森林经营的前提下，这些国家需要在提高木材加工效率（目前踏步不前）的同时，出口高附加价值的木材。

- **违法采伐和木材交易的实况与对策**

在木材贸易持续扩大的今天，国际社会最重要的课题是解决森林的违法采伐与违法木材交易问题。八国集团（G8） 1998 年首脑会议上达成了协议《G8 森林行动计划》，针对违法采伐采取一系列措施。违法采伐问题越来越多地成为以国际热带木材组织（ITTO）为首的各种国际会议的议题。

绿色和平组织、地球之友、世界自然保护基金（WWF）、森林趋势、欧盟森林观察所等各种非政府组织，大量收集揭发有关违法采伐的信息，指出了在巴西、印度尼西亚、马来西亚、菲律宾、巴布亚新几内亚、俄罗斯、喀麦隆等地违法采伐现象很严重，还指出很多发达国家大量进口违法采伐的原木或加工木材。另有信息指出，在采伐量或进出口量中，违法木材所占比例，因情报来源或因国家而异，但在有的国家，其中违法木材量竟占到进出口量的 80%。

欧盟森林观察所于 2001 年夏发行的报告中指出，1999 年英国进口热带木材的 62%、德国原木进口的 27%、西班牙热带木材进口的 25%、法国进口原木的至少 10%和锯材的 48%都是违法木材，其供给地为巴西、印度尼西亚、马来西亚、喀麦隆等。另外，森林趋势的报告指出，在亚太地区，中国木材进口的急速增长同俄罗斯远东地区违法采伐之间具有密切关系[29]。

在违法采伐中，也有当地居民进行的小规模盗伐，但造成严重影响的是，既无规则也违反采伐许可条件（如采伐量、树种、径级、区域）的采伐以及无许可甚至伪造许可证的采伐。违法交易和加工包括：处理违法采伐的木材、违反许可条件、无许可证甚至伪造许可证、走私等，主要的相关行为主体有：公务员（包括军队、警察、主管省厅）、政治家、林产企业、国内外资本家等。

作为这些问题的对策（即面向可持续森林经营的措施），后文将要叙述的推行森林认证制度和伴随的标志化制度都具有很大意义。此外，非常重要的是，要灵活应用各国的法律制度，利用木材跟踪制度，在检查站等木材流通的重要环节上，利用非政府组织、专家、当地居民的监测等各种手段。

2-4 循环型社会与固体废物贸易

● 不断增加的以再循环为目的的固体废物国际贸易

亚洲地区的工业化，增加了固体废物作为再循环原料利用的进口。虽然在亚洲内部也有贸易，但从亚洲以外的欧美等进口固体废物也很盛行。交易的废物种类繁多，有废家电、废电脑、废电池、废纸、废塑料等（详见表4）。在经济增长迅速的中国，进口量的扩大速度惊人，废纸进口量从1990年的2万t增加到2000年的371万t，废铜进口量从1990年的仅2万t扩大到2000年的250万t。此外，为了回收在2001年“9・11恐怖活动”中倒塌的纽约世界贸易中心的7万t废铁，美国将其出口到印度，该事件也许可以说是废料贸易的一件象征性事件（据2002年9月6日，英国路透社报道）。

表4 亚洲主要国家（地区）以再循环为目的进口固体废物量（2000年） 单位：t

	韩国	中国	中国台湾	印度尼西亚	印度	菲律宾	泰国	日本
废塑料	18 052	2 007 164	68 555	2 888	72 224	5 241	734	14 717
废纸	1 963 493	3 713 596	1 052 702	2 436 800	750 854	416 079	953 029	278 084
废铁	6 851 902	5 099 104	1 957 884	1 263 505	1 754 942	3 570	741 331	321 379
废铜	203 607	2 501 167	44 316	3 965	87 396	1 042	4 358	190 224
废镍	558	33	645	0	120	44 000	31	15 665
废铝	101 948	804 629	138 602	2 837	58 323	437	11 485	7 767
废铅	1 187	4	0	64	10 513	0	371	0
废锌	346	47 784	49 124	289	40 808	107	78	68
废屑	4	19	308	73	182	62	0	195

出处：基于各国的贸易统计资料。

● 固体废物贸易的功过

在某些情况下，国际性资源再循环也被认为可以减少环境负荷。例如，在中国，使用麦秆进行纸浆和纸张生产，出现了河流污染问题。同麦秆相比，造纸使用进口废纸的污染负荷量小[30]。随着对麦秆纸浆工厂加强控制，中国的废纸进口量正在不断增加，特别是在环境控制实效性得到提高的2000年后，中国的废纸进口量显著增加了。2000年比上年增加47%，而2001年同比增加72%。

另一方面，在伪装成回收原料、以处置为目的进行固体废物贸易和固体废物再循环的过程中也在造成环境污染。1999年曝光的从日本向菲律宾出口危险废物的事件中，日本企业把医疗废物等伪装成废纸非法出口。由于进口企业拒绝交易，在马尼拉港口检查集装箱时，查明是危险废物。日本政府承担相关费用，把这些废物运回了日本，进行焚烧处置（出口这些废物的工业固体废物中间处理公司总经理和贸易公司总经理，于2002年3月被宇都宫地方法院分别判处4年和3年有期徒刑）。

总部设在瑞士的“巴塞尔行动网”（BAN）和美国的“硅谷有毒物质联盟”（STVC），取得以香港为据点的“绿色和平”（中国）、印度的“有毒高尔夫”（Toxic Links）和巴基斯坦的“眼界”（Scope）这些身处现场的非政府组织的合作，对美国向中国、印度和巴基斯坦出口用于再循环的废旧电脑进行了调查。调查报告指出，只有一些可循环的部件得到了回收利用，而其余含有污染物的部件都被随意丢弃，没有任何污染防治装置，还在污染物被排入环境的状态下，通过熔融方法回收重金属等。中国国内媒体也进行了同样报道，随之强化了固体废物进口控制措施（参见专栏2）。此外，在韩国的调查结果也表明，韩国出口到中国的废旧电脑也并未进行妥善处理[31]。

● 《巴塞尔公约》

对于危险废物越境转移问题，国际社会缔结了《巴塞尔公约》。公约规定，禁止发达国家向发展中国家出口以处置为目的的固体废物，而且，以再循环为目的的贸易，必须进行事前通报并在得到批准同意后方可进行。1995 年的缔约国会议，通过了《巴塞尔公约》修正案，禁止以再循环为目的的危险废物越境转移。在亚洲，许多国家尚未批准该修正案，只有斯里兰卡于 1999 年、中国和马来西亚于 2001 年批准了该公约。在整个世界上，批准国也很少，所以修正案尚未生效。

该修正案规定，禁止发达国家以再循环为目的，向发展中国家越境转移危险废物，这未必就能防止亚洲地区的危险废物走私，或能推广环境保护型循环技术。在上述日本向菲律宾出口危险废物案例中，就是把危险废物伪装成《巴塞尔公约》控制对象以外的废纸进行出口，所以仅靠禁止以再循环为目的的危险废物出口措施是不行的，还需要充实海关检查，构筑危险废物在出口国恰当处理的一系列相关体制。

另有必要十分注意的是，发展中国家中的建有污染防治设施的正规企业同没有污染防治设施的非正规企业之间的关系。印度虽然尚未批准《巴塞尔公约》修正案，但印度最高法院于 2001 年，针对非政府组织提出诉讼的判决，禁止危险废物进口，由此迫使一部分以进口废电池为原料的铅回收工厂倒闭。这些工厂建有一定的污染防治设施，规模也较大。印度国内的非正规企业不缴纳税金，也没有配套的污染防治设施，却在非法进行铅回收工作，在收集国内的危险废物方面，比正规企业反而更有竞争力。印度政府于 2001 年引进控制废电池流通的政策，力图对正规企业进行扶持，但收效不明显。[32]

● 亚洲地区作为整体的循环型社会进展

关于未被规定为危险废物的固体废物，因固体废物进口量的增加，国内收集工作迟滞不前。为了构筑循环型社会，以欧美、中国台湾、韩国、日本等收入较高的国家（地区）为中心，正在制定促进再循环的法律，并引进各种政策制度。消费者、生产者都要承担一定的经济负担，同时，可循环利用的固体废物收集机制又会降低收集后的固体废物市场价格。

通过从海外廉价进口固体废物，会不会耽误国内的固体废物再循环，目前这还不很清楚，但即使是在收入较低的国家也在开始建立提高资源回收的机制。如泰国正在研究，如何通过提高收入，重新构建资源回收机制，压减非正规的资源回收企业；中国也正在研究报废汽车和废旧家电的回收机制，从1994年起就对从事国内固体废物收集、分类、再循环的企业采取减免税收措施。但是，据说在一定范围内抑制了固体废物的进口量，这表明，对于固体废物国内收集同海外进口之间的关系方面，研究尚不充分。

根据各地固体废物再循环的实际情况，全亚洲该如何形成循环型社会，为此该如何制定固体废物贸易控制规定，此类问题日趋重要。

3．努力寻求的制度构建与制度变更

3-1　标志化

- **标志化的意义**

翻开微观经济学的教科书，都有关于信息，特别是关于信息不对称的论述。以前，人们认为消费者也好，生产者也好，对市场交易财产的质量拥有同等的（完全的）信息。但是，在财产流通的过程中，随着社会的、地理的、时间上的距离等，导致获取信息复杂化，并呈现出交易途径的多样化，消费者想要收集信息，需要花费大量费用，已经不可能获取与生产者同等的、完全的信息。这就是所谓旧车的“柠檬（质量差的车）市场”（也称次品市场）所表征的市场，在供给优质产品和劣质产品的市场，因存在着不对称信息所决定的价格，导致优质产品未能供给到市场。即市场没有有效地发挥其功能，甚至导致市场消失。现在，不存在信息不对称的市场几乎是没有的，在流通复杂化的今日，如何能够共享信息越发成为挑战。

规避或减轻这种信息不对称性的方法，有对产品的认证或标志化（认证制度）。通过基于一定的标准，对产品进行认证或标志化，就能够从流通途径追溯到产地，消费者可据此获取确切的信息。《日本农林规格》（*Japanese Agricultural Standards*，JAS）和《日本工业规格》（*Japanese Industrial Standards*，JIS）都是这方面的事例，如果能够考虑把生态标志也包括在内就更好了。另外，品牌的存在对于信息非对称性也有同样意义，这是因为通过企业和技术人员长年建立起来的业绩信用，可以向消费者保证提供一定的准确信息。消费者同生产者之间的产品直销或产地直销，也都可以规避信息不对称性问题。

环境领域的标志化，在1990年前后相继被引进发达国家。日本于1989年制定了生态标志。新加坡、中国台湾、韩国、泰国、中国香港、中国大陆等亚洲各国（地区）也相继引进生态标志[(33)]。制定出同时也适用于海外产品的制度，通过考虑保护环境的需要，可以使产品生产也能变成保护环境的形态。作为国际性生态标志的一项机制，构筑森林认证制度比其他领域先行得到实施。

● 认证制度在森林领域的开始

森林认证的契机是，在热带雨林减少过程中，以欧洲为中心，于20世纪80年代开展了拒购热带林木材运动。拒购运动的意图是要求木材生产国做出改进，运动结果导致热带林木材消费减少，沉重打击了木材产业。由此，研究出的差别化方法（即森林认证）是，以木材业界为主，审查森林管理是否健全，对于来自管理健全的森林所产木材贴上标志，并在加工、流通、消费各阶段明显显示。但与此同时，粘贴同样“生态”标志的行为出现泛滥，导致消费者对其信任度下降。

以1992年在里约召开的“联合国环境与发展大会”为契机，向森林可持续经营的动向开始具体化了。这次大会上，为了应对全球森林的恶化和减少，通过了《关于森林问题的原则声明》。接着，针对所有类型的森林，编制可持续经营的标准和指标体系等要求，均被列入全球环境问题的行动计划——《21世纪议程》。除了以热带林地区的国际热带木材组织（ITTO）成员国为对象的《国际热带木材组织框架》外，由此还推出了8个进程，如以拥有温带林—亚寒带林的欧洲国家为对象的《赫尔辛基进程》、以拥有温带林—亚寒带林的非欧洲国家为对象的《蒙特利尔进程》和以南美亚马孙河流域各国为对象的《塔拉波托进程》等，这涵盖了全世界森林面积的80%。

- **森林认证制度的扩展与期待**

由总部设在墨西哥的国际NGO“森林管理委员会”（Forest Stewardship Council：FSC）进行的认证，是国际上森林认证制度的先驱，在森林认证进程中的地位举足轻重。FSC是于1993年以WWF、绿色和平组织等环保团体为中心设立的，其森林认证制度，重视森林管理（生产过程）的行为业绩（performance），在如下领域规定了森林管理原则，即“遵守法律与FSC原则”、“所有权、使用权和责任”、“当地居民的权利”、“社区关系与劳动者的权利”、“森林带来的收益”、“环境影响”、“经营方案”、“监测与评估”、“维护高保护价值森林”和“植树造林的意义”等共计10个领域的原则。该认证制度是把所有森林类型都作为对象来运作的，都根据适用森林类型的标准，进行严格审查。2002年6月，世界58个国家共计2 853万hm^2（占世界森林面积的0.07%）的森林得到了认证，但这些还仅限于热带雨林的认证业绩，而如何扩展森林认证制度则显得更为重要。

另外，欧洲各国的森林所有者团体、林业界、行政当局，于1998年构建了《小规模私有林认证制度》，第2年，整个欧洲把其上升到相互承认的《泛欧洲森林认证（Pan-European Forest Certification：PEFC）体系》，之后仍在不断发展。这就是依据各国法律制度、不断搞活地区经济、旨在实现森林可持续经营的制度化。近年来，美国、加拿大等欧洲以外的森林认证制度的相互承认也取得很大进展，2002年3月的森林认证面积已达4 281万hm^2。

国际标准化组织（ISO）认证的《环境管理体系》（ISO 14000系列）也备受关注，全世界已有8 600万hm^2的森林经营获得了

ISO 14000 认证。也有些事例是同时取得了其他森林认证，从而在认证制度中占重要地位。

在东南亚各国，由于履行法律制度的难度加上森林与林业相关法律制度不完备等问题，可以说森林认证才刚刚起步[34]。印度尼西亚于 1998 年设立了“印度尼西亚生态标志协会”，开展了森林认证工作，但尚未实现同森林管理委员会（FSC）之间达成相互承认的初衷，至今两者共同认证的天然林仅有 1 处。在 FSC 认证的森林中，有 4 处于 2001 年因违法采伐而被撤销了地方认证，2002 年 7 月又撤销了 3 处。马来西亚于 1996 年与荷兰一起，共同在 3 个州进行了试验性的森林认证，以这些行动为基础，“马来西亚木材认证协议会”正准备开始独自的认证制度。然而，马来西亚没有充分考虑到原住民的权益，由此受到了非政府组织的批评。此外，沙巴州有 1 处 FSC 的认证林。

在思考森林认证制度的未来时，搞清楚认证所得收益同认证所花费用之间的关系是很重要的。司脱潘• 巴斯在“欧洲森林研究所”的《研究论文》中，把森林认证的收益整理成以下 9 条[35]：①改进森林管理水平，提高森林多项功能；②改善生产者的经济效益；③影响政策法律框架，使政府作用得以高度发挥；④通过第三方机构的参与，减轻政府监督森林的负担；⑤在促进市场参与的同时，提高市场占有率；⑥取得对于认证木材的价格优势；⑦获得或保持同生产者森林、资源、资本的关系；⑧降低生产者在环境与社会方面的风险；⑨提高从业人员和投资者的自觉性、技能和道德水平。

人们期望生态标志能在环境保护中发挥作用。从森林所有者、木材消费者到一般市民，都期望森林认证制度在实现森林可持续经营中发挥作用。因此，各国（地区）将构建何种认证制度备受关注，而在制度构建过程中，同专家、市民和当地居民的合作是不可缺少的。另外，一般市民作为消费者，也要留意自己在使用何种木材或木制品，要做到只消费那些产自妥善管理森林的木材。有效利用由可再生林生产的木材，必定有利于保护全球环境和生活环境。另外，作为保护与有效利用森林资源的重要手段之一，无论在森林管理方面还是木材交易方面，森林认证制度都备受期待。

3-2 进出口的控制

● 基于国际环境公约的环境贸易措施

标志化所依靠的是生产者与消费者的自发性选择。与此相对应，对于珍稀濒危动植物和危险废物，国际上分别缔结了《华盛顿公约》和《巴塞尔公约》，来控制国际性进出口贸易。另外，基于《蒙特利尔议定书》，臭氧层破坏物质（ODS）和使用ODS的产品也都禁止进出口（详见[专栏 3]）。根据该《议定书》规定，原则上完全禁止缔约国间进行贸易，缔约国之间的贸易只在满足一定条件时方可得到承认，禁止缔约国同非缔约国之间进行贸易。

这种控制的实效性如何呢。如表5所示，一些违法交易已被揭发出来，而这些案例只是冰山一角，但应肯定的是这种控制在一定程度上也减少了非法贸易事件的发生，可以说在一定程度上防止了贸易导致的环境破坏。

表5 近期揭发的违反国际公约的走私案例

年/月	物质及数量	出口国	进口国	揭发状况
2001/4	穿山甲（*Pangolin*）1 200头	马来西亚	越南	由马来西亚海关揭发，隐藏在鱼用集装箱内
2001/7	氟利昂R12 50万罐，计150t	中国	日本	10万罐，由横滨海关揭发的。40万罐已经被走私进口
2001/9	氟利昂R12 3.6万罐，计12 t	中国	日本	由门司海关揭发
2002/3以后	蟹	俄罗斯	日本	在纹别港等地发现据称由俄罗斯发行的证明书系伪造，最后采取遣返措施
2002/8	象牙160 kg	几内亚	泰国	在泰国曼谷港被揭发
2002/9	废电脑部件、废彩电等约450 t	美国	中国	在温州港，由海关揭发，计划遣返运回
2002/10	穿山甲2 700 kg	印度尼西亚	中国	香港海关揭发
2002/10	象牙3 334.6 kg	肯尼亚	中国	上海海关揭发。伪装成木材进行申报
2002/10	放射性污染物	俄罗斯	中国	哈萨克斯坦海关在从哈萨克斯坦向中国越境时，被发现是放射性污染物

出处：根据《朝日新闻》、曼谷邮报（*Bangkok Post*），雅加达邮报（*Jakarta Post*）等整理而成。

- **贸易作为国际合作的窗口**

海关进行检查时，不可能对所有货物都全面进行检查，大多是根据申报数量等信息，检查可疑货物。在海关检查时未被发现，而在国内流通阶段被揭露或被非政府组织揭发的案例也不在少数。因此，需要加强海关在进出口时的检查力度。另外，在一些情况下，只要涉案企业在海关放弃货物就不被问罪，或只要退运可不受处罚。对于国际性犯罪，需要联合起来揭发走私犯罪行为，同时还要加强对国内交易的检查，也要加强对走私的温床——国内交易的监视。

而且，还需要积极地把贸易时进行的海关检查与动植物检验检疫结果同解决各国环境问题结合起来。2002 年 1 月，欧盟出于安全考虑，采取了禁止进口中国虾等措施。在日本，也从中国进口的蔬菜等商品中检出农药超标。以农药检出为契机，日本调查团访问了中国，进行信息交流。但是，关于中国等亚洲各国的农药问题，自 20 世纪 80 年代在日本就出现过一些报道[36]。尽管如此，关于中国农药问题，中日之间直到 2002 年以后才开始认真商讨解决方案。希望亚洲经常地、密切地进行信息交流，构筑起能在各国环境保护中发挥作用的体制。

在螃蟹、海胆等由俄罗斯渔船偷捕并出口到日本问题上，日俄间实施了要求俄罗斯政府把发放证明书的渔船通知日本的机制。但是，俄罗斯渔船使用了北朝鲜的伪造证明，进入日本港口，据说也增加了向韩国的出口量。包括贸易方面的控制，在俄罗斯、朝鲜、韩国和日本 4 国之间，应该联合起来，努力构建信息交流的体制。

关于水产品和林产品，也包括受《华盛顿公约》规定控制的一部分种类，至今尚无全面行动，很有必要利用环境贸易措施形成国际性行动。特别是，国际环境公约规定了禁止缔约国同非缔约国之间进行相关贸易等措施，需要一边利用这种措施，以激励非缔约国加入国际环境公约，一边建立起国际性水产资源和林产资源的平衡机制。全世界的水产品和林产品的进口量很多，而且亚洲拥有很多出口国，现在也正在采取激励措施，有望能达成国际性协议。

3-3 环境贸易措施的纠纷及其调停

在实际运用环境贸易措施的时候，需要关注世贸组织管辖的《关税与贸易总协定》（*General Agreement on Tariffs and Trade*，GATT）等各种协定之间的关系。环境贸易协定，在特点上有可能不同于《关贸总协定》中的“一般最惠国待遇”和“国民待遇”等基本原则。迄今为止，尚无亚洲各国采取环境贸易措施卷入世贸组织纠纷调停方面的案例。

对于亚洲同其他地区的国家实施环境贸易措施，有过亚洲国家被卷入世贸组织纠纷调停的案例。美国自1996年4月起开始实施的一项环境贸易措施是，控制从没有采取对策防止混合捕捞海龟（turtle bycatch）的国家进口虾。1996年10月，印度、马来西亚、巴基斯坦、泰国4个国家通过世贸组织的纠纷解决程序，对美国提出诉讼。世贸组织的专家委员会（panel）和上级委员会1998年对于该诉讼的裁定是，美国的措施为不正当，理由是，即使他国采取了防止环境问题的对策，也是属于《关贸总协定》中第20条的例外情况，不能说明已经充分采取了防止混捕海龟的技术转让等对策，还有，对于南美同其他国家实行区别对待是很不公平的等。

对此，美国修订了指针，进行了一些改进，但仍然继续实施该项贸易控制。马来西亚以美国没有遵守纠纷解决机构的建议与裁定内容为由，基于《关于争端解决规则与程序说明书》中第21条第5款，再次对美国提出诉讼。2001年6月，专家委员会（panel）下达裁定，2001年10月上级委员会也做了裁定。这些裁定认为，美国修订指针等的结果是，它在修改贸易控制时是以《关税与贸易总协定》第20条为基础的，所以可以认为是正当的。

该裁定明确了在环境目的下采取贸易控制的条件。但是，从环境方面来看该措施妥当与否，还留有很多疑问。由于栖息在东南亚的海龟并不食虾，所以对于东南亚各国进行该项贸易控制措施，同环境保护扯不上关系[37]。在由经济、法律方面的专家组成的世贸组织专家委员会（panel）中有人指出，在环境方面的探讨还不够，需要对围绕环境贸易措施纠纷解决办法进行重新研讨。

3-4　结语

同其他因素结合在一起，贸易有可能引发和扩大环境问题。对于珍稀濒危动植物和危险废物，贸易控制已成为防治对策之一。但是，在走私等事件被大量披露时，如何一边进行国际合作，一边推进调查以防止走私，看来目前的努力都还很不充分。另外，关于水产品和林产品，环境贸易措施也仅适用于其中的一小部分。

在这种状况下，促进贸易的进一步自由化，很可能会招致环境破坏的扩大化。在缔结《自由贸易协定》（FTA）与《经济合作协定》、实施下调出口税、下调关税等措施时，都需要预测其对环境的影响，为应对可能扩大的环境问题采取预防措施，或者实施控制贸易自由化措施。

企业和消费者的自身努力也非常重要。在发达国家企业中，需求原料的企业必须考虑保护环境。另外，还需要发展中国家的企业遵守与发达国家同等严格的标准，一些发展中国家正在根据贸易所在地区的要求，加强环境方面的对策。现在，发展中国家考虑了环境保护和劳动环境所生产的商品正在大量出口到海外，这些行动被称为“公平贸易”（fair tradc）或“替代贸易”（alternative trade），还有有机农作物的推广与贸易行动等。亚洲有60个团体加入了国际团体——“国际公平贸易组织”（IFAT）[38]，其中，印度团体有17个，孟加拉国有11个，生产者团体还有很多。在瑞士，贴有公平贸易标志的商品在市场上所占份额，香蕉为15%，红茶为4%，可以说已经占有一定的市场份额。日本的代表性公平贸易团体之一“替代贸易日本”（ATJ）2000年度的销售额上升到15.75亿日元，达到同英国的Oxfam公平贸易销售额足以匹敌的份额。像金吉达（Chiquita）和都乐（Dole）等大型企业，也在努力争取非政府组织的合作，加快无农药的、有机香蕉的生产。“国际有机农业运动联盟”（IFAOM）正在进行生产培训等，努力振兴发展中国家的有机农产品。个人消费者购买国外生产的环保型商品也有利于海外的环境保护。

亚洲是以各种商品进口量最大而引以为豪的地区，希望亚洲面向环境保护，重新审查贸易政策，把贸易过程中获取的信息用于有效解决各国环境问题上。

迄今为止，无论普及公平贸易也好，查明珍稀濒危动植物和危险废物国际贸易实情及其问题也好，国际 NGO 网络发挥了重大作用。面向有益于环保的贸易，需要进一步进行国际 NGO 的信息交流和国际共同调查，促进政府间的谈判，加强落实执行体制。

（执笔：小岛道一，清野比睽子，除本理史，伊泽新，山下东子，立花敏）

专栏1　日本对大型“权宜更改国籍渔船”延绳船捕捞金枪鱼实行的进口控制

以冷冻生食金枪鱼为捕捞对象的大型金枪鱼延绳船渔业，对可能损害国际资源管理措施有效性的“权宜更改国籍渔船”（以下称 FOC 船）采取了对策。

在 1992 年《华盛顿公约》缔约国会议上，大西洋金枪鱼控制提案撤回以后，“大西洋金枪鱼类保护国际委员会”（ICCAT）等机构要求对来自权宜更改国籍的金枪鱼进口进行控制。在日本，基于《强化金枪鱼资源保护与管理特别措置法》（1996 年），遵照“大西洋金枪鱼保护国际委员会”的建议，1996 年采取了控制从特定国家进口的措施，原则上禁止进口巴拿马的大西洋金枪鱼（此项措施于 2000 年 4 月 3 日解除）。

尽管如此，在此期间台资 FOC 船的数量还在增加。台资 FOC 船捕捞的鱼种主要是大目鲔，是控制黑金枪鱼进口不能解决的问题。因此，“大西洋金枪鱼类保护国际委员会”又制定了控制适用于大目鲔的规定，2000 年，禁止从伯利兹（中美洲的一个小国）进口大目鲔的建议已被采用。

但是，该进口控制措施本身也有缺陷，即无法解决FOC船更换国旗的问题。因此，需要特别控制其他国家进口FOC船捕捞的鱼。关于FOC船的捕鱼贸易控制，依据1999年“大西洋金枪鱼类保护国际委员会”定期会议上通过的决议，日本水产厅长官于同年12月发出通知，建议进口企业等对FOC船捕捞品贸易等实行自我约束。在明确了贸易的情况下，水产厅的主页将公布进行贸易的企业名单。尽管“大西洋金枪鱼类保护国际委员会”特别为FOC船编制名录，但编制工作非常困难，资源管理一方不愿承担编制义务，而是由船主自身表明遵守资源管理措施，并愿意列入正规许可船名录，才可以出口捕捞物，这叫做“举证责任转换”。在2002年10—11月召开的“大西洋金枪鱼类保护国际委员会”特别会议上，决定自2003年7月1日实施“排除系统”，即把没有进入正规许可船名录中的渔船在大西洋捕捞的黑金枪鱼、大目鲔、剑鱼从国际贸易中排除出去。

与此同时，还采取了更直接地消除FOC船的措施。2001年2月，在“日本鲣鱼/金枪鱼业渔业协会联合会”等加入的“有责任金枪渔业推进机构”同台资FOC船主团体“高雄市外籍远洋渔船协会”之间达成基本协议，在从日本进口的二手船变成的“FOC船”中，到2003年年底前，由日本出资拆解其中的62艘，在2005年年底前，把台湾建造的FOC船中的65艘恢复为台湾籍。

参考文献：

《かつお・・まぐろ年鉴 2001年版》，水产新潮社，2001年；

宫原正典《金枪鱼的国际资源管理与权宜更换国籍船》，国际渔业研究第5卷第1号，2002年；

除本理史，《日本的水产品进口与渔业资源管理——生鱼片案例》，东京经济大学会志第234号，2003年。

（除本理史）

专栏2 向中国出口电子垃圾

向中国等发展中国家出口电子垃圾问题引起了人们关注。据“硅谷有毒物质联盟”（SVTC）和“巴塞尔行动网”（BAN）于2002年2月25日发表的报告《出口危害：亚洲的高技术垃圾》(*Exporting Harm: The High-Tech Trashing of Asia*，以下简称《BAN报告》）介绍，特别是美国出口的废电脑、废家电、废手机等电子产品垃圾，在中国、印度、巴基斯坦等国造成了严重的环境污染。在BAN报告的最后，呼吁美国尽快批准《巴塞尔公约》，强化“扩大生产者的责任”，唤起消费者的环境意识。该报告刊载了大量的回收现场照片，是很有冲击力的，无疑给各国政府与业界有关部门带来了巨大的影响。

中国媒体也对此进行了大量报道。2002年2月27日的《解放日报》报道，“据估计，在美国西部回收的电子部件，其中的50%～80%最终都被运到了亚洲，就是说，2002年一年内，美国废弃的1 275万台电脑中，有80%即1 020万台被运入亚洲”，“为了收集电子废物中的贵金属，亚洲工人正在‘用19世纪的技术处理着21世纪的垃圾’”。同年3月，《南方日报》、中央电视台都对广东省贵屿镇有关企业进行了现场采访。另外，当时召开的全国政治协商会议九届五次会议上，引人注目的议题之一便是尽快建立废旧家电产品的国内回收与再循环系统，人们对于电子垃圾问题的意识一下子提高了很多。

《BAN报告》发表之后，中国政府采取了大量相关对策。首先，国务院高度重视，派出由原国家环境保护总局等有关部门组成的调查团进行现场调查。结果表明，引起问题的废电脑几乎都是国产的，进口的有限，从而得出了《BAN 报告》言过其实的结论。为了修复环境，广东省贵屿镇进行了大规模整顿，关闭了一些小工厂。2002年6月以后，海关也加强了控制，继2000年2月1日的“全面禁止进口废家电产品等”措施后，2000年6月4日起禁止进口旧家电产品的部件碎料，并追加到《禁止进口货物名录》中。

提出了把“尽快建立电子产品垃圾回收处理系统”作为重点课题后，中国政府首先从国内对策开始。由于用过的电子产品还可以再进行有价交易，所以超过使用年限的大量家电产品仍在使用中，“任意丢弃现象”（只把可使用的部件回收再使用，剩余部分丢掉）也很普遍，在安全性、能源浪费和环境污染方面都存在问题。希望尽快在法律框架下实现废旧家电回收处理和再资源化利用，但其费用负担问题和提高消费者意识，还有解决其他阻碍等，都需要很长的时间和大量的准备。

同保护本国产品相比，2000 年提出的禁止进口废旧家电制品等措施，原因是出于优先解决国内问题。在国内尚未建立起恰当的回收处理体系的情况下，不希望增加从国外进口的废旧电子产品。有关进口垃圾的规定与禁止措施则是强烈的环境保护意识的表现，尽管也想利用海外的再生资源来满足国内制造业的资源需求，但绝不允许让垃圾涌向发展中国家。

出口废物的发达国家政府和企业，需要掌握发展中国家国内再循环的实际情况，确保出口的垃圾在发展中国家能得到全面恰当的处理。希望接收固体废物作为循环原料的发展中国家同发达国家之间通过信息共享，确立符合各自国情的接收对策和处理系统。在亚洲，可考虑将信息基地设置在中国、印度尼西亚和预定将在印度设置的《巴塞尔公约》地区中心等，以此来活用有关信息，达到信息共享的目的。

（吉田绫，小岛道一）

专栏3　亚洲地区关于破坏臭氧层物质的不正当交易

氯氟碳（Chloro-fluoron-carbon，CFC）（日本称作“氟利昂”类物质，常用于制造制冷剂、发泡剂、喷雾剂、清洗剂等）和哈龙（用于灭火剂）都属于《破坏臭氧层物质蒙特利尔议定书》（以下简称《议定书》）控制的物质，近年来这些物质的走私成了国际性问题。在发达国家生产消费的氟利昂（“生产量+进口量−出口量”），除满足必需用途与发展中国家“基础性国内需要”的生产外，其余的在1996年必须全部淘汰。另一方面，在人均“臭氧层破坏物质”（以下简称ODS）消费量很多的发展中国家（《议定书》第5条所列国家）设定了控制延期期限，到2010年前全部淘汰。在1999年控制开始前，允许增加产量。

在新生产的或为满足发展中国家的基础性国内需要而从发达国家进口、之后又再不正当地出口到发达国家的ODS上，贴上了非全面淘汰对象的、再循环ODS或ODS替代品的标志。这些比贸易对手国家市场价格低的ODS交易，成了延长ODS使用设备寿命的刺激剂，结果是延长了破坏臭氧层的时间。尽管精确数据难以到手，但估计20世纪90年代后期氟利昂的世界贸易中，走私占15%左右。一般认为，当时主要的走私源是俄罗斯，因其没有遵守《议定书》，持续生产氟利昂。而进入21世纪，氟利昂生产又转移到了发展中国家，特别是中国（氟利昂生产国）。根据《德国企业与经纪人（broker）网络》的调查，1995—1997年，中国生产的氟利昂和哈龙走私到欧盟国家达800 t左右。在1994—1996年的走私高峰时，据中国台湾当局推测，有高达2 000 t的ODS从中国大陆走私到台湾。

随着1999年发展中国家ODS生产被冻结的影响，走私到发展中国家的ODS数量也在与日俱增。1999—2000年，在氟利昂生产国印度，据推测主要从邻国走私进口了大量的ODS。此外，被揭发进行不正当交易的国家还有巴基斯坦、印度尼西亚、马来西亚（据英国非政府组织——Environmental Investigation Agency（EIA）进行的关于濒危物种、木材、ODS的国际非法交易调查）。

为什么会产生ODS的非法交易呢？在全面淘汰氟利昂和哈龙之后，为什么还对它们有需求呢。《议定书》全面淘汰的是ODS的生产和进出口，而对于已经生产了的、回收了的或再循环的ODS，允许其在国内法律尚未设定全部淘汰期限的国家继续使用。走私氟利昂的主要用途是用作制冷剂，而由于替换或改造原先使用ODS的设备（通过改造，可以使用替代物质）要花大量费用，只要能够获得低价的ODS，就能推迟向使用替代物质设备的转换，这在一定程度上起到了推波助澜的作用。

为了改变这种事态，1997年修订了《议定书》，要求所有缔约国在2000年1月1日前（或在批准后3个月内），引进《ODS进出口许可证制度》。另外，联合国环境规划署（UNEP）也在计划对发展中国家的海关人员进行相关培训。

作为不正当交易的主要原因，还同对于发展中国家设置的全面淘汰ODS宽限期有关，对于加入《议定书》的发展中国家设置宽限期是因为，在通过《议定书》的当时，全部淘汰ODS可以说在经济上、政治上对发展中国家来说都是不现实的。更重要的则是，《议定书》对使用ODS没有采取什么控制，回收的ODS也被排除在贸易控制对象外，而且设备所含的ODS也没有成为缔约国间贸易控制对象。今后，我们应该全面分析这些因素在多大程度上促进了非法贸易，分析在设置了宽限期之后应该采取怎样的配套措施等，恰当地分析经验教训，这对于今后的国际环境制度是非常重要的。

参考文献：

Ozone Action, UNEP, "Illegal Trade in Ozone Depleting Substances: Is There a Hole in the Montreal Protocol?" *Ozone Action Newsletter Special Supplement*, No.6, 2001.

（松本泰子）

第3章

农业、粮食与环境

——寻求农业可持续发展的途径

照片为装载大米的农作物发货市场，农业劳动者们正在把称重和定级后的大米搬上卡车（2001年10月摄于印度旁遮普邦）

照片提供：杉本大三

1．前言

所谓农业生产活动，就是在自然环境中，通过劳动利用自然环境和改变自然环境，生产出人们消费所需的粮食和工业生产所需的原料。农业对自然环境的依赖程度比之于工业等生产活动要高很多。因此，为了供养不断增加的人口，需要持续进行农业生产，在自然环境中通过劳动尽可能多地获得粮食，同时，为了避免破坏自然环境，还必须努力保持一定的平衡。

但今天的亚洲，正在发生着重大变化，有可能打破迄今即使曲折（precarious）也总算保存下来的平衡。主要因素有：人口的空前增加、东南亚和东亚经济的快速增长和通过贸易或投资建立的国际化经济关系等。本章中主要以亚洲发展中国家为对象，探讨在这种变化中，围绕农业所产生的环境问题现状及其产生背景。

下面将进行如下论述。首先，在第 2 节和第 3 节，主要讨论围绕谷物等基础粮食生产带来的环境问题。即第 2 节概述近年来以人口增加和经济增长为契机的谷物消费量上升，并梳理其对农业和环境的影响。在此基础上，第 3 节将基于各国的若干案例，讨论在边际土地上进行的农业生产[(1)]和推广现代农业技术对于环境造成的影响。接着在第 4 节，主要以近年来迅速形成的农业经济国际网络为中心，讨论出口商品生产带来的各种问题。传统的家族式经营的农家，尽管重视农业生产的持续性，但在以利润最大化为目的的农业经济的驱动下，向土地资源或者水资源进行单纯投资，很容易加快对自然资源的掠夺速度[(2)]。关于这一点，将通过虾和鳗鱼养殖、棕榈油、出口蔬菜生产等案例进行讨论，同时这也应该能揭示出由农业经济形成的“农业与粮食系统”的实情。最后，第 5 节在整理以上信息的基础上，从以下 3 个方面，即今后的农业生产与农业开发的方向、对于农业经济或农产品与粮食贸易实施的控制规定以及为实现这些目标的主体，揭示出为了重新构筑可持续农业所面临的挑战。

2. 亚洲的粮食需求增加与环境问题

● 饮食生活的变化与谷物需求量的增加

亚洲的谷物需求量，在1965—1999年的30年间，从3.4亿t增加到8.9亿t，增加了1.6倍左右[(3)]。在此期间，整个世界增加了1倍，由此可以说，亚洲谷物需求量的增加步伐尤为迅速。

导致谷物需求量增加的主要原因有两个。一是人口增长。在此期间，世界人口增加到180%，亚洲的人口增加到190%[(4)]。二是饮食结构变化。如在东南亚和东亚一些国家，畜产品消费量增加了很多，而且方便食品也变得普及了。从图1畜产品消费量的趋势图可以看出，在除了印度、印度尼西亚、越南以外的亚洲国家（地区），畜产品消费量的增加非常明显，特别是在中国，对肉类和鸡蛋的消费量显著增加，马来西亚对肉类的消费水平也已经超过日本。

饮食结构产生变化的背景，可总结为以下两个重要原因：一是经济迅速增长使人们的收入增加，导致饮食生活发生了多样化；二是由方便食品所代表的农业经济有力地推进了新的粮食消费方式的普及。后者的突出事例是麦当劳店铺的数量，1990—1999年，麦当劳店铺在中国从1家增加到252家，在马来西亚从22家增加到129家。这种方便食品的进入，对亚洲今后的粮食消费很可能造成重大影响[(5)]，特别不可忽视的是它会对成长期儿童的新的饮食习惯、味觉和嗜好等方面的影响。

生产1 kg畜产品所需要的玉米量为：牛肉需要11 kg；猪肉7 kg；鸡肉4 kg；鸡蛋3 kg；可见畜产品消费增加对于谷物需求量造成重大影响。例如，在肉类消费增加显著的中国，在1989—1999年的10年间，谷物需求量增加了约5 000万t，其中，饲料消费量增加了3 300万t，占增量的67%。而截至1989年的前10年情况看，饲料消费比例仅占19%，可以说，近年来中国谷物需求增加是由于饲料消费增加所拉动的[(6)]。

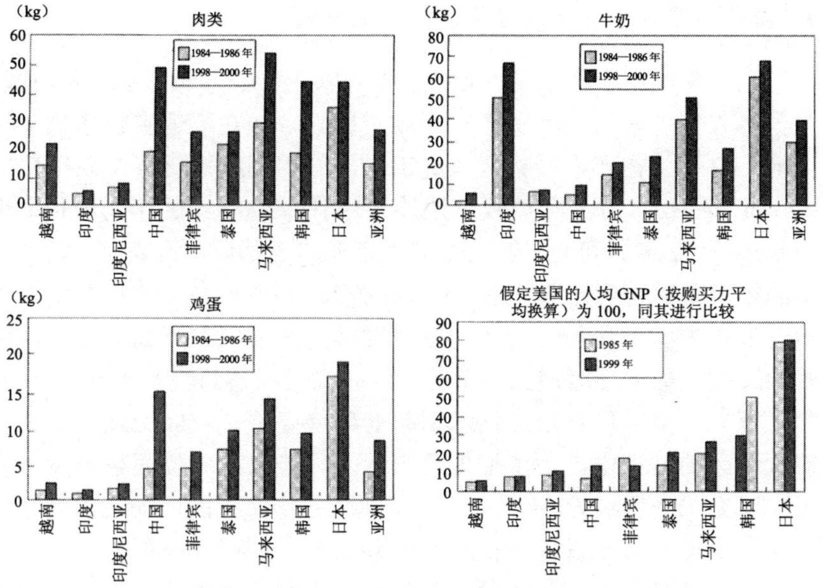

图 1　亚洲各国人均年畜产品消费量的变化情况

注：1. 畜产品消费量柱状图所示的“亚洲”为亚洲的平均值。关于亚洲的范围，参考本书卷末第 1 部的第 3 章注（3）。

2. 畜产品消费量的数值是从 1984—1986 年和 1998—2000 年，每 3 年的平均值。

出处：畜产品消费量，根据 FAO，FAOSTAT。

人均 GNP：根据 World Bank，*World Development Indicators*，2001，CO-ROM，2002。

亚洲并没有人人都过上富裕生活。从图 1 可以看出，印度是一个经济增长相对缓慢的国家，饮食结构仍无多大变化[7]。即使是在畜产品消费量增加的国家，图中的数据也都是平均值，各国内部各阶层的差别在很多情况下相当大[8]。在分析概括亚洲贫困实情时，我们可以通过“5 岁以下儿童营养不良率”来分析，马来西亚为 20%，印度尼西亚为 34%，中国为 16%，印度为 53%等[9]。因此，必须留意的一点是，以贫困层和儿童为主的弱势群体等，占总人口相当一部分，被孤立于高水平饮食生活之外。

● 基础粮食需求量的增加引起的环境问题

上述基础粮食需求量的增加，会从以下3个方面引起环境问题。第一，人们把农田和水资源利用到了极限，如在不适宜耕作的干旱土地上耕作、在热带雨林区火烧田耕作的周期缩短等。从农田情况看，亚洲农田（除长年放牧草地外）1961—2000年的年均增长率仅为0.5%(10)。由此可见，农田的扩大正在接近边际，这表明，相当程度的粮食是在边际土地上生产出来的。此外，还必须注意的是，伴随着近年来城市化与工业化的迅速发展，优质农田不断被占用，水资源过度利用，环境遭到污染等，这些又使事态进一步恶化。

第二，推广现代农业技术引起的环境问题。在农田逐步扩大至接近边际的过程中，为了增加总产量，只能提高单位面积产量。从表1可见，20世纪60年代后，亚洲地区谷物产量的增加几乎都依赖于亩产量提高。可以提高亩产量的办法有：使用高产量的品种和化肥、扩大灌溉面积等，在发展中国家一般把此类农业技术革新称作“绿色革命”。但是，这些现代农业技术，一旦使用不当，就可能引起各种各样的环境问题。从表1可以看出，20世纪90年代亩产的增幅大大降低，其中的一个原因便是“绿色革命”效果的减退。亩产增加率的下降和谷物收获面积的减少等原因交织在一起，导致谷物收获量的增加率在90年代也大为降低。根据这些情况判断，今后亚洲的谷物生产并不乐观。

第三，农产品贸易国际化影响到了物质循环。20世纪90年代后半期，东南亚和东亚国家（除日本和中国外）的玉米进口量高达3 000万t，大豆达500万t左右(11)。通过近年来亚洲各国从美国、澳大利亚的谷物与大豆进口量增加的基本趋势，可以反映出上文所述畜产品消费量增加的事实。如果农产品的生产与消费是在同一地点进行的话，用于植物生长的氮、磷等营养成分，可以由人类和家畜通过消化与排泄过程回归到土壤中，而在随后的农产品生产中再次发挥作用。但是，农产品的越境转移，不可逆地打断了这样的物质循环。当今的状况是，大量的氮、磷养分通过农产品贸易，从美国和澳大利亚单向地流到了亚洲各国。出口国的养分流失，通过投入化肥来解决，而进口国的养分流入，最终又必然会引起水资源污染[12]。

表1　亚洲地区谷物的收获面积、每公顷产量和收获量的变化

年份	收获面积/万 hm^2	每公顷产量/t	收获量/万 t
1961	27 185	0.97	26 335
1980	30 480	1.68	51 211
1990	31 061	2.31	71 359
2001	29 813	2.65	79 081
年均增加率/%			
1961—1980	0.61	2.86	3.49
1981—1990	0.18	2.54	2.73
1991—2001	–0.26	1.30	1.04
1961—2001	0.25	2.69	2.95

注：1. 大米产量按精米重量计算。年均增加率是，将各个期间内的下一年度的数据代入 $Y_t=Y_0(1+X)^t$ 回归方程，求解出 X。

2. 关于亚洲的范围，参照本书卷末的第1部第3章注（3）。

出处：根据 FAO，*FAOSTAT* 编制。

我们通过以上分析已经了解到以基础粮食需求增加为起点所引起的环境问题的基本框架，下一节将通过具体案例来讨论。对于物质循环的国际化就介绍到此，下面讨论在边际土地上的农业生产和现代农业技术推广中的问题。

3. 基础粮食生产造成的环境影响

3-1　边际土地上的农业生产与环境问题

作为边际土地的农业生产案例，可列举在热带雨林地区不恰当的火烧田耕作和山区陡峭坡地的耕作等，这里以位于中国黄土高原东北部的山西省大同市为例，讨论在寒冷的旱地上进行的农业生产[13]。

大同市历史悠久，在公元4世纪到6世纪时，曾是魏国都城，那时就已是人口超过100万人的巨大城市了[14]。但是，由于人口集聚、耕地开发、过度放牧和战火严重等原因，森林面积大量减少，导致该地区土壤侵蚀严重，沟壑纵横蔓延。人类的长年生活造成自然环境恶化的事实，可以说深入到了整个黄土高原。

现在，大同市人口约有300万。大同作为中国最大的煤炭产地，也正处于加快工业化发展的进程中，但当地的大多数居民仍是以自给的农业与畜牧业方式维持生计。该地区冬季寒冷，农作物栽培只能夏天种植，主要作物是玉米、向日葵、高粱、小米和稗子。年降水量平均为400mm，几乎都集中在6—9月。在常规的雨季到来之前，就要进入播种期，所以该地区的农业很容易遭遇旱灾，产量极不稳定。在地形方面，大小盆地相互交连，盆地底部可以利用地下水实施灌溉农业，而在丘陵地带，农田主要依靠降水。在丘陵地带陡峭坡地开垦梯田，很容易造成水土流失。尽管禁止在超过25°的坡度上进行耕作，但一些地方甚至在30°的坡地上开垦田地。在种植农作物的同时，人们还经营着以绵羊与山羊为主的小规模畜牧养殖，由于依靠农牧业的生活难以为继，近年来外出打工成了农民的重要收入来源。

大同市的农业特征，第一是生产力较低。表2是1993年大同市天镇县孙家店乡农业生产概况，由于1993年发生过相当程度的旱灾，考虑到当地频繁发生干旱，可以把该年数据看作普通年份的数据。A～C的村庄位于盆地底部，利用地下水灌溉；G～K的村庄位于丘陵上部，灌溉困难；D～F是处于中间部位的村庄。农作物产量反映出灌溉条件，A～C大致都超过300 kg/10 hm^2，而G～K不过是20 kg/10 hm^2左右，也就是说，G～K的产量甚至连种子都难以收回。长年的水土流失和农用水匮乏导致丘陵地带的村庄一直经营着令人难以想象的低产农田。

第二是旱灾频繁发生。在1990—2001年的12年间，只有4年没有发生干旱。特别是1999年和2001年，干旱受灾情况尤为严重。1999年，“从去年8月到今年8月，整整1年的降水量仅为130 mm左右，从7月10日起农作物开始孕穗的50天左右，一滴雨都没下。

大同市耕地面积共 35 万 hm^2，其中 57%（即 20 万 hm^2）颗粒无收，这一年全市农作物产量比常年减少了 82%”。而 2001 年的受灾情况，据说超过了 1999 年。热带季风稻的特点是，产量虽然较低，但是相对稳定[15]，而属于干旱地区的大同市旱田农业，不仅产量很低，而且极不稳定。

表 2 中国山西省大同市天镇县孙家店乡的耕地和粮食生产的状况（1993 年）

村庄名称	家庭数/户	人口数/人	耕地面积			粮食产量		
			合计/hm^2	灌溉面积/hm^2	灌溉率/%	耕作面积/hm^2	产量/t	产量/（$kg/10hm^2$）
A	423	1 749	367	367	100.0	267	855	320
B	545	2 186	396	361	91.2	293	820	280
C	122	460	57	57	100.0	47	243	517
D	101	369	126	58	46.0	100	108	108
E	255	953	260	58	22.3	227	127	56
F	202	729	195	195	100.0	153	137	90
G	146	512	173	—	0.0	157	37	24
H	43	58	77	—	0.0	63	11	17
I	40	140	69	7	10.1	61	11	18
J	146	624	240	7	2.9	213	41	19
K	63	257	71	—	0.0	60	10	17
合计	2 086	8 137	2 031	1 113	54.8	1 655	2 405	145

第三是地下水位下降。在中华人民共和国成立后，加快工业发展之前，据说大同市的地下水水位为 5 m 左右。但是，因工业用水过度开采地下水，而农村地区为了生活和农业用水也开挖了大量水井，据当地报纸报道，地下水水位以每年 2～3 m 的速度不断下降。现在，农村地区使用的水井深度，盆地底部约为 100 m，盆地上部达 180 m 之深，这些水井今后能否继续使用，是很不确定的。在干旱频繁地区，为了扩大农业生产，不得不利用水井灌溉，但这种对地下水的开发正在接近极限。

而且，大同市所代表的黄土高原的环境恶化，对其他地区也造成严重影响。大同市所处黄土高原东北部，位于从北京经由天津而注入渤海的永定河上游，是作为谷仓地区而闻名的华北平原和永定河流域各城市的水源，而在大同市附近，这条永定河近年来正变化成无水河。近年来在中国北部，河水干涸现象更是随处可见。2000年夏天，山西省一半以上河流干涸，多数水库干枯。媒体大量报道了黄河断流情况，这象征着中国北部的缺水已进入难以自拔的阶段。河水干涸的原因尚未彻底查明，但无疑的是，这同森林破坏造成水源涵养能力下降和地下水过度开采有着很大关系。

为了应对水资源短缺和土壤流失，中国政府采取了“退耕还林”政策，把不宜耕作的土地还原为森林和草地。尽管在拥有大量贫困人口的国度推进这样的政策极为困难，但出现这种动向还是备受关注的。中国也有以非政府组织为中心的植树造林活动，并在当地适合开发自然条件的育苗方法这些方面不断取得重要成果。

3-2 伴随着推广现代农业技术引发的环境问题

前面已经提及，亚洲各国在过去30年里，谷物产量增加主要是在推广高产品种的背景下，通过提高亩产量来实现的。据国际水稻研究所（International Rice Research Institute：IRRI）的研究推测，现在亚洲高产量品种水稻占全部水稻耕作面积的比例高达74%(16)。

使用高产量品种，实现产量增加，化肥和灌溉的使用是不可缺少的，有时还要使用农药。亚洲地区每公顷的年化肥用量，1961—1995年从9.3 kg增加到147.6 kg，以高产品种的引进为契机，这种现代农业技术着实得到了推广(17)。下面讨论推广现代农业技术造成的环境问题，特别针对灌溉和农药带来的环境问题。

- **灌溉产生的问题**

亚洲的农田灌溉面积，在第二次世界大战后迅速增加，现在约为1.7亿hm^2(18)，其中大部分利用地表水进行灌溉(19)。因此，下面首先探讨地表水灌溉引发的环境问题。

在亚洲的湿润地带，自古以来就利用小河流进行灌溉（这种灌溉方法是让进水口与出水口一直处于打开状态，水可以经常流动），也有利用水塘进行灌溉的方法[20]。但是今天，地表水灌溉引起的环境恶化问题并非是由这种传统灌溉方式导致的，而是由于大规模沟渠灌溉造成了土壤盐碱化（土壤中蓄积的盐分增加）。

第二次世界大战后，农田灌溉面积不断扩大，大部分是在干旱地区进行大规模沟渠灌溉开发。但是，在干旱地进行沟渠灌溉，由于灌溉水的盐分浓度本来就很高，而水分大量蒸发后，很容易发生源于渠道漏水等造成的土壤盐碱化[21]。盐碱化，首先会显著降低农作物产量。据在印度的北方邦（Uttar Pradesh）实施的调查显示，盐碱化严重的土壤比没有盐碱化的土壤，其小麦和大米的亩产量降低41%～56%[22]。产量只要大幅度下降，可以认为农业经营就难以维持了。进而如果盐碱化继续发展下去的话，土壤的物理性质就会发生变化，水分向土中的浸透遭到阻碍，土壤硬化，耕耘作业就变得困难。发展到这个阶段，从技术上来说农业生产就极其困难了。尽管人工改良盐碱化土壤也是有可能的，但这绝非易事。

由灌溉导致的土壤盐碱化范围不断在扩大。例如，在巴基斯坦建成了 3 座巨型水库和 43 条沟渠系统（干线总长度 5.6 万 km），20 世纪 60 年代末，受益面积达 1 400 万 hm^2，是世界上屈指可数的灌溉系统，但据资料显示，约有 30%的受益面积正在遭受盐碱化的侵害[23]。在中国和印度，盐碱化耕地面积分别达到 1 100 万 hm^2（占全部灌溉面积的 23.3%）和 470 万 hm^2（占全部灌溉面积的 11%）[24]。因为灌溉地的生产力显著高于非灌溉地，所以灌溉地的盐碱化对农业生产的影响非常大。为了保证粮食生产水平，我们需要努力治理耕地的盐碱化，同时，还要遏制土地盐碱化的进一步蔓延。

关于这点，应该从排水设施建设方面来考虑。据说，盐碱化是可以通过排水管理得到很好控制的，但在迄今实施的项目中，这点被忽视了。案例之一是，世界银行在 1983—1991 年对亚洲灌溉项目的投资总额为 61.7 亿美元，其中与排水有关的投资额还不到 7.4%[25]。原因之一是，相比于供水设备在短期内能带来耕地面积增加和产量提高这些看得见的成果，而排水设备建设的效果就没有那么明显，所以是较难被接受的。因此，大规模的灌溉开发项目需要从这点出发，重新进行研究和改进。

其次，试看地下水灌溉的情况。在亚洲的主要国家中，很大程度上依赖地下水灌溉的国家有：印度、巴基斯坦、中国和朝鲜[26]。在地处难以确保地表水源的干旱地区国家，对地下水灌溉的依赖度更高[27]。用地下水灌溉与沟渠灌溉同样也很容易造成土壤盐碱化，但更大问题是过度汲水引起的地下水位下降。下面，以印度为例讨论这个问题。

印度的土地灌溉率，1995年约为38%，地表水和地下水灌溉大致各占一半[28]。在地下水灌溉面积中，约60%（总灌溉面积的34%）是通过管井（tube well）进行灌溉，其余的则是通过开口水井进行灌溉[29]。所谓管井是指使用动力泵从铁制的管状水井扬水的灌溉方式，从20世纪60年代后半期起，以西北部各邦为中心推广开来了。由于管井灌溉的普及，使得高产品种的引进取得了成功，结果该地区变成了印度的一大粮仓，特别是在向城市地区的粮食供应中发挥了巨大作用。西北部增加管井的理由之一在于，该地区位于冲积层之上，容易挖掘[30]。而且，作为农业开发战略的一环，扬水泵的电费低到近乎免费水平，这也是促进管井灌溉普及的一个重要原因[31]。

但是，不得不质疑这种地下水灌溉的可持续性。据印度政府水资源部调查，地下水扬水量超过其涵养量的地区比例，在北部地区非常高[32]。在位于该地区的旁遮普邦（Punjab）和哈里亚纳邦（Haryana），20世纪90年代后这样的地区占全邦的40%～50%。1979—1994年的15年间，在旁遮普邦总面积29%的地区内，地下水位下降超过5 m，尤其是在该邦中部，这样的土地比例高达60%～70%[33]。管井的普及引起地下水的过度开采，这是显而易见的。无疑，并不是在整个印度都出现此类过度扬水情况。地下水开采量超过涵养量的地区比例，占整个印度的比例不过 4%左右[34]。但是，其中的相当部分位于代表印度粮仓地带的地区，可以想象，地下水的过度开采，给整个印度的粮食供应带来的影响将极为巨大。像扬水泵用电低价所象征的那样，印度强烈依赖地下水灌溉来实现粮食增产的政策，也许可以说是进入了死胡同。

● 农药使用引起的环境问题

利用施肥和灌溉建成的农作物栽培环境，也是害虫和杂草容易滋生的环境。亚洲的发展中国家迄今在很多情况下，都是通过开发引进耐药品种来解决病虫害问题，但是最近，杀虫剂和杀菌剂的使用也在增加。而且关于除草作业，使用除草剂无疑也有增加倾向。同日本等发达国家相比，亚洲的农药使用量可以认为是最少的。以印度为例，1998 年相对于总耕作面积的比例，使用杀虫剂的面积占 47%，使用除草剂的面积占 22%(35)。

但是，关于亚洲的农药使用问题，比使用量更要紧的问题是，使用的是急性强、毒性高的农药和残留性高的农药，而且在喷洒农药时没有采取任何安全对策。据 20 世纪 80 年代末在孟加拉国农村的调查显示，该国使用的农药中，有 80%在日本是被指定为剧毒物质的药剂。虽然在使用如此急性强毒性的农药，但在用药时几乎没有农民配备保护用具，在喷洒农药的农民中，佩戴手套或防护镜的农民仅占 1%，没有人穿戴防护雨衣。结果，87%的农民出现眼痛、皮肤瘙痒、呕吐等中毒症状(36)。

使用农药导致的急性中毒和残留农药引起的环境污染都是重大问题。DDT、BHC 等有机氯杀虫剂致癌性很强，也会导致生殖能力下降等，而且该类杀虫剂的化学性质很稳定，会长期残留在环境中，如果被摄入动物体内，就会蓄积到脂肪中。因此，自 20 世纪 70 年代起，发达国家已禁止使用该类杀虫剂。

在亚洲的多数发展中国家，也禁止在农业中使用这些有机氯杀虫剂。但是，由于它也被用于疟疾对策等，很多情况下都默许在为了驱除卫生害虫情况下也可使用。由于取缔不彻底，有些地方仍把针对卫生害虫用的杀虫剂用于农业。因此，这种杀虫剂在实际中仍被广泛使用(37)。

作为这种状况的印证，发展中国家人体内的有机氯杀虫剂含量远高于发达国家。在这一问题上特别严重的是在印度，成人日均 DDT 摄入量高达 19.2 mg(38)，同日本规定的 DDT 日允许摄入量为 0.25 mg

相比，问题之严重一目了然。

农药引起的环境污染并非仅限于发展中国家。如在下一节中将介绍的中国蔬菜农药残留问题那样，在农产品贸易的数量和种类扩大的今天，发展中国家的农药使用状况可以说也直接关系到发达国家的生活。不仅是农产品的农药污染问题，对于有机化学物质的越境长距离迁移也不能忽视。例如，DDT 等有机氯杀虫剂，随着气流或者水循环在全球范围扩散，最终对包括发达国家在内的全人类都造成影响(39)。

发展中国家的农药问题如此严重的背景原因，可总结为以下 4 点。

第一，由于政府对农药恰当使用的普及与启蒙不充分，农民的教育水平，特别是识字率低，不能充分获知农药危险性的信息。结果，农民从零售商那里仅仅是获得一些关于农药选择和使用方法的知识，难以收到安全和恰当使用的预期目的(40)。

第二，允许以驱除卫生害虫用的有机氯杀虫剂使用，给发展中国家解决农药问题造成很大困难。根除疟疾等传染疾病在发展中国家依然是项重要挑战，但是仍然使用 DDT 等落后于时代的杀虫剂是非常不明智的。解决办法是，应当尽早开发有效且廉价的替代杀虫剂，另外还需要加强取缔工作，确保卫生害虫用的杀虫剂不能用于农业。

第三，农药管理制度至今仍不完善。在亚洲，一些国家没有农药管理制度，许多国家即使有登记制度，也存在很多问题(41)。在日本，20 世纪 70 年代禁止使用的狄氏剂（dieldrin）、林丹（农用杀虫剂之一）（lindane）和甲基对硫磷（methyl parathion）这些农药，至今仍在印度使用，只不过是有些条件限制(42)。另外，由于没有建立完善的取缔体制，导致走私猖獗，很多国家都出现了未登记的农药(43)。

第四，还应注意的是，一些发达国家利用发展中国家农药管理不完善的缺陷，而向其出口危险农药。据美国海关统计分析，1997—2000 年，从美国港口出口的 145.3 万 t 的农药中，至少有 3 万 t 是在美国禁止使用或限制使用的农药，出口目的地主要是亚洲和中南美洲等发展中国家(44)。此外，美国出口的一些农药，虽然在美国国内尚未禁止使用，但在 WHO 的毒性区分中属于“1A：极其有害”的农药或可能致癌的或有扰乱内分泌作用（所谓的环境荷尔蒙）

的农药。

最近缔结了 2 个国际公约，反映出农药问题具有国际性质。即 1998 年在鹿特丹签字通过的《特定有害化学物质及杀虫剂国际贸易事前知情同意程序鹿特丹公约》（PIC）和 2001 年在斯德哥尔摩签字的《持久性有机污染物斯德哥尔摩公约》（POPs 公约）。《鹿特丹公约》（PIC 公约）规定，为防止在发达国家禁止使用或者严格限制的农药等向发展中国家无控制出口，在进行危险农药等贸易之际，事先必须取得进口国方面的同意。《斯德哥尔摩公约》（POPs 公约）规定，原则禁止 DDT、狄氏系列杀虫剂等有机氯农药在内的 12 种持久性有机污染物质（POPs）的生产和使用，控制这些物质进出口。这 2 个公约，如果批准国家达到 50 个即可生效[45]。

在推进危险农药的国际控制方面，这 2 个公约被寄予厚望。据上述海关统计分析，以这些公约签字为契机，实际上美国出口的危险农药减少了很多。但同一分析也指出，在这些公约中未涵盖的危险农药贸易并无减少迹象。基于预防原则，还需要争取扩展这些公约的涵盖范围，进一步加强针对危险农药方面的控制。

4. 农业经济与环境问题

4-1　亚洲地区粮食出口迅速增长

在上一节，主要着眼于基础粮食的生产与环境问题，与此同时，当今围绕农业与粮食问题值得关注的是，面向出口的粮食生产正在不断扩大的趋势。本节将对此问题进行讨论。

表 3 是亚洲发展中国家粮食出口的变化情况[46]。1980—1999 年，亚洲发展中国家的粮食出口总额增加了 1.6 倍，而同期全世界增长了 0.9 倍。所有的发展中国家增加了近 1 倍，由此说明，亚洲的粮食出口确实大幅度增加了。从出口目的地看，最受关注的是向日本出口的数量急速增长，1990 年超过亚洲向欧盟的出口量（欧盟至今一直占亚洲出口份额为 22%）。而日本进口的粮食中，来自亚洲的比例从

24%上升到35%，在粮食供给方面对亚洲的依赖度不断提高。还值得注意到，亚洲在20世纪90年代向美国的粮食出口也增加了，此外，在亚洲各国之间的出口增长率也引人注目。

表3 亚洲发展中国家粮食出口变化

出口地		世界合计	发达国家				发展中国家		前苏联和东欧各国
				EU	美国	日本		亚洲	
实数（10^2万美元）	1980年	22 790	10 098	4 080	1 928	3 496	10 627	7 335	1 879
	1990年	38 612	19 677	5 531	3 579	9 438	16 527	12 783	2 363
	1999年	59 385	28 556	7 273	5 843	13 142	28 851	22 676	1 841
指数（1980年为100）	1980年	100	100	100	100	100	100	100	100
	1990年	169	195	136	186	270	156	174	126
	1999年	261	283	178	303	376	271	309	98
构成比/%	1980年	100.0	44.3	17.9	8.5	15.3	46.6	32.2	8.2
	1990年	100.0	51.0	14.3	9.3	24.4	42.8	33.1	6.1
	1999年	100.0	48.1	12.2	9.8	22.1	48.6	38.2	3.1

注：这里的“亚洲”表示的值是指，除了日本、西亚及中亚各国（1995年以后）以外的亚洲其他国家，其中包括韩国。

出处：根据UNCTAD，*Handbook of Statistics 2001*，2002年编制。

亚洲各国的粮食出口以对日本出口为中心，扩大到全球范围。造成这种现象的背景，首先是各国出台了促进粮食出口的政策。在工业化和经济开发战略中，粮食出口发挥了重要的创收外汇作用，特别是最近除谷物和热带产品这些传统的一次产品外，亚洲各国还在积极出口畜产品、水产品、粮油作物、蔬菜等高附加值食品。仿照“新兴工业国家”（Newly Industrializing Countries：NICs）的说法，以泰国、中国等为代表的出口国被称为“新兴农业国家”（Newly Agricultural Countries：NACs）[47]。

第二是，农业经济在这些“新兴农业国家化”中发挥着关键作用。农业经济由农业产品、食品加工、流通和食品服务产业等相关企业群构成，作为当今从农业生产到粮食消费的“农业与粮食系统”的构成主体，在农业与粮食生产中发挥着巨大的影响力。特别是亚洲，在日本企业的直接投资和亚洲当地资本的增长过程中，形成了越境商业网。同时，在生产现场也出现了农业部门的工业化、单一农作物栽培（monoculture cropping）以及随之产生的环境问题等新事态[48]。

下面，把问题集中到这些出口产品的代表性案例上，对农业经济的发展及其引起的社会影响与环境影响做一介绍。

4-2 虾和鳗鱼养殖："蓝色革命"与无序开发的连锁反应

水产品是亚洲出口食材中的代表之一[49]，典型的是虾和鳗鱼。现在，亚洲养殖虾在世界渔业生产额中位居第二。自 20 世纪 80 年代开始，养殖量占总捕获量的比率迅速增加，1999 年达 28%，养殖比率的增加弥补了源于拖网滥捕的捕捞量减少；另一方面，尽管鳗鱼在生产量方面不如虾多，但养殖率高达 95%。特别是在中国，出口生产急速扩大，在面向日本的出口食材中，鳗鱼位居第一[50]。

虾养殖，亚洲的养殖量占全世界的 80%左右。其中，最多的品种是黑虎虾（*Penaeus monodon*），占全部虾养殖量的一半以上。历史上，虾养殖起源于中国台湾，而后扩大到泰国、印度尼西亚和菲律宾，形成了主要养殖基地，但是，上述产地虾养殖最近出现了停滞不前的态势。而另一方面，在南亚和越南出现了虾养殖增加的趋势。此外，中国是亚洲地区主要养殖大正虾（*Penaeus chinensis*）的产地，近年来在中、南美洲开始盛行南美白对虾（*Penaeus vannamei*）的养殖（参见图 2）。关于鳗鱼养殖，以日本鳗（*Anguilla japonica*）为主，亚洲养殖量占全世界的 90%以上。另外，养殖地出现了国际性转移，已从日本转向中国台湾，进而转向中国大陆（参见图 3）。

这些生产国构成了主要出口国，其特点并不仅仅是出口单纯的新鲜品，还通过加工，提高出口产品的附加值。例如，泰国是主要的产虾国，不仅从国内，还从邻近国家进口虾，利用国内廉价劳动力，通过手工作业进行剥皮和成型等，形成生产冷冻油炸虾和寿司虾等的加工基地。关于鳗鱼，在中国的加工厂，通过手工作业进行剥皮和穿串，再通过油炸，制作成干品和蒲品出口。

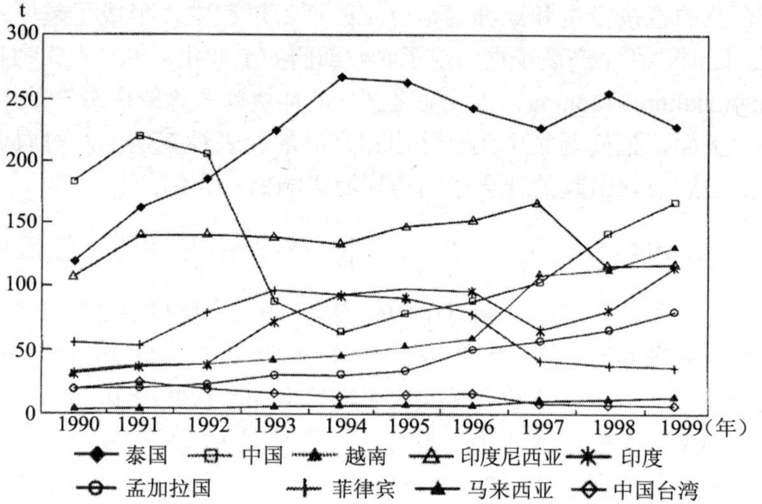

图2　亚洲主要国家（地区）虾养殖的变化

注：图中的养殖量是黑虎虾、大正虾等虾类的总计。

出处：根据FAO，Yearbook of Fishery Statistics：*Aquaculture Production 1999*，2001年绘制。

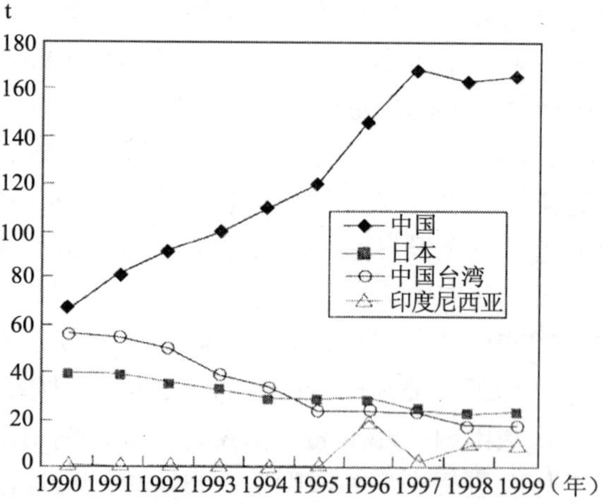

图3　亚洲主要国家（地区）鳗鱼养殖的变化

注：图中的国家（地区）的养殖产量在全世界中占前1～4位。

出处：同图2。

虾和鳗鱼都是基于大批量的养殖作为生产基础的，而发展壮大的关键在于通称为“蓝色革命”的集约式养殖技术。与从前的粗放式养殖不同，集约式的一大特点是，通过高密度养殖、大量投加饲料和化学品提高产量，并且得到农业经济投资和政府扶持、世界银行等国际组织和海外开发援助等对基础设施建设的支持。结果，集约式、半集约式的虾养殖比例在泰国达到 90%，在马来西亚和菲律宾也都高达 70%。为了不断整合和推广这种生产方式，日本和中国台湾为扩大“开发出口”提供资金，同时，像泰国 CP 集团那样的掌握饲料供给和加工的当地企业也在推进跨国经营[(51)]。

不可忽视的是，集约式养殖的扩大和商品国际化也造成了严重的环境破坏[(52)]。以虾养殖为例。第一，伴随养殖池的建设，破坏了周围土地和红树林。在整个亚洲，由红树林建造的养殖池的比例，粗放池、半集约池和集约池各占 43%、45%和 31%。在集约型养殖的据点泰国，20 世纪 60 年代以后，国内原有 38 万 hm^2 红树林消失了约 20 万 hm^2，其中 30%以上转换成虾养殖用地[(53)]。在这种环境变化影响下，到处发生生态系统破坏和海岸侵蚀问题。因此，加强开发控制成了重要课题。但现状是，由于对红树林的定义较为模糊加上监视体制的不完善，尚未达到建立有效体制的阶段。

第二，集约型经营的内在问题。这种养殖方式，为控制饲料的过度投加所引起的水质恶化，需要通过水泵对池水进行大量更换，很多情况下会造成地基下沉、周围水系和农田的盐渍化（因为盐类蓄积，农作物无法生长）以及化学品扩散等问题。此外，还容易陷入为防止虾生病而大量投入抗生素的情况。2002 年，欧盟禁止进口亚洲产的虾，并且强化了监视措施等，关于水产品的安全性问题不断被提出来[(54)]。尽管在操作手册上已有明确规定，在发货之后，养虾池需要有 1 个月时间晒干消毒，而实际上为了加快生产循环次数，在短期内提高收益，许多企业都省略了这个晒干消毒环节[(55)]。

经过这一系列过程，接着就是淤泥引起的水污染，进而是黄头病和白斑病这些病毒性疾病的频繁发生，生产能力开始下降，到了这个阶段，养虾池就已经不能再用了，最终不得不放弃。病虫害是特别严重的问题，中国台湾养虾产业在1988年遭到灭顶之灾、切肤之痛，接着在泰国（1989年）、印度尼西亚（1992年）和中国大陆（1993年）也都接连发生类似事件。虾病暴发得如此频繁，因此业界杂志把1995年称为“病毒之年”[56]。在集约型养殖中，养虾池的寿命很短，仅为5～10年，1985—1995年，由此放弃的池子在全亚洲达15万hm^2。而且，由于养虾池在被污染的状态下一直残存着，所以周围居民也一直处于可能感染疟疾危险的环境中。

此外，环境破坏并不停止于上述层面。农业经济仍在一味寻求新的前沿，不断转移，到新的土地上建设新的虾池。在泰国，虾产地从曼谷近郊转到东部，进而转移到南部。由于仍然采用同一种养殖方式，所以环境破坏也在不断向外延伸。这样，最大限度地追求效率的“蓝色革命”反过来就具备了短命性、投机性、无序开发的连锁反应性等特点[57]。

接下来讨论鳗鱼养殖。养殖地从中国台湾向中国大陆转移的重要原因之一，是地下水过度开采造成了地基下沉。2002年，从中国产的鳗鱼中检出了抗菌素，引起了一些骚动，关于鳗鱼养殖的安全性问题开始受到关注。鳗鱼养殖，首先从饲养希腊司鳗鱼（glass eel，幼鱼）开始，但由于对希腊司鳗鱼自身的生态特性了解得还不够，尚未达到推广人工育苗生产技术的程度。因此，即使养殖生产量增加了，还只得依赖天然的希腊司鳗鱼。近年来，希腊司鳗鱼因短缺而价格飙升，迎来了叫做“软黄金”的时代。尽管在亚洲主要养殖日本鳗，但1993年中国成了希腊司鳗鱼进口国，开始从欧洲进口欧洲鳗鱼苗（*Anguilla anguilla*）来扩大养殖。令人担心的是，由于对鳗鱼苗需求量增加，可能导致滥捕而造成将来世界性资源的枯竭[58]。

对于上述状况，控制活动也在不断加强。例如，1995年印度最高法院下达判决，禁止在东部沿岸州进行农地转用，在印度尼西亚的南驷马特拉和马来西亚的库达州，企业和居民之间也发生了纠纷和诉讼。泰国政府除在红树林地区禁止养殖和制订居民参与型的行动计划外，企业界也制定了面向可持续养殖的《行动标准》。而且，世界银行也制定了《泰国沿岸资源管理项目》，倡导进行红树林保护和沿岸资源管理。但在泰国，养殖地从红树林地区转向以水田耕作为主的内陆地带，养殖问题又死灰复燃。1998 年，因担心盐渍化和对农作物的恶劣影响，泰国政府在中部 8 府颁布了禁止养殖措施。2001 年，在企业界的要求下，泰国开始讨论解禁问题，但在农民和非政府组织的强大压力下，结果在同年 10 月做出了继续禁止措施的决定[59]。

4-3 棕榈油："全球化棕榈连锁"与"另一个亚洲危机"

油椰果是与大豆并列的一种油粮作物，由其果房压榨出来的棕榈油，是发展中国家农产品出口中增长最快的产品之一。棕榈油的增长集中在亚洲，据点在马来西亚和印度尼西亚（参见表 4）。

表 4 棕榈油产量和进出口量世界前 5 位国家的变化 单位：1 000 t，括号内%

	1961 年			2001 年		
产量	1.尼日利亚	669.0	（45.2）	1.马来西亚	11 880.0	（49.1）
	2.刚果	224.0	（15.1）	2.印度尼西亚	7 950.0	（32.9）
	3.印度尼西亚	145.7	（9.9）	3.尼日利亚	903.0	（3.7）
	4.马来西亚	94.8	（6.4）	4.泰国	550.0	（2.3）
	5.中国	40.0	（2.7）	5.哥伦比亚	547.6	（2.3）
	世界合计	1 478.9	（100.0）	世界合计	24 172.8	（100.0）
出口量	1.尼日利亚	167.2	（26.6）	1.马来西亚	10 002.5	（58.7）
	2.刚果	154.4	（24.5）	2.印度尼西亚	4 903.2	（28.8）
	3.印度尼西亚	117.3	（18.6）	3.荷兰	379.1	（2.2）
	4.马来西亚	94.9	（15.1）	4.巴布亚新几内亚	327.6	（1.9）
	5.新加坡	29.5	（4.7）	5.泰国	180.1	（1.1）
	世界合计	629.2	（100.0）	世界合计	17 026.8	（100.0）
进口量	1.英国	163.4	（25.3）	1.印度	2 733.1	（18.0）
	2.荷兰	89.0	（13.8）	2.中国	1 606.3	（10.6）
	3.德国	77.7	（12.0）	3.巴基斯坦	1 064.4	（7.0）
	4.比利时/卢森堡	42.5	（6.6）	4.荷兰	989.6	（6.5）
	5.印度	33.7	（5.2）	5.英国	619.5	（4.1）
	世界合计	645.6	（100.0）	世界合计	15 164.9	（100.0）

出处：根据 FAO，*FAOSTAT* 编制。

自20世纪60年代起，这2个国家就开始推进新农园的开发和替换天然橡胶的种植，取代了原产地非洲，成了棕榈油的主产地。从1970年到90年代末，马来西亚油椰树的种植面积从29万hm^2增加到331万hm^2，印度尼西亚也从13万hm^2增加到296万hm^2，1961—2001年，2国的棕榈油产量分别急剧增长了125倍和55倍，现在2国产量合计占世界产量和出口量的比例均超过80%。另外，从消费方面分析，从表4可知，印度、中国这2个人口众多的发展中国家正在进口更多的棕榈油作为食用油原料，同时，发达国家对工业原料棕榈油的需求也在增加，因为棕榈油被认为是“环境友好型”的洗涤剂原料。以东南亚为起点，可以说形成了棕榈油全球化的流通网络[(60)]。

在棕榈油生产过程中，为保证质量，必须在收获后的1天内进行压榨，即必须把工厂建在油椰园附近，而且考虑到工厂的效率问题，还需要有一定规模的油椰园种植面积与之匹配。因此，在马来西亚和印度尼西亚这2个国家形成了以种植为中心的大型企业垄断局面[(61)]。20世纪90年代后半期，马来西亚排名前10位的公司拥有全国油椰园面积的45%，前16家棕榈油提炼公司占提炼能力的75%；在印度尼西亚，前10家公司占油椰园面积的30%，前5家公司占提炼能力的60%。各企业努力整合从农园到压榨、提炼全过程的工艺，而且最近都计划同跨国化学企业联合，成立合资公司，以确保工业原料的供给，并由此开始向“下游”企业扩张[(62)]。

因此，关于棕榈油的环境问题，就同这些企业的大规模开发有一定关系。首先是油椰园喷洒农药问题。马来西亚的非政府组织对72名女工进行调查后发现，她们使用的便携式喷雾器喷洒百草枯（paraquat）等农药，在混合各种农药的“鸡尾农药”（pesticide cocktail）的影响下，她们中有人出现了中毒症状，如疲劳、恶心、背痛、目眩、呼吸困难、皮肤病、头痛、生理失调等，结果其中6人入院治疗。在油椰园内，男女是分工的，男性从事重体力劳动的收获、搬运等工作，女性进行轻体力的农药喷洒工作，所以农药受害也容易在女性人群里集中，而厂方并未让工人充分了解到农药的危险性，因落后的防护用具和简陋的救护体制而遭受伤害的案例源源不断。因此，NGO 希望政府相关部门尽快强化规章制度，并追究农药企业的相关责任[63]。

另一个环境问题是，伴随农园扩大导致的森林破坏。油椰园因大规模的单种栽培，长时间会引起热带雨林丰富的生态系统和生物多样性不可逆的减少，而且在开发最初也会造成巨大破坏，典型案例有 1997 年和 1998 年的森林火灾和烟雾。东南亚一带被卷入称作"另一个亚洲危机"的烟雾旋涡之中，造成印度尼西亚丧失了 970 hm^2 的农林土地，7 500 万人受灾，经济损失估计高达 45 亿～100 亿美元。据说，事故主要是由于以种植园开垦、纸浆材砍伐为目的的放火所导致。实际上，在该次事件中被告发的 176 家企业中，133 家是与油椰相关的企业，这一点也证实了火灾的原因[64]。

在这次事件中还应该被关注的是，其中的 133 家公司中有 43 家企业为马来西亚企业。这说明，随着在马来西亚半岛开发余地的枯竭，为新建农园，该国资本积极投向了印度尼西亚。而且马来西亚也向其他国家，如菲律宾的棉兰老岛（Mindanao）和巴布亚新几内亚等地进行投资。农园开发的国际投资给森林资源造成的巨大冲击，不可忽视[65]。另一方面，印度尼西亚现在的栽培面积为 300 万 hm^2，而分配给种植企业的总面积为 870 万 hm^2，这同国际货币基金组织（IMF）指导下的促进出口政策、由于引进地方自治制度而使中央政府的管理权限降低和财政削减等有密切关系，预计今后的油椰园开发还会进一步加快。

在上述棕榈油全球化、商品化的背景下，东南亚一带的油椰园开发正不断地向外扩张，今后的动向值得关注。

4-4　新鲜蔬菜与冷冻蔬菜："蔬菜战争"、"毒菜"和粮食危机

最后，通过聚焦于"蔬菜战争"，即中、日、韩 3 国之间的贸易摩擦，来讨论一下蔬菜问题。

第一，从表 5 可以看出，日本是蔬菜进口国。2000 年，日本从 75 个国家进口蔬菜 261 万 t，共计 3 400 亿日元，是过去 10 年间进

口量的2.4倍、金额的1.6倍，增幅相当之大。增幅最多的是新鲜蔬菜，飙升了2.7倍（占总进口量的37%），冷冻蔬菜（占总进口量的30%）也增加了1.2倍。从进口国家（地区）的分布看，中国已超越美国，跃居首位，占进口总额的一半左右，体现了跨越式发展的态势。在亚洲，韩国上升到第三位，泰国略有增加，而1990年位居第三的中国台湾却大幅度减少，形成显著对比。

蔬菜进口量的急剧增加对日本国内的蔬菜流通造成了巨大影响。特别是中国产的蔬菜，除价格低廉外，还不受休作期和季节影响，可常年输入日本。再加上日本国内产地生产者的高龄化，无疑导致日本农民大幅度减少，产地缩小并重组。日本的蔬菜自给率，从1985年的95%递减到2000年的82%。所以在不久后的2001年，日本就对葱、鲜蘑菇和蔺草等启动了对华紧急限制进口措施。在韩国，也因中国产大蒜的进口激增而发生了围绕紧急限制进口措施的纠纷。同时还必须注意的一点是，通过乌拉圭谈判达成了农业协议，园艺设施激增，新鲜西红柿等对日出口也在显著扩大[67]。

表5　日本蔬菜进口量的变化

		实际数量/10^3t		构成比例/%		指数（1990年为100）
		1990年	2000年	1990年	2000年	
进口量（按类别）	总计	1 091.8	2 605.2	100.0	100.0	239
	新鲜蔬菜	261.0	971.1	23.9	37.3	372
	冷冻蔬菜	345.1	772.8	31.6	29.7	224
	腌制蔬菜	197.2	220.2	18.1	8.5	112
进口量[按国家（地区）]	总计	214.5	342.3	100.0	100.0	160
	中国	46.1	150.5	21.5	44.0	160
	美国	51.6	83.1	24.1	24.3	161
	韩国	12.8	20.5	5.9	6.0	160
	新西兰	12.0	15.1	5.6	4.4	126
	泰国	9.3	13.0	4.3	3.8	140
	中国台湾	42.5	9.2	19.8	2.7	22

出处：根据蔬菜供给安定基金调查情报课编制，《蔬菜进口动向》（1999年版，2000年版），农林统计协会，2000年，2001年编制。

如上所述，在东亚一带，围绕蔬菜国际产地间的竞争和贸易纠纷正在激化，这里必须注意的是，农业经济同上述蔬菜贸易规则的形成有很大关系。如新鲜蔬菜，日本商社或批发店把日本的种子带出境外，在其他国家进行栽培后再进口；加工蔬菜进口所采取的形式为，餐饮业要求蔬菜符合自己的规格，冷冻食品业通过海外子公司或合资公司进口。在日本的一些大型饭店，大蒜和松茸几乎都是中国产的，收获期不同的 4 个省份生产的葱，经由中国的生产公司长年供应日本。这样，在“开发进口”的背景下，在中国出现了以山东省为中心的对日出口产地。特别是在 20 世纪 80 年代以后，在日本和中国台湾企业的直接投资下，中国加快了冷冻蔬菜工厂建设，在山东省沿海地区形成了称作“冷冻带”的加工企业集结区域[(68)]。

但是，在出口产地这样急速发展的背后，也带来了新问题。首先是种植地的连作障碍问题。例如，在山东省的生姜产地，该省与邻接的河南省之间产地竞争趋于激化，莱芜市的栽培面积受其影响而减少了 20%。同样，山东省金乡县的大蒜栽培面积，也因为连作障碍而减少了 15%～20%，所以该县推进了向生产洋葱转换等措施。集约型土地利用还造成了土壤退化。

第二，和连作障碍同样令人担心的是农药问题。2002 年，从贴有 JIS 有机标志的冷冻菠菜中检出了超标农药，近年来日本对中国产蔬菜的农药残留问题甚为关心。1999 年发生禁止进口中国产的蔬菜事例 11 件，2000 年迅速增加到 87 件，2001 年高达 159 件[(70)]。在中国现场有过一些情况，如把本应稀释数十倍的农药不稀释就直接使用，或长时间使用 DDT 等难降解农药。而为了提高产量，有的在收割前不久才进行喷洒。拥有蔬菜出口产地的地方政府随即就颁布《农药使用限制管理规定》，这被人们推测为，在此之前可能有过大量高危险农药曾被使用的状况[(71)]，还可能存在为了蔬菜保存和运输而在收获之后又使用了农药等。

第三，同将来的粮食供给有关的问题。在中国的蔬菜产地，越来越多的农民专门种植蔬菜，放弃种植基础粮食，依靠外购来替代基础粮食种植。本来仅限于中药利用的牛蒡，通过从日本进口种子，自1993年开始栽培，但不久即因日本市场供过于求，到1995年栽培面积急剧减少到上一年的1/3。由于“蔬菜高潮”的反作用和紧急限制进口措施的影响，可以说农家经营和生产环境主要取决于国际市场状况的变动(72)。向日本出口的蔬菜主要都是上等品，如大蒜直径都要在5 cm以上的，牛蒡长度和直径分别要超过60 cm和2 cm，要求非常严格，特别是引进日本蔬菜品种的情况下，被淘汰的蔬菜则遭到废弃处置的命运(73)。通过加入世贸组织，中国的方针是鼓励种植收益高的蔬菜，但另一方面，出口型农业资源的浪费和基础粮食种植的缩小也令人担心。

5. 寻求实现亚洲农业的可持续发展

● 农业生产方式的新动向

以上，从农业和粮食种植方面探讨了亚洲各国现阶段的环境问题。随着人口增长和饮食生活变化，亚洲粮食需求不断增加，而在其背后的生产现场（如黄土高原所象征的那样），由于从根本上存在着贫困问题，而对农田与水资源接近极限的利用，加上再生产的不稳定性等，这种“人口—农业—环境问题”的恶性循环正在不断扩大。此外，新问题也在产生，引进以“绿色革命”为代表的现代农业技术，造成了土壤盐分积累、地下水位下降、农药污染以及推进出口型农业背景下的农业经济造成的侵吞地区资源和过度掠夺等问题。概括地说，这就是当今亚洲环境问题的态势。进一步还可以预测，今后亚洲农业将受到一系列冲击，包括：工业化与城市化造成的农田和水资源进一步减少、世贸组织会谈下的自由化贸易、欧美等跨国的农业经济加大向亚洲投资、有机食品的商业化等(74)。亚洲的农业和粮食种植还面临着像产业结构变化等非农业因素以及全球化的进一步影响，下面介绍两个能够左右今后农业发展方向的新动向。

首先是生物技术开发，备受关注的是转基因农作物（Genetically Modified Organisms：GMO）。生物技术的目的是，通过DNA重组，培育出兼具抗虫害、耐除草剂等特性的种子，以减少农药使用量和提高亩产水平。生物业界和国际机构认为，转基因农作物是解决贫困饥饿问题和环境制约问题的强有力手段，他们把亚洲作为转基因农作物的潜在地区。现在，除了在中国进行商业栽培 Bt（Bacillus thuringiensis） 棉花之外，其他各国也都已经开始试验栽培[75]。

但是，基于生物技术的“技术性突破”，也导致了以主要生产种子和农药的企业为核心的农业经济的市场扩大，并经过环境释放引发生态系统扰乱和食品安全性问题而使全社会的担心高涨起来了[76]。实际上，2001 年 8 月，800 多名当地农民袭击了位于菲律宾棉兰老岛（Mindanao Island）的蒙山都公司种植现场，抗议蒙山都公司强行进行 Bt 玉米环境释放试验；在印度尼西亚也发起了诉讼和抗议活动，要求蒙山都公司的子公司禁止在南苏拉威西（South Sulawesi）进行 Bt 棉花的种植[77]。另外，为了解决亚洲各国担心所推进的标准制定和标志义务化的法制建设等方面，转基因农作物成了农业与粮食的新焦点（参考第III部的[5]）。

另一方面，采用不同于过去那种“现代农业技术发展模式”而探索“环境保护型农业行动”也出场亮相了。例如，备受关注的是正在加快推广的“病虫害综合治理”（Integrated Pest Management: IPM），这是一种把农药用量最小化的管理办法（参见本章后的[专栏]）。此项实践的发展与应用源于农药过度使用对农民和工人造成的健康受害、不加选择地使用农药造成害虫抗药性加强等。另外，为了避免商品作物单样化所引起的土壤退化，从农资采购引起的高费用“踏板车”中摆脱出来，农民们正在像农林业和“水田养鱼农作法”那样进行组合种植，即种植不同的农作物，而且对资材投入较低的农业和有机农业等，也在进行重新探讨[78]。另一种新尝试是，从贸易方面，正在推进使贸易独立于农业经济占主导地位的“公平贸易运动”（参照第Ⅰ部第 2 章）[79]。

● 亚洲农业可持续发展面临的挑战

基于上述内容，最后小结一下亚洲农业可持续发展面临的挑战。

首先，各国必须对造成环境破坏的各类活动予以控制，重新探讨开发方式，制定开发与推广对于环境友好型技术的扶持政策。如农药问题，需要尽快贯彻执行以下措施：向农民普及如何恰当使用化学品，避免发生农药污染等问题；全面贯彻农药综合登记与管理制度；禁止和控制危险农药的使用等。关于灌溉问题，必须用小规模的、适宜环境的开发计划，来取代无视地区自然环境的、整齐划一的大规模开发。此外，推进和推广以 IPM 为主的环境保护型农业技术的开发也是不可缺少的[80]。推进这些行动的前提条件是，需要对实现向环境保护型农业转换给予扶持，重新评价在商业开发中不受重视的、基础技术开发的中流砥柱——公共研究机构。

其次，需要加强对农业与粮食问题国际化的主体——农业经济的监督，要实现农业、粮食贸易和投资的国际性增长管理（Growth Management）。如在第 4 节中所述，农业经济在亚洲主导的出口型农业开发、贸易与投资的国际化取得了迅速进展，但所引起的环境破坏也跨越了国界。要像第 3 节介绍的那样，制定以国际管理危险农药为目的的《关于在国际贸易中对某些危险化学品和农药采用事先知情同意程序的鹿特丹公约》（PIC 公约）和《关于持久性有机污染物的斯德哥尔摩公约》（POPs 公约）（参见第 I 部第 2 章）以及在水产品养殖中进行资源综合管理项目的尝试等，制定出在国际上控制农业经济无序开发的《企业行动标准》和《环境公约》，进而在全亚洲层次上，构筑起使资本投资收益在产地环境保护中发挥作用的制度，而且这些制度要同各国在国家层次上的控制政策齐头并进。如果能够成功构筑这样的国际性框架，并以此为基础进行实践，就可以实现在可持续发展方向上管理好现在的贸易和投资增长。

在关系到粮食进口问题上，亚洲各国政府也必须重新探讨各自的农业政策。一些国家把政策重点集中在工业化和出口产品上，基础粮食主要依赖进口，但在亚洲经济危机以后，东南亚各国已开始重新认识到保障粮食安全的重要性。由于在 WTO 的体制下，国内政策不能充分发挥保护农业的作用，而在贸易协定中，为了克服饥饿和保证各国一定的自给水平，各国都有一定的“粮食主权”，对于这种“粮食主权”

的追求，也是实现农业和粮食生产可持续发展不可缺少的条件[81]。

第三，要形成实现可持续农业和粮食生产的主体。这需要对现行的、造成环境破坏和粮食不安全的农业和粮食体制进行改善，如前所述，需要各国政府向“环境保护型农业保护政策”转换，争取国际组织的援助，对农业经济进行控制和监督。但是，这些政策并不是与生俱来的，要想实现，首先需要通过以生产者和消费者为主的非政府组织、农民组织、工人协会、合作社以及其他实体一起合作，提出问题，向决策者施加一定的压力。作为关系到破坏环境的过度消费和粮食过度进口的消费者，尤其是严重依赖亚洲农业和粮食贸易的日本消费者，需要从我做起，重新审视自己的生活方式。另外，亚洲各地的生产者也需要利用现代环境科学和传统智慧，成为环境保护型农业和当地资源管理的担当手。可以说，亚洲各地的生产者和消费者都要相互发挥主体作用，构筑起全球化与本地化的合作体制，这才是实现亚洲农业可持续发展的第一步。

（执笔：杉本大三，岩佐和幸）

专栏　印度尼西亚进行的综合性病虫害治理（IPM）的尝试

为了防止农药造成的健康损害和环境污染，一般认为有两条途径。一是在本章探讨过的构筑关于控制农药生产与使用的国内和国际制度，二是尽可能控制农药的使用，即使在不得已使用的情况下，也要开发和推广防除技术，选择尽可能安全的农药。关于后者，近年来的“病虫害综合治理”（Integrated Pest Management：IPM）正在受到关注。所谓病虫害综合治理，并不是全部灭绝害虫的意思，而是将其控制在经济上能够容许的范围内，并结合气象预测、害虫发生预测、利用抗虫性好的品种、采用轮作方法、调节栽植时期、采用害虫生物防治（利用天敌等）等多种手段，以防治虫害。印度尼西亚的病虫害综合治理推进得最快，下面就其发展过程进行介绍。

自 20 世纪 60 年代以来，印度尼西亚开展了所谓“绿色革命”，通过引进高产量品种、化肥和农药，大大增加了大米产量，但同时由于大量使用非选择性杀虫剂，甚至连害虫的天敌也消灭了，所以频繁发生了褐飞虱（brown planthopper）暴发成灾事件。针对这种事态，印度尼西亚政府于 1986 年禁止了 57 种非选择性的、容易杀死天敌的杀虫剂，在 1989 年全面废止了农药补助金。替代农药的、防治稻作害虫的核心方法，就是“病虫害综合治理”。

在印度尼西亚发展“病虫害综合治理”过程中，通过联合国粮农组织等机构的援助，自 20 世纪 90 年代初在各地建立了农民田间学校(Farmer Field School：FFS)，发挥了重大作用。典型的农民田间学校，是一种户外学校，有进行指导的农业技术人员和 25 名农民，农民们在现场通过实际栽培农作物，学习技能和知识，包括观察农作物生长发育状况的方法、学习关于害虫及其天敌的种类与密度的调查方法、掌握各种农药的性质等。通过培训，农民们能够通过自己的观察来判断如何驱除害虫，如何进行施肥管理。

农民田间学校的教育，不仅是关于病虫害综合治理，还涉及施肥管理方法等，由于改善经营效果带来了农业增收，这对农民来说是有巨大吸引力的。在楠榜省（Lampung）的事例中，通过农民田间学校培训的农民，减少了单作的农药喷洒次数，从平均 5.3 次减少到 0 次，同时也减少了氮肥用量等，改善了施肥平衡，每公顷产量从 4.5t 增加到 5.1t。

印度尼西亚的病虫害综合治理行动的开展形式多种多样，有农民田间学校毕业者向其他农民传授技术、设立当地农民组织，推广病虫害综合治理、通过联合国粮农组织以外的国际组织和非政府组织等的援助开设农民田间学校等。学习过病虫害综合治理的农民，在今天的印度尼西亚农业生产中无疑占有着重要地位。

参考资料：

中筋房夫，《病虫害的综合治理学》，养贤堂，1997 年；久马一刚，《粮食生产和环境——关于农业可持续发展的思考》，化学同人，1997 年；Communitu IPM 的主页（http://communityipm.org/index.html）。

（执笔：杉本大三）

第4章

森林与水田的生物多样性

实现居民参与的综合管理

照片为油椰种植园的景象。左半部分是种植园，右半部分是园内为了再种植而伐树之后呈现出裸露状态的地表（1996年8月摄于马来西亚）

照片提供：岩佐和幸

1. 前言

关于自然环境，在《亚洲环境情况报告》第1部第4章“有待探讨的生物多样性保护与利用”这一专题中，探讨了同生物多样性相关的问题和挑战，还介绍过中国的生态农业和马来西亚的稻田养鱼法。之后，相关问题并没有得到多大改善。同时，关于亚洲地区自然环境的现状，如森林减少和退化等问题，在国际上备受关注。泥炭地开发和水田应用现代化技术等，同森林问题的产生也有关系，并对湿地生态系统的生物多样性也造成严重影响。

因此，本章主要通过介绍森林和水田情况，来探讨亚洲自然环境现状。关于森林和湿地的减少与退化问题，2002年在多哈召开的《生物多样性公约》缔约国会议、可持续发展全球峰会（约翰内斯堡峰会）、在瓦伦西亚（Valencia）召开的《拉姆萨尔公约》缔约国会议等重要会议上，都被作为重要的国际课题进行过探讨。

本章的前半部分，阐述亚洲地区森林减少与退化现状，探究其直接的和间接的原因，之后提出必要的对策。后半部分，概要介绍构成传统人工湿地生态系统的水田及其在农业现代化进程中发生的变化。最后，关注这些变化同森林火灾和生物多样性减少的关系，之后提出重新评价传统水田形态的对策。

2. 亚洲地区森林的减少及其原因

2-1 20世纪90年代的行动

- **为了推进森林保护进行的对话**

1992年召开的联合国环境与发展大会（里约峰会）已过去了10年有余。会后，世界各地针对森林保护问题，在不同层次上积极开展了各项活动。从全球水平上看，取得了很大进展。如关于森林保护先后开展了森林问题政府间专门委员会（IPF）、森林问题政府间论坛（IFF）、联合国森林论坛（UNFF）等活动，而后还有森林政策政府间政策对话、《生物多样性公约》《气候变化框架公约》等关于森林的公约谈判等。此外，在各大洲水平、国家级水平的各种政策对话与活动、世界自然保护基金会与世界银行的《森林保护协定》等，以构筑国际环境非政府组织与国际援助组织之间的实质性合作关系等，在更广泛的范围内都逐步取得可观的进展。基于以上活动，联合国粮农组织（FAO）评价说，这10年是国际合作强化的10年[(1)]，尽管实质性进展另当别论，在全球范围内如此活跃地开展森林保护政策对话，还是有史以来第一回。

● 森林持续退化

如此活跃的行动，在遏制本章关注的亚洲森林减少问题上是否真正发挥了作用？据联合国粮农组织最近编写的《2000年全球森林资源评估》（*Global Forest Resources Assessment 2000*，以下称FRA2000）指出，20世纪90年代，亚洲地区的森林面积减少了360万hm^2，相当于年减少率为0.1%，同80年代的0.6%[(2)]相比，年减少率大幅度放缓。通过详细分析可知，其中，自然林减少了2 000万hm^2以上，通过迅速推进植树造林，正在得到一定的弥补。在植树造林中，包括大规模地统一种植速生树种的造林地在内，出现了树龄低和树种结构单一等问题。同原生林相比，人工林的生物多样性大为减少的可能性很高。也就是说，虽然亚洲地区森林减少速度放慢了一些，但是森林退化实质上仍在加速。

● 着眼于探究森林减少问题的背景性原因

尽管面向森林保护的政策对话很活跃，而亚洲各国（地区）的森林面积仍在不断减少，退化速度更在加快。至于造成这种结果的原因，一些森林专家认为，人们主要关注了森林减少的直接原因，几乎都忽视了问题的背景原因。

下面，以菲律宾、印度尼西亚、泰国、老挝、越南、柬埔寨等热带林国家和属于北方林的俄罗斯远东南部地区为对象，探究森林减少的原因结构。由于缺少按各地森林减少原因分类统计的统一数据资料，所以下面不做定量分析。代用的方法是，请当地专家统计过去数十年间影响最大的直接原因，通过同该地区森林政策负责人进行对话，解析其中包括行为主体、原因间的相互关系和背景等在内的问题结构[3]。

2-2　森林减少的直接原因

对象地区森林减少的直接原因主要是开发活动（详见表 1）。可按活动目的对这些开发活动进行分类，详见图 1。对从原生林采伐开始到森林减少这一系列过程进行定位，尽管成为原因的活动组合可能因地而异，但其相互关系很容易理解。

表 1　东南亚 6 国和俄罗斯远东南部森林减少的主要直接原因

国家	主要原因
菲律宾	面向出口的（包括违法采伐）不可持续的商业采伐，产业造林的失败，当地居民引起的森林火灾频繁发生，矿山开采，为了扩大耕地而进行的森林转换，高地农业，水库开发等政府工程，无土地农民进行的土地开垦
印度尼西亚	面向出口的（包括违法采伐）不可持续的商业采伐，为了生产国内复合板而进行的采伐，大规模移居和水田开发工程，非传统的移动耕作，产业造林的开发，大规模森林火灾的频繁发生和油椰园开发（非法采伐）
泰国	（商业）采伐，为了栽培经济作物而进行的森林开垦，移动耕作，橡胶园，虾养殖池的开发，土地利用区划和保护区的扩大
老挝	第 2 次中印半岛纠纷引起的直接和间接破坏，为了大米供给而进行的开垦，移动耕作，水库开发，包括违法采伐的商业采伐
越南	第 2 次中印半岛纠纷引起的直接和间接破坏，为了大米供给而进行的开垦，国内移居，咖啡园种植，移动耕作，以获得军用资金为目的而进行的采伐
柬埔寨	为了开垦耕地，特权阶层和军队进行的采伐
俄罗斯远东南部	面向出口的（包括违法采伐）不可持续的商业采伐，大规模的森林火灾

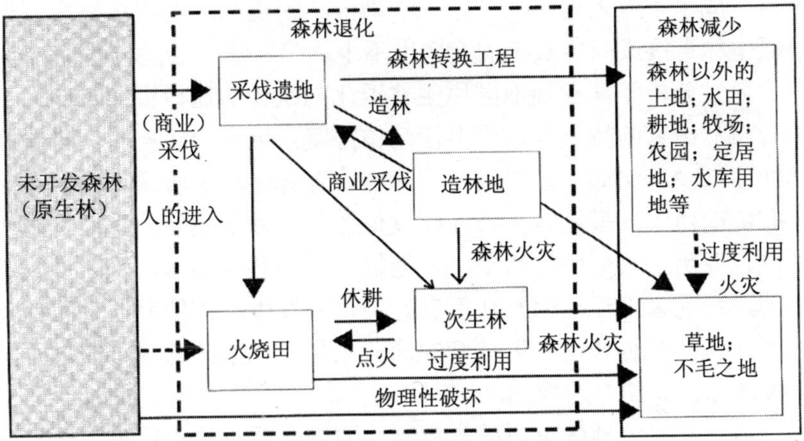

图 1 亚洲地区的森林减少过程的模式图

森林减少是从商业采伐原生林开始的，但这并非是导致森林减少的直接原因。在热带林国家，原生林的采伐只不过是森林减少的开端，而后多数情况则是由于森林转化工程、不可持续的火烧田或造林工程，最后发展成森林退化，甚至消失。

从原生林到有用的木材被商业性采伐之后，以水田、旱地、牧场、农园、定居地和水库用地等开发为目的，进行了森林转换，这是热带林国家森林减少的共同过程。如果采伐遗址被放置不管，它会向次生林演变，几百年后就能恢复到具有类似于原先的原生林结构的森林。而在热带雨林，无地的农民经常利用采伐通道，进入采伐遗址，开始火耕作业。在这种情况下，除了不可持续的活动，再加上热带雨林特有的土壤和气象条件等，导致土地丧失生产能力，或因飞火引起非常严重的森林火灾，不少地方最终成了不毛之地。传统的火烧田作业，由于休耕时间充分，绝少发生这类情况。在热带雨林国家，继原生林遭到商业采伐之后，还大规模增加了以产业发展为目的的速生树种植树造林。在采伐遗地，不仅大面积种植了生态上结构单一、质量低劣的树木，而且有时还引起整片土地火灾或土地纠纷，因人工引火导致的森林火灾也频繁发生，最后这些地方都变成了不毛之地。此外，由于地区纠纷造成的物理性破坏，使得原生林直接或间接减少的案例也不少。

通过分析整理亚洲地区原生林退化与减少的途径可知，东南亚热带雨林国家的特点是，许多活动错综复杂地交织在一起，导致森林加速减少。例如，在泰国和菲律宾，森林经历了所调查到的几乎所有活动而大规模地减少。在印度尼西亚，除了战争的物理性破坏外，也经历了其他所有活动。在老挝、越南和柬埔寨，从采伐到造林的过程尚未出现，但其他所有行为均有发生。在俄罗斯远东南部地区，森林减少是由不可持续的商业采伐和频繁的森林火灾这两种单纯的原因相结合造成的。

以下就对象地区突出的森林减少问题，重点整理行为主体及其背景等原因结构。

- **不可持续的商业采伐**

不可持续的商业采伐，在所有的对象地区都被看作是导致森林减少的重要的直接原因，采伐企业、中央政府当局、军队、特权阶层、采伐权拥有者和地方森林管理当局等国内行为主体，同消费国和进口国的企业等国外行为主体，相互紧密地一起合作。大多数商业采伐的背景条件是，森林被国有化，中央政府拥有很大权限，而其目的是获取有用的木材，于是顺理成章地实施从上而下的自然资源政策。在取得采伐权方面，同部分政府官员和特权阶层串通一气，有很多不透明、不公开的地方，而针对合理的采伐活动和随后的森林再生，采取的监督或控制手段也极其有限。

为此，许多伐木公司采取了利益最大化的“砍完就跑”战略。这样的例子在很多国家都存在，如在天然林几乎枯竭的菲律宾、天然林急速消失的印度尼西亚和前苏联解体后向日本、韩国和中国出口木材而大面积采伐的俄罗斯远东南部地区。自前苏联时代，俄罗斯远东南部地区的采伐活动，多数是只伐优良原木的粗放方式和浪费行为，而由于前苏联解体后森林管理机构的弱化，以及俄罗斯1998年的经济危机，这一状况进一步恶化了。此外，俄罗斯向中国的原木出口急剧增加，非法采伐便成了问题（参见[专栏 1]）。

这里也有因为消费国对某种特殊木材的需求，导致特定森林资源濒于枯竭的案例。在老挝，为了向日本提供需求量很大的高龄且粗大的丝柏木材，在毫无任何丝柏树保护手段的情况下，一味进行采伐，导致一些丝柏生长地已濒临枯竭(4)。老挝丝柏树资源，作为同样因向日本出口而枯竭的中国台湾丝柏树的替代木材，日本的木材进口企业从 20 世纪 80 年代初就开始对其开发。

作为军队的资金来源，在这些地区实行不可持续的商业采伐的案例也很多。例如，在越南中部高原地区，1986 年以来，以确保军费来源为目的的商业采伐盛行起来。在柬埔寨，1993 年以后，在联合国柬埔寨临时权力机构（UNTAC）的许可下，与特权阶层和军方有关的非法且粗放的采伐四处横行，1997 年原木产量达 430 万 m^3，面积 700 万 hm^2，达到历史最高水平，其中，违法采伐产量占总产量的 92%。

在采伐后的空地上进行植树的案例中，较为突出的是大量种植产业用途的速生树种造林活动，在此过程中同当地居民发生严重土地纠纷的案例有很多。代表性案例是，由菲律宾中央政府主导的《承包造林计划》（CRP）和《产业森林管理合同》（IFMAs）。在这些案例中，由于中央政府无视当地居民对森林的利用，单方面设定了大规模造林地，加剧了同当地居民间的土地纠纷；国际援助组织给予的项目巨额援助资金也由于有关当局等的渎职未能用到实处；还有不给造林工人支付承包费用等问题。这些原因导致当地的愤怒居民有时极端地采用在植树地放火手段进行反抗，森林火灾频繁发生。

- **森林火灾**

森林火灾是菲律宾、印度尼西亚和俄罗斯远东南部地区森林减少的重要原因。在菲律宾，采伐后的空地经常被转化成商业牧场，为此“火烧”行为常有发生，致使次生林向白茅（Imperatacylindrica）草原等演替，这类现象不断出现。此外，还出现很多火烧的飞火引发周边次生林火灾的现象。当地居民之间围绕产业植树地的土地纠纷也同森林火灾的频繁发生有着密切的关系。

在俄罗斯远东南部地区，1998 年哈巴罗夫斯克（Khabarovsk）和库页岛发生了大规模的森林火灾，烧毁了超过 200 万 hm^2 的森林。这些大规模火灾的原因在于，苏联解体后，“政治与经济混乱”造成当地消防系统的弱化和市民进入森林次数的增加。

自 1983 年在婆罗洲（Borneo）岛发生大规模森林火灾以来，印度尼西亚的火灾发生周期趋于缩短，规模趋于扩大，1997—1998 年，发生了历史上最大规模的森林火灾。在这些火灾中，烧毁了 200 万 hm^2 以上的森林，给人们的健康、包括森林和野生生物栖息地在内的自然生态系统、森林地区居民的社会与文化方面，都造成了严重损害，二氧化碳排放也在一定程度上促进了全球变暖。发生这些大规模森林火灾的原因有，近年来急速扩大开发的油椰园等大规模经济作物的森林转换工程、引火整地的四处横行以及消防体制的不健全等。

- **农业种植园开发和面向栽培经济作物的森林转换**

各种森林开发在印度尼西亚、泰国、老挝和越南都很盛行，国内外的行为主体包括：政府、企业集团、伐木企业、国内外消费者和国际援助组织等，都参与其中。

印度尼西亚在 1978 年以后，油椰种植面积急速增加，1997 年达到 250 万 hm^2，现在新的种植园面积仍在增加。不仅是这种森林转换活动导致森林减少，而引火整地的横行也是造成森林火灾的主要原因。种植园的急速增加有各种各样原因，如：种植产品需求量的增加；世界种植产品最大生产国——马来西亚的种植地已经扩大到了接近极限；印度尼西亚的自然特性，其大部分国土都适于种植油椰；棕榈油可以替代木材作为创收外汇的支柱；以接受国际援助组织的援助，政府积极扶持棕榈油产业、推出了很多有利于大规模农园开发的国内政策等。橡胶树、尤加利树的产业造林或采伐红树林以开发养虾池等，也都是湄公河流域森林减少的主要原因。

20 世纪 80 年代后半期，中国台湾虾养殖产业崩溃了。之后，泰国的虾养殖主要在泰国湾沿海地区，最近则沿安德曼海（Andaman）

沿岸地带繁荣起来了，致使红树林日益减少。在越南，随着不断开垦耕地、最近又在中部高原开发栽培咖啡与其他经济作物的农园、在南部开垦养虾池等（参照第1部第3章），森林减少正在持续扩大。这些森林转换项目的共同特点是，由于以日本为主的发达国家消费需求扩大所致。

- **面向移居和种植的开垦**

面向移居和种植的开垦，使得森林减少，最近不仅在越南和老挝很明显，而且在印度尼西亚也依然持续着。主要的行为主体是中央政府、无地农民、难民和战后返乡者。在中印半岛纠纷中，由于美国空袭，老挝1/4的人口被迫迁移，加上地区纠纷，造成大量的国内难民，这些都加快了开垦新土地的步伐。老挝政府为种植水稻，鼓励高原少数民族向低地移居，而邻接的越南政府为开垦土地，奖励低地居民向高原移居。

老、越两国的迁移政策加剧了国境地区高原森林利用的纠纷，在更大范围导致了不可持续的森林管理。1975年以后，越南采取的政策是，从拥挤的城市和人口密度高的农村地区，向森林地带的新经济区移民600万人，再由于20世纪70年代后半期到80年代，低地越南居民有好几百万已经移居到中部高原，森林面积大规模减少。很明显，移居和种植开垦造成的森林破坏，并不仅仅是因为人口增加和贫困这些单纯原因所造成，而同政策及地区纠纷等其他因素有密切关系。

2-3　森林减少的背景性原因

在亚洲地区，招致森林减少的背景性原因有很多，大致可归纳成四个方面，即“森林管理”、“贸易与消费”、“国际经济关系与资金流动”和“森林产品与服务的附加值”。

- **森林管理**

森林管理方面的背景性原因群包括：由于无视或轻视原住民的

传统权利和当地居民对森林利用的实情，所做的土地利用决定不透明也不公正、偏向于产业方面的经济与森林开发政策等。还有，地方分权参与政府意向决策和透明度都不够、有关可持续森林管理和居民参与的法规与行政基础等制度也不完备。这些都是亚洲地区的共同问题，是造成森林管理的无效化、违规与渎职横行的重大背景性原因。另外，没有建立森林开发利益合理的分配制度，没有确保向森林保护的再投资机制，这些也是迄今加快亚洲森林减少的背景性原因。

- **贸易与消费**

贸易与消费方面的背景性原因群包括：发达国家对于木材和森林转换地产品不可持续的“大量消费型”生活方式，以及支持这种生活方式的林产品自由贸易体制带来的负面效应。众所周知，战后日本经济增长对木材的激烈需求，加速了亚洲地区森林的减少，最近中国可能也会重演同样的历史。森林减少的加剧源于“贸易与消费”，这也是今后需要加强监管的领域。联合国粮农组织指出，将森林转换成农地问题，是热带雨林消失的主要原因。转换成农田后生产的农作物，主要是为了获取外汇收入，在“偏向于产业方面的经济和森林开发政策”下已经大力开展，对此需要特别注意。

- **国际经济关系与资金流动**

国际经济关系与资金流动的背景性原因群包括：现行的经济开发模式和开发战略、结构调整计划及其引起对国家统治的侵害。为了经济快速增长，许多国家以牺牲环境保护和社会公正为代价，已经造成了森林在短期内消失或退化的历史事实。在实施结构调整计划时，在不完善的“森林治理”制度下，急速推进市场经济制度和经济政策改革成为森林减少的重大原因。在印度尼西亚和俄罗斯，“经济与社会混乱”的结果，明显导致了森林行为主体的弱化和森林管理的无效，加快了只顾眼前外汇创收的森林开发步伐。

● **森林产品与服务的附加值**

森林产品与服务的附加值的背景性原因群包括：对森林具有的多样性价值和形成这种多样性价值的生态系统机制缺乏了解认识，把森林仅看作是生产木材等商品的场所，或者允许将其转成其他土地利用开发预定地的态度，对森林提供多样的森林产品与服务并对当地居民强烈依赖这些产品与服务的认识不足与欠缺等。这些对于森林产品与服务的附加值认识不恰当或偏离，在各种各样原因中是最根本的，迫切需要重新审视这种非传统性的森林利用基本态度。

2-4　面向地区的森林保护

● **开展各种与时俱进的保护行动**

人们在森林减少的上述原因方面逐步形成共识，为了寻求符合现实的森林保护措施，保护森林的努力正在不断发生变化。

第一，作为保护森林的前提，正在确立重视森林的多样性价值和当地有关人员的合作体制。例如，从当地实际情况出发，在有各种各样利害关系人员参与的情况下，提出森林可持续利用的参与型方法，大量的森林开发项目都在开始采用这些方法。在森林消失显著的菲律宾和泰国，这些方法甚至发展成为国家森林政策的根本。

第二，在 2000 年召开的《生物多样性公约》第 5 次缔约国会议上，通过了《生态系统方法》（*ecosystem approach*）的基本原则。该原则在谋求平衡以实现社会可接受性、经济可行性和生态健全性的同时，采用公正与公平的方法，综合管理土地资源、水资源和生物资源等自然资源，是一种旨在促进可持续利用的战略。基于大自然具有复杂的、动态的本质这些先决条件，缔约国会议决定，采取可以应对不确定性的适应性管理，并确认了预防性行动的必要性。由此，在国际社会上，超越以往的开发同保护的对立关系，以尊重自然资源的多样性价值为前提的调整利害关系者的方法和环境费用负担等做法被接受的可能性提高了，今后的动向值得关注。

第三，越来越多的人认识到，自由贸易体制下的国内和国际间的流通与贸易，同导致森林减少的各种活动有着直接的联动关系。世贸组织也准备在维持森林可持续性的原则上认可林产品贸易管理。另外，环境非政府组织很早就指出，非法采伐和违法进行林产品的国际贸易是森林减少的主要原因，对此如何处理也在加速展开[(5)]。

- **期待环境非政府组织发挥的作用**

在取得上述令人满意的实质性变化过程中，环境非政府组织（NGO）发挥了重大作用。例如，他们一直指出自由贸易体制的问题，有时还采取过激烈的抗议行动，终于影响了世贸组织，并使之改变了态度。另外，针对违法采伐对策，从现场的实况调查到提交国际政治舞台的整个过程中，各地的NGO在战略上相互协作，开展了一系列具体工作。在森林退化与减少的原因解析方面，森林NGO在“森林问题政府间论坛”（IFF）上成功地推动通过了《森林减少背景原因解析倡议》。依据该倡议，全球的森林非政府组织联合起来，从1998年7月到1999年1月，在世界7个地区连续举办了原住民团体的集会，继之在哥斯达黎加的圣何塞召开世界集会，参加者达300多人，来自70多个国家的森林NGO和政府有关人员、各领域的国际组织重新讨论了森林减少的直接和间接原因。尽管NGO通过这次活动所展示的世界各地共同的森林减少原因和森林保护行动提案没有很多新意，但在世界森林保护相关者之间达成了一定共识，对后来的国际森林保护政策对话产生了一定影响[(6)]。

在亚洲地区，环境NGO需要在急速扩大的植树造林活动方面发挥积极作用。在《气候变化框架公约》谈判中，由于“清洁发展机制”（CDM）的“碳汇计划”得到认可，可以预测亚洲的植树造林将比现在更快。但是，迄今整齐划一的、无视当地居民的、从上到下的大规模植树造林会掠夺当地居民的土地，引起社会不稳定。丧失土地的人们会在别的地方进行森林采伐、放火垦地，最终仍会导致森林减少。

另外，可以预测，在不健全的森林管理制度下，会发生各种腐败和纠纷事件。因此，当务之急是根据当地现实情况，制定国际上能够接受的《植树造林计划评价、调整和恰当实施方法》，包括纠纷解决措施、植树造林获益的公正与公平分配方法以及生物多样性保护方法等。

在此过程中，期待 NGO 为建立符合实际状况的机制作出贡献。例如，在提倡原住民和当地有关人员的参与和保持透明性方面，如何做好监督公众的实际参与程度是很重要的。其原因在于，作为劳动者参与政府决定的计划，和人们有权自己决定森林管理计划的情况是不同的，尽管都使用相同的“参与”这个词汇，但实质性的参与程度是有相当不同的。此外，在为了掌握现场实际情况而进行调查研究时，或是通过网络促进各地的信息交流等方面，非常希望 NGO 发挥作用。

3. 水田农业与湿地生态系统保护

3-1 水田的生物多样性及其作用

水田是通过人们的双手创造的人工湿地。对人们来说，水田是供应粮食与自然资源（大米、鱼、水生生物等）的重要来源；对生物来说，也是作为栖息地、繁衍地、避难所、觅食场等重要场所。此外，水田在暴雨季节还能发挥调节洪水的功能（例如，日本水田的蓄水量为 51 亿 m^3，是水库的洪水调节容量的 2 倍[(7)]），而且还具有其他多种功能，如：保护土壤（在地形险峻、降水量多的地区，采用水田那样的田埂围成的梯田形农地，有利于防止土壤侵蚀[(8)]）、涵养水源、保护水质、维持传统的景观，等等。在亚洲地区，主食是大米，以水稻耕作为主的文化也很发达。

小规模的、按有机农业方法耕作的传统水田特别重要（淡水生物的栖息地通过水田得以扩大[(9)]）。今天，人们仍然可以从中看到原始的生态系统。

与非洲及欧美国家不同，东亚和东南亚国家为种植水稻使用的是满水的水田。水田种类，在地形陡峭的地区多采用传统梯田，在平原地区则为比较平整的大型水田。总的来说，亚洲国家都在推进规模化和机械化。在柬埔寨、越南和湄公河三角洲地带，水田在雨季来临时变成沼泽地（swamp），也就是说，水田是沼泽地生态系统（swamp-ecosystem）的外延地。

3-2 亚洲水田现状

亚洲地区的水田面积如表2所示。通过比较1990年和1999年的水田面积和水稻产量，可以概括了解亚洲水田的状况。

表2 亚洲地区的水田面积与水稻产量

国家（地区）	面积/10^2 hm^2		产量/10^2 t	
	1990年	1999年	1990年	1999年
亚洲合计	132 328	138 503	479 480	540 621
孟加拉国	10 435	10 470	26 788	29 857
不丹	26	30	43	50
柬埔寨	1 740	1 961	2 500	3 800
中国（含台湾）	33 519	31 270	191 615	200 499
印度	42 687	44 800	111 517	131 200
印度尼西亚	10 502	11 624	45 179	49 534
日本	2 074	1 788	13 124	11 469
朝鲜	650	580	3 570	2 343
韩国	1 244	1 059	7 722	7 271
老挝	650	718	1 491	2 103
马来西亚	681	674	1 960	1 934
缅甸	4 760	5 458	13 972	17 075
尼泊尔	1 455	1 514	3 502	3 710
巴基斯坦	2 113	2 400	4 891	6 900
菲律宾	3 319	3 978	9 885	11 388
斯里兰卡	828	829	2 538	2 692
泰国	8 792	10 000	17 193	23 272
越南	6 028	7 648	19 225	31 394

出处：根据国际水稻研究所（IRRI）资料编制。

首先，作为亚洲“米仓”的国家中，中国位居第一，接着依次为印度、印度尼西亚、越南、孟加拉国、泰国。关于水田面积，1999年比1990年增加了约5%；水稻产量，1999年比1990年增加了13%左右。由此可知，水稻产量增长率超过了水田面积的增加率。

从国家分析来看，水田面积增加率最高的是越南（增长了约27%），其次是菲律宾，增加了约20%，与此相反减少的国家有日本和韩国，除这两个发达国家外，朝鲜也出现了负增长。产量增长率最高的是越南，增长了约63%，其次是柬埔寨和巴基斯坦，分别增长了约52%和41%。据说，在粮食严重缺乏的朝鲜，产量减少率超过了水田面积的减少率。

下面，根据2000年在加拿大东部的魁北克市召开的“国际生态学会第6届国际湿地研讨会（INTECOLVI）”和“2001亚洲湿地学术报告会”上发表的一些论文等，尽管是一些个别案例，想以此概要说明亚洲各国水田方面的问题。

- **印度尼西亚：草率的水田开发**

1996年1月，印度尼西亚的苏哈托总统下令，启动了100万hm^2的热带泥炭湿地（peat swamp）转换成水田的工程。1998年7月，哈比比总统又叫停了这个项目，该项目于1999年7月被彻底取消。但是，原始热带泥炭湿地已被开发了50万hm^2以上，挖成了4 600 km长的排灌水路，而且1万户耕作者移民已经定居在那里。

结果是，生物多样性和自然资源丰富、生产能力高、可持续利用的森林丧失了，景观也被破坏了。而且，为转换成水田而将森林采伐烧尽，火在泥炭层内长期持续闷燃，成了森林被进一步延烧以及烟害的原因。

政府仍在制订一些计划，如：利用加里曼丹中部280万hm^2的热带泥炭湿地进行类似的水田开发工程，给环境造成很重负荷且不可持续的多目的农田利用计划等[10]。

● 泰国：水田的不同特点

泰国是世界上最大的大米出口国。泰国东北地区的水田面积占全国一半左右，其后依次是，北部占23%，中部占19%，南部占6%。

在泰国中部平原地区，存在着大量自然的和半自然的沼泽。该地区从20世纪初就开始了大规模的灌溉。泰国东北部和北部的水田面积虽然比例较大，但水源缺乏，灌溉率低，亩产较低。泰国中部被称作“泰国的米仓”，用于出口的大米主要是由具备水利条件的中部地区生产的。在经过大约40年的现代农业经营后，该地区不仅是大米产地，也是生物多样性保护的重要场所（参见专栏2）[(11)]。

● 日本：为保护传统水田出台的新制度

日本的水田面积从20世纪70年代起不断增加并达到最大，而到了80年代，开始减少，这是由于从70年代开始实施的减产政策，导致废弃水田增多，面积减少。石狩平原是日本最大的水田地带，在世界上也是地处最北端的水田。石狩平原是一片泥炭地，由于坡度较缓而变成了洪水泛滥区。人们利用这个洪水泛滥区作为水田。但是，因水田被填埋而减少，洪水发生频次增加了[(12)]。在东南亚也有同样的地形，日本案例是有启发意义的。

传统的日本水田风景是山区中间地带的小规模梯田，其中大多数已被放弃耕作。大量的生物依靠水田生存着。例如，蜻蜓具有符合农业循环的生命周期[(13)]；大雁和野鸭拣拾田地的落穗，构筑鸟窝，过着依靠水田的生活[(14)]。尤其是随着传统梯田的减少，生物种类和数量也在减少。

鉴于这种状况，日本于1999年制定了主要用于评价农业多方面功能的《粮食·农业·农村基本法》，开始给山区中间地带的农民支付补助金，有的地方自治体也依据各自地域的实际情况，制定了各自的地方条例[(15)]，如宫城县的迫町、筑馆町、若柳町对农户的《自然灾害补偿条例》、福冈县春日市等制定的《灌溉用人工蓄水池的保护条例》等都立足于保护自然并有效利用。

此外，通过行政部门、拥有梯田的农户、NGO、NPO 等，以城市居民，特别是孩子们为对象，开始在各地举办包含环境教育要素在内的各种活动，以体验传统的种田和收割水稻等农作生活。

- **孟加拉国：政府、研究机构和非政府组织采取的行动**

水稻种植是孟加拉国的主要产业，占全国 GDP 的 30%左右。为了应对人口增长，从 20 世纪 60 年代后半期开始，孟加拉国引进并扩大现代农业生产（绿色革命），迅速增加了化肥与农药的使用。期间，由于化肥与农药的滥用，生态系统遭到破坏，对居民健康造成了恶劣影响。而且，由于土壤退化，水稻产量年均减少了 3.2%（根据孟加拉国水稻研究（BRRI）所 1985—1995 年的《调查报告》）。

另外，贫富差别越来越大，60%的农民没有了工作，而且这种恶化状况依然持续着。政府、研究机构和非政府组织正在推进“不给水田生态系统增加负荷的农业生产系统”（rice fish farming system）。其优点在于产量不高但费用低廉。另外，还提出了《综合农业方案》，不仅进行水稻种植，还实施果物栽培、家畜饲养、渔业、林业等[16]。

- **马来西亚：现代水田的重要性**

为了满足不断增加的粮食需求，水田面积正在增加，随之而来的是传统水田向灌溉水田的转化。几乎所有的大型水田都是灌溉型的，而且排灌沟渠已成了生物的新栖息地，在旱季可变成鱼类的避难所，在雨季则变成鱼类的产卵场，这些灌溉的水田、河流、蓄水池和沟渠等现今已经形成“稻田农业生态系统”（rice-ecosystem）[17]。

对位于马来半岛北部的巴丹（Bertam）水田中的蜻蜓进行调查发现，即便喷洒了对蜻蜓栖息地造成恶劣影响的除草剂或施加其他有害压力，水田仍然是可能维持蜻蜓栖息数量和多样性（种类）的环境[18]。

3-3 保护湿地生态系统的国际公约

下面介绍同水田保护有关的环境公约，主要介绍《拉姆萨尔公约》（*Ramsar Convention*）和《世界遗产公约》（*World Heritage Convention*）。

- **拉姆萨尔公约**

《拉姆萨尔公约》旨在保护与合理利用湿地及其资源，于 1971 年通过，1975 年生效。缔约国必须登记 1 处以上在国际上有重要地位的湿地，而且对所有湿地承担保护义务。这里所说的“湿地”，不管是天然的还是人工的，也不论是永久的还是暂时的，甚至不管其中的水是滞留的还是流动的，也不论是淡水的还是汽水的，抑或是咸水的，统统都称作沼泽地、湿原、泥炭地或水域，包括低潮时水深不超过 6 m 的海域（第 1 条第 1 款）。因此，水田、蓄水池等均属于该《公约》所说的“湿地”对象。截至 2003 年 8 月，缔约国数量已达 137 个，登记湿地 1 305 处，共计 1.1 亿 hm^2。

那么，在亚洲地区登记的湿地中，包括多少水田呢？其中，有中国（登记湿地共 21 处）的洪河国家公园（Honghe National Nature Reserve）和盐城国家公园（Yancheng National Nature Reserve），日本（登记湿地共 13 处）的伊豆沼、内沼和片野鸭池，菲律宾（登记湿地共 4 处）的阿古桑湿地野生生物保护区（Agusan Marsh Wild Sanctuary），斯里兰卡的安奈威仑达瓦保护区（Annaiwilundawa Tanks Sanctuary），泰国的明空隆县禁猎区（Bung Khong Long Non-Hunting Area）、塔雷诺伊禁猎区（Kuan Ki Sian of the ThaleNoi Non-hunting Area）、普如土达安野生生物保护区（Pru To Daeng Wildlife Sanctuary），越南的春水天然湿地保护区（Xuan Thuy Natural Wetland Reserve）。此外，还有逐渐扩展的水田，像印度的罗帕（Ropar），巴基斯坦的德赖湖（Drigh Lake）等地区周边的水田。

在已登记的湿地中，包括水田在内的人工湿地的比例仍很低。鉴于亚洲地区水田的重要性，今后还需要努力推进把水田作为湿地的登记工作。

- **世界遗产公约**

《世界遗产公约》于1972年通过，1975年生效。在世界遗产中，有具有文化价值的纪念物、建筑物等“文化遗产”和通过自然或生物作用的形成物、稀有生物种的栖息地等“自然遗产”。《世界遗产公约》的目的是要把它们传承给未来，并在保护它们的同时加以利用。缔约国必须认定、保护、保存、完善和利用自己国内的遗产(19)。截至2003年7月，缔约国数量达到176个。

登记在《世界遗产名录》的水田有菲律宾的巴纳韦水稻梯田和伊富高省的科迪勒拉水稻梯田（Rice Terraces of the Philippines Cordilleras），于1995年作为文化遗产登记。2000年前，人们就在陡峭山坡上建造梯田，人工水田同自然环境产生完美的协调，形成了有魅力的山地美景。但因后继乏人，25%～30%的梯田被放弃，陷入崩溃危机等，因而于2001年已被记载到“陷于危机且需要采取特别紧急行动”的《危险名录》之中。

- **其他的《公约》与网络**

除上述两个公约以外，还有一些公约涉及水田保护，如《生物多样性公约》和《移动性野生动物种保护公约》（波恩公约）。另外，尽管没有法律约束力，但“鸻鹬鸟类的重要栖息地网络”（1996年）、“鹤类重要栖息地网络”（1997年）、“东亚地区大雁和野鸭重要栖息地网络”（1999年）构成了《亚太地区迁徙水鸟保护战略》，重要的是要考虑到水鸟飞越国境时常常利用水田之类进行迁徙的特点。

3-4 各国采取的行动和所需的保护对策

虽然农业现代化在不断推进，但有些国家的水稻种植却在衰退，令人遗憾的现状是，传统水田在不断减少。即便是在进行现代化大规模生产，水田对生物来说依然是非常重要的栖息环境，不过根据生物种类不同，有的种类反而不易遭受恶劣影响。出于这方面的考虑，对水田生态系统很有必要推进负荷小的农业系统，尤其重要的是要对农民进行培训教育，学会正确使用可能危及人体健康的农药和化肥。而且，为了正确评价和合理保护传统水田的多方面功能，有必要像日本那样，完善国家和地方政府水平上的法规制度，并向农民支付补助金等。

从亚洲各国加入关于保护水田的公约（如《拉姆萨尔公约》）情况看，加入国比10年前增加了。今后，还需要更多的国家加入该公约，也希望日本主动采取行动。

在设定保护区之类时，有的国家把农民和当地居民排除在外。尤其在亚洲地区，自然界同人们之间的关系尤为密切，更需要悉心维持和保护下去。所以，最为重要的是，在实施湿地（水田）和生物的保护活动时，必须取得农民、当地居民、政府、研究机构和非政府组织等的合作，确保所有的行为主体都能参与保护计划等的制定过程。但是，亚洲地区的很多国家尚未做到确保信息公开和居民参与。日本等国建有一定的信息公开制度和居民参与制度，对于尚未建立这类制度的国家，需要在法制建设方面提供必要的物力和人力援助。NGO和其他组织需要协助对当地居民和政府开展有关湿地（水田）保护的普及和启发活动，通过整理当地居民的希望和建议，发挥政府同居民之间的桥梁作用，并对政府行为进行监督。

4．面向生态系统可持续管理的课题

尽管围绕森林和水田的问题往往被认为是彼此独立的，但如上所述，两者之间的相互关系非常复杂。特别是以开发水田为目的实施的泥炭地“干陆化”，被看作是导致近年森林火灾的原因之一。

在低纬度地区，泥炭地里生长着大量树木。过去是把这里的森林改成农田加以利用，而近年为了增产粮食，鼓励采用现代水稻种植技术，泥炭地常被作为国家级工程进行“干陆化”。森林火灾的直接原因是焚烧等引火行为，而由于泥炭地的“干陆化”造成水位下降，地面的火焰容易转移到地下的泥炭层，灭火也就变得更为困难。而且，烧火行为也会引发邻接地区发生森林火灾，同时还成为大范围大气污染的主要原因。

同时，森林也好，湿地也好，单位面积的生物物种数量和个体数量都很丰富，生物活动也很旺盛，在生物多样性上是极为重要的生态系统。这并不限于众所周知的热带雨林，而温带林、寒带林也都是野生动植物的栖息地。这些动植物，对当地社会群体和原住民社区来说，也是特别重要的经济资源，人们一直以传统方式在可持续水平上加以利用。通过重新评价木材以外的林产品的价值，回顾传统的利用方法，有必要确立涉及森林生态系统生物多样性保护的管理制度。

历经沧桑稳定地保持下来的传统水田，也一直在形成同样重要的次生生态系统。在亚洲地区，尽管传统水田保留下来了，但一部分水田也同日本一样引进了依赖化肥和杀虫剂的现代水稻种植。像泥炭地向水田转换引起的后果一样，这样的现代农业实践也正在导致生态系统破坏和生物多样性降低。需要通过反思，重新评价传统的复合水稻种植形式。特别是利用沟渠和蓄水池网的水田养鱼业，从自然环境与经济的双重观点上进行重新评价，建立奖励制度。

因此，为了实现上述改善对策，不论对于森林，还是湿地，在利用相关资源上，有必要确保可持续利用，同时还需要基于《生物多样性公约》、《拉姆萨尔公约》和《森林保护指针》等，在保护生物多样性的基础上进行管理。其根本在于，需要保证包括当地居民在内的所有利害关系当事人都能参与决策与管理的全过程，而且还需要在援助居民的NGO之间构筑起合作互动关系。

（执笔：矶崎博司，山根正伸，中村有利子，井上真）

专栏1　中国：快速增长的原木进口及其对俄罗斯森林恶化的影响

中国大陆的人均木材消费量为0.1 m^3左右，与日本和美国相比少得多。但是，13亿人口1年消费的木材总量超过1.4亿 m^3，可以说中国是世界上屈指可数的木材消费大国。产业用材，迄今都是从国内的天然林采伐的，而最近对进口的依赖度也在逐步上升。特别是1996年以后，进口量迅速增长，2001年进口量达1 686万 m^3，刷新了历史最高纪录，2002年达到2 433万 m^3，对世界木材市场有着巨大影响。主要进口来自俄罗斯、马来西亚、加蓬、几内亚、缅甸等热带国家。现在，进口量急速增加的针叶树木材、橡树和岑树等阔叶树木材中，产自俄罗斯的占一大半。最近原木进口扩大的原因，除了以经济发展为背景的大量需求外，国内木材生产减少也是主因。长江与黄河中上游和东北山区的天然林历来都是主要的木材供给地区，由于过度采伐、森林火灾等，资源大量减少，而且退林还农（斜坡林向农田的转化）等也加剧了森林资源的减少。林业资源的衰退显著降低了森林的水土保持能力，诱发了大规模自然灾害。在长江和黄河流域，20世纪90年代后，洪水发生的规模不断扩大，发生的频次也在增加，还出现黄河断流现象，造成了严重的经济损失。

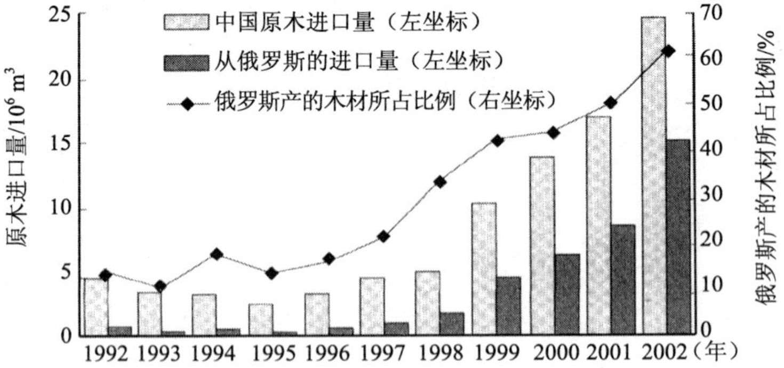

图2　中国原木进口量的变化（1992—2002年）

出处：根据 *Chinawood*，May 2001，February 2003 绘制。

为此，中国政府开始把重点转到森林保护上，除了以往的国家植树造林工程外，为实现天然林的恢复和保护生物多样性，1998 年开始了《天然林保护计划》，以实现地区经济和社会的可持续发展。这一新政策，以长江上游地区、黄河中上游地区、东北地区的国有林地带等 17 个省区为对象，通过天然林的禁伐与限伐，把采伐森林的从业人员配置转向森林保护事业，以及从上到下集中投资，推进植树造林和森林整治工作。在这一政策的影响下，对象地区内的木材产量，从 1998 年到 2001 年大约减少了 2 000 万 m^3。弥补这些采伐量减少部分的办法是，进口西伯利亚东部和俄罗斯远东地区产的木材。这些俄罗斯木材以极为粗放的方式生产，其中不少可能是非法采伐与流通的。向中国出口木材的大幅度增加会加快俄罗斯森林破坏的现状。

（山根正伸）

专栏 2　泰国东北部的水田邻近池塘的养鱼业

在泰国，凡有水田的地方，几乎都会在其邻近池塘里养鱼。在泰国东北部，同湄公河相连的无数小河流和沟渠都是水稻种植的蓄水池。湄公河水也把各种各样的鱼类带进水田和蓄水池。通常，这些鱼类大多用于自家食用。如果出现捕食鱼类的生物，人们或进行清除，或捕捞成鱼，并向蓄水池投加适宜的饵料，进行认真管理。一旦雨季开始，人们就把鱼类放流到稍微有水的水田中。灌溉期间，通过自然的饵料，而使养鱼业得以扩大。

参考文献：

Ren Kuwabara，“Agro-Ecosystem of Rice：Fish Culture and the Annexed Ponds in Northeast Thailand and Laos”，国际生态协会第 6 次国际湿地研讨会（INTECOLVI），2000。

（中村有利子）

第II部　地区与各国篇

第 1 章

环日本海地区

构筑环境合作型地区的现状与挑战

（图略）

1. 前言

在环日本海地区（东北亚地区），即使在冷战结束之后，依然存在着国际对抗的痕迹，正因如此，该地区也是人们期待的具有“潜在的国际合作可能性”的地区。在该地区，世界上最强的军事大国美国，在日本和韩国建立军事基地，对抗着世界上拥有最大面积的俄罗斯和世界上拥有最多人口的中国这两个大国，以及维持独自的社会主义制度的朝鲜。在冷战时期，日本海曾是长期存在的“对立之海”，除了资本主义和社会主义两大阵营的对立之外，在各个阵营的沿海国家之间也存在着激烈的对立和纠葛，这种状况给战后的日本经济发展结构造成了长远影响。以太平洋地区为中心，北陆与山阴等日本海沿岸地区一直被称作“内”日本。鉴于上述背景，伴随冷战局势的瓦解，在日本海沿岸地区，应当通过建立地区间的合作，把日本海作为“合作之海”，重新回归社会性的管理。现在，作为超越沿海各国的“国家”范畴而构筑地域合作的区域概念，正在提倡“环日本海地区”。

从环境角度说，日本海的一些特点备受关注，即日本海是一种半封闭性海域，污染容易蓄积；位于日本海周边的沿岸国家，总体上还保留着相对丰富的自然资源。如果为了弥补低度开发而采取可能加重环境负荷的开发战略或被迫建设一些危险设施，预期将来必然会对环境造成巨大影响。

说到“环日本海地区”，涉及的2个主要范围：一是日本的日本海沿海地区、俄罗斯的日本海沿海地区、中国的吉林省东部、朝鲜和韩国的日本海沿海地区；二是整个日本国土、俄罗斯远东地区、中国东北地区（黑龙江省、吉林省、辽宁省）、朝鲜和韩国(1)。

前者的范围是指水系流入日本海的所有地区。如果把阿姆尔河（流入鞑靼海峡）看作日本海水系，也包括西伯利亚东南部、蒙古东部、中国内蒙古自治区的东北部、吉林省和黑龙江省的大部分地区。这些地区的河流污染很容易污染日本海。其中，除阿姆尔河流域的吉林省和黑龙江省的一部分外，其他各国（日本、俄罗斯、蒙古、中国东北、朝鲜、韩国）的相关地区都是经济发展相对落后地区。遗憾的是，这些国家为了消除经济落后所进行的努力常常缺乏对于环境的考虑，或过度，或扭曲。在日本“四大公害”事件中，“骨痛病”和新潟“水俣病”实际上都发生在日本海一侧，《日本列岛改造论》也曾着重开发日本海一侧，但是，许多大型开发计划，或以失败告终，或造成了严重的环境破坏。在韩国，那些难以在人口密集地区运营的污染型企业都布局在东南部（即日本海一侧）的蔚山—温山工业园区。这些企业虽然为经济发展作出了贡献，但也引起了温山病和其他环境问题。而且，该地区由于政治经济实力相对弱小，很多时候被迫建设一些危险设施。日本和韩国的“核电站繁华区”也多数分布在日本海一侧。俄罗斯也将核废物倾倒在日本海。尽管这一地区整体上仍拥有丰富的自然生态系统，存在着许多寒带森林等，但它们很脆弱，一旦遭到破坏，物种难以恢复。鉴于该地区的有关各国都有这样的共同特点，所以，地方自治体或地方政府与居民应该主导该地区的交流。

后者的范围包括，面临日本海的所有国家（俄罗斯和中国仅有部分地区面临），而在《图们江地区开发计划》（*Tumen-NET*）的一部分中还要加上蒙古。由于韩国和朝鲜都反对“日本海”称谓（他们主张称“东海”，而其他国际舆论如今支持“日本海”的称谓），“环日本海”有时也称“东北亚地区”，而“东北亚地区”所指范围多是后者范围中设定的范围。

冷战结束之后，中国和朝鲜仍继续坚持社会主义制度，各国政治体制和经济模式存在很大区别，但无论哪个国家，中央政府都强烈倾向于控制国际交流。因此，不仅是地方政府之间，而且环境非政府组织同行之间的交流都面临重重困难。但是，中央政府所无法完全控制的非政府组织（NGO）等民间组织的交流近年来正在不断增加。

实际上，过去也曾有过构筑跨越国家层面对策框架的意向。例如，与《日本第1次全国综合开发计划》相对应，20世纪60年代的

《富山高冈地区新产业都市开发计划》等开发项目，曾经构想过在日本海地区专注于沿岸各国的社会经济开发，尽管这个意向并未能实现。直到20世纪90年代，出现了“日本海时代的到来”这个说法，随着谋求同历史的过去和不同社会制度国家间的共存关系，展望跨越国境的关系，“日本海”这个地名称呼得到肯定，终于出现了“日本海时代的到来”。1994年，“环日本海（东海）学会”的建立，意味着对知识时代（Intellectual hegemony）的来临。此外，还出现了呼吁向该地区进行投资的动向（如“环日本海圈四地区经济协议会”以及其他组织），旨在形成地方政府与地方自治体之间的社会经济交流秩序，吸引先行性的公共投资或私有资本进入。

下面，首先介绍图们江开发的一个雏形事例，由此可见该地区的官民国际合作是何等的艰难。其次介绍日本海的自身现状，主要通过油船漏油事故来分析东北亚集约型污染的现状。再次，概览俄罗斯临日本海地区的森林情况及其在日本海倾倒核废料问题。最后，探讨该地区在海洋与大气领域的国际合作体制。

2. 图们江流域的开发

2-1 各国围绕开发的动向

图们江是一条国际河流，主要经中朝边界向东流动，离河口前约15 km流经朝俄边界后，进入日本海。河流的名称，在日本、韩国和朝鲜称“豆满江”，而在中国称“图们江”，英文名称基于后者称作“Tumen River”。而生活在中国的朝鲜族，对这两种称呼同时使用。下面，在中文版中用“图们江”，其他版本用“豆满江”。

在中朝边境，图们江的北岸和东岸属于中国，南岸和西岸属于朝鲜。在朝俄边境，图们江的东北岸属俄罗斯，西南岸是朝鲜。其中，向东北方向绵延流经几十公里细长形的土地，夹在朝俄两国之间，属于中国领土（吉林省延边朝鲜自治州的珲春市），除前端部分外，其最窄处的宽度仅5 m，分别被图们江和湿地夹持，镶嵌于朝、俄两国之间。这种镶嵌式的边境领土，历史上时常是导致国际纠纷的原因。1938 年夏天，在日本殖民统治下的朝鲜军队和苏联军队都兵临当时伪满洲国和苏联边境时（这是当时称呼，现称中俄边境），发生了军事冲突，称之为“张鼓峰事件”。近年来，图们江一旦泛滥，就会穿越中国领土，流入俄罗斯的湿地。为此，俄罗斯与中国进行谈判，要求防止泛滥的再次发生。

照片 1　中、朝、俄三国边境（相川 泰拍摄于 2011 年 8 月）

图们江地区合作开发规划，是一项通过多边合作，谋求把连接中、俄、朝三国的图们江下游区域大规模地开发成为类似于东南亚的中国香港和新加坡那样的东北亚贸易中转基地的项目设想。但是，该地区拥有丰富而珍贵的自然资源，而对于中国、俄罗斯和朝鲜来说，又都处于“边境”位置，无论从经济社会方面还是从环境负荷方面，大规模开发规划都是比较难办的。此外，有关各方对该地区的开发与环境所持立场有异，想法多样。这种状况可以看作是环日本海地区环境开发与国际合作的典型事例或缩影。下面，依次介绍各国围绕图们江地区开发规划的具体情况。

中国东北的对外贸易几乎都经由辽宁省的大连港和营口港。对此，吉林省政府于 1990 年公布了对图们江的开发设想，即把图们江三角洲地区建成国际性的物流、贸易和工业据点。之后，在联合国开发署（UNDP）的支持下，中国提出了构想，在图们江下游的中、俄、朝三国边境地区，通过建立“国际城市”来加快地区开发。

中国政府把黑龙江流域的黑河市和绥芬河市、内蒙古自治区的满洲里市以及图们江流域的珲春市，同时指定为“自由贸易城市”，计划的推进方针是，设置“珲春边境经济合作区”作为国家级的“经济合作区”（国际投资推进地区），利用俄罗斯和朝鲜的日本海沿岸港口进入日本海（借港出海）。可是，中国想在1999年前，把包含郊区人口在内总共20万人口的珲春市，计划扩展成城市人口50万的“国际城市”或是成为“北方的香港”（和大连的口号同样），这些想法是不现实的。结果，新开工的建筑物很多没有完工，或虽然完工却无人入住，成了“烂尾楼”。由于建设进展并不大，所以“烂尾楼”的数量远低于中国东南沿海地区。

朝鲜政府，作为引进市场经济的尝试，在1992年12月把邻接图门江的罗津和先锋地区指定为“自由经济贸易区”（经济特区）。1995年在罗津—釜山间开设集装箱航路，从1997年开始向韩国蔚山港运输中国产的木板。尽管朝鲜政府努力进行招商引资，但目前在贸易上同中国之间的联系仍不密切。

2003年3月，朝鲜政府制定了《共和国国土规划法》（以下简称《国土法》），这是因为过去的《土地法》（1977年）缺乏同《环境保护法》（1986年）和《地下资源法》（1993年）等的整合。新的《国土法》规定，开发国土资源的机构和团体等，在向国土、环保机构提出申请文书时，需要“增加占地调查及环境影响报告书等”资料，同意与否由环保部门决定，在字面上对大型开发项目持谨慎态度。在朝鲜目前的独裁的、压制人权的政治体制下，作为国家政策进行的开发不会因为没有考虑一般人的“环境权”，或因一般的环保问题而叫停的。总之，在任何情况下，在探讨朝鲜的环境与开发方面，不光是图门江地区，缺乏可信的信息。至少从一些实例考虑，要切忌“只把当事国的宣传作为依据”的乐观论。

最初，俄罗斯沿日本海的地方政府支持由联合国工发组织（UNIDO）对符拉迪沃斯托克（原名海参崴）进行调查所提出的“符拉迪沃斯托克自由经济区”构想，但是，由于财政困难，该构想被搁置一边，取而代之的是在纳霍德卡自由经济区内开发现有港口的现实计划。

1995 年，为了实现中国（吉林省）及其支持方韩国为中心的图们江开发规划项目，联合国工发组织在确认项目进入实践阶段之后，决定设立“图们江信托基金”，在 1996 年的会议上通过了邀请日本正式加盟的决议。但是，为了实现珲春市（三国交界处）的国际城市建设和周边城市网络化等最初的图们江开发构想，需要以包括朝鲜在内的该地区稳定的国际关系作为前提，而且还需要长期并具相当规模的投资。

现在，朝鲜同国际社会之间的关系并无明显改善，反倒出现了恶化趋势，包括韩国和日本在内的其他相关国家和周边国家的经济形势也很严峻。从珲春市向扎卢比诺港的道路建设取得了一定进展是个例外（然而，俄罗斯对中国希望租用扎卢比诺港一事只是消极回复），其他开发项目均未取得大的进展，这些并不令人惊讶。如果从环保观点来说，与其进行不考虑环境的开发，还不如希望没有任何进展。

2-2　图们江流域的环境与非政府组织开展的活动

如上所述，图们江流域由于迄今为止的大规模开发未能顺利推进，所以该地区的生态系统尚未遭到严重破坏。实际上，该地区属于中国屈指可数的茂密林区，但有关国家对于跨越国境、保护丰富而脆弱的自然生态系统的方针并不一致。对于图们江地区开发计划，俄罗斯当初在 1992 年曾以该地区是候鸟的筑巢地和栖息地为由，把河口地带指定为自然保护区；而朝鲜则尚未确定如何开发该地区的方针政策，由此存在着“图们江地区开发与开放慎重论”(2)。

在这一地带，从俄罗斯沿海地区到中国领土，由针叶树与阔叶树混合林同褐土地带相连，而且中国最大的 2.6 万 hm^2 湿地地带一直延伸到俄罗斯领土和夹持着图们江的朝鲜领土上。这片湿地的景观优美，是丹顶鹤和其他鸟类的栖息地，周围还有沙丘等宝贵的自然景观。中国已将自己领土那部分划定为“向海国家级自然保护区”，但实际上并没有采取多少特别的保护对策。中国在湿地西部进行了牧草地开发、在东部的森林与湿地地带进行了淡水养殖，还推进了农田开发和宅基地开发，这些都造成了表土流失。而在俄罗斯领土那部分，居民和非政府组织正致力于该地区环境保护工作。

这一地区也是珍稀野生动物东北虎的栖息地，它们通过 3 国的国境往返穿梭。中国正在建设连接 3 国国境的中国领土前沿防川市到珲春市的专用公路，俄罗斯等国的自然保护运动人士表示，担心这项工程会切断东北虎的移动路线。

该地区常年持续着这样一种状态，一方面，俄罗斯和韩国的非政府组织非常关注当地的环境保护；另一方面，中国政府对当地的开发导向非常明显。2000 年夏天，在中国以朝鲜族人为主成立了“绿色延吉”的环境非政府组织（延吉绿色联合会，后改称“延边绿色联合会”，会长为李强），开展活动 1 年左右后，该组织的会员人数就急速发展到 400 人。该团体成长迅速的重要原因是，在朝鲜族人居多的地区开展了植根于朝鲜族象征的长白山（白头山）和图们江的保护运动。实际上，朝鲜族人占该地区总人口的 50%，而在会员数量上却占到 80%之多。由于该组织最初就同韩国的环境非政府组织交流频繁，所以他们以韩国的环境非政府组织为模式。

正是由于延边朝鲜族自治州特殊的地理因素和具有民族特色的背景因素，导致绿色延边活动经验相互借鉴的内容较少。他们起初没有积极同中国其他地区的环境非政府组织交流，最初 1 年几乎没有进行什么交流。开始同其他组织进行交流的转机是，2001 年 8 月，他们同韩国的团体共同主办了“东北亚环境和平国际研究会”。在这次会上，大部分参会者来自韩国和中国，其他主要来自俄罗斯、日本、蒙古和国际组织等。对绿色延边来说，主办这次会议是同以北京和东北地区为主的中国环境非政府组织和环境问题专家之间交流的一次机会。之后，绿色延边参加了在北京召开的环境非政府组织会议。今后，围绕该地区的国际交流，尤其是中韩的环境非政府组织间的交流如果变得频繁活跃的话，绿色延边通过其所处的特殊位置，可以期待将会发挥更大的作用。

绿色延边的发展也有不乐观的地方，由于该地区的地理和历史利害关系，东北亚各国的环境问题行动常会碰上“外交考虑”之壁。例如，2001年5月，绿色延边用了1个多月时间，从图们江地区上游到下游实施了环境调查，包括图们江水质分析和照片摄制，掌握了图们江遭受污染和流域环境破坏的实际状况。对于发布这些数据和照片之事，由于中国政府担心暴露朝鲜方面的污染现状，只允许公布中国部分的调查内容。另外，根据绿色延边在延边朝鲜族自治州西北部的敦化市近郊的调查，旧日本军队遗弃的化学武器确实对牧羊民众造成了健康伤害。中国政府基于中日双方已经达成协议，由日本负责处理其遗弃化学武器，对于此类伤害事件是否引起新问题持慎重态度(3)。

在中国，非政府组织的活动范围本来就有一定制约，该地区又多了外交考虑这一制约。在地理上和种族上，该地区以韩、俄为主的活动在国际影响和交流中处于有利地位，但这种有利性和制约性是否会影响今后的活动，取决于以朝鲜动向为主的东北亚地区形势的发展。

3. 日本海的海洋污染

3-1　纳霍德卡号油轮事故的教训

1997年1月的纳霍德卡（Nakhodka）油轮泄漏事故，人们仍然记忆犹新。但是，油轮漏油造成的环境污染并非仅限于北太平洋，基本上是世界各地的共同问题。漏油事故的发生次数，比一般人了解得要多得多（参见表1）。

1995年，在韩国海域发生了3起大规模漏油事故，分别是：7月在全南天丽郡，海上王子号漏油；9月在釜山，No.1 Yuilu号漏油；11月在全南丽水郡，湖南蓝宝石号漏油。

表 1 发生在东海和黄海附近的主要漏油事故（1990 年以后）

发生日期	发生国家（地区）	发生地点	船只名称	漏油量/kL	漏油种类
1992.05.01	日本	北海道钏路	Shell Oil base（壳牌石油基地）	246	不详
1993.09.27	韩国	全南丽天市谬岛（Myo Island）东海岸	Gumdong No.5	1 228	B-C 重油
1994.10.17	中国	河北省秦皇岛	Fwa Hai No.5	不详	不详
1995.07.23	韩国	全南丽天郡索里岛（Sori Island）	Sea Prince（海上王子）	5 035	原油、燃料油
1995.09.20	韩国	釜山南兄弟岛附近	No.1 Yuilu	不详	不详
1995.11.17	韩国	全南丽天湖南制油阜头	Honam Sapphire（湖南蓝宝石）	1 402	原油
1996.09.19	韩国	全南约索岛（Yoso Island）南 9 海里	Ocean Joedo	207	B-C 重油
1997.01.02	日本	岛根县隐歧岛海面	Nakhodka（纳霍德卡）	6 240	C 重油
2001.01.17	中国台湾	垦丁国家公园附近	Amorgos（阿摩尔戈斯）	1 150	燃料油
2001.03.30	中国	长江河口	Deiyong	700	苯乙烯

出处：根据佐尾邦久，《反复发生的事故》；李凤吉，《海上王子号事故及漏油对策体制的变迁》，*Oil Spill Intelligence Report* 等编制。

在日本，幸运的是，从 1974 年水岛联合企业重油漏泄事故到发生纳霍德卡号漏油事故之间，没有再发生过数千吨规模的漏油事故。但同其他发达国家相比，不可否认，这种“幸运”导致日本漏油事故应急体制建设落后这一讽刺性后果。

在韩国，以 1995 年接连不断发生的大规模漏油事故为教训，从根本上修订了以前的《海洋污染防止法》，该体制焕然一新，其酷似美国“油污染防止法”（OPA90）中规定的体制。美国制定该法的契机是，阿拉斯加在 1989 年发生了 Exxon Valdez 号事故，1 年之后美国就制定了该法。

韩国体制的主要特征如下：

①处理权限集中到“现场指挥官”（On-scene Coordinator）手中；

②根据漏油事故初期阶段估计的漏油量，把事故分成大、中、小3个层次的规模，根据规模来任命国家级或地方级的现场指挥官；

③组织“防除技术援助团”，在漏油事故发生时配合现场指挥官。

在美国，要直截了当地说起《油污染防止法》的制定背景，那就是“因巨大漏油事故而吃够了苦头”。事故发生前，美国曾对自己的油污染防治体制非常自信，对漏油对策，特别是针对在阿拉斯加的油田开发、管线建设的漏油事故等的应对能力与环境考虑等，可以说是拥有“绝对的”自信。但是，该次事故产生的刺激作用，正如美国和韩国事例如实表明的，构筑漏油应急体制极其重要。美国和韩国都从事故中汲取了教训，从根本上重新构筑了针对漏油事故的应急体制。

关于现场指挥官和防除技术援助团等制度，如果直接面对现实的漏油事故，人们就可以简单理解到这些制度的意义。在日本的漏油事故应急制度中，没有“现场指挥官”统一指挥全面工作，包括在海上和陆地的所有油污现场，或者是关于回收的漏油的最终处置方面。在纳霍德卡号船首漂浮的福井县三国町，有5个“现场对策总部”：海上灾害防治中心、福井县、三国町、渔业协会和志愿者组织等。他们在石川县加贺市的砂滨进行了回收作业，尽管极力避免漂浮的油和沙子发生混合，但因大量使用建设用的重型机械，导致漂浮的重油同海岸线上的沙子发生混合，结果造成了大量的“含沙重油”。最终回收了1万多立方米的含沙重油。但油砂无法分离，最后只好回填到海岸。在能登半岛前端附近，当地居民忙于回收重油，在海岸挖掘一个巨大洞穴，把收集的重油原封不动地埋了进去。另一个地方政府在海岸线上建设了回收重油的专用道路，在几乎没有进行任何有效回收作业的情况下，就发布了《完工宣言》。总之，同采取恰当措施相比，这些作业的结果，使海岸线上的植被遭到大规模破坏，无疑会给环境造成长期且严重的影响。

日本漏油应急体制的根本性缺陷之一是，当油污没有在海上进行回收，而漂浮到陆地上时，责任主体就变得不明确了。直接负责应对漏油事故的政府机构，有“海上”保安厅及其外围组织“海上”灾害防治中心。无论哪个机构，其名称上都冠有“海上”两字，权限所涉范围主要是“海上”而不是“陆地”。

日本的漏油应急制度中，基本上是以《海洋污染及海上灾害防止法》（简称《海防法》）为依据的。受纳霍德卡号事故的影响，日本于1985年对该法进行了部分修订，之后在2000年5月再行修订。通过这些修订，开辟了一条渠道。即当外籍船舶在日本领海外发生事故时，海上保安厅可以对海上灾害防治中心发出指示，命令其采取必要的防除措施，其防除费用由日本国家政府暂时垫付。1998年12月，日本内阁会议通过了《油污染事件准备及应对国家紧急计划》，这相当于韩国的《国家紧急事态应对计划》，明确规定了在发生大规模漏油事故时，同《灾害对策基本法》等有关法律之间的衔接条款。纳霍德卡号事故后，日本还全面完善了体制建设，在内阁成员中设置了危机管理监督大臣的职位等，大规模漏油事故成了国家危机管理的对象。但同美、韩相比，日本的《紧急计划》多少仍表现出忙忙碌碌的“精神论内容”，同构想完整的发生具体事故时的《行动计划》还差得很远，因为有些根本性问题尚未得到实质性解决。例如，纳霍德卡事故后如果再发生事故，究竟由谁来肩负本应由现场指挥官负责的，包括陆地在内的国家、地方行政机构、渔业协会等地方团体、志愿者及地区居民等的“统一指挥权”。

最近，关于纳霍德卡号事故的损害赔偿谈判终于达成和解。京都府请求损害赔偿费为4.7亿日元，最后在2001年12月得到了3.7亿日元的补偿额，双方达成和解。此外，富山县在2002年9月收到总额1亿元的损害赔偿金后，也决定撤诉。

3-2　库页岛的石油天然气开发项目

在俄罗斯的远东地区和西伯利亚东部地区都蕴藏着丰富的石油和天然气，从地理上说，最有希望开采的是库页岛近海海域。近年来，在库页岛地区发现了有望开采的海底油田，一些开发项目正在实施。在三井物产公司和三菱商事等资本参与的“库页岛-II”项目中，估计可采原油储量达1.4亿t，天然气5 500亿m^3，这对日本今后的能源稳定供应带来很大希望。但是，这些油田都埋藏在鄂霍次克海（Okhotsk）的海底。那里被称为是世界上渔产量极高的“水产资源宝库”海域，而且还强有力地支撑着日本北海道的地区经济。

从库页岛-II等油田中开采的原油，先是存入漂浮在海上的贮油罐里，然后利用普通油轮转运到消费地点。由于“原油转运”作业是由漂浮在海上的不稳定的船舶进行，所以该项方法容易发生漏油事故。据“地球之友俄罗斯”（Friends of the Earth Russia）等环境非政府组织报道，事实上在1998年已经发生过小规模的漏油事故，造成了鲱鱼大量窒息而亡。

对于上述大规模漏油事故，需要进一步推进“防备”机制的构筑，具体措施包括：①要构筑相应的对策机制，全面贯彻环保对策，要针对库页岛海域所有资源的开发项目，尽快实施信息公开制度，对漏油事故采取的对策措施和在开采前需要进行调查等；②后文将会阐述，在《西北太平洋地区行动计划》（NOWPAP）国际合作框架下，所有可能受到浮油影响的沿海地方政府都要制定漏油事故应急预案；③需要努力培养人才，组织防除技术援助团，应该尽快推进同已经建立同样体系的国家，特别是同韩国专家之间的官方正式交流。

最近，针对建设直接连接产地和消费地管道的可行性进行了调查。在离北海道、本州岛的日本海一侧和太平洋一侧的海岸线1 km以上的地方铺设管道，一旦发生事故时需要的渔业赔偿金额并未被考虑到预算中。如果把赔偿金额也考虑在内，管道费用不可避免地会大幅上涨。无疑，在离海岸线1 km的地方铺设管道，一旦发生事故，不可避免地会造成影响。例如，在鄂霍次克沿岸有渔民在离海岸线500～1 000 m的地方养殖扇贝，如果在那里铺设管道，一旦发生漏油事故，养殖园就会毫无疑问地受到影响。

但是，最近的国际形势是，不仅是日本，还有大多数东盟国家现在都高度依赖中东地区的能源资源，所以各国都想加快对库页岛海域及俄罗斯远东地区的资源能源开发。2003年2—3月，东京天然气株式会社、大阪天然气株式会社和新日本石油株式会社等大型能源企业相继发表声明，计划采购库页岛海域的天然气和原油。进而，在2002年12月—2003年4月，库页岛-II项目的开发主体——库页岛能源投资公司在自己的主页上相继公布了该计划的“第二阶段”（phase-II），包括管线设施等建设在内的环境影响评价（EIA）、环境社会健康影响评价（ESHIA）和漏油应急预案（OSRP），针对日本企业，分别在东京和大阪举办了说明会。今后，俄罗斯联邦政府会利用几个月的时间，对这些文件进行审查，预计会最终认可开发行为。从一部分有关人员传发的漏油应急预案看，还存在着一些重大问题，例如，分散剂（油处理剂）使用被当成事故应急的主要手段。

4. 俄罗斯远东地区

4-1 沿海各州的森林（泰加林）

俄罗斯拥有丰富的泰加林（Taiga）资源，这是世界上最广袤的针叶树种之一。泰加林和苔原地带一样，是一种能够把大量的甲烷等温室气体封存到永久性冻土层中的调节装置。泰加林的覆盖面积高达6.5亿hm^2，其中，仅远东地区和西伯利亚东部地区就有2.1亿hm^2，换算成木材储量为261亿m^3。从那里砍伐的木材主要用于出口（对日本的出口正在急速增加）。在这些森林中，有对远东南部生态环境具有重要意义的橡木林以及覆盖面积占泰加林木材资源85%的石松和桤木等树种，北面同延伸到北极圈的广袤苔原地带相连，是以驯鹿和狩猎渔业为生的许多少数民族的经济来源。

由于近年来的砍伐，每年约有15万hm^2的森林，特别是可以带来经济收入的松树和阔叶树混合林、鱼鳞云杉和冷杉树林等正在消失，或者演变成次生林（非原生林）。这不仅会降低森林的再生能力，还会诱发森林火灾，平均每年烧毁的森林面积达20万hm^2之多。尽管难以确定因火灾而排放的二氧化碳量，但据估计，整个俄罗斯每年高达1亿～2亿t。虽然俄罗斯的森林1年可吸收1亿t的二氧化碳，但由于火灾发生，导致冻土层开始融化。受影响的冻土层，在西伯利亚最深处达到800 m，中国和蒙古的部分地区也深达50m。

目前森林的状况是，幼林居多，从量的减少和质的退化看，森林正在衰退。尽管俄罗斯远东地区的森林总面积尚能维持不变，但远东林业的一半都集中在哈巴罗夫斯克，而库页岛和阿穆尔州的林业正在急速下降，马加丹州和堪察加州的林业已不能维持。这样的森林现状不仅影响了木材供应，也威胁到鱼类（特别是大马哈鱼、鳟鱼）生长繁殖所需的河流水质，还可能导致全球变暖。当下远东地区林业面临的挑战是，如何改变招致森林退化的粗放型砍伐，实现可持续性森林管理。为了保证少数民族的生存条件，在前苏联改革中期，成立了北方少数民族协会，要求各省政府解决原住民居住地的经济发展、扭曲的民族政策、落后的社会发展以及生态环境急剧恶化等一系列问题。后来，政府指定了禁伐林，禁止对松树进行砍伐，但出口非法采伐木材事件在出口目的地被告发出来，人们担心政府的管理体制并没有完全得到实行。

对于恢复自然生态系统的绝对性制约因素，包括：①西伯利亚和远东地区冻土地带的土壤酸性高；②冻土中微生物对污染物的分解活性低；③植被稀薄。冻土地带南部的森林，由于气温低，树木长到10 cm树径需要400年，这些森林在吸收二氧化碳、调节全球气候方面发挥着重要作用。据说，远东地区的可持续砍伐量每年为1亿m^3。因此，该地区需要完善体制，保证木材供应稳定，建立生态环境同少数民族原住民生活之间的平衡。

中国每年消费木材近2.8亿m^3，国内供给量现仅为1.42亿m^3，缺口部分通过进口和非法砍伐来弥补。国际热带木材组织（ITTO）预测，未来几年内，中国将超过美国和日本，成为世界上最大的木材进口国。中国进口的木材，57%来自俄罗斯。由于俄罗斯当地木材加工场的衰退，原木在未经加工的情况下就直接被出口。环境非政府组织也指出，俄罗斯产的木材至少有1/5是以非法或明显违法的形式砍伐的。值得关注的是，这些违法砍伐的木材不仅面向中国，也向日本出口。

在这方面，非政府组织和非营利组织（NPO）的作用特别受人期待。例如，“地球之友俄罗斯”为改善少数民族的居住环境提供援助，还于1994年在符拉迪沃斯托克举办了“第一届西伯利亚热点会议”。之后，该组织选定了应加快列入自然保护地的50个地点（河流、森林、海域、岛屿等）。1996年在符拉迪沃斯托克举行了慈善活动“符拉迪沃斯托克96”，支持扩大濒危物种阿穆尔豹的保护区。这些活动对沿海地区划定州立禁猎区作出了重大贡献。

2003年4月上旬，西伯利亚东部发生森林火灾。截至2003年5月23日，在伊尔库茨克（Irkutsk）州、布里亚特（Buryat）自治共和国、赤塔（Chita）州、阿穆尔（Amur）州以及哈巴罗夫斯克边疆区（Khabarovsk Kray）共发生火灾事故481次，烧毁森林10万hm^2以上。从美国国家航空航天局（NASA）主页上发布的卫星照片看，火焰也蔓延到了蒙古北部和中国东北地区北部。同时，日本的北海道和东北地区，大气中的粉尘浓度增加，天空变得灰暗，日照减少。这些现象是否因上述火灾的影响尚无定论。

4-2 核废料的倾倒问题

在俄罗斯远东的部分地区，长期存在电力严重不足问题。为解决此问题，政府支持建设核电站。中国和韩国都在积极推进核电建设政策。在中国国内运行的核反应堆已有6组，在中国东北地区，尽管没有运行或在建和规划的核电站，但中国计划在2020年前要把核发电能力扩大到4 000万kW。韩国34.3%的电力来自核电，并制定了新的电力供需规划，计划在2010年前把核发电能力提高到2 300万kW。如果把朝鲜出现的核电站建设动向同日本在日本海一侧的核电站布局一并考虑，一般公众对此的风险意识肯定会提高（可以想象，在发生核电事故时，在下风向可能发生各种状况）。因此，像下述越境酸雨问题和海洋污染问题一样，人们强烈呼吁尽早构筑以监测放射性物质等为核心内容的国际合作体制。

在日本海地区的符拉迪沃斯托克周边海域的深海区，是倾倒前苏联海军核潜艇和破冰船产生的核废物的地方。根据1993年2月公布的《雅布洛科夫报告书》，从20世纪60年代后半期起，前苏联海军就开始大规模地将核废物倾入海洋，仅1992年，俄罗斯太平洋舰队在日本海倾倒放射性废物就多达6次。1985年8月，在符拉迪沃斯托克近郊的前苏联太平洋舰队的基地，由于核潜艇更换燃料时的操作失误，发生爆炸事故。1993年10月，俄罗斯海军把核潜艇产生的900 t低水平放射性废液倒入日本海。尽管自该次事故后停止了倾倒行为，但太平洋舰队司令说，由于对低水平放射性废液的贮存能力不足，将来仍有可能再向海洋倾倒放射性废物。

1994年，日本和俄罗斯对于引入放射性废液处理设施的问题达成协议，共同在位于彼得大帝湾东岸的一个海军兵工厂内建设放射性废液处理设施，费用由日方承担。由于核武器非拥有国的限制，日本政府进行的非核化援助活动也有一定的范围限制。日美关于核废物和核潜艇放射性废液处理合作的扩大，不仅是核发电这一个问题，需要解决的问题还有很多，如使用后的乏燃料等固体废物的处理、船体与处理设施的去污和废弃、高水平放射性废物贮存设施的建设等。

即使在已经启动的具体合作项目中，也出现了一些问题。如关于核舰艇的解体、核废物处理和环境保护，有经验的民间企业多数都在美国。因此，日本无偿援助的俄罗斯核潜艇废物处理设施建设，尽管日本外务省管辖的日俄核武废弃合作委员会事务局于1995年初就将其委托给了英国咨询公司，但由于俄方原因，合作项目推迟了3年多，使该设施陷入至今仍无法正式运行的困境（日本已支付了36亿日元，今后还需继续援助200亿日元）。

关于核废物处理设施的建设，起端于1993年连续发生的俄罗斯海军向日本海倾倒核废物事件。同年11月，《伦敦公约》（海洋污染防止公约）增加了修正条款，禁止向海洋倾倒放射性废物，但是俄罗斯却拒绝接受该条约。因此，俄罗斯再开海上倾倒的可能性不断增加，这越发令人担心。

日本海是个半封闭海域，因深层水循环机理（100～300年循环1次），这里发生的一切海洋污染，都可能对该海域的安全管理和渔业资源造成影响。近年来，东北亚核设施的显著增加和前苏联（以及俄罗斯）向海洋倾倒核废物，都对该地区的海洋环境带来新的放射性污染危险。在这些进入海洋的新的裂变产物核素中，含有钚-239，其半衰期长达24 000年，具有强烈的毒性，是最受关注的核素。钚-239的放射性水平也较高，在评价海域污染方面是极为有效的样品。在回收前苏联核武器解体工程中产生的高浓度铀和钚的问题上，日本核燃料回收开发组织不断提供技术支持和资金援助。

为了实施1994年朝美之间编制的《协议框架》中的2项主要规定，成立了"朝鲜半岛能源发展组织"（KEDO）。这是一个非营利国际组织，作为朝鲜冻结核开发计划并最终解体核设施的前提条件，向朝鲜提供核扩散危险性低的轻水反应堆2座以及采暖、发电用的燃油。

5. 构筑国际合作体制

下面，简单介绍环日本海地区在环境领域，特别是海洋污染和大气污染(3)方面建立的国际合作框架以及行动主体的现状与课题。

5-1 主要的国际合作活动

联合国环境规划署（UNEP）为了实现由海域周边国家共同地对于封闭性海域或沿海环境进行监视和保护，正在推进《区域海洋行动计划》。该计划中的项目之一是《西北太平洋行动计划》（NOWPAP），即在环日本海地区，中国、韩国、俄罗斯和日本4国共同构筑起该框架，旨在保护日本海和黄海的海洋环境。朝鲜参加了构筑《西北太平洋行动计划》的谈判，但没有参与实施该行动计划，只是以观察员身份出席了2002年的第7次政府间会谈。

该行动计划的目的是：①构建监测信息与其他信息的数据库和信息管理体系；②实施沿岸和海洋环境的监测；③有组织地管理沿岸海洋环境与资源；④构筑紧急情况下的相互援助体制。1994

年在韩国举行了第1次政府间会谈，之后大体上每年轮流在各国举行1次。

根据《西北太平洋行动计划》，各国需要提出当前致力的优先课题，还要设立一个“区域活动中心”（RAC）来承担这些课题，并进行具体活动的规划与调整。在日本，财团法人“环日本海环境合作中心”（1997年成立，富山市）被指定为“特定监测与海岸带环境评价区域行动中心”（CEARAC），希望能把地方级的环保对策和国际环境合作经验、技术信息等应用到《西北太平洋行动计划》活动中。另外，环日本海环境合作中心正在受托管理运行环境省2002年设置的卫星接收站，努力建立一套完整的系统，接收并分析卫星传回的海洋环境遥感资料，向包括《西北太平洋行动计划》参与国在内的国内外信息发送系统（包括海面水温与颜色、油污、赤潮发生状况的观测与信息发送等）。

在日本海，由于油轮航行流量较大，因而事故的潜在风险也较高。在这种状况下，纳霍德卡号漏油事故便成了促使有关国家不断加快建立应对漏油事故国际合作体制的契机，这些合作体制在《西北太平洋行动计划》中也是最有实效性的。作为东北亚应对漏油事故国际合作的政治性框架，说《西北太平洋行动计划》是唯一的一项合作，其实也一点不过分，国际社会对此寄予了很高期望。在韩国主导下，《西北太平洋行动计划》已制定了一本可以说是应对漏油事故的手册，即《漏油事故应急预案》，预计将在2003年11月召开的《西北太平洋行动计划》政府间会谈会议上正式签字通过。此外，为了防范油轮事故发生或扩大，《西北太平洋行动计划》正在致力于航行监视、组织乘务人员培训教育、强化点检制度、海底地形探查等工作。

一些在国家政府水平上难以实施的活动，可以由一些风险意识更强的地方政府和非政府组织主导，在《西北太平洋行动计划》框架内，开展了有别于政府间行动的活动。例如，关于埋设在海边的废物或是漂浮物，不仅给日本（特别是日本西部），而且给韩国和中国的沿海城市也造成了重大影响，但各国政府的行动不一定是积极的。因此，鉴于这种状况的严峻性，参与《西北太平洋行动计划》

的沿岸主要 4 国的地方政府和居民们，不依赖国家政府，自行开始实施对漂浮废物的种类与数量的调查。

另一项酸雨越境污染问题，也是东北亚地区一般公众感到风险贴身的环境问题。《东亚酸沉降监测网》（EANET）是解决区域酸雨问题的一个国际合作计划（2001 年正式启动），亚洲有 10 个国家参加。该国际合作网的目的在于，各国采用统一方法，收集分析硫氧化物和其他物质的动态监测结果，定量查明东亚地区酸雨的实际情况、发生和影响机理，以此作为依据，创建基于科学见解的区域联合酸雨行动计划。

财团法人酸雨研究中心（1998 年成立，新潟县）负责承担《东亚酸沉降监测网》的建立工作，作为该网络实质性的办事机构发挥作用。为了统一大气污染物的监测方法，该中心欢迎各国技术人员或政府官员作为研修人员前来进修，并成为酸雨问题的综合信息发送基地。最近，该中心不仅研究有关硫氧化物问题，也开始致力于其他大气污染物（氮氧化物、煤尘、臭氧、黄沙等）的发生与迁移问题。

关于酸雨越境污染问题，尽管中国大陆的大气污染物向日本的远距离输送本身尚无定论，但更具建设性讨论的前提是，需要正确掌握国家之间大气污染物排放与沉降之间的定量关系。然而，现在还没有建立起适合该区域的、能作为定量关系共识基础的大气污染物远距离输送模型。因此，现在以酸雨研究中心为主，日本、中国、韩国、美国和中国台湾等研究人员正在共同开展相互比对各自的模型，可望在几年后达成有关“污染源—受害地关系”的共识。为深化东北亚地区的地方政府与地方自治体合作，成立了“东北亚地区自治体联合会”，该组织于 2000 年在日本淡路岛举办了“东北亚地区自治体会议”，来自中国、日本、蒙古、韩国和俄罗斯 5 国共 26 个地方政府的代表参加了此次会议。

通过这次会议，再次确认了“东北亚地区自治体联合会”的意义，即通过区域间的交流来加深相互理解，通过分享技术与经验，实现东北亚地区的整体发展。与会各方一致同意，欢迎朝鲜的地方政府参加该联合会，朝方的参加有利于东北亚的共同发展和世界和平。

表 2　参加“东北亚地区地方政府联合会”的各国地方政府

国家	参会的地方政府
中国	黑龙江省、山东省、宁夏回族自治区
日本	青森县、山形县、新潟县、富山县、石川县、福井县、京都府、兵库县、鸟取县、岛根县、山口县、秋田县（作为观察员）
蒙古	中央省
韩国	江原道、忠清北道、忠清南道、全罗北道、庆尚北道、庆尚南道、釜山广域市
俄罗斯	沿海地区，哈巴罗夫斯克地区、堪察加州、萨哈林州、区域间远东协会（作为观察员）

出处：《东北亚地区地方政府会议资料》。

而且，在该区域被称为智囊团的环日本海经济研究所，每年举办“东北亚经济会议”，有关各国和地区会聚一堂，中心议题是如何解决图们江的开发和环境问题。在非政府组织的水平上，作为中日韩 3 种语言环境信息共享和交流项目 (4) 的部分内容，在 2002 年 11 月召开了“第 1 次东亚环境市民会议”，参加者提出建议，希望俄罗斯沿海地区、蒙古和朝鲜也都能参加，希望把双边的和中日韩的合作项目影响到整个东北亚地区。

5-2　国际合作方面存在的问题

在国际合作方面，环日本海地区面临 5 类共同性问题。

第一，建立共同的组织非常困难。国际合作因为有各国政府的参与，所以各国政府的任务分担和优先顺序都是重大争议点。不仅是在环日本海地区，整个亚洲地区在政治经济体制、经济发展状况、文化社会背景、政治思想、对包括环境权在内的人权概念的认识以及对于需要采取应急对策的环境问题的认知等方面，都存在很大差异，不可能达成一致。实际上，《东亚酸沉降监测网》也好，《西北太平洋行动计划》也罢，在日韩两国之间，曾为争夺主导权而发生过争执。以《西北太平洋行动计划》为例，关于区域环境中心是设立在日本还是韩国，双方一直在争执。最后，双方妥协，达成折中方案，两国同时都设立区域环境中心。遗憾的是，在“政治谈判”和“达成共识”的过程中，浪费掉了大量时间和人力，最后该地区才开始采用作为所有讨论基础的、覆盖一定范围和主要污染物的统一方法进行定期监测。这就是环日本海地区环境合作的现实状况。

第二，资金缺乏。毫无疑问，资金对各国政府来说都是问题，但对地方政府和非政府组织来说，更是切实存在的问题（实际上，地方政府和非政府组织常常不得不依靠政府资金）。例如，《西北太平洋行动计划》准备在不远的将来实施海洋水质共同监测，但资金问题至今尚无着落。在该区域，日本的经济实力较雄厚，所以日本政府或富山县和新潟县这些地方政府不得不为《东亚酸沉降监测网》和《西北太平洋行动计划》的运行承担相当份额的费用。由此可见，现在还不能说是“基于公平分担的、可持续的国际合作体制”。

第三，实际效果不明显。《西北太平洋行动计划》和《东亚酸沉降监测网》都属于自愿参加的“计划”，不像在地中海地区（海洋污染）和欧洲（越境酸雨）所看到的污染物减排公约（或协定）。由于没有关于污染物减排的数值目标和法定约束力，这些计划的实际效果如何，也须打个问号。虽然不能把欧洲经验直接照搬到亚洲地区，但在一些关键问题上，还要力求构筑起更为有效的框架。

第四，同其他区域相比，环日本海地区的环境污染破坏没到那么明显，所以对于改善状况而需要进行国际合作的重要性，认识程度不高。关于这一点，与其说这是存在的问题，还不如说是隐含在上述 3 个问题背后的事实。即同其他半封闭水域（地中海、波罗的海、咸海）相比，日本海的水质恶化尚不严重，像北欧那样因越境酸雨的影响而导致鱼类消亡的状况至少在日本的湖泊和河流还没有发生过。无疑，像黄海赤潮那样的问题将来也有可能在日本海出现，铅、镉等重金属和多氯联苯、农药等难降解性化学物质也有可能对渔业生产造成影响。中国对煤炭的消费如果持续增长的话，将来越境酸雨对日本生态系统的影响就有可能显著化。但是，目前国家间的“污染源—受害地”的量化关系等尚不明确。

第五，领土问题。至少在目前，关于这方面的问题还没有对环境合作造成太大影响，但竹岛（韩国称独岛）这一日韩领土问题等，将来可能会对环境领域的国际合作投下很大的阴影。例如，可以预测，今后在对有争议海域进行水质监测时，对于由哪个国家负责，将会出现相当的分歧（这样的争议海域也极有可能被有意地回避）。由于政治原因，《西北太平洋行动计划》没有采用“日本海”这一称呼（如上所述，朝、韩主张“东海”这一称呼）。针对《西北太平洋行动计划》的情况，即使探讨正式的称呼也是毫无结果的，所以首先使用了“西北太平洋海域”（North-West Pacific Sea）这种称谓。

6．结语

作为环日本海地区环境合作的前提，对应有的综合性理念整理如下。

在 21 世纪，各国政府、地方自治体与地方政府、非政府组织以及市民本身，都应当相互合作或者独自提出关于区域合作秩序的新框架，并在各个层次上开展相互合作。例如，支援中国沿海地区的可持续发展、对中亚和西伯利亚东部的生态系统影响小的资源进行开发、充分考虑朝鲜半岛北部环境的改革开放、从俄罗斯远东地区开发到包括军备管理在内的核废物管理等。特别是在环日本海地区，在从现在起就要共同致力解决的环境问题上，力求从“全球市民”层次上一起设法，从身边的日常生活开始，建立对环境负荷小的生活环境。为此，构筑地方政府、非政府组织、企业等的伙伴关系尤为重要。

为了把日本海变成“合作之海”，改善沿岸各国之间的关系当然十分重要，最重要的是如何建立同朝鲜之间的关系。韩国自金大中政权以来，尽管采取了“阳光政策”，实现了南北首脑会谈，但后来的关系改善进程并不顺利。另有传闻说，是巨额资金的贿赂才使南北首脑会谈变得可能。在朝日关系上，在小泉首相访朝时进行的首脑会谈上，确认了绑架事实，日本以此为契机，对朝鲜进行了强烈谴责。美国布什政府把朝鲜看作“邪恶轴心”的国家之一，朝鲜对此表示抗议，退出了国际核管理体制。中国同日、韩之间有时表现出微妙的不同，而对朝鲜显出友好国姿态，取缔来自朝鲜的“越境者”等，为此受到国际人权组织等的批评。对于中、美、朝3国通过3方会谈达成的朝鲜《核保有宣言》，过去的盟国俄罗斯对此是不可能欢迎的。在国际合作方面，想要改善同国际上不断被加深孤立的朝鲜的关系，推进在社会发展和环境保护等方面与朝鲜的国际合作，难度是相当大的。

为了改善这样的关系，必须以“是就是，非就非”为前提，确保多条对话渠道。尤其是，要促进朝鲜参加学术会议和活动、非政府组织和非营利组织的网络以及“东北亚地区自治体联合会”的交流，从与朝鲜有关的东北亚地区环境保护地区合作出发，谋求大力支持朝鲜参与东北亚地区合作。如前所述，朝鲜尚未正式参加《西北太平洋行动计划》，目前只停留在观察员身份。仅仅通过这种渠道，其重要性是不大的。

（执笔：泽野伸浩，龙世祥，金坚，桂木健次，相川泰，明日香寿川）

专栏　环日本海地区环境问题中的松花江水俣病

在中国松花江，因发生了与水俣病起因类似的有机汞污染和公害病而备受关注。污染源是吉林石油化学公司（位于吉林省吉林市），位于号称第二松花江的松花江支流流域。第二松花江从中朝国境附近纵贯吉林省，同嫩江合流后汇入松花江，主要受害地是吉林省和黑龙江省的省界一带（污染源下游约300 km），接受死体解剖调查的2名受害者实际上都是这一带的渔民。在长期报道的另外2例生活在当地的受害渔民案例中，从1976年到1982年连续的医院检查表明，毛发中的总汞含量（90.00 mg/kg→15.00 mg/kg，84.00 mg/kg→3.71 mg/kg）和甲基汞含量（69.00 mg/kg→8.30 mg/kg，64.00 mg/kg→1.80 mg/kg）均大幅降低，但几乎都出现了视野狭窄、末梢神经障碍、听力减退等症状。

但是，据松花江从合流点横跨东西的黑龙江省内流域的渔民的毛发甲基汞含量化验结果（1986 年），在上述地区的省界附近的上游的 5 个点，甲基汞含量最高为 26.94 mg/kg，平均为 10.52 mg/kg（116 人）；靠近哈尔滨（距污染源约 500 km 下游）的中游 4 个点，最高 16.94 mg/kg，平均 6.58 mg/kg（61 人）；靠近俄罗斯国境（自污染源约 1 200 km 下游）的下游 3 个地点，最高为 34.91 mg/kg，平均 11.27 mg/kg（47 人）。据 1990—1991 年的资料，上游 5 个点的甲基汞含量最高为 8.88 mg/kg，平均 5.31 mg/kg（46 人）；中游 4 个点的甲基汞含量最高为 5.11 mg/kg，平均 3.52 mg/kg（46 人）；下游 3 个点的甲基汞含量最高为 7.12 mg/kg，平均 5.37 mg/kg（28 人）。这可以说明，并不是离上游的距离越远，甲基汞的含量就越少，相反在远离哈尔滨的上、下游两个方向却变高。产生这种现象的原因可能与作为食物来源的松花江的依赖程度、处于该背景下的以哈尔滨为中心的黑龙江省的经济结构等社会经济因素有关，这些原因导致了流域渔民毛发汞含量的差异。同时，也有推测说，这也意味着受害范围可能更广。

松花江，在俄罗斯境内汇入阿姆尔河（黑龙江），在中国领土东北端同乌苏里江汇流，横贯俄罗斯沿海地区，在鞑靼海峡（日语称为间宫海峡）注入日本海。由于松花江最下游（同黑龙江的合流部分）居民的毛发汞含量高，在黑龙江的下游恐怕也可能潜伏着尚未确认的汞污染和水俣病病例。迄今为止，只进行了很少的广域调查，尤其是从未开展过包括俄罗斯在内的国际调查。但作为环日本海地区合作的一部分行动，鉴于历史上同该地区的渊源关系和水俣病的经历，日本正准备提议对松花江水俣病开展国际性的研究与行动。

参考文献：

刘永懋，王稔华，翟平阳.《中国松花江甲基汞污染防止与标准化研究》（*Controls and Standard on Methylmercury Pollution of Songhua River in China*），科学出版社，1998 年。

（相川泰，谷洋一）

第 2 章

湄公河地区

构建反映全地区市民社会呼声的机制

（图略）

1．前言：跨越国境的环境与开发

湄公河（中国境内称澜沧江），围绕其源头地点有诸多说法，有的认为其全长约 4 400 km，也有的认为是 4 800 km。无论采用哪种观点，湄公河在长度和流量上无疑都是世界上屈指可数的东南亚地区国际最大河流。其流域面积达 79 万 km^2，为日本国土面积的 2 倍以上。同长江和萨尔温江（Salween River）一样，都发源于青藏高原。湄公河相继流经中国云南省、缅甸[(1)]与老挝的国境、老挝西北部、老挝与泰国的国境、老挝西南部、柬埔寨，最后从越南的湄公河三角洲流入中国南海。

试看各国流入中国南海的水量比例，中国为 16%，缅甸 2%，老挝 35%，泰国 18%，柬埔寨 18%，越南 11%。一般来说，中国云南省和缅甸常被称为上游国家或地区，其他 4 国称为下游国家。湄公河的一大特征是，除了中国外，其他国家相对不同的参照河流，就会既是上游国家，也是下游国家。尽管越南是最下游的国家，但由于湄公河的最大支流之一——塞桑河（Sesan Revir，本章中将予介绍）发源于越南的中部高原，流经柬埔寨东北部后，汇入湄公河干流。这样，越南又成了柬埔寨的上游国家。在有的情况下，某些国家作为上游国家成为影响下游国家的“污染者”，而在别的情况下有时又作为下游国成了“被污染者”。在这一地区，只有中国一直处于上游国家地位。这一点对于湄公河的环境保护至关重要。

本章标题“湄公河地区”包含 2 层含义。一层含义是，表示湄公河流域这种自然地理范围：拥有 6 000 万人口，生活在农村直接同湄公河环境相关的人很多。另一层含义是，指湄公河流经的 6 个国家（中国是指云南省）：该地区拥有人口超过 2.3 亿人，其中也包括一些人，他们的生活同湄公河的自然环境没有直接关系。然而，湄公河开发是同湄公河流域自然环境和居民生活有着密切联系的，从这个角度来考虑，这就不仅是流域这一有限的范围了，湄公河地区的 6 个国家的政府发挥的作用也很大。因此，本章不仅关注狭义上的湄公河地区（以下称湄公河流域）的环境和社会状况，而且也将从政治与经济方面探讨广义上的湄公河地区（以下称湄公河流域各国）的相互关系。

湄公河流域各国出现过各种各样的环境问题。在《亚洲环境情况报告》第1卷中曾以个别事例形式，介绍过泰国和越南等国出现的问题。本章将站在湄公河这一国际河流立场上讨论这些问题，特别是跨越国境的环境问题。详细阐述的具体事例有：在最上游的中国建设的澜沧江干流水电站、泰国和老挝参与的在上游2个国家（中国和缅甸）的河流航道疏浚工程以及越南建设的水电站对柬埔寨的环境和社会造成的影响等。此外，还将探讨这6个具有不同政治、经济和社会现状的国家应该如何做出努力，既能充分考虑流域地区的居民生活，又可以保护湄公河的自然环境。（本章执笔者松本悟是《亚洲环境情况报告》第3卷编委会成员中的“湄公河观察”的代表。他在文中介绍了流域中一些有争议的问题。中文基本照译，以供各方读者参考。——审校者注）

2. 湄公河：澜沧江干流

湄公河因国家和地区不同，其称呼也不一样。在最上游的中国称之为“澜沧江”，在中游的泰国和老挝，称“夜功河”（Mae Nam Khong，尊称为母亲河），在下游的柬埔寨，称“香岛河”（Tonle Thom，别称大水河），在越南，又称“九龙河”（Cuu Long）。本节将介绍在中国澜沧江和湄公河上游国家因干流开发造成的环境和社会问题。

2-1 湄公河上游疏浚

- **上游4国的商船通航自由化**

为了开启国际河流交通，2000年4月，中国（云南省）、泰国、老挝和缅甸这4个湄公河—澜沧江上游国家签署了《澜沧江—湄公河商船通航协定》。据此，2003年3月，4国启动了清除阻碍船舶航行的险滩、浅滩和暗礁工程。爆破河段长 331 km，从航行最困难的中缅界石 243 号到老挝的会晒（Ban Housy Sai）。这段河道中，有大大小小的险滩、浅滩和暗礁 100 多个，计划先爆破其中严重阻碍航行的 11 个主要险滩和 10 个暗礁。中国提供 500 万美元的资金作为工程费用。

实际上，在中国境内的澜沧江部分，自 20 世纪 60 年代起就进行过疏浚，迄今已疏浚了 293 km，可通航 100～300 t 级的船舶。中国希望把疏浚工程延伸到下游国家。

据 4 国的共同调查显示(2)，截至 1993 年，上游共发生 50 起船舶事故，其中 9 起是因触礁导致船舶沉没或货物遗失。该工程的目的，不仅是为了防止此类事故的重演，也为了能在从云南省思茅到老挝的琅勃拉邦(Luang Prabang)间长约 886 km 的河段上通航 300～500 t 级别的船舶，以促进 4 国的经济交流。现在，上游 4 国共拥有 110 艘船只，每年运送 15 万～20 万 t 的货物。据预测，到 2010 年，运送能力可以提升 10 倍，达到每年 150 万 t 货物和 40 万人次。

- **环境影响评价调查**

在疏浚工程造成的影响中，最令人担心的是为了确保航行安全清除险滩和浅滩，可能会严重破坏在周边繁殖与生长的鱼类生态系统。疏浚前，4 国联合调查组针对疏浚工程进行了环境影响评价，《环境影响报告书》的调查结果和建议对策如下：

· 为了避免对鱼类造成影响，爆破前进行事前预告爆破，让鱼类逃离；
· 在鱼类的洄游期和产卵期不得进行爆破作业；
· 爆破险滩之后，河水流动变缓，有助于洄游鱼的溯游；
· 爆破险滩和暗礁的影响范围极为有限，几乎都在 300 m 以内；
· 河水流速的变化最大限定在约 1m/s；
· 河岸是岩石质，不会发生土壤侵蚀甚至决堤；
· 洪峰通过疏浚范围的最下游——琅勃拉的速度比现在只快 58 s。

4 国联合调查组以此为依据得出结论，疏浚工程不会对渔业造成严重影响，也不会给下游造成环境影响。对此，协调湄公河流域水资源利用的地区国际组织——湄公河委员会，委托专家对该《环境影响报告书》进行评审，发表了 3 份评审意见书(4)，严厉指出《报告书》存在如下问题：

· 几乎没有进行生物学方面的分析；
· 虽然最后做出了没有影响的结论，但是文中没有写明其科学依据；
· 没有列出栖息鱼类的名录；
· 完全没有考虑鱼类以外的水生生物；
· 调查期限为 5 个月（现场调查仅 2 天），时间太短，此类调查至少需要 2 年；
· 违反了老挝科学技术环境厅的《环境评价规则》（没有关于替代方案的分析，没有论述同老挝各项法律之间的关系）；
· 只分析了爆破的直接影响，完全没有分析其他的长期影响等；
· 没有分析航行和观光次数增加等造成的二次影响；
· 完全没有说明社会调查的方法；
· 完全没有同老挝和缅甸的居民进行协商；
· 《环境影响报告书》是靠推测编写的，全都是听起来好接受的内容。

这些调查是应湄公河委员会参与国老挝政府的请求进行的。但是，调查结果只是通过湄公河委员会提交给老挝政府，并没有涉及如何修改《环境影响报告书》的问题。

● **居民的担忧**

2002 年 3 月，在泰国首次报道险滩爆破的消息时，以位于湄公河沿岸的泰国北部清莱府（Chiang Rai）清孔县 Chiang Khong District）的居民和 NGO 为主，对于该项工程的反对活动很快就扩大了。险滩爆破作业曾因 4 月下旬后的雨季而被迫临时中断。在停止爆破期间，泰国上议院环境委员会主任等人于 6 月进行了现场考察，要求泰国政府终止险滩爆破项目，清孔县的 12 000 名居民开展了反对该项工程的游行示威活动。

此外，辰公郡的市民组织和泰国北部的 NGO 针对该项工程的环境影响和社会影响进行了反映居民观点的独立调查，所发表的报告书[(5)]表达了当地居民强烈的担心，如下：

· 险滩爆破将使得作为鱼饵的水生生物和当地人食用的河流海苔丧失；
· 险滩爆破将毁灭鱼类的栖息场所，这会使濒危物种湄公河大鲇鱼减少，影响依靠小规模渔业生计的 10 万居民；
· 大型船舶的航行可能造成河流污染，而且还会威胁到小型渔船的通行安全。

2002 年 7 月 31 日，以泰国为主，共计 25 个国家的 76 个 NGO 和居民组织给泰国副总理兼国防部长查瓦里特（Chavalit）递送了抗议书信，强烈要求立即中止疏浚工程，并要求对越南和柬埔寨等下游国家进行环境影响综合调查。

- **政府和国际组织的担忧**

湄公河委员会秘书长克里斯辰桑（Joern Kristense）也表明了对上游疏浚的强烈担心。2001 年 7 月 31 日，他在一家报纸上撰文，发表了批评意见，“疏浚河床会影响鱼的繁殖生长，可能造成下游水流发生变化”。中国不是湄公河委员会的正式成员国，所以这些观点几乎没产生什么影响。

尽管老挝赞同过上游疏浚，但据一家泰文报纸（2002 年 3 月 23—24 日）报道，“老挝再次表明担心受到（疏浚工程）影响的越南和柬埔寨会不同意，需要取得这 2 个国家的同意”，所以险滩和暗礁的爆破就暂时中止了。据说，疏浚工程的最大受益者是中、泰两国，而老挝并没有很高的热情。

泰国政府也开始对该项目提出异议，既出于对环境和社会影响的担心，也是出于国防上的缘由。由查瓦里特副总理兼国防部长担任主任的内阁审查委员会，因担心疏浚会改变湄公河的泰、老两国的国境线，要求政府重新审议疏浚计划。同时，他表明，应考虑包括柬埔寨和越南在内的所有流域国家的需要(6)。此外，泰、老联合国境委员会决定，在 2003 年年底前勘定两国国境湄公河 976 km 的国境线。此前，至少有 1 处位于泰国领地的险滩可能推迟爆破(7)。担心环境和社会问题的居民团体和 NGO 也都对此表示支持。7 月 31 日递交政府的书信没有呈送给总理，而是送给兼任国防部长的查瓦里特副总理，原因也正在于此。

泰国政府以国境问题为由只是拒绝爆破清孔附近的险滩，而对老挝和缅甸的其他险滩与暗礁的爆破保持缄默。在泰国政府内部，也有人反对基于《4 国商船通航协定》而于 2002 年达成的爆破作业协议。由于居民、NGO 和上议院环境委员会的请求，在进行进一步调查期间，协定参加国是否会中断爆破作业备受关注。

2-2 中国澜沧江干流水电站开发

- **坝高 292 m 的小湾水电站开工建设**

2002 年 1 月，中国仅次于三峡水电站规模的小湾水电站在云南省澜沧江干流开工建设。大坝高度为 292 m，设计发电能力 420 万 kW，蓄水量 150 亿 m^3，是一座超大型水电站。大坝高度接近于日本的最高建筑物——横滨“地标塔大厦”（Landmark Tower，高 296 m）。小湾水电站的发电能力是现在东南亚最大的郝亚滨水电站（位于越南北部）的 3 倍多。总建设费用估计高达 222 亿日元（约 26.8 亿美元），费用计划全在中国国内筹措。水库面积 370 km^2（相当于琵琶湖面积的 2/3），据中国政府发表的数据，移民人口将达 38 000 人。该水电站的建设目标是：2010 年，1 号机组开始发电，2012 年，全部机组投入运行。（据中国水电顾问集团昆明勘测设计研究院网站 2014 年 7 月 14 日信息，小湾水电站是澜沧江中下游河段梯级开发的龙头水库。装机容量 420 万 kW，水库总库容 149 亿 m^3，混凝土双曲拱坝，最大坝高 294.5 m，为在建同类坝型世界第二，坝顶长度和总水推力等指标位居同类坝型世界第一。2001 年开工，2010 年 8 月，全部机组

投产发电。——审校者注）

照片 1　湄公河干流第二大水电站——大朝山水电站
（2003 年 2 月，湄公河观察所提供）

漫湾水电站作为澜沧江干流的水电站（150 万 kW，1993 年竣工）继大朝山水电站（135 万 kW，基本竣工）之后，位列第三，目的都是发电（据中国水电顾问集团昆明勘测设计研究院网站 2014 年 7 月 14 日信息，漫湾水电站总装机 155 kW（一期 125 kW，二期 30 kW），混凝土重力坝，最大坝高 132 m。一期工程于 1995 年 6 月竣工，二期工程 2007 年竣工。1998 年 12 月，通过国家竣工验收，是第一个由水利部和云南省合资建设、实行全面招标承包制、工程建设监理制的国家重点工程，竣工发电以来，创造了巨大的经济、社会效益。——审校者注）。中国政府在这 3 座水电站之外还计划另建 5 座水电站，如果全都竣工的话，仅云南省就具备 1 560 万 kW 的发电能力。

电力将输送到广东省等东部地区，是中国政府“十五”计划中四大工程之一——“西电东送”的一部分。“东”指的是广东、北京、上海等 7 个省市，其电力需求占全国的 40%。“西电东送”就是把在“西”部发的“电”“送”出去的工程。澜沧江干流的电力开发为“南线”，乌江、南盘江、北盘江和洪水河都在加快水电站建设。据说，云南省的潜在发电能力有 9 000 万 kW，水力发电占其中的 70%。

湄公河委员会于1995年创立，在湄公河干流水资源开发中协调各国的利害关系，成员国越南、柬埔寨、老挝和泰国都没有在干流进行水电站开发。中国不是湄公河委员会成员国，没有同下游国家讨论，在本国的澜沧江干流接连建设水电站。

- **云南省的研究者们认为水电站对下游有利**

小湾水电站是在湄公河上游的深山里建设的，巨大程度宛如日本的最高建筑。2000年5月，从公布的《小湾水电站环境影响报告书》中，收集到了一些相关信息。这一部分内容是总部设在马尼拉的国际金融组织“亚洲开发银行”（ADB）作为技术援助所编制的《澜沧江流域可持续发展政策与战略》调查报告书的第4章——澜沧江流域的水资源与水力发电”（以下称《亚行报告书》）。

该《亚行报告书》强烈主张，贮水量大的小湾水库完工后，在旱季能增加下游的输水量，在雨季高峰期可降低洪水量，这对下游国家是非常有利的。

2002年1月20日，《人民日报》对小湾水电站动工进行了报道。《亚行报告书》的共同执笔人之一何大明（云南大学亚洲国际河流中心主任）在该报上撰文称，小湾水电站可调节湄公河下游的水量，雨季可减少水量17%，旱季将增加水量40%。《亚行报告书》的结论是，由于老挝的湄公河支流影响较强，所以干流水电站对控制湄公河三角洲和其他地区的洪水效果不甚显著，而由于旱季会增加水量，所以对灌溉的贡献会很大。

- **澜沧江干流水电站的若干问题**

另外，从环境和社会方面也存在诸多担心，其中最大的问题是泥沙沉积。漫湾水电站是在澜沧江段最早建成的湄公河干流中的水电站，据《亚行报告书》，该水电站开始运行的最初3年里，因泥沙沉积而丧失的有效蓄水量达到当初认为需要15年才会丧失的水平。由于漫湾水电站面临泥沙填满的危机，所以有人认为需要在漫湾水电站的上游不远处，建设具有巨大蓄水能力的小湾水电站。

通过小湾大坝对泥沙或淤泥（沉泥）的拦截，含少量泥沙的水会自然流向下游。《亚行报告书》指出，这种“清洁水”（称作 hungry water）容易侵蚀下游的河床，会对桥梁和浮桥等构筑物造成物理性破坏。

有人担心更严重的问题是从中国流向湄公河下游的泥沙所起的作用。在整个湄公河的水流量中，中国部分所占比例为 16%，而从下游地区的泥沙沉积量来分析，在 1.5 亿～1.7 亿 t 中有一半来自中国。《亚行报告书》分析，由此，小湾水电站拦截泥沙和淤泥有可能给下游的水稻种植地带，尤其是湄公河三角洲带来不利影响（为此，请教了中国水利专家。他们认为，中国的泥沙不会影响那么远。——审校者注）。

旱季，在湄公河水位下降期间，流域处处都是利用洪水过后留下的肥沃“河岸农业”。尽管没有产量方面的统计数据，但许多现场工作者都认识到它的重要性。担心旱季水量增加会使这些河岸农业变得不可能，但其影响全然未被考虑。

● 湄公河委员会和下游居民的担忧

在中国宣布小湾水电站即将开工后不久，2002 年 1 月，承担湄公河开发协调职责的机构——湄公河委员会秘书长克里斯臣桑，在接受 AP 通信社的采访时提到了如下担心[(9)]。

“中国需要认识到，湄公河是一个需要通力合作的生态体系”。

“湄公河委员会的4个国家最担心的问题是下游水量的减少和湄公河水质的恶化。……如果水量发生变化，对下游的湄公河流域国就可能造成深刻影响。……而如果水质发生变化，对数百万柬埔寨人提供最重要蛋白来源的下游渔业就可能造成恶劣影响”。

在此后不久，2002 年 3 月，靠近中国的泰国北部的清盛（Chiang Saen）水文测量中心确认，仅在 10 天内，水位就从 2.48 m 降低到 1.45 m，降幅高达 1m 以上，而有时在旱季，一时间水位又会上升到 2.14 m[(10)]。有人指出，其原因之一是由于水库的泄水。泰国北部辰桑的渔民们提到，自 1998 年前后，1 天之内有时可能出现 2～3 次的水位涨落现象。渔民们指出，由于水位涨落，导致水生生物和鱼类大量减少。

- **中国政府提供的数据**

2002 年 4 月 1 日，中国水利部同意通过计算机网络把湄公河的日均水位信息每天传送给湄公河委员会。提供位于云南省的景洪和曼安 2 个观测站的水位和降水量信息，具体做法是从 2002 年 6 月 15 日到 10 月 15 日，传送上午 8 点半的数据（请教中国水利系统的专家后得知，现在传送水文数据远不止这些。关于报汛数据，每年是从 6 月 1 日到 10 月 21 日。——审校者注）。湄公河委员会同意帮助改善这两个观测站的工作条件。但是，下游渔民认为，由于旱季水量的变化会像洪水一样严重影响他们的生计，所以中国和湄公河委员会的协议未必能充分满足下游居民的需要。

尽管湄公河委员会高度评价了中国的合作态度，但仍有人对合作的实效性持怀疑态度。2002 年 9 月 6 日《曼谷邮报》刊登一篇署名报道，描述了 2002 年雨季洪水和土壤侵蚀的严重性，认为灾害原因之一源于干流水库的泄洪。干流水库引起的环境和社会影响本身也说明，无论泄水还是蓄水均取决于上游，没有充分考虑下游国家政府以及遭受影响的居民的担心，这是更深刻的问题。

3. 双边问题：跨越国境的洪水

湄公河流域的跨国境环境问题相当复杂而且多样化。例如，很多观点认为，柬埔寨的洞里萨湖（Tonle Sap Lake）的生态系统正在受到汇水区的森林砍伐、支流与干流的开发等复合因素的影响。20 世纪 80 年代末，泰国政府禁止在国内森林砍伐，但这被指责为推进了湄公河流域其他国家的森林破坏。同时，泰国的反水电站运动和电力需求的不断增加加速了老挝的水电站开发，在老挝境内引起了环境与社会方面的问题。

下面介绍 1 个双边层面上的跨国境环境问题，即在上游越南建成的水电站对下游柬埔寨造成环境和社会方面的影响。

3-1　在塞桑河上建设的越南亚利瀑布水电站（Yali Falls Dam）

“由于越南的大坝，3 名柬埔寨人溺亡，大量农田被水淹没。”AFP 通讯社于 2000 年 3 月 4 日，以这种观点把跨越国境的人为洪水问题首次向国际社会发布。

塞桑河（Sesan River）是湄公河最大的支流之一，从越南中部高原流经柬埔寨东部后，在上丁省（Stung Treng）附近汇入湄公河干流。上述报道所指的水电站，就是在塞圣河的越南一侧，由俄罗斯和乌克兰援助建造的亚利水电站，总耗资 10 亿美元。这是越南第二大水电站，发电能力 72 万 kW。1993 年 11 月开工，比计划推迟一些于 2002 年 4 月完工。也就是说，在 AFP 通讯社报道上述事件时，该工程尚未完工。

据 AFP 通讯社报道，邻接越南国境的柬埔寨东北部的腊塔纳基里（Ratanakiri）省的省长说，塞桑河沿岸的 3 个郡，均受水浸泡，堤岸决口，3 人被吞没于浊流中，农田、家畜和渔业遭到严重破坏。另据《柬埔寨日报》报道，越南和柬埔寨 2 国均为湄公河委员会参与国，柬埔寨负责农业的国务委员要求湄公河委员会调查开启水闸的原因。

3-2　腊塔纳基里省与 NGO 进行的调查

自 2000 年 4 月 15 日起，历时 1 个月，腊塔纳基里省渔业办公室在围绕自然资源管理开展草根运动的 NGO——“非木产品工程”（Non-Timber Forest Products Project，NTTF Project）的合作下，对省内 4 个郡 15 个集合村 59 个村进行了访问调查。鉴于调查的紧迫性，采用了“快速农村评价法”（Rapid Rural Appraisal），即事前对调查组 12 名成员进行调查方法培训，以确保调查的一致性和可靠性。

调查地区包括 9 个少数民族，所以在 12 人调查组里配备了能说少数民族语言的成员。另外，考虑到性别问题，调查组里有 3 名女性，她们在调查过程中负责女性群体的采访。

调查结果表明，省内有3 500户共2万人遭到亚利瀑布水电站的严重影响。《省・NGO调查报告书》[12]指出的问题整理如下：

- 自1996年起，水位开始发生非自然变化；
- 由于非自然的洪水，至少造成32人死亡，大量家畜溺亡，大量农田被淹没；
- 对于渔业、淘金和粮食收获造成严重影响；
- 水质恶化造成健康损害、野生动物死亡；
- 对渔具和渔船也有严重影响。

另外，由于亚利瀑布水电站的泄水信息尚不明确，不能够把《省・NGO 调查报告书》提到的问题全都归咎于亚利瀑布水电站泄水的恶劣影响。下面，探讨一下该报告书中所指出的具体问题。

3-3 非自然的水位变化与洪水

居住在塞桑河流域的柬埔寨人发现，自1996年10月前后，水位开始出现异常变化。同年9月，尽管在上游地区普降大雨，但是洪水的到来却滞后了1个月，而且，据说水位在几个小时内就急剧上升，突然形成洪水。

非自然的水位变化，时快时慢。有时是7～10天内时升时降，有时在3天内就发生变动，有时又会持续20天左右。在奥雅达奥县还发现，水位涨落幅度1天内达7 m之多，这给无法预测水位变化的居民的生活造成了重大影响。

根据《省・NGO调查报告书》，至少有32人被非自然的水位上涨时的巨浪夺去了生命。在1996年旱季的一天早晨，塔班郡辰村1名3岁女孩同母亲一起在河边洗衣服，小孩突然被巨浪卷入河中。母亲眼睁睁地看着女孩被洪浪卷走，至今下落不明。这样的悲剧，在塞桑河沿岸的各个村庄都发生过。此外，大量畜禽溺亡也经常发生。自1996年水位开始变化以来，仅在调查地区至少就丧失了612头水牛、322头牛、2 389头猪、3 559只鸭和49 620只鸡。

3-4　对农业、渔业和淘金业的影响

据报道，仅在 1999 年的雨季，非自然洪水淹没的农田就达 2 459 hm^2（其中水田 1 830 hm^2，火烧田 629 hm^2），尽管这些农田面积的数据未必精准。此外，储存的大米至少有 50 t 被洪水冲走。

在塞桑河流域，当旱季水位下降后，农民们就在露出的河岸土地上进行旱田耕作、种植烟叶和玉米等作物，用于自家消费或销售。但是，由于旱季水量的增加，这些肥沃的旱田没入水中。据《省 •NGO 调查报告书》记载，从事这种旱季河岸农业的人口多达 1 800 户，相当于流域人口的一半。

鱼的捕捞量也减少了 10%～30%。一些曾经深达 7～8 m 的塞桑河段，而今却成了 1.5 m 的浅滩，鲶鱼和其他淡水鱼全都消失了。

此外，除了对捕鱼的影响，渔具方面的损失也很惨重。例如，据报道称，在渔期，渔船只要停泊在河中，夜里就会被席卷而来的巨浪吞噬掉。由于人们基本上是在夜里拴挂钩网，早晨来取捕获的鱼，所以夜里的巨浪和突然增加的水量会把钩网等席卷一空。据调查，水位上涨造成大量渔具丢失，包括：钩网 9 563 挂、撒网 129 挂、铅坠 30 万个以上、小型壶形器具 24 192 件、大型壶形器具 5 606 件、漏斗式器具 2 187 件以及开闭型器具 5 247 件。假设购置一件大网眼的钩网需要 20 美元的话，可想而知，非自然水位变化和洪水对渔民们生活造成的打击有多大。

不仅是对渔具，对渔舟造成的损失也很大。已确认的受损渔舟数量为，原木舟 1 191 条，机动船 18 艘。实际上，有时船只会被破坏到根本无法修理的程度，也有即使向在下游发现流失船只的人支付现金也无法将船要回的情况。因为原木舟是由一整根粗大原木制成的，这就导致村民们不断地去砍伐粗大树木。

在开展调查的 4 个郡中的 2 个郡，到了旱季，在河岸进行淘金是一项重要产业，但由于旱季水量增加和巨浪，淘金作业已经变得完全不可能了。在调查的 59 个村中的 47 个村里，村民们以前以淘金为生，而今失去了重要的经济来源。

3-5 水质恶化造成健康损害

在调查过程中，村民们坚持认为，自1996年雨季开始确认水位发生异常变化以来，自己的健康也受到了很大的影响。塞桑河的水，当地人用于洗涤和沐浴，有时也饮用。村民们诉说出现了许多症状，如腹泻、腹痛、喉鼻痛痒、目眩、气喘、咳嗽、发疹等。尽管这些症状同水质恶化的因果关系很难证实，但该调查报告书指出，这些症状同该地区的常见病，如天花、麻疹、水疱、疟疾和白喉等相比较，是比较异常的。据瑞典隆德大学（Lund University）著名的湖泊与水域专家莱那博士分析，村民们的症状很有可能是有毒蓝藻从亚利瀑布水电站的水库流入塞桑河引起的。该调查报告书还指出，在1999年11月摄制的亚利瀑布水电站照片显示，地下水有可能通过泻洪口（spill way）流过来，这两种看法是一致的。

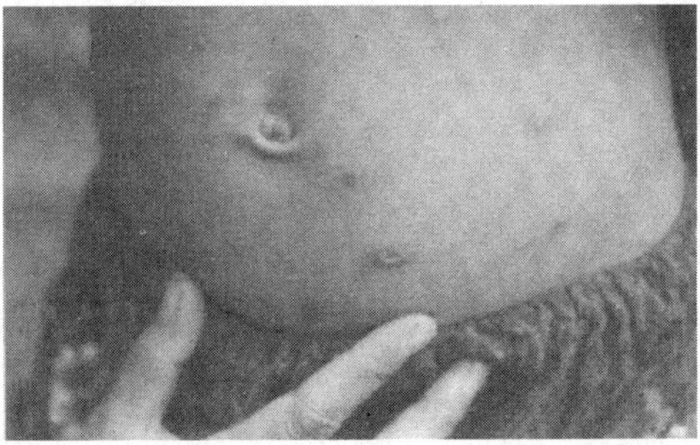

照片2　由于塞桑河亚利瀑布水电站引起下游柬埔寨东北部的水质恶化，发疹疾病增加（照片提供：湄公河观察）

村民们认为，水质污染不仅危害人体健康，还造成家畜异常死亡，仅在1996年雨季后的第2次旱季，家畜异常死亡数量大增，其中，水牛4 909头、牛2 228头、猪7 854头、鸭1 670只和鸡14.774 9万只。当然，这并不能断言所有动物的死因都是亚利水电站泄水引起水质污染所致。

此外，村民们还指出，在塞桑河附近常常发现大量病死的野生动物，之前这些动物通常是遭野狗或其他外敌咬杀而死。其中也发现了赤麂和野猪等珍稀物种。

3-6　政府的对策

在腊塔纳基里省调查之前，2000 年 3 月 16 日至 19 日，湄公河委员会（负责协调湄公河流域水资源管理）向腊塔纳基里省派遣了调查团。另外，收到了越南和柬埔寨 2 国关于这次跨越国境洪水问题的报告。

湄公河委员会调查团确认，从水位极低的 1998 年 4—5 月的旱季和 1999 年的洪水期之间，水位发生了异常变动。另外，根据湄公河委员会的报告书，在 2000 年 1 月到 3 月上旬之间，水位持续急速涨落，每小时变动 4～5 m，而且在不停地变动，周期为 7—10 日。同年 1 月，1 条渔舟因河面的急剧上涨而颠覆，3 人溺水而亡。至此，政府间确认了亚利水电站的泄水造成跨越国境的洪水问题。

2000 年 4 月，越南政府承认在过去几个月里由于亚利水电站的泄水造成柬埔寨发生洪水和巨浪，并造成至少 5 人死亡的事件。越南政府进行了赔罪，越南有关地方政府人员，为赔罪而访问了受害最严重的柬埔寨东部腊塔纳基里省，并向副省长明确表示，今后如果没有进行充分的警示，绝不再向下游泄水。

同期，由柬埔寨的湄公河委员会国内委员会秘书长和相关省、部、厅人员组成代表团，访问了越南的亚利水电站，同越南政府官员进行了会谈。对于亚利水电站的信息共享与运营管理问题，双方达成以下 5 点协议：

①对于水电站泄水，越方提供恰当的预警和信息；

②尽量要使排泄的水流流速缓慢；

③在通常情况下，要在 15 天前发出泄水通知；

④紧急情况下，水可直接排出；

⑤有必要完成改善环境方面的调查。

3-7 抗议新建水电站

在柬埔寨腊塔纳基里省活动的NGO，一面同省政府合作，一面继续对亚利水电站的影响进行调查。在2001年7月的重新调查中发现，尽管受害程度有所下降，但非自然的洪水至今仍在不断发生。除继续监测外，NGO还结成了当地居民网，要求不再在塞桑河新建水电站[(14)]。

2001年12月—2002年1月，NGO在地处腊塔纳基里省下游的上丁省对1 913人进行了访问调查。调查结果显示，尽管没有腊塔纳基里省受灾程度那么严重，但自1996年以后，由于非自然的洪水和水质污染对居民生活也造成了很大影响。为讨论这一调查结果，2002年6月举办了居民研讨班，而此前不久，越南政府已声明在塞桑河开始建设新的水电站——塞桑河第三水电站（发电能力26万kW）[(15)]。从上丁省的30个集合村集结起来的80名村民，对尚未解决亚利水电站问题就开始下一个水电站建设表示了强烈担心和不满[(16)]。

继塞桑河第三水电站动工后，2002年8月，越南政府确认将在塞桑河新建普莱克隆水电站（11万kW）。另外，33万kW的塞桑河第四水电站也获得了越南总统的批准，10万kW的塞桑河第3A水电站和上游22万kW的公兹姆水电站都位于塞桑河流域，正处于建设准备阶段[(17)]。

跨越国境的塞桑河造成的环境和社会影响等至今仍未全面查明缘由。越南和柬埔寨2国政府达成的协议，对边远地区的受害村庄来说，并不是实际的解决对策。在这期间，越南政府仍不断投入国内资金，在塞桑河上新建水电站。今后，两国政府以及湄公河委员会站在柬埔寨受害人民的角度，将采取什么解决手段和措施，这也许会成为检验2国间是否会考虑湄公河沿岸跨越国境的环境和社会问题的试金石。

4. 越境环境问题与地区性机构[18]

像湄公河这样的国际性河流湖泊，全世界共有 214 个，总流域面积占陆地面积的 47%，流域周边居住的人口占世界人口的 60%。尽管如此，但关于国际流域的水资源分配和利用问题，尚未出台 1 个具有强制性的国际公约。1997 年，联合国大会终于通过了《非航行利用国际水道法公约》（*Convention on the Law of the Non-navigational Uses of International Watercourse*），提倡流域各国公平合理地进行水资源开发利用，同时不给其他流域国带来重大影响。今后，加入国可望增加。

如果从地区层面出发考虑，能致力于解决本章提到的湄公河流域跨越国境的环境问题的机构有 3 个，分别是“湄公河委员会”、亚洲开发银行（ADB）的“大湄公河地区经济合作”（GMS）和“东南亚联盟”（ASEAN）。本节以这 3 个机构为框架，介绍一下解决跨越国境的湄公河流域环境问题的可能性和挑战。

4-1　湄公河委员会

湄公河委员会的前身是1957年在联合国有关机构支持下成立的“湄公河下游流域调查协调委员会”（通称老湄公河委员会）。尽管当时对湄公河干流和支流的水电站开发制订了一些计划，但由于越南战争和柬埔寨内战，几乎都没能实现。在经历了柬埔寨和平以后，又经历了泰国和越南的对立期之后，于 1995 年重新成立了湄公河委员会，担负起湄公河委会成员国在湄公河流域进行水资源开发时的协调作用，代替之前促进水资源开发的作用。最近，该委员会还成立了“跨越国境问题工作组”。

影响湄公河委员会发挥在水资源开发方面协调作用的最大困难在于，加盟国仅有下游的 4 个国家（泰国、老挝、柬埔寨和越南），上游的中国和缅甸仍停留在“对话伙伴”层面。目前，中国尚未表明要加入该委员会。如本章所述，现在处于希望中国政府给予个别合作的阶段，如湄公河委员会秘书长根据情况要求中国政府给予水文方面资料共享等。

另一个问题是，在处理加盟国之间发生的环境问题时，湄公河委员会发挥的作用也很有限。在亚利水电站的事件中，尽管该委员会派遣调查团前去调查，而且也发现了问题，但未能采取任何防止事件再次发生的措施。另外，基于上游 4 国的商业航行协定，对于泰国政府扩建湄公河沿岸清孔镇港口的计划，老挝政府表示担心这样的扩建会加速对岸老挝一侧河岸的侵蚀。对此，虽然湄公河委员会要求暂停扩建工程，而具体解决办法一直都委托给泰、老两国政府。

4-2 亚洲开发银行的大湄公河亚地区经济合作

亚洲开发银行（ADB）是亚洲地区的多边开发银行。柬埔寨实现和平后不久，即 1992 年，亚行提出了《大湄公河亚地区经济合作计划》（*Greater Mekong Sub-regional Economic Cooperation*，通称 GMS），是为了推动越南、柬埔寨、老挝、泰国、缅甸和中国云南省 6 个处于湄公河地区的国家共同合作进行跨越国境开发的计划。该计划的主要特点是，所包含的 6 个国家只把合作领域集中于经济，不涉及政治方面。在过去 10 年中，合作项目涉及交通运输、旅游、环境、人力资源开发、电信、能源、贸易与投资 7 个领域，向基础设施项目融资 7.7 亿美元，提供 5 600 万美元的技术援助。

2001 年 11 月召开的第 10 次部长级会议通过了《10 年战略框架》，包括 5 个“战略重点”，其中之一即是“推进环境保护和共有的自然资源的可持续利用”。作为制止湄公河流域环境破坏的重要一步，该计划提出，解决越境环境问题需要各国的集体行动，而且还提出，同相邻国家之间进行合作，更有助于解决越境环境问题造成的负面影响。具体而言，湄公河流域的各国政府应该提供帮助，包括对于监测累积性环境影响等给予支援等。

4-3 东南亚联盟

东南亚联盟（ASEAN，简称东盟）成立于 1967 年，主要目的是促进东南亚地区的经济增长和社会文化发展。1999 年柬埔寨加盟，东盟成员国增加到 10 个国家，活动中心不断从政治合作转向通过区域性合作推进经济发展。1985 年，东盟缔结了《保护自然和自然资源协定》，协定规定，当引起跨越国境的环境问题时，依据具体情况必须向其他成员国提供环境保护资金，但该项规定尚未达到实施阶段。基于互不干涉内政和决策须全体成员国一致同意的原则，对于此类敏感性问题是难以做出革新性政治判断的。尽管湄公河流域国家中已有 5 国加入了东盟，但中国还不是东盟成员国。

在这种情况下，解决该地区越境环境问题的一个可能性是，东盟外加中、日、韩这种“东盟+3”形式。1997 年在纪念东盟成立 30 周年的首脑会议上，东盟首次邀请中日韩 3 国首脑出席，后来除每年 1 次的首脑会议之外，还召开各种部长级会议，进行广泛的讨论。讨论内容包括东亚地区的经济社会问题和政治形势等，环境也是讨论的主题之一。由于包括中国在内的流域 6 国的参加，日本也作为东亚的一员，且作为地区最大援助国，能够发言，所以这些会议有可能成为讨论地区环境问题的舞台。

5. 谋求解决环境问题的市民社会行动

在第 4 节中已经叙述了为解决湄公河流域跨国境的环境问题，地区性国际机构具有怎样的可能性和局限性。在本节中，将概述为了打破国家界限的市民社会组织，特别是 NGO 正在进行怎样的努力和行动。

在中国云南省的一些环境 NGO，它们致力于开展自然保护活动和居民参与型的自然资源管理，但是要求云南省政府对上游开发造成的环境和社会问题采取对策却不那么容易。国际 NGO 香港乐施会，调查了在澜沧江干流建设的漫湾水电站对地区社会的影响，希望中国政府采取相应对策。香港乐施会没有公布调查报告书，而是直接同中央政府洽谈。这种做法既能提出问题，又不会受到有关部门的批评。

缅甸在军政府统治下，其人民很难公开批评政府进行的不合理开发。实际上，一些民主团体离开缅甸在泰国开展活动，从缅甸国内收集信息，把上游开发给缅甸北部少数民族生活造成的影响反映到国际社会。针对湄公河疏浚问题，2002年12月12日缅甸的少数民族团体等在中国驻泰国大使馆前进行抗议示威，52个团体联名提交请愿书，反对疏浚工程[20]，理由是虽然商业航行的繁荣支撑了军队，但同时也威胁到了依赖渔业生存者的生活。

在泰国，居民组织、NGO和研究人员为解决问题正在努力合作。受湄公河疏浚影响的辰公郡的小规模渔民们结成“爱护辰公协会”，同泰国北部中心城市清迈的环境NGO和研究人员等合作，调查疏浚对渔业的影响，通过当地选举出的国会议员等，呼吁政府中止在泰国领土内的疏浚工程。这些活动对泰国政府造成了一定的影响力。

老挝是社会主义国家，国内没有本土的NGO。对于在老挝设置办事处的国际NGO来说，也难以处理伴随开发造成的环境和社会影响等这些在政治上的敏感问题。因而，居民组织甚至无法像在泰国那样开展调查研究。取而代之的是，泰国的NGO呼吁共同关心这些问题的泰国国会和政府相关人员继续推进同老挝政府的对话。

柬埔寨的NGO，对上游开发，特别是对洞里萨湖的生态系统影响的关心含含糊糊，目前焦点是围绕在第3节所述的塞桑河同越南之间的问题。在遭受影响最严重的腊塔纳基里省和现场，实施地区开发的居民组织和NGO携起手来，不断请求柬埔寨中央政府采取对策。2002年11月，也把越南方面的有关人员汇集在一起，在金边（Phnom Penh）举办了第一届“塞桑河研讨会”。虽然这次研讨会没有直接解决问题，但是由于NGO的努力，当地政府也加入进来了，这可以说在今后问题的预防方面能有很大的期待了。

在越南，几乎没有关心湄公河环境问题的NGO。塞桑河流经的中部高原是政治上不稳定的地区（塞桑河给柬埔寨造成了严重影响），在该地区几乎不存在调查研究和政策建议型的NGO。进行塞桑河亚利水电站环境社会影响调查的一个国际NGO，受到越南政府警告，不许他们今后再关注水电站的问题。但在有可能遭受上游开发影响的湄公河三角洲，人们把上游流域开发幻想成地理上遥远的外国话题。可是，该三角洲中心城市康特的研究人员，一直很关注湄公河的越境环境问题，他们同其他流域国的市民社会团体携手，负责提供越南方面的信息。

这样，尽管有些国家的市民团体在一定程度上给政府在解决问题方面施加了一定的影响力，但在解决越境问题时，仅靠一个国家的 NGO 是苍白无力的。为了解决问题，更为值得关注的是，湄公河流域的市民团体针对所产生的问题，已开始形成国际网络。5 年前，泰国和柬埔寨的 NGO 就主导建立湄公河流域小规模渔民网络。由于这些水电站和疏浚开发项目而遭受影响最大的，正是以湄公河干流和支流中的回游鱼为生计的人们。在该网络中，渔民及支持其的市民社会团体共同对伴随开发的渔业影响进行调查和提出政策对案。2002 年 11 月，在柬埔寨举办了首届湄公河流域各国首脑会谈，关心流域各国自然资源管理的市民社会团体集中了 80 多人，强烈呼吁决策者们关注湄公河自然环境对于居民的重要性以及盲目开发的弊端。参加该网络的，不仅有流域各国的市民社会团体，而且还有援助国的 NGO，可以说，这为当地居民关注和解决越境环境问题建立了流域各国和国际性市民社会合作的平台。

6. 结语：市民社会参与地区性机构决策的必要性

可以预测，各国意欲开发国际河流湄公河干流与支流的计划，今后会越发加重越境环境问题。正如本章所述，这些问题之所以开始引起关注，是通过遭受影响的居民在当地居民组织、NGO 和其他市民团体或地方政府等的帮助下，向中央政府或国际社会呼吁。当居民在政治上不能直接发出呼吁的时候，可由本流域其他国家的市民团体代为提出相关问题。尽管如此，地区性机构尚未建立起一定的机构，能把市民社会的呼声反映到妥善地解决问题和防患于未然的政策和行动中去。

湄公河委员会，同地区居民之间的协议在组织上都委托给各国政府部门——湄公河委员会国家委员会。各国的湄公河委员会，由于隶属本国政府，在人力和财力上都极为不足，根本无法解决相关问题。亚洲开发银行，尽管出于对出资国的市民要尽义务这一点，制定了倾听市民意见的制度，而实际上，在泰国的沙没干巴（北榄）（Samut Prakarn）污水处理项目和老挝的休恩辛博恩（Theun Hinboun）水电站项目等融资时，市民对亚行发出了强烈批评，流露出不信任。而东盟的情况是，地区居民一直把环境问题当作本国内政问题，所以无法形成以地区性机构解决问题的机制。

在这一点上，流域各国地方政府的行动备受关注。例如，在云南和越南边境、云南和老挝边境的地方政府，在林业火灾等环境问题上采取了共同行动。甚至在亚利水电站的情况，当地政府并没有把问题的解决全部寄托于地区性的国际组织，有时在地方自治体之间也在努力寻求解决问题的办法。

考虑到上述问题，为解决国际河流湄公河流域的越境环境问题，建议采取如下对策：

①建立一个流域所有国家都能参与商议越境环境问题的场所。需要确立一个相应框架，3个地区组织的任何1个、2个或全部都可以相互补充，上游国家和下游国家双方都参加，一起讨论越境环境问题，并采取有实效性的对策。

②信息传递机制。在发生越境环境问题时，造成危害的一方几乎不向受害的一方传递任何信息，因此需要确立由于开发引起越境环境问题为前提的信息传递机制。

③实施越境环境影响评价。本章列举的3个具体事例中，越境影响都没有包括在事前的环境影响评价中。需要参考欧洲的《艾斯波公约》（*Espoo Convention*）[(21)]，确立并恰当地实施该地区的越境环境影响评价方法。

④市民社会和地方政府参与决策。为了早期发现并有效地解决问题，同问题当事国关系密切的居民组织和NGO以及地方政府的作用都非常重要。流域各国和相关的地区国际组织，需要确立承认跨越国境的市民社会网和地方政府参加的在①中提出的场所，把他们

的意见和信息反映到决策中。

为了实现这些建议，政治意愿无疑是必不可少的。解决这些越境环境问题的关键是，流域各国和提供援助国家的政府与组织，都要充分理解越境环境问题在湄公河流域各国不断扩大的严峻性，认识到同超越国境的市民社会合作对于解决这些问题是不可缺少的。

（执笔：松本悟）

专栏　在缅甸军政府统治下的环境破坏

缅甸的人权侵犯广为人知，但是对于军政府统治和跨国公司给缅甸环境造成的恶劣影响却往往被忽视。缅甸蕴藏着大量的森林、矿物、天然气、石油等自然资源，拥有丰富的生物多样性，在广袤的森林中至今仍栖息着老虎、犀牛、大象等珍稀动物。然而，在军政府统治下，通过出口自然资源来增加收入，对广袤的森林（特别是柚木林）进行无限制砍伐或大规模开发，这导致缅甸的环境破坏正以惊人的速度扩大。

3家欧美石油公司在缅甸南部建设了亚达纳和耶丹孔2条天然气输送管道，军方以保障管道安全的名义，侵犯周边居民的人权，如强制周边居民劳动或是强制移民等。因此，建设输气管道造成了非常恶劣的影响。不仅如此，这两条输气管道给周边环境也造成重大影响。管道横亘在世界自然保护基金“全球最重要200个生态系统”之一的地区。沿线地区的森林是连接中印半岛（Indochina）—喜马拉雅山脉动物系和马来半岛动物系的重要接续地区，栖息着大象、老虎、貘（产于热带美洲和东南亚，样子像猪）和其他珍稀濒危野生动物。管道建设切断了动物的移动路线，威胁到整个森林生态系统的稳定性，大量的粗大树木惨遭砍伐。还有报道称，为保障管道建设安全投入的军队也在该地进行非法采伐。而且，由于该地区的降雨量非常多，导致土壤侵蚀，甚至是随之产生河流淤泥等环境问题。

在缅甸大规模的森林荒废旧址中，可以见到军政府统治下掠夺自然资源的痕迹。缅甸国土的一半由森林覆盖，地球上的柚木林，70%以上都在缅甸，供应国际柚木市场的80%左右。1988年以来，由于军政府统治，在少数民族原住民的土地上划定了大规模的森林砍伐权，并将之出售给了外国企业，是以前东南亚最低森林砍伐率的2倍以上。如果照此下去，地球上的柚木，估计1代人的时间就将消失殆尽。原住民以往的传统砍伐方式对环境影响不是很大，而外国企业采用的是危害很大的全伐或过度砍伐方式，导致地面大范围裸露，在强降水和陡坡的双重作用下，造成土地侵蚀速度加快，旱季水量减少。

缅甸明知大型水电站的建设和维护会造成严重的环境破坏，但是现在仍然计划开工建设很多水电站，有几座已经开工建设了。在军政府统治下，以弥补电力不足为由，正在积极推进水力发电的相关政策，可以预想，今后水电站的数量还会继续增加。在流经掸邦（Shan）的萨尔温江，规划建设的达桑水电站也是其中之一。除了一般水电站会给环境造成的影响外，塔桑水电站还有可能导致下游河床侵蚀、没水前在蓄水地区进行森林砍伐、在蓄水池疟疾蚊子的孳生、因水电站建设而丧失生计的居民对于森林的荒废等。缅甸在水电站建设方面几乎没有相关的环境保护管理措施，也就没有酌情执行。当今对环境影响小的小型能源项目在国际上备受关注，但缅甸似乎无意转向此类型项目。

缅甸得益于丰富的矿石和宝石资源，开展了大大小小的采矿项目。在采矿过程中，会排放严重破坏环境的尾矿和矿渣等有毒副产品，造成大范围的环境污染。缅甸最大的铜矿山位于曼德勒省的蒙育瓦（望濑）（Monywa），那里的采矿方法落后，会产生大量有害物质。在缅甸那样的气候下，矿石提炼机械会加速老化，这就可能造成有害物质泄漏。缅甸的采矿企业没有进行环境和社会影响调查的法律义务，这就等于他们没有责任防止环境破坏或把环境影响降到最低。上面提到的所有环境破坏问题，都没有环保方面的政策法规，即使有规定也发挥不了实际作用，这就加大了环境污染的严重程度。如果让这种状况一直持续下去，缅甸自然资源的未来可能将是一片黯淡。

（秋元由纪）

第3章

亚洲内陆地区

朝向生态环境保护与社会经济发展的协调

（图略）

1. 前言

在本书第二部分的地区单位中，“亚洲内陆地区”是较难准确定义的地区。一般来说，“内陆”这一词语是指不连接海洋的地区。此外，它也不包括特别规定了范围的要素，如环日本海地区（尽管严格的范围很难确定）是指以日本海这一特定海域为轴心的地区，这是较易理解的。但在“亚洲内陆地区”中没有这种可以明确表示成轴心的固有名词，所以通常笼统地指延伸到欧亚大陆东侧的陆地。因此，地区的划分方法就是个问题。为了定义这一地区，先以生态系统为线索，沿着欧亚大陆从东到西，依次出现草原、沙漠、绿洲和其他环境要素（本章不涉及山丘地区）。高谷一曾尝试从生态史观点来对世界进行划分，亚洲内陆地区非常广阔，包括由广袤草原覆盖的蒙古高原即“蒙古世界”和由从中国新疆维吾尔自治区到中亚的锡尔河、阿姆河流域由广袤的沙漠和绿洲构成的“土库曼斯坦世界”(1)。该地区在第二次世界大战后选择了社会主义制度，而现在作为经济转型国家，都在推进经济和社会改革。本章将从该地区开展的农牧业与城市的各种活动和气候变化等给环境和社会造成的影响及其对策方面进行论述。

本章由 3 节专论组成。第 2 节介绍中国内蒙古自治区的荒漠化现状与对策；第 3 节介绍蒙古国游牧地区和城市地区的环境问题；第 4 节主要介绍中亚的水环境问题及其背后农业开发导致的咸海正在消失等问题。最后，总结国际合作在亚洲内陆地区环境问题方面的展望。

2. 中国内陆：荒漠化现状与对策

中国拥有广袤的领土，国土面积为 960 万 km^2，是日本的 25 倍之多。但占国土面积 27.9%的土地（即 267.4 万 km^2）已经荒漠化。而中国的荒漠化（desertification）仍以年均 1.04 万 km^2 的速度在不断扩大。在中国北方地区，由于荒漠化而导致的沙尘暴次数也在显著增加。具体情况是，20 世纪 50 年代时发生 5 次，60 年代增加到 8 次，70 年代 13 次，80 年代 14 次，90 年代 23 次，2000 年和 2001 年分别高达 12 次和 18 次之多。荒漠化不仅给中国带来巨大的经济损失，而且在中国产生的沙尘暴还越过国境，波及韩国和日本。从 20 世纪 90 年代以来，荒漠化造成的直接经济损失每年高达 540 亿日元。

在荒漠化中，最严重的是沙漠化（sandy desertification）。中国的沙漠化土地面积高达 174.3 km^2，占荒漠化土地的 65.2%，占国土面积的 18.2%。而且，年均沙漠化面积还在不断增加，20 世纪 50—70 年代中期为 1 560 km^2，到 70 年代中期—80 年代中期达到 2 100 km^2，1985—1994 年达到 2 460 km^2，1995—1999 年增加为 3 436 km^2 (2)。

中国沙漠化的土地几乎都集中在内地的“西部地区”，其中，新疆有 74.57 万 km^2，内蒙古 42.08 万 km^2，西藏 21.48 万 km^2，青海省 13.42 万 km^2，甘肃省 11.13 万 km^2。这 5 个省、自治区的沙漠化面积占全国的 93.3%。

中国引起沙漠化的原因，5.5%属于风力推动沙丘前进的自然原因，其他的 94.5%是人为原因。在人为原因中，过度开垦占 25.4%，过度放牧占 28.3%，过度采集薪材和植物占 31.8%，不合理利用水资源占 8.3%，采矿和道路建设等占 0.7%。可以说，中国的沙漠化几乎都是人为原因引起的。

中国的沙漠化防治对策是因地制宜，国家级或全国通用对策有：植树造林、“退耕还林还草”、“封山禁牧”与鼓励家畜圈养、禁止滥采薪材与植物、立法等。

在本节中，特别应该介绍一下“三北防护林”工程。该项工程是迄今规模最大、实施期限最长、效果最为显著的植树造林计划。从 1978 年开始，该项国家级工程涵盖沙漠化最严重的西北、华北和东北 13 个省市（自治区）、551 个县（市区旗），目标是保护现有的森林资源，并在 2050 年前通过植树造林再增加森林面积 3 560 万 hm^2。该工程分 3 阶段 8 期实施，至 2000 年年末完成 3 期第 1 阶段，用 23 年时间植树造林 2 204 万 hm^2 [3]。

各级政府和沙漠化地区居民自身采取的沙漠化对策，也收到了一定的成效，但是并没有按计划顺利进行。沙漠化的蔓延尚未停止，反而还在加速，治沙速度赶不上沙漠化速度。为了预防并改善沙漠化，需要重新评价各项对策的实施效果，同时还必须明确政府应采取的措施以及组织与个人的法律责任。在这一点上，期待自 2002 年 1 月 1 日起开始实施的《中华人民共和国防沙治沙法》发挥作用。

在我们调查的内蒙古自治区科尔沁（Horchin）沙化地区[4]，除了上述措施以外，还通过引进“土地保有制度”和建设“家庭生态经济圈”等措施进行沙漠化防治。科尔沁沙化地区是半农半牧地区，在 1982 年推行了“生产承包制”，把此前人民公社时代的公共农田以家庭为单位承包给农牧民，承认了个人对土地的利用，但是，牧地仍旧属于公有地，没有承包给个人。农牧民为了尽可能地提高收入，在公共牧地无秩序地放牧，结果，由于过度放牧，加快了牧地的沙漠化。在 1996 年推行了新的土地承包制，不仅对于农田，还把从前的公共牧地也一起承包给农牧民，使用权限为 30 年。据此，在管理与保护方面，农牧民对于已承包的耕地和牧地承担全部责任，所以农牧民会全面考虑土地的合理利用问题。结果，同生产承包制时代相比较，荒漠化发展速度大幅度减缓。这表明，新的土地承包制在防治沙漠化方面发挥了重大作用。

除了新的土地承包制外，另一项沙漠化对策是建设“家庭生态经济圈”。所谓“家庭生态经济圈”，是指不管家庭人口多少，每户分配相等的、平整好的土地，在其周围用篱笆围起来，之后沿着篱笆墙，种植几排乔木作为防护林，在篱笆墙内，合理分布着普通农田、牧草田和经济林，而且都配有灌溉水井。以前，在科尔沁沙化地区，农民们在无法灌溉的沙化地上耕作，同一地点经过连续几年耕作后就变成了移动沙丘，迫使农民必须迁移到别处再行耕作。如此反复耕作，导致荒漠化面积不断扩大。自 1996 年起开始推行“家庭生态经济圈”建设，把耕地固定在同一地点 30 年不变，可以防止移动耕作造成的荒漠化。值得注意的是，建设“家庭生态经济圈”

需要大量投入，如购买耕地的围墙篱笆、铁丝以及挖掘灌溉水井等费用。由于当地政府和农牧民的经济能力非常有限，近年来迅速推广的“家庭生态经济圈”大多数都不是当初规划的模式。实际上，不论是在建设“家庭生态经济圈”方面，还是在地方政府为防治沙漠化实施的各项政策方面，都因为资金不足而未能取得当初规划的进度。在中国最贫困地区之一的科尔沁沙化地区，为了防止沙漠化，除了国家和自治区继续努力外，今后还需要国外发达国家等不断积极地给予资金援助。

3．蒙古国

3-1　游牧地区的环境问题

- **蒙古的游牧及其变迁**(5)

蒙古国（Mongolia，以下称“蒙古”）的国土面积为 157 万 km^2，相当于日本的 4 倍左右，而人口数量仅为 250 万左右。它被夹在俄罗斯和中国这 2 个大国之间，与海洋隔离，气温差无论是年变化还是日变化都很大，且降水量非常少。因此，蒙古的一大半国土是草原、沙漠或半沙漠。

照片 1　戈壁阿尔泰县北部（2001 年 9 月，冈田朋和摄）

在这样的自然条件下，蒙古的游牧畜牧业很发达。蒙古的游牧特征是：饲养的畜种是被总称为“五畜”的羊、马、牛、骆驼和绵羊，根据季节变化而移动牧场等。家畜的“生产物”几乎全都被人们生活所利用，如肉和乳制品可食用，皮革和毛可做成衣料和居住用的“蒙古包”（ger）材料，粪便可用作燃料。游牧业至今仍然是蒙古最大的产业，也是基础产业。

20世纪初以前，游牧是蒙古的唯一生活方式。1921年，蒙古暴发了人民革命，之后建立了社会主义体制，在兄弟国苏联的巨额援助下，加快了城市和工厂等现代化建设。在游牧地区，1959年完成了集团化改革，游牧民向农牧业合作社（negdel）提供家畜，并作为合作社成员进行游牧。但当时的游牧业很落后，国内的家畜数量增长处于停滞状态。同时，以中部和北部为中心，蒙古建起了国有农场，开始大规模地种植小麦、蔬菜、家畜饲料作物等。

1989年，蒙古暴发了民主化运动，放弃了社会主义体制。1991年，开始实行市场经济化。90年代前半期，由于急速的经济改革，又加上苏联解体，蒙古的经济和社会陷入混乱状态。现在的蒙古，一边在收拾混乱的残局，一边努力探索新的发展道路。在这一时期，游牧地区的合作社被打破，家畜实行私有化，之后，家畜总量不断增加。但是，在1999年冬，发生了暴风雪（dzud），翌年夏季出现干旱（gan），接着冬季又发生暴风雪，导致家畜大量死亡。据联合国统计，家畜死亡数高达520万头，不过精确的统计数据是不容易得到的。

- **异常天气频繁发生**

在游牧地区，暴风雪是一种周期性发生的现象，但近年来的发生周期在缩短。过去60年里的暴风雪和干旱发生与受害情况（详见表1）表明，在20世纪40—80年代，暴风雪大体上每10年发生1次，1986—1987年以后，3～7年就发生1次，发生频率加快。

表 1 暴风雪的发生频次与受害情况

年份	1944—1945	1954—1955	1956—1957	1967—1968	1976—1977	1986—1987	1993	1996—1997	1999—2000	2000—2001
灾害种类	干旱/暴风雪	暴风雪	暴风雪	干旱/暴风雪	暴风雪	暴风雪	暴风雪	暴风雪	干旱/暴风雪	干旱/暴风雪
家畜死亡数/10^6头	8.1	1.9	1.5	2.7	2.0	0.8	1.6	0.6	3.0	2.2

出处：联合国蒙古“Dzud in Mongolia”（http：//www.un-mongolia.mn/news/disaster/）.

另外，最近降水量在减少，降水时期也在变化。以前在蒙古，每年 6—7 月中上旬是降雨较多的时期。而近年来在这个时期几乎不降雨，导致某些地区的小河和沼泽地消失(6)。

现在，这些异常现象产生了连锁反应，导致家畜数量减少，特别是在受害严重的西部。1999 年以后，当地居民不断外迁，例如，扎布汗省（Dzavkhan）在 2 年时间里人口减少了 13.3%，约 13 000 人(7)。

异常天气现在频繁发生，有人指出这同全球变暖有关，可能是牧草地退化的重要原因，调查正在进行中。但是，牧草地的退化不单是由异常天气引起的，还同放牧压力等各种原因有关。下面，对于分析牧草地退化问题及其原因。

● 放牧压力增大与牧草地退化

在蒙古周边的内蒙古和俄罗斯等地，牧草地退化都非常严重(8)，在蒙古也相当明显。实际上，在牧草地上生活且熟知牧草地退化的游牧民都反映，“这些年草量减少了”，“草的高度也不及以前了”(9)。

在首都乌兰巴托附近，牧草地退化现象尤为严重。该地区聚集着蒙古 1/3 以上的人口，是国内最大的市场。游牧民从其他地方迁移过来，导致在这里放牧的家畜密度越来越大(10)。笔者（溱邦生）于 2001 年曾在该地区走访调查过 10 户游牧民，其中 9 户回答“这些年的牧草减少了”（只有 1 户回答的是“普通”）。

牧草地退化的原因有很多，如放牧压力的增大、过度放牧的影响等。所谓“过度放牧”，是指放牧的家畜密度过大，超过了牧草地的承载力，在这种状态下，草的恢复速度赶不上家畜的消费速度，导致了牧草地退化。据调查，蒙古由于家畜数量的急速增加，平均每头家畜所占的草地面积不断减少（详见表2），全国到处都处于过度放牧状态[11]。在家畜中，绵羊因能提供昂贵的羊绒而备受青睐，自1989年起，国内绵羊总数在10年间增加了1倍。与山羊不同，绵羊吃草时连根一起吃，所以对草地的破坏更大。

表2　游牧业的各类指标

年份	家畜头数		草地面积		牧草收割量		饲料作物收获量	
	数量/10^3头	其中绵羊数量/10^3头	总面积/10^3hm^2	每头家畜/hm^2	总收割量/10^3t	每头家畜/kg	总收获量/10^3t	每头家畜/kg
1989	24 674.9	4 959.1	124 157.0	5.03	1 166.3	47.3	5 510.0	223.30
1994	26 808.1	7 241.3	117 147.0	4.37	672.2	25.1	29.1	1.09
1999	33 568.9	11 033.9	129 091.0	3.85	715.2	21.3	5.3	0.16
2001	26 075.3	9 591.3	128 950.8	4.95	831.5	31.9	2.7	0.10

出处：National Statistical Office of Mongolia，*Mongolian Statistical Yearbook*，various years；State Statistical Office of Mongolia，*Agriculture in Mongolia* 1971—1995，1996.

牧草地退化，除了过度放牧外，还有其他原因。首先，以前负责收割越冬牧草和栽培饲料作物的合作社或是国有农场等在市场经济进程中解散了，所以家畜饲料的生产量急剧减少，这样就增加了对天然牧草的依赖程度。如表2所示，牧草收割量在10年内减少了近40%，这对饲料作物生产是毁灭性的打击。

其次，汽车通行也是牧草地退化的原因之一。在没有铺设公路的游牧地区，由于汽车在草原上行驶，土壤被车轮卷起而裸露出来，草地脱皮后被风化掉了。再有，矿业开采地区的固体废物等各种污染也是牧草地退化的重要原因。

● 森林减少

据联合国环境规划署（UNEP）的资料，1974—1994 年的 20 年间，蒙古的森林总面积从 1 455 万 hm^2 增加到 1 613 万 hm^2。但是，问题存在于内部细节中。这里说的“森林”，实际上分为树木密生的“密生林”（dense forest）和遭到火灾破坏或在采伐旧址等的“开阔区”（open area）。密生林从 1 391 万 hm^2 减少到 1 271 万 hm^2，意味着“森林”实质上是减少了[12]。

在这些原因中，有原体制下鼓励的林业开发和森林采伐以及每年发生的山火灾害等。特别是在最近，非法采伐屡禁不绝，1996 年春还发生了大规模的山火灾害，现在森林面积就更少了。

虽然蒙古的森林面积仅占国土面积的 10%左右，但森林对游牧地区生态系统的保护作用是非常关键的。而且，在蒙古干旱且寒冷的气候条件下，丧失后的森林要想再生是非常困难的，因此迫切需要出台有效的森林保护政策。

● 传统智慧和技术的应用

蒙古在经济困难和贫困的沉重压力下，经济开发是优先于环境保护的，可以想象今后环境极有可能进一步恶化。如上所述，游牧业是蒙古的基础产业，对动摇其基础产业的问题置之不管，这对蒙古来说也是一种威胁。

那么，蒙古应该采取怎样的对策呢？对于过度放牧问题，需要限制家畜数量增加，需要像其他国家一样进行必要的法制建设。而在蒙古形成的传统智慧和技术中，也有解决问题的方法。

在蒙古的游牧生活中，继承并发展了保护牧地、水源、森林的传统智慧和技术[13]。确实，通过回归传统，并不能解决所有的问题，而在其集团化和经济市场化的历史进程中，也没有充分继承传统智慧和技术。但是，游牧地区的自然和人们养成的传统，有时也有可能产生出比我们农耕民族考虑的“环境保护”更为出色的结果。因此，蒙古今后应当努力利用这些智慧和技术。

3-2 城市地区的环境问题

● 城市人口的增长

蒙古作为草原国家，城市人口在显著增长。在社会主义时期，迁移居住地是受到限制的，而随着民主化进程的推进，自1992年开始，人们取得了自由移动的权利。但从当时的经济状况看，国内总产值从1989年的2 140亿图格里克（1993年时的实际价格）的高峰转入负增长，直至1993年降低到1 662亿图格里克。而且，基于当时汇率（兑换成美元）的国民人均GDP来看蒙古的对外经济状况，这5年国民人均GDP从1 700美元下降到250美元，下降到原来的1/7。在这种经济状况下，1991年到1995年消费品的价格却平均飙涨了35.6倍(14)，造成城市居民连粮食都难以确保。正因如此，从1990年到1995年，城市地区人口减少2.3%，而地方人口却增长了20.1%(15)。

蒙古主要出口铜产品，在1994年以后，由于国际市场上铜产品价格上扬，国内的GDP转为正增长，经济开始复苏。矿业和商业服务业是拉动经济的行业，特别是集中一定人口的城市型产业出现显著增长。这种经济结构变化直接反映到人口的动态变化中，从1995年到2000年，城市地区人口增长了17.9%，而地方人口减少了4.8%。2001年全国总人口为244.3万人，其中137.7万人居住在城市地区，相当于全国的60%左右。

首都乌兰巴托的人口增加尤为突出。据城市统计，该市从开始民主化的1992年人口为58.9万人，到2001年增加到81.3万人，10年间人口增加了 37.9%。人口增加的主要原因有：随着城市型经济发展，就业机会在增加，高等教育机构的建设和充实，也带来人口从地方流入城市，此外还有这些年因草原、森林火灾、暴风雪以及干旱等灾难而失去经济基础的游牧民及其家庭，为了务工而迁居到城市。这些人大多数居住在建成区周边的山麓和山腹的斜坡上，在那里建造蒙古包或木制房屋。但是，由于他们几乎都无力支付转为乌兰巴托市籍户口的登记费，所以没有作为市民计算在内。现在，这些人口的数量可能超过20万。虽然蒙古拥有日本4倍以上的国土面积，但全国40%以上的人口却集中在国土仅仅0.3%的弹丸之地上，形成了100万人规模的大城市，孤立于广袤的草原中，贫富差别也在不断扩大。

- **大气污染**

随着人口向城市集中、能源消耗增加、汽车普及等，蒙古城市地区的环境问题日益明显。大气污染是城市环境恶化最为突出的表征，主要发生在首都乌兰巴托、额尔登特（Erdenet）、木伦（Moron）、乌兰固木（Ulaangom）及乔巴山（Choybalsan）等城市。

乌兰巴托，特别是在冬季，大气污染问题是非常严重的。乌兰巴托市是在群山包围的盆地上形成并发展起来的。冬季，西北风绕过群山山间吹来，风沿着流经市区南部的土拉河（Tuul）河岸，风向改变成西南风偏南，缓缓吹入盆地。而且，造成大气污染的主要固定发生源——燃煤火力发电厂（第3、4发电厂）和工厂区都处在市区西南方位，对于市区中心来说正是上风方向。另外，分散在市内的供暖燃煤锅炉以及围绕在市区周边的蒙古包用煤炉等排烟，也加剧了大气污染。

此外，在冬季，由于吹入盆地的冷风和近地表的辐射冷却，在乌兰巴托上空很容易形成产生逆温层的条件。一旦形成逆温层，就会造成恶性循环，热空气团会像锅盖一样笼罩在城市上空，使大气中的污染物长时间滞留，而持续产生的煤烟污染物使得大气中污染物浓度不断升高。乌兰巴托的煤炭年消耗量（2001年）：火力发电厂350万t，供暖锅炉设施（150座）30万t，使用煤炉的蒙古包（7.8万户）约40万t，据估计，每年向大气排放的污染物：二氧化硫56.8万t、二氧化氮45.6万t、烟尘139.2万t和二氧化碳1 029万t[(17)]。

作为移动源的汽车，其数量的急速增加[(18)]也是造成大气污染的重要原因。大部分进口车是已经出厂4～5年的二手车，有的调查结果[(19)]还显示，80%以上的注册车辆都是行驶10年以上的旧车，维修和部件更换方面都存在很大问题，因此需要将其视作新的污染源而采取对策。据蒙古自然环境部环境监测中心实施的《1999—2000年汽车尾气调查》显示，一氧化碳平均值（2年的平均值，下同）超过环境标准值的36%，碳氢化合物平均值超过环境标准值的10%。但是，对于这些车辆，既没有相关的罚款规定，也没有规定其必须修理与改造的义务。此外，随着汽车数量增加，道路建设和交通法规的欠缺也酿成各处交通拥堵等问题，大气污染严重化也就成了必然的结果。

关于大气污染对健康的影响，我们参考乌兰巴托市公共健康中心的一项《调查结果》。据调查显示，在1994年和1995年，乌兰巴托市每千人患呼吸器官疾病的人数分别为134人和175人，而在色楞格省（Selenge）的曼达尔（Mandal）村分别是65人和66人。尤其是在0～17岁人群中的患病人数，乌兰巴托市分别增加为273人和354人，但在曼达尔村两年都只有50人左右，乌兰巴托市的患病人数是后者的5～7倍，由此可见，大气污染对儿童健康的影响更为严重。

蒙古的气候特点之一，是拥有气温低达–30～–40℃的漫长冬季。因此，利用煤炭发电和供暖是支撑居民生活不可或缺的设施。煤炭，除了产生二氧化碳外，还含有尚未制定环境标准的重金属、放射性物质和卤素等其他危险物质。为了减轻环境污染，保证市民身体健康，应该尽快采取一系列有效措施，如提高燃煤设备的运行效率，以削减煤炭消耗量；安装烟气除尘设备、强制超标车辆改进、完善道路交通管理系统和制度，以确保交通顺畅等[21]。

- **水污染**

从贯穿乌兰巴托市区南部的土拉河水质污染状况（1995—2000年均值）看，在市区支流汇入土拉河的上游斋桑（Zaysan）河，水中BOD（生化需氧量）为2 mg/L，氨氮（NH_3-N）为0.2～0.5 mg/L，而在市区和污水处理厂下游20 km的桑吉诺（Songino），BOD为7～10 mg/L，氨氮为 8 mg/L，而且水质每年都在不断恶化[22]。一般认为，引起污染的主要原因有：由于气象条件的变化、灌溉和水源地的森林采伐等导致地表水水量减少；从没有污水处理设施的蒙古包等排出的生活污水、工业废水等直接排入色勒博河（Selbe）支流；向河岸倾倒垃圾的增加等。而且，许多乌兰巴托市民在6—8月离开市区，在沿着河流一带的山谷间建造别墅（木造住宅或蒙古包）生活，而像这样的建筑物都没有污水处理设施，生活排水、粪便渗入土壤，直接流入河流。而且，在乌兰巴托还饲养着22.1万头（2001年）家畜，家畜粪便也流入河流和土壤，这些都是导致污染扩大的原因。

乌兰巴托市的自来水取自沿着土拉河挖掘的150口水井（深度为地下30～70 m），每天汲取地下水17万m^3。然而，因为该市污水处理厂（市内1座）的处理能力是27万m^3，所以没有采取全部污水处理对策。据调查结果显示，由于蒙古包没有铺设给水排水管道，居民们就把生活污水和粪便（含消毒药品）直接倾倒在地面挖掘的坑穴里，导致2～3 m深的浅水井全部遭到污染，已不适于饮用[(23)]。

据乌兰巴托市自来水供水局称，因为现在除这些特定地区的污染外，其他地区的水质基本没有问题，所以尚未考虑预防对策。可是，随着今后城市人口的不断增加、产业集群的扩大[(24)]、生活方式的变化等，会导致垃圾等增加，如果政府不尽快实施废物处置场和对蒙古包采取环境对策，废物和危险化学品等极有可能造成河流和土壤污染，乃至污染市民饮用水水源地下水。

● 固体废物处理问题

蒙古，固体废物的回收和处置是由行政部门指定公办、私营管理公司或私营企业承担的，但由于尚未制定有关固体废物处理的法律法规，也没有实施环境保护对策，所以在公共卫生方面存在严重问题。

例如，在乌兰巴托市，每天从企业、公寓、蒙古包、公路等收集的固体废物多达552.7万m^3（2001年），都倾倒在郊外的固体废物处置场[(25)]。从工厂、商业设施和建筑工地产生的固体废物由企业自行处理。但是，在市内垃圾收集箱旁边，没能回收的垃圾堆积如山，市民在公路两旁、河岸边或空地上挖坑倾倒垃圾。一旦这些垃圾堆积时间过长，为了处理垃圾和控制恶臭，当地居民经常焚烧，所以从功能方面来说，还存在很多问题。

收运的固体废物倾倒在位于郊外山区的3个固体废物处置场[26]。但这些固体废物处置场并没有全部配备了齐全的处理设施、防止垃圾飞散及渗滤液渗漏设施，仅仅是将垃圾经焚烧后用土覆盖，再压实。通常，垃圾露天焚烧，产生的黑烟和飞灰都降落到市区周边的蒙古包群落等地。所有的固体废物焚烧都会产生二噁英类物质等，危险化学物质会污染土壤、农作物和家畜。再有，随着汽车保有量的增加，加油站和修理厂数目也在不断增加，随着人口增加，消毒剂、杀虫剂和农药等各种药品的使用量以及医疗垃圾、建筑垃圾等都在增加，这些都有可能造成土壤污染的危险。

此外，关于固体废物再循环利用设施建设方面，德国的民间企业正在帮助计划布局，但目前仅是提出了预征地提案，尚未具体展开。

从处理垃圾等固体废物的角度考虑，如果土地足够宽广，采取倾倒处置方法也可以，不过这只是将垃圾处置在眼前看不到的地方，把问题往后推延了而已。如果考虑到关系后代人类生命的重大问题，这种处置方式仍会留下祸根。

4. 中亚的水环境与农业：围绕咸海的一系列问题

4-1 前言

1991年，中亚5国获得独立。在此之前，虽然已有“中亚”这一称呼，但究竟是指哪些国家、哪些人、人们过着怎样的生活，关于这些方面的详细信息极少。中亚不是作为亚洲的一部分，而是构成前苏联的联邦共和国的一部分。关于该区域的信息，我们无法直接接触到，只有通过俄罗斯的莫斯科获取。中亚5国独立后，经过10年多的时间，登上了国际舞台，但收集这些国家的信息还只是刚刚开始。从日本看，这些国家是位于俄罗斯以南和天山山脉以北，是丝绸之路经过的国度，是世界上鲜为人知的地区。

中亚共有 5 个国家，即哈萨克斯坦（1 470 万人）、乌孜别克斯坦共和国（2 300 万人）、土库曼斯坦共和国（450 万人）、吉尔吉斯斯坦共和国（450 万人）和塔吉克斯坦共和国（591 万人），合计约 5 000 万人口生活在比日本国土大 10 倍的广袤土地上。在考虑这些国家的环境和农业问题时，需要牢记一个特点，即该地区的人口是由多民族构成的。以哈萨克斯坦为例，据 2000 年的统计表明，该国由 132 个民族构成，其中，哈萨克族和俄罗斯族分别占 53%和 30%，这 2 个民族占人口的多数。此外，占人口比例超过 1%的民族还有德国族、鞑靼族、乌孜别克族、维吾尔族和乌克兰族。哈萨克族本身是游牧民族，以山羊、绵羊、骆驼和牛为主要家畜，以游牧业为生。尽管现在家畜数量在减少，但绵羊个数多达人口的 2 倍。俄罗斯族主要居住在哈萨克斯坦北部和俄罗斯接壤的小麦种植地带，这里居住的德国人和朝鲜人是在斯大林时代被强制移民到中亚的。

4-2　中亚的环境特点：少雨、沙漠、盐碱地

概观中亚五国的地形，南部有高达数千米的天山山脉和帕米尔高原群山连绵的山脉，由此向北，海拔高度急剧下降，山腹只是风景秀美的绿野，之后就是广袤的草原与沙漠过渡地带。塔吉克斯坦和吉尔吉斯斯坦两国的大部分国土属于丘陵地带，而土库曼斯坦、乌孜别克斯坦和哈萨克斯坦，大半国土是沙漠地带。这些国家的特征是冰川覆盖的丘陵地带和沙漠地带这种极端地形，不论是农业还是当地环境，都受到这种地形影响。

中亚地区的气候属于大陆性（内陆性）气候，夏季酷暑，冬季严寒，春秋两季虽然温暖宜人，但时间很短，分别仅有 2～3 周。在山岳地带，年降水量超过 600 mm，森林茂密。但是，中亚地区的一大半都是降水量仅为 100～200 mm 的少雨干旱沙漠地带。在哈萨克斯坦北部，降水量为 400 mm，是从俄罗斯延伸过来的小麦栽培地带。在降水量不足 200 mm 的地带，没有灌溉是无法进行农业种植的，

只能依赖地下水来养殖家畜。

中亚地区的草原和沙漠土壤都是沙质的盐碱地，有机物含量极低，不适于农业种植。这种土壤的特征是，由于降水很少，导致盐类向下方移动，在一定的深度积累起来。而像日本那样降水量多的土壤，从土壤溶解出来的盐类向下方移动，最终在土壤系以外被洗刷掉，所以盐类不会妨碍植物的生长。

在草原地带和沙漠地带，生长着短期盐生植物或充其量高 1.5 m 左右的梭梭林（saxaul）和柽柳（tamarix）等木本植物。因此，一些沙漠既不是沙质也不是石质，也许称为荒野沙漠更合适。无论是草原还是沙漠，绿色季节都极为短暂，春天只有 2～3 周时间，6 月以后就变成了枯黄的荒野。

4-3 中亚的农业特点：大规模的水浇耕地、棉花和水稻

哈萨克斯坦北部草原的小麦地带，是只能靠天上之水栽培小麦的地区，农民们想尽办法充分利用冬天的降雪，开发能用降雪作为农业用水的各种技术。除了该地区外，中亚其他地区也都是离了灌溉就不能从事农业。这是由于，锡尔河（Syr Darya）和阿姆河（Amu Darya）的水源来自天山山脉和帕米尔高原，自古就是重要水源，遂使绿洲农业发达起来。除了这两条河流外，从中国流过来的伊犁河也是沙漠中的宝贵水源，这里主要概述利用锡尔河和阿姆河的中亚农业。

锡尔河和阿姆河都是内陆河，全长和年流量分别是 2 137 km 和 37.8 km^3，1 437 km 和 63.1 km^3，最终都注入咸海（Aral Sea）。咸海是一个无出口的大湖，通过蒸发来维持水位。后文将会详述，咸海自 20 世纪 60 年代起迅速缩小，引发了人们所称的“咸海环境问题”，其原因是锡尔河和阿姆河两河流域大规模地开垦水浇耕地所致。

根据苏联政权时代制定的《阿姆河和锡尔河水资源利用规划》，在两河流域大规模开垦了水浇耕地，把广袤的沙漠转化成为种植棉花和水稻的农田，使苏联从棉花进口国变成了棉花出口国。在这广阔的土地上，日照充足，温度适宜，适于农业种植。因此，苏联政

府认为，只要有水灌溉，就可以在这里发展农业。在东西冷战的政治局面下，苏联政府制定了跨越式发展农业的规划，建设了无数条运河，用来从两河引水农灌。其中，最为著名的是在土库曼斯坦建设的卡拉库姆运河（Karakum），全长 1 100 km，是当时世界上最长的运河。该运河从阿姆河汲水，可以使国土 90%为沙漠的土库曼斯坦种植棉花，在 1985 年灌溉面积达 105 万 hm^2。乌孜别克斯坦和哈萨克斯坦都在这两河流域开始不断开垦、扩大耕地，乌孜别克斯坦的灌溉面积从 1950 年的 227.6 万 hm^2 增加到 1985 年的 393 万 hm^2，增幅为 70%之多，在整个中亚地区当时都呈现出同样的增加趋势。

耕地面积的扩大必然要增加从两河的取水量。阿姆河流域的取水量，从 1961 年的 33.0 km^3 增加到 1970 年的 41.0 km^3，在锡尔河从 20.6 km^3 增加到 33.0 km^3。之后，尽管存在枯水年和丰水年的差异，但每年取水量仍趋于增加。1985 年阿姆河和锡尔河的汲水量分别高达 66.0 km^3 和 54.4 km^3，整体上是 1961 年的 2.2 倍左右。汲取水量的 90%以上被用于农业灌溉。这样一来，两河水流量越往下游减少得越多，在上游流域时还是大河，但到达咸海的河段则成了河宽变窄、水深变浅的中小河流，流入咸海的水量也急剧减少。

年取水量的增加速度超过了灌溉农田面积的扩大速度，这是有重要意义的。它有 2 个重要原因。一是起初耕地开垦集中在靠近两河的地区，但逐渐地远离河流的沙漠也成了开垦对象，这就是运河长度不断延伸的原因。所建设的运河都是人工挖掘的，完全没有采取防渗漏措施，运河长度越延伸，漏水量也越大，到达远处的农田所需水量就更多。

另一个重要原因是，在沙漠地带盐分会向地表累积即盐碱化，这是在沙漠地带进行灌溉农业的“宿命”。在盐碱地土壤中的盐分被输送到地表层，耕地表面被盐分覆盖。农作物在这种盐分堆积的土壤上，根本不能生长或是生长不良。因此，播种前必须用大量水来冲洗盐分。清洗次数随盐分积累程度而定，近年普遍为 2～3 次，在盐分多的农地甚至需要清洗 5 次之多。为此，需要的水量就增加了，这就是两河汲水水量增加大于耕地面积扩大的原因。用水运河得到了严格管理，而近年来泥沙堆积的排水运河的数量在增加，在排水不良的耕地盐分积累越来越多，仅此又增加了洗盐次数。最近，根据在乌孜别克斯坦农村进行的调查显示，由于铲车数量不足，已无法对排水运河进行维护管理，导致盐分积累不断加剧，有几处棉田已经放弃耕作。

以这种利用水资源的形态开始的中亚灌溉农业，栽培作物种类极为单一，若说只有棉花和水稻也并不为过。前苏联产的棉花，95%是来自中亚的水浇耕地。现在，在阿姆河和锡尔河流域仍是连绵不断的棉花田。锡尔河中游地区的克孜勒尔达州（Kzylorda）是水稻栽培地带，20 世纪 70 年代伊犁河流域也被开垦成了种植水稻地带。中亚的大规模灌溉农业是棉花和水稻的单一种植模式，即使在苏联解体和中亚各国独立之后仍无多大变化。

4-4 咸海问题：错综复杂的环境问题、消失前夕、水库

• “咸海消失”

锡尔河和阿姆河流域水浇耕地的开发需要汲取大量的水，为此导致流入咸海的水量急剧减少，同流域农业的扩大成反比，咸海面积不断减少，甚至即将面临消失。咸海曾是世界第 4 大湖，从 1960 年开始，仅 40 几年时间竟陷入即将消亡的境地。其因果关系极其简单，但实际发生的事态相当复杂，比起用“咸海环境问题”一词来表达其复杂性，最困难的是如何阐明究竟发生了什么事情。这是因为，犹如仅比日本北海道的面积略小一圈的大规模湖泊，即将从这个地球上消亡，这种事情确实是人类从未遭遇过的。

咸海横跨哈萨克斯坦和乌孜别克斯坦 2 国。汇入咸海的河流只有锡尔河和阿姆河，相关的流域国家有中亚 5 国和阿富汗。

关于咸海的水位下降和自然环境变化等问题，科学家们之前早已指出过。例如，在 1977 年 12 月 14—16 日，哈萨克斯坦科学院和前苏联科学院地理学研究所等在阿鲁马亚达举办过报告会，但并未能唤起舆论的关注。直到 1985 年开始的重组改革（perestroika）之

后，咸海问题才在世界上被广为人知。

尽管咸海是内陆湖，但人们仍称其为“海”，原因是由于其面积较大。1934 年到 1960 年，咸海年均水位在 53 m 上下，波动范围在 1 m 以内。在 1961 年之前，咸海面积和水位的变化都不大，面积为 661 万 hm^2，水位绝对高度 53 m，水容量 1 064 km^3。到 1988 年年初，咸海缩小到水位 39.8 m，面积 390 万 hm^2，容量 399 km^3。到 1989 年，因水位下降到 39 m 以下，咸海湖面相继出现了科卡拉尔半岛和伯格海峡。结果，以伯格海峡为界，咸海被分割成北部的小咸海（29.84 万 hm^2，20 km^3）和南部的大咸海（374.1 万 hm^2，350 km^3）。

在锡尔河和阿姆河流入咸海的河口地区，曾形成世界著名的湿地地带，存在着丰富的生物相，是候鸟的中转站，也是有名的三角洲地带。但由于咸海干涸，这一湿地地带面积也不断缩小并最终消失了。

- **对渔业的影响**

咸海原本是盐湖，20 世纪 60 年代以前，湖水的含盐浓度保持在 10‰左右，拥有丰富的生物多样性。自从大规模扩大水浇耕地以来，因为入湖水量的减少，湖水的含盐浓度开始上升，到 20 世纪 80 年代后半期，含盐浓度超过 30‰。1994 年以来，笔者等人组成的调查团曾对锡尔河、阿姆河和咸海进行过水质调查。用表示水中盐分含量多少的指标——电导率（mS/cm）来测量，在锡尔河和阿姆河，越往下游走，电导率越高，由此可知农业排水把盐分从农田带入了河流。在锡尔河口和小咸海测出值为 30 左右，而在大咸海则是其 2 倍。因为海水的测出值为 30，所以鱼类在小咸海还能够勉强生存，而在大咸海，连浮游生物都极少，更不是鱼类等能够生存的水环境。

照片2　废船：20世纪70年代弃置于干涸湖底的渔船
（2001年9月，石田纪郎摄）

水质变化和湿地减少导致产卵带消失，咸海渔业的年捕捞量曾接近5万t，在20世纪80年代却到了绝收的地步。这迫使该流域的渔民不得不把渔业开发重点转向锡尔河和阿姆河沿岸的湖泊和沼泽。在咸海，只能捕到蝶鱼，在1999年产量不过270 t。沿岸渔民以前过着半渔半牧的生业，现在咸海退缩并变成了内陆，渔民们只能把生计转向以骆驼和绵羊为主的放牧生活。

阿拉尔斯克（Aralsk）曾是咸海最大的渔港和渔业联合企业所在地，但也经历了致命性的经济与社会崩溃。为了维持阿拉尔斯克的渔业联合企业，弥补因咸海干涸和湖水环境变化而开始减少的捕捞量，20世纪70年代后，苏联政府通过铁路运输把在远离咸海的北海和日本海捕获的鱼运到阿拉尔斯克，生产成罐头。无疑，这种做法从经济上来说是不划算的，尽管独立后短时期内仍利用这种方式维持了一段时间，但联合企业还是倒闭了。在阿拉尔斯克依赖渔业生存的人口从9万减少到3万人（2000年）。穆伊纳克（Muynak）曾经是乌孜别克斯坦（大咸海南岸）的中心渔港，也演绎了相同的变迁。

● 沙漠化不断扩大

由于咸海的干涸，湖底沙漠面积每年都在增加，随着干涸年代的顺序而呈现出不同的景观。在20世纪60年代的干涸河床（旧湖底）上展现出光怪陆离的景象，有的地方生长着沿岸植被，堆积着以前栖息在这里的贝类形成的贝冢，而有的地方却呈现出毫无生机的沙漠景观。毫无疑问，盐分已沉积在整个湖底的表面，有的地带完全由白色的带状盐分覆盖。在干涸过程中，水分条件、盐分条件或土壤性质导致了植被的不同。

咸海的干涸形成了新的沙漠，这必然会严重影响周边地区的气候。湖泊通过吸热和放热，影响地区的温度变化，具有调节气候的作用。而像咸海这样拥有广袤湖面的湖泊，其面积缩小给地区气候造成重大影响。简言之，即导致夏季变得更热，冬季变得更冷。特别是，冬季气温下降甚至使咸海结冰，而夏季的气温上升，提高了上升气流的势力，时常会发生大规模的沙尘暴。无疑，沙尘暴中含有湖床表面积累的大量盐分，沉降到周边农田，不仅使农作物受害，对居民健康也会造成一定影响，但尚未进行过详细调查。随着干涸湖底形成新的沙漠，导致周边地区的沙漠化也不断扩大，一些地区的农业已遭受了灭顶之灾。

在锡尔河和阿姆河的河口地区，大片湿地的消失无疑给野生生物带来了严重打击。同样，在位于哈萨克斯坦共和国的巴尔喀什湖（Balkhash）湿地，在 2000 年调查时，有大群的鹏鹄迁徙而来，而在锡尔河口地区 1 只也没看到。1990 年在咸海见到的大群火烈鸟（flamingo）在这 10 年里也极难看到它们的身影。自不必说鱼类的消失了，水生生物的急剧减少也导致鸟类和大型动物都销声匿迹。

- **对地区居民的影响**

急剧的环境变化给当地居民造成了严重影响，而居民没有足够时间来应对这种变化。对居民来说，要了解到 1 000 km 以外的上游地区造成的原因，是需要相当长时间的。由于原因者（政府）没有采取恰当的应对对策，人们被掠夺了生计，生活陷入困境，健康也受到影响。据说在流域居民中，贫血病、肺结核等疾患明显增加。一个明显事例是，咸海沿岸的婴儿死亡率在增加。在第二次世界大战后，社会经济稳定发展，医学也在不断进步，西方国家、日本和全苏联的婴儿死亡率（在出生的1 000名婴儿中，1年内的死亡数量）都下降了。

而与此相反，在20世纪70年代以后，咸海流域的婴儿死亡率却出现了增加。例如，从乌孜别克斯坦共和国婴儿死亡率的历年变化结果显示，正是从咸海开始缩小的60年代以后开始，婴儿死亡率出现明显增加，甚至达到了80‰。其中，在咸海北岸的卡拉卡尔帕克斯坦自治共和国（Karakalpakistan Autonomous Republic）增长得尤为显著。以国家和自治共和国为单位的统计结果显示出了很高的增长率，咸海沿岸各聚居地的统计资料没有发表，但据笔者的走访调查（各村诊所），有的村落婴儿死亡率甚至超过200‰，这也反映了咸海沿岸地区环境遭到急剧破坏的程度。把所有原因全都归结于咸海无疑是不妥的，环境变化、渔业崩溃引发的经济恶化和生活贫困等复杂原因的关联，导致了婴儿死亡率上升。据最近报道，有45.9%的女性和 64.3%的儿童患贫血症，孕妇的贫血症对新生儿的健康影响是很大的。

造成健康伤害的原因是，在锡尔河和阿姆河流域大规模开垦的水浇耕地使用的化肥和农药等流入咸海过程中，污染了河水、湖水和地下水；此外，堆积在干涸湖底的有害物质和沙尘暴一起袭击居民。但是，关于对农药伤害居民健康的调查，还没有公开发表的文献资料，而公众相信这些物质正在影响自己。目前这些信息来源只是行政机关的口头通知或传闻。

饮用水水质恶化，尤为显著的是含盐浓度的上升。整个中亚地区土壤本来是盐碱性土质，水质也是碱性的，地表水和地下水中的钙、钠浓度都很高。另外，由于水浇耕地的排水使得水中的含盐浓度进一步上升，迫使以河水和浅井水为饮用水水源的当地居民去寻找新的水源。此外，由于咸海萎缩，沿岸浅层地下水含水层枯竭等影响也开始出现。针对水环境的这种变化，20世纪70年代后，政府在锡尔河河口的卡扎林斯库地区，挖掘了2 500口深水井作为居民和家畜的饮用水水源。这些深水井的含盐浓度普遍较高，不适于饮用，但多数村庄仍不得不依赖这些水井。

4-5　国际化：苏联解体、国际河流、市场经济

在中亚独立后，农业面临严峻的经济条件，继续以前规模的农业已近乎不可能。在市场经济化的过程中，前苏联时代的国营农业和集体农庄这些农业集体经营组织也都解散了，取而代之的是农业公司、家族农场、个体经营者等新的农业经营形态。但事实上，这些经营形态也不确定，年年都在变化。耕作面积年年在变动，例如，在前苏联时代，1 家栽培 5 000 hm^2 水稻的集体经营组织现在被分成 3 个经营形态，栽培面积缩小到了 1 500 hm^2。为了生存，每类农业经营体都必须改革，整个中亚农业都受到国际化进程的冲击。棉花或水稻这种单一种植模式能否继续维持下去，仍是个疑问。在少雨干旱地带的农业，其规模和性质该怎样转换？这决定着咸海流域的环境将如何再生。

现在，锡尔河和阿姆河都从前苏联的国内河流变成了国际河流，因此很有必要在有关国家之间建立水资源管理制度。如果一味地反复主张既得权益，咸海就不可能获得再生。从阿姆河已无水可以注入咸海的现实来看，大咸海的再生已没有希望。几年之内，大咸海恐怕就会消失，变成新的沙漠。为了咸海的部分再生，在锡尔河流入的小咸海和大咸海的连接处（伯格海峡 Berg Strait），重建堤坝是唯一的出路。该堤坝初建于 1996 年，1999 年便倒塌了。哈政府计划自 2002 年秋启动重建工程。尽管湖面面积只剩下不到一半，但现在小咸海的环境状态是很有希望让生物相重新复活的。另外，非常期待在不远的将来，可以恢复锡尔河流域的居民生活环境。

前苏联以“沙漠变绿洲”为口号开始大规模地开垦水浇耕地，随着苏联解体和咸海消亡而进入了一个新阶段。只要拥有土地、合适的气象条件和充足的水源，就能进行农业开发，这种短浅的想法在几十年之内就瓦解了。咸海案例告诉我们，无视流域居民同大自然的关系、进行强权性开发是极不可取的。

5. 国际合作展望

本章最后，以亚洲内陆地区环境问题国际合作前景的若干展望作为结语。

首先，鉴于中亚地区严重的环境破坏状况，亟须掌握该地区居民的健康受害情况并探讨救助政策。尤其是在咸海流域，随着“海”的缩小，以婴儿死亡率的显著增加为开端的健康伤害着实令人担心，但对其实际状况尚不清楚。这不仅是从人道主义出发的请求，而且这为解决人类今后可能面临的风险也更加重要。将来，如果很多人不得不面临像在咸海流域那样的生态环境下生活的风险，那么，从现在起就必须认真研究，该如何保护与维持人们的健康和生活。

其次，需要强调的是，尽管这一地区的环境遭到了严重破坏，除了采取环境保护措施外，还要充分考虑该地区的社会和经济发展。无疑，这不仅是局限于该地区的问题，而应该作为“发展与环境”这项普遍性主题的重要侧面谋取广泛认识。例如，在中国内蒙古自治区创立的“家庭生态经济圈”，兼顾沙漠化防治和农林业经营两方面的协调发展，这是具有深远意义的尝试。

此外，在展望一个地区的环境保护和社会经济发展方面，重要的是广泛听取当地民众的意见，采取符合当地实际情况的行动。2001年夏，笔者之一（楠美顺理）在阿拉尔斯克和咸海东岸地区进行了采访和问卷调查（对象中除有意调查的42名阿拉尔斯克市民和地方自治体首脑外，还主要调查了33名地位较高的人士和专家）。问卷结果显示，回答环境保护应予优先的答案比经济、农业和渔业优先的要多一些。然而，在现场，人们趋向于把沙尘暴和疾病等几乎所有问题归咎于咸海缩小和拜科努尔航天发射基地（Baikonur Cosmodrome）。因为“咸海”一词是有可能引得援助的关键词，所以这个结果不能囫囵吞枣地一概而论。现场给人留下的印象，应该说是更优先于地区经济发展。尽管应该优先哪个还没有定论，但如果从地方知名人士致力于集体农场经营和耐盐性鱼种养殖等来看，把他们培养成为当地核心人才的培养援助，看来是首先实现社会经济发展，并且将来可以作为环境可持续利用的有效手段[28]。

第三，国际协调的重要性。如前所述，地区环境问题大致可分成两类：一类是国内环境问题，如其他国家在经济发展过程中同样经历过而现在主要在一国内发生的大气污染、水污染、固体废物等环境污染问题；另一类是越境环境问题，如荒漠化、国际湖泊萎缩等由于一些因果关系或受到影响而波及本国范围的环境问题。造成国内环境问题的主要原因，包括：以往的政策失灵，向市场经济转型时期的开发压力增加而对策应对不足等，因此，国家首先需要制定和实施围绕开发与环境的政策。在这方面，东亚、东南亚各国经历过严重的环境污染（公害），取得了成功经验，具有一定参考价值。关于越境环境问题，各国除了采取与解决国内环境污染相同的对策外，还需要同其他国家开展合作。在越境环境问题方面，东亚、东南亚地区各国尚处于尝试阶段，还不能说已经积累了足够经验。今后，在亚洲内陆地区的环境合作方面，除了需要同当地各国相互合作外，还需要建立起能够解决超越国境的自然生态系统破坏问题的国际协作机制。

而且，还希望中亚地区摸索出基层水平上的国际合作。例如，迄今关心蒙古的有志团体每月都举办定期学习会，特别是在环境领域借鉴邻国中国的经验，在研究人员、NGO、学生以及其他参加者之间共享信息，同时探索构建同蒙古研究人员之间的合作关系。

但是，蒙古在20世纪90年代转入市场经济以后，随着国家预算的削减、研究经费的大幅减少、研究人员的编制削减，光靠研究人员本身的力量继续有关环境方面的研究是非常困难的。实际上，没有国外资金和设备协助进行调查研究是很难的。其中，值得关注的是有些研究人员曾同前东方国家共同进行过各种调查研究，留有记录并取得实绩。

具体例子有，在蒙古戈壁阿尔泰省（Govi-Altay province）西北部的呼和毛里特（Hoh-morit District）实施的《荒漠化防治计划》。在该地区，截至1992年（该年蒙古开始由计划经济转向市场经济），以蒙古研究人员为主，利用蒙古国内的预算开展了荒漠化防治项目，也包括同苏联科学人员合作进行的调查。核心人物是现居首都乌兰巴托的巴桑·图德布（Baasan Tudev），他在蒙古转向市场经济后因科学院缩编而失去工作，仍独自在特定区域继续着研究活动。之后，在2002年8月27日—9月3日，巴桑等人访问了阔别10年之久的呼和毛里特，确认该地区连续3年都发生过暴风雪，现在正针对沙漠飞沙，在以呼和毛里特为中心的城市开展保护活动，并探讨如何再次开展合作等相关事宜。

当地关于今后的行动提案，一是从教育开始，呼和毛里特的学校让学生学习以沙漠为主的自然环境；二是主要通过种植多年生植物来保护城市，之后再利用当地植物构筑防沙林。蒙古一面探索如何具体开展提案的方向，一面开始广泛寻求日本对蒙古研究人员的技术援助，希望从当地情况出发，寻求不仅停留在调研层面上的合作。

本章所列举的地区和问题，只不过是在广袤地区中大量错综复杂问题的一个方面。但是，对于亚洲内陆地区的环境问题，不能说日本了解得十分详细，但本章内容是活跃在第一线的研究人员和NGO整理出来的，意义不小。我们所寻求的首先是，对于迄今不太受人们关注的环境问题，今后希望大家要从不同角度、立场对其给予关注。以本章为开端，期待大家对于亚洲内陆地区环境问题的关心程度越来越高。

（责任执笔：石田纪郎，大冢健司，岡田朋和，加茂义明，楠美顺理，包智明，溱邦生）

第 4 章

续　篇

在中国台湾的台南县发现的土壤受到严重污染的地方。第二次世界大战前，这里曾是日本鐘淵曹达（株）的化学合成烧碱厂。受到极高浓度的汞、PCB、二噁英类等污染。在其周边的沿岸地区广泛分布着无数的养殖池，需要尽早采取清除污染措施。该案例在“第 6 次亚洲太平洋 NGO 环境会议”（2002 年 11 月 1—4 日，中国台湾高雄市）上报告过，会议结束后（2002 年 11 月 5 日），有关人员进行了现场考察。

照片提供：小岛道一

日本 Japan

在此期间的日本环境政策，第一，围绕全球变暖的对策问题；第二，把重点工作转向固体废物处理与资源再循环问题。因此，下面将集中于上述两大动向，简单介绍此间日本环境政策的后续行动。虽然在此期间，签订了《关于持久性有机污染物的斯德哥尔摩公约》（POPs），修订了《PCB 特别措置法》和《化学物质审查法》，制定了《特定化学物质向环境的排放量控制及改善管理促进法》（PRTR）、《氟利昂回收与破坏法》以及《土壤污染对策法》、《自然再生推进法》等，新的课题一个接一个出现，但是由于篇幅限制，关于这些问题，在本次续篇中只能割爱。

1. 具体业绩有待探讨的全球变暖对策

1-1 新的《全球变暖对策推进大纲》

在《亚洲环境情况报告》第2卷（2000/2001）中业已述及，日本政府在1997年12月《京都议定书》通过后，于1998年6月以跨越所有部门的、综合性的、包容性的全球变暖对策为框架，通过了《全球变暖对策推进大纲》（称旧《大纲》）。但是，通过分析此后数年的业绩可知，单靠旧《大纲》中的对策框架，不可能完成《京都议定书》所规定的日本需将温室气体削减6%（同1990年比）的义务。因此，为完成《京都议定书》的规定，日本于2002年3月公布了新的《全球变暖对策推进大纲》。然后，沿着该新《大纲》，于同年6月修订了《全球变暖对策推进法》和《能源使用合理化法》（以下称《能源法》），进而制定了《发电业关于利用新能源等特别措置法》（以下称《新能源发电法》）等。

在上述的新《大纲》中，作为全球变暖对策的方向，表明了如下4个基本思想：①建立和完善有利于环境和经济协调发展的机制；②分阶段实施的方法；③推进国家、地方公共团体、企业以及国民一体化的行动；④确保全球变暖的国际合作。其中，所谓分阶段实施，是指把从2002年到2012年分成3个阶段（2002—2004年为“第一阶段”，2005—2007年为“第二阶段”，相当于“第一履约期”的2008—2012年为“第三阶段”），根据自“第一阶段”采取的对策，在定量说明确实完成上述《京都议定书》中削减义务的同时，在“第二阶段”和“第三阶段”前不断评价对策的进展状况等，进而采取必要的追加对策。

1-2 需要追加的对策和引入新的政策手段

日本的温室气体排放总量，1999年为13.14亿t（换算成二氧化碳），假如推进了基于旧《大纲》的对策的情况，在2010年的排放总量也在13.2亿t（换算成二氧化碳），同基准年（1990年）的排放总量（12.29亿t）相比，约增加7%之多。日本为了完成较到基准年削减6%的义务，必须把排放总量控制在11.55亿t之内，所以需要力争相当于其差额（约1.65亿t））的追加性减排。

因此，在新《大纲》中列举的目标为，第一，关于来自能源的二氧化碳排放量，在“第一履约期”控制在与1990年相同的水平；第二，关于来自非能源的二氧化碳、甲烷以及一氧化二氮的排放量，在“第一履约期”较1990年总排放量削减0.5%；第三，通过开发革新性技术，推进国民各阶层进一步防止全球变暖行动，实现2%的削减；第四，关于替代氟利昂等3种温室气体，增加幅度控制在2%左右；第五，关于森林吸收部分，确保日本森林的吸收量，在“第7次缔约国会议（COP7）”上达成协议的1 300万t碳（4 767万t二氧化碳，相当于基准年排放总量的3.9%）左右等。进而在新《大纲》中要求，努力实现在产业部门比基准年削减7%，在民生部门同比削减2%，在运输部门控制同比增加17%以内等目标。此外，在这些目标中，关于占据产业部门对策核心的《自主行动计划》，还作出如下规定：①由相关审议会等对进展情况进行督查，确保其实效性；②督促尚未制订行动计划的行业尽快制订并公布包括数值目标等在内的具体行动计划；③作为追加性对策，援助日本经团联准备构建的通过第三方机构进行确认和登记制度，进一步提高《自主行动计划》的透明性和可信度等。

上述是新《大纲》中的分步实施目标，但只要分析一下迄今的事态变化和今后的发展，至少在“第一阶段”，要完成上述一系列目标是不可能的。因此，可以说今后在“第二阶段”和“第三阶段”引进追加性对策是必然的。当下，作为应新引入的追加性对策，在今后作为环境税（环境省提案中提到的“全球变暖对策税”）、排污权交易、合作方法等最佳“政策组合”（policy mix）的课题研讨，将越来越重要。

2．存在诸多问题的固体废物处理与资源再循环

2-1 《循环型社会基本法》等法的制定

另外，在2000年5月末，从草案被作为政府法案提交给国会的定期常会，仅经过一个多月，日本就通过了《推进形成循环型社会基本法》（2000年6月2日颁布，自2001年1月6日起实施，以下称《循环基本法》）的审议，速度之快非比寻常。另外，还同时通过了几部有关循环的法律——《废弃物处理与清扫法》（作为《废弃物处理法》的修正法）《资源有效利用促进法》《建筑工程材料再资源化法》（《建筑再利用法》）《食品循环资源再生利用促进法》（《食品再生利用法》）《国家采购环境物品促进法》（《绿色采购法》）。根据这些法律，同以前的《环境基本法》（1993年11月19日公布，即日实施）、《促进容器包装分别收集与再商品化法》（《容器包装循环法》（1995年6月16日颁布，自1997年4月1日起部分实施）、《特定家用电器再商品化法》（《家电循环法》，1998年6月5日颁布，自2001年4月1日起实施）等法律组合，日本的固体废物处理与资源化的系列法大致形成了。进而，2002年7月，还通过了《已使用

汽车再资源化法》(《汽车再生利用法》)。

这一系列法律的目的在于，使日本经济社会从迄今的“大量废弃型社会”转向“循环型社会”。《循环基本法》第 2 条第 1 款规定，“尽量控制产品进入固体废物流，对产品变成的再循环资源要进行恰当的循环利用，对于无法循环利用的循环资源确保对其恰当的处置……事前控制对自然资源的消耗，尽量减轻对环境的负荷”，显示出今后应力求的“循环型社会”的理念。这种政策理念，同迄今构成日本废弃物政策基础《废弃物处理法》相比较的话，可总结为以下几点：①“废弃物”以前被作为“污物或不要物品”，现引进“循环资源”这一概念，扩大了“废弃物等”的法律范围；②从最初“控制”“废弃物等”的产生，到现在开始促进“循环资源”的“循环利用”，即开始重视推进再循环化；③将“控制自然资源消耗”和“降低环境负荷”作为目的。特别是在该法中，极为重要的是明确了固体废物处理问题的优先顺序：①长期使用；②再使用（包括维修后作为产品使用）；③再生利用（作为原材料使用）；④热回收（通过焚烧等获取热量）；⑤作为固体废物得到恰当处置。此外，依据该法第 15 条，于 2003 年 3 月内阁通过了包括一系列固体废物处理和资源循环利用的具体数值目标的《循环型社会形成推进基本计划》，正式提出了相应的行政措施。

2-2　全面贯彻“扩大生产者责任”

下面顺便说一下，通过制定和实施《循环基本法》为主线的一系列法律，正在帮助日本真正地从以前的以“大量废弃型社会”为特征的经济社会中摆脱出来。但在这方面，还有不少问题需要重新探讨。例如，上述的《再循环基本法》第 2 条第 1 项中关于“控制”“废弃物等”相关条款，应该是参照了德国同系列的《避免废物产生与处理法》(1986 年）与后来的《循环经济与废物管理法》(1994 年颁布，自 1996 年起开始实施)，但与上述两法中明确规定的首要考虑的“避免”(Vermeidung)“废物”产生的条款不同。日本的《再循环基本法》依然没有彻底摆脱以大量的“废物等”产生为前提的

“控制”这一政策立场。因此，出现了一些担忧和批评，认为在这样的“循环型社会”理念下，即使鼓励“大量循环”，反过来看，实际上是使存在至今的“大量废弃型社会”结构依然得以维持，或者说是使其延长。导致这种担忧与批评的主要原因是，日本从过去到现在，关于各种废物的责任方和付费方讨论一直都是废物政策的关键问题，但在新制定的一系列法律里，依然没有彻底解决这些问题。

在这一点上，日本的《再循环基本法》有一定的局限性，但或多或少引入了“扩大生产者责任”（Extended Producer Responsibility：EPR）的概念，这点很重要。例如，在该法的第11条（企业的责任）规定，“关于制品和容器，国家、地方政府、企业和公众需要分别承担义务，以确保可作为回收资源的产品和容器恰当且妥善地得到循环利用，根据产品和容器的设计和原料选择以及产品和容器可作为循环资源回收等观点，企业在构建循环型社会方面发挥的作用是非常重要的，从事制品与容器等制造和买卖的企业，有义务收集或运送或妥善循环可循环资源的制品与容器。”

但是，关于“扩大生产者责任”的规定，当站在先前制定的《容器包装再循环法》、之后的《家电再循环法》和预定自2005年开始实施的《汽车再循环法》等各个单项再循环法的层面上分析，关于各自的责任内容与费用负担的具体规定，有很多地方都必须重新探讨研究。如《容器包装再循环法》，该法建立了几种指定容器包装系列废物的“回收”、“交易”和“再商品化”机制，但“回收”属于“市町村的责任”，只有“交易”和“再商品化”属于相关企业（该法规定的特定企业）的“企业责任”。尽管企业的负担比以前加重了，但从费用负担的实际比例看，“市町村负担”（即“纳税人负担”）依然负担更大的比例。因此，以解决在“处理与处置”方面形成的严重问题而抑制企业使用过度包装的经济激励政策，几乎没有发挥任何作用。结果，在该法实施后，尽管“回收量”和“再商品化量”增加了，而同时类似塑料瓶装饮料的生产与销售却增加得更多，进入废物流的塑料瓶从1996年的16.780 8万t飙升到2000年的26.87万t。根据《家电再循环法》的规定，企业有义务回收和再商品化电视机、电冰箱、空调和洗衣机这 4 类废旧电子产品（即“企业责任”）。但是“再商品化费用”和收运到指定交易场所的“收集与搬运费用”由家电废弃者承担。因此，同当初担心的一样，导致了废旧家电非法丢弃数量的增加。在该法实施后不久的 2001 年 8 月上旬，根据环境省公布的调查结果，在可能进行法律实施前后比较的 272 个市町村，其中半数以上在法律实施后废旧家电非法丢弃量增加。之后，废旧家电非法丢弃仍在不断增加。出现这种现象的原因，如前所述，是因为没有足够明确废旧家电废弃后的责任方和费用负担方。关于这点，在 1994 年以后，以经济合作与发展组织（OECD）和欧盟（EU）为中心，开始了真正意义上的研究探讨，接着，我们就可以对于“扩大生产者责任”这一正在成为国际共同的原则，努力探讨如何将其更全面地贯彻执行。

2-3　致命弱点：非法倾倒问题

特别地，在日本的废物处理和资源回收再利用的相关动向中，面临最深刻的事态是各种废物的非法倾倒（包括不合理处置和非法出口）问题。尤其是针对企业排放的工业废物，实在无法忽视其中引发的众多极其严重的事件。20 世纪 90 年代初期，福岛县的磐城市、香川县孤岛的丰岛都发生过大规模的非法倾倒事件，而且还发展成为全国性的大问题。之后，在青森县和岩手县的县界周边，发现了比这规模更大的非法倾倒事件。

根据日本的《废弃物处理法》，关于工业固体废物的合理处置，原则上要求排污企业负责，但就目前实际情况看，其中却潜藏着众多不容忽略的问题。

第一，在排出企业责任制的原则下推行的“自行处理”带来的实际问题。其中，在“自行处理”的名义下，企业本身肆无忌惮地非法倾倒或不妥善处理工业废物的现象为数不少。例如，据厚生省（当时）调查的 1997 年关于工业废物非法倾倒数据来看，发现的非法倾倒垃圾总量（约 40.8 万 t），其中有 11.903 万 t（占总量的 29%）是排污企业本身倾倒的，另外，从非法倾倒件数上看，整体（855

件）之中的435件（51%）是排污企业本身倾倒行为。由此可见，“排出企业责任制”之下的“合理处理”原则没有得到严格遵守。

第二，上述的“排出企业责任制”原则，并不是以字面上直观表述的“自我处理”为条件的，而是伴随着允许委托给其他授权处理企业所引发的问题。这方面的大多数情况下，由于委托的费用同废物处置公司进行合理的“处理与处置”所必要的费用无法相抵，因此，实际上这就助长了包含“非法倾倒”在内的不合理的“处理与处置”行为。而且，在这样机制下促成的“非法倾倒”，“排出企业的责任”在法治上也不被追究，从而造成了向处理公司或最终处置公司“转嫁责任”的事态。

第三，在市町村推行的“综合处理”、“必要处理”，或者是都道府县级推行的“广域处理”的规定，承认了“公共参与”，从该角度出发，已经不得不指出“排出企业责任制”原则的形式化问题隐患。

结果，在这种状况下，日本的《废弃物处理法》规定的工业废物的“排出企业责任制”原则，实际上根本没有得到彻底的贯彻执行。这样说是因为，排污企业实际追求的是对于自身更加经济实惠的“处理与处置”，“非法倾倒”从经济角度上来说对自身是最为合理的方式（越扔越有利）。因此，造成了全国性的非法倾倒屡禁不止、日益蔓延的状况。另外，为了追求更加低廉的“处理与处置”，各种工业废物在国内的越境转移也屡见不鲜，导致了围绕工业废物的纠纷或诉讼在全国各地频繁发生。更进一步看，引起这样事态反复发生的要因之一是，对于“工业废物”的“非法倾倒”或“不适当处理”的处罚规定和包括恢复原状在内的事后处理责任的法律规定的不严谨，也是需要指出的问题点。针对该问题点，1991年对《废物处理法》进行了修订，1997年再次修订，2000年对该法又一次修订，加强了处罚规定，但依然残存着不少问题。下面，就今后课题提出几个要点。

第一，在日本，以防止“非法倾倒”为目的，经过上述的1991年法律修订，特别针对危险废物引入了“特别管理废弃物”的指定制度和以其为对象的“管理单制度”（废物管理票），而在1997年的法律修订中，将该“管理单制度”也适用于其他的工业废物，从形式上实现了有效扩展。但是，正是在这点上，发现了连管理单都伪造的事实，显示出该制度在其运用与管理方面还存在众多隐患。为此，在2000年的法律修订中，为了改善，进一步强化了“管理单制度”相关排污企业的义务，要求排污企业对各种工业废物从收集、搬运、中间处理，到最终处置整个过程中连贯的适当处理必须加以确认。在这一要点上可以说取得了相当的进展，但另一方面，利用这种“管理单制度”进行的管理，对于在上述的“非法倾倒”中占有相当比例的“自行处理”情况，或者是委托给不具备许可证的处置公司的情况，则没有任何效果，这也是问题点之一。今后，有必要针对该要点研讨有效对策。

第二，针对之前修订与强化了对于“非法倾倒”的处罚规定，也未能从根本性改变前面指出的“越扔越有利”状况。例如，1997年法律修订中，加强了对“非法倾倒”的处罚，以往是较为轻微的规定，即“6个月以下拘役或50万日元以下的罚款”，修订后加强为“3年以下拘役，1 000万日元以下罚款或者双项处罚”“若是法人时加重为1亿日元以下罚款”，但仅仅是如此程度的处罚强化，不得不说上述的“越扔越有利”状况仍会依然持续。对此，今后很有必要研讨包含没收全部“非法倾倒”获利规定在内的、根本性的强硬处罚措施。

第三，有必要清楚地列出发现“非法倾倒”后，包含恢复原状的事后处理责任规定在内所有问题的要点。针对该要点，1997年的法律修订中，新规定了当非法倾倒肇事者不明确或是资金不足时，设置了为支付恢复原状所需费用的专用基金（原状恢复基金）。但是，该基金的定位、规模、费用承担方等方面，仍有待今后进一步研讨。实际中，对于排放数量庞大的工业废物排出企业，在该项基金上仅要求企业提供任意数量的赞助金额，而另一方面对于相关的地方自治体却不得不动用税收投入。今后，针对该基金的存续，有必要研讨引入一些措施，如对排污企业根据其排出工业废物的种类和排放量决定征收的金额（工业废物税），并考虑该项措施具体充当的角色。

（执笔负责：淡路刚久，砚野弥生，寺西俊一）

专栏1　需要重新审视的水俣病和甲基汞污染

自1956年正式确认水俣病以来已近半个世纪，水俣病再次迎来了重要的转折点。在此期间，围绕日本的水俣病事件争论的主要问题包括：①加害者企业——窒素株式会社（Chisso Co.）对水俣病的发生和蔓延的行政责任；②受害者的确认和补偿方式。另外，对于全面解析水俣病以及确定影响人们身体健康的最低甲基汞含量等问题，几乎都没有开展过研究。水俣病是人类历史上最悲惨的甲基汞污染事件，我们没有搞清的问题依然很多。然而，在这10多年里，全世界的研究发现，孕妇，哪怕摄入微量的甲基汞，也会对胎儿的运动机能和神经发育造成极大影响。为此可以说，要真正搞清水俣病的定义，包括从根本上阐明围绕微量污染物影响的相关问题，需要重新审视过去40年日本采取的公害对策和环境政策。

一直被质疑的行政责任

现在，加害企业——窒素株式会社已经承认是水俣病的“原因企业”，为了向认定的受害者继续支付赔偿，该公司从日本政府申请到大约1 600亿日元的补助金，维持公司运转。但是，日本政府拒不承担任何法律责任，至今仍然不服从2001年4月大阪高等法院在水俣病关西诉讼中下达的判决，还在上诉中。今天，再次受到严厉质疑的行政责任是，政府即使在水俣病得以正式确认后，也没有采取防治污染的措施，放任污染从水俣湾蔓延到不知火海全域，疏于对严重受害者的救助。尤其是行政当事人玩忽职守，没有准确了解水俣病的受害情况，一直无动于衷，漠然置之。因此，1965年在新潟县又发生了称之为“第2水俣病事件”的“新潟水俣病”。直到事隔3年之后的1968年，日本政府才正式承认水俣病是污染造成的。行政当事人一直不承认是他们导致水俣病的再次发生和蔓延，这就是阻碍真正解决水俣病的主要障碍。

作为认定要素的“医学根据”被彻底颠覆

同时，水俣病受害救助的认定制度也存在着许多问题。该项认定制度始于 1959 年创立的水俣病审查委员会，由他们决定谁可以签署从窒素株式会社领取赔偿金的契约。之后，基于 1970 年的《救济公害受害者特别措置法》和 1973 年的《公害健康补偿法》中的患者认定制度，熊本县和鹿儿岛县开展了实际的认定工作。当初，受害者们争论的焦点在于，认定的受害者们让窒素株式会社承认是水俣病的原因企业，但在 1973 年 3 月第一次诉讼判决和在其基础上的协定书签署以后，焦点转向让作为认定机构的行政部门来承认“水俣病患者”。这是因为“行政认定”是受害赔偿的主要障碍。为此，受害者继续通过不服行政审查请求和诉讼努力来打破这一障碍，但他们面临的最大障碍是水俣病专家 1977 年制定的《后天性水俣病的判定条件》这一通告。依据该通告，实际上有 13 000 多名受害者被认为“不是水俣病”。但是，1999 年精神神经学会经过研讨指出，当时基于“医学根据”的这种“判定条件”其实是没有任何医学根据的，实际上是个错误。“水俣病认定医学”由此从根本上遭到颠覆。

需要重新审视水俣病的病理学与认定制度

后来，围绕水俣病的病理学进行过各种争论。水俣病的主要症状，已经明确的是，它会造成大脑中枢系统障碍，这对以前的确诊方法和认定要素提出了很大的质疑。在感觉障碍、视力、听力、运动失调等水俣病的诊断中，检查医生依据患者的描述并结合检查结果进行判断，但因末梢神经症状造成患者在症状描述中会有变化，如果在第 2 次和第 3 次复查中，患者对症状的描述不一样，医生就认为患者是在诈病，而不认定其症状。然而，由于大脑和中枢神经系统损伤，意味着大脑控制感觉的一部分或其他功能受到了损伤，受害者描述不同的感觉或者无感觉，那是再正常不过的了。因此，应该对过去几十年进行的检查结果进行复查。特别是在水俣地区和不知火海沿岸地区的许多渔村，基于公害受害赔偿制度的认定制度的弊端就更明显了。例如，同样是从事渔业，同样是食用鱼类，同样是患有头痛、麻痹、感觉障碍等症状的人们，他们却被认定成为4类：被认定者可以领取1 600万日元；同意和解者获得医疗补偿260万日元；一些人只能领取保健费；其他遭到否认者则得不到任何补偿。受害者们不打算接受这种认定结果。特别是重度受害者因后遗症和并发症的原因而遭到遗弃，也是家族间和邻里间产生许多隔阂的原因。另外，认定制度是“本人申请主义”，未获得信息而没有申请的人和担心受到歧视或偏见而不去申请的人，许多受害者依然处于无助状态。最初，公害受害者救助制度的目的是对受害者迅速进行救助，现在该是从根本上重新审视这一制度的时候了。

长期微量污染问题及其对胎儿的影响

2001年10月，“第6届全球性污染物‘汞’国际会议”在日本水俣市召开，大会的主要议题是甲基汞污染的最基本指标：头发中汞含量达到多少时会影响人类健康？在丹麦法罗岛（Faeroe）、新西兰和其他地区的研究表明，头发中汞含量即使是低于10 mg/kg，也会对胎儿与儿童的心理发育和运动机能造成影响。从这些研究结果出发，迫使日本需要重新全面审议对于汞的控制问题。在水俣地区不断出现死亡的1955—1959年，日本根本没有对水俣病开展过调查，在汞污染稍微减轻的1960年后，头发中汞含量的最大值为920 mg/kg，渔民中为200 mg/kg，甚至在远离水俣的本渡、牛深及熊本等地也达到40～100 mg/kg甚至更高的数值，这说明汞污染非常严重而且波及范围较广。但在这段时间，这些地区根本没有进行过跟踪调查。1956年，在水俣湾和不知火海中的鱼含汞量超过300 mg/kg，这些鱼的流通途径很多，包括巡回鱼商和鱼类加工品等。除非调查人员摒弃迄今为止认为的受害人数10万人的想法，而采用受害人数超过200万的调查方法，否则根本无法查明水俣病中甲基汞危害的最低限值。

1997 年，美国环保局（USEPA）向国会提交了一份报告，详细记录了甲基汞的致癌性和对健康造成伤害的危险性。该报告建议，尤其是对于孕妇的甲基汞容许日摄取量，应低于 0.1 μg。并呼吁人们根据污染程度来控制自己的鱼类摄取量。也就是说，体重 50 kg 的人 1 周内的鱼类摄取量应低于 12 盎司（约 360g），因为在日本的鱼类甲基汞污染平均高达 0.13 mg/kg，所以 1 周的鱼类摄取量应低于 260 g。然而，类似这样的建议在水俣湾或不知火海沿岸地区至今还没有发布过。日本政府必须在这些地区引进 USEPA 的标准和思考方法，重新修订鱼类摄食安全标准，需要对一般民众和食鱼较多的渔民及其家庭进行详细的行政指导。此外，大量患者尤其是胎儿患者及其同代的受害者的症状每况愈下。要正视水俣病是全身病的事实，处于歧视和偏见严重的现状下，制定包括心理关怀在内的对策也是很有必要的。

（谷洋一）

韩国 Republic of Korea

1. 对于金大中政权时期环境政策的评价

2003年2月，金大中总统率领的政权出现交替，卢武铉新总统领导下的新政权（参与政府）诞生了。新政权今后将对环境开展怎样的努力，这是个很有意义的课题。要对此前5年间，在金大中政权下实施的一些环境政策进行总决算，明确新政权的政策性课题，现在这个时刻是非常重要的。下面将列举金大中政权下实施的一些环境政策（大气、水、固体废物、土壤），评价韩国环境政策的现状，展望今后的发展。

5年前，金大中政权提出以“实现人类与自然共存的可持续性生命共同体”为目标的新的环境政策框架。实现这一目标的基本原则包括：实施国民参与的环境政策，全面贯彻预防原则，从供给中心政策转向需求管理政策，协调环境和经济，重视地方政府的作用，全面执行污染者付费原则等，并依据这些原则展开个别领域的政策。这些大胆的目标和政策的基本原则究竟贯彻得如何，成效如何，必须重新加以验证。

如果从结论来说，过去5年里的环境政策，在表面上和形式上的法律制度建设以及以此为基础的政策性框架方面，可以说，看起来是取得了相当的进步，但政策的实施状况并不成熟，与其说成果尚未表现出来，还不如说是进一步恶化了。

在环境政策制定过程中，为了实现各领域的市民参加，韩国政府于2000年8月设立了“可持续发展委员会”，作为总统的咨询机构。这个由政府、产业界、市民团体的代表组成的委员会，其主要功能是，调整可能严重影响环境的大型国家项目的利害关系，向总统提出政策方向性的建议。然而，该委员会并没能发挥这样的作用，实质上是破绽百出。围绕新万金（Semangum）围填海工程，委员会内部产生分裂，民间委员相继辞职，而开发导向性的政府部门则僵硬应对，这些都雄辩地说明了问题。

同时，大气污染、水污染、土壤污染状况每年都在加重。尽管多次强化了汽车尾气排放标准，但首都圈的大气污染还是超过了控制限值。另外，尽管制定并实施了《四大江特别法》，但给水源的水质依然继续恶化。为调查土壤状况建立起了全国监测网，但土壤污染的实际情况仍然没有查明。而且，受到严重的不动产泡沫的影响，全国各地无序的土地开发项目全然没有得到关注。

2. 大气恶化与首都圈空气质量改善特别对策

韩国人口的 46%居住在首都圈。而向首都圈人口集中的趋势仍然没有终结，反倒愈演愈烈。这种人口集中的必然结果是，韩国 42%的汽车也集中在首都圈。这么高的人口密度和这么高的汽车密度，导致首都圈地区大气污染程度高于发达国家的 1～3 倍。特别是氮氧化物（NO_x）、可吸入颗粒物（PM_{10}）的污染浓度全无改善，毋宁说每年还在增加（NO_x：0.037 μl/L，2001 年；PM_{10}：70 μg/m^3）。另外，90%的臭氧警报也都集中在首都圈。

严重的大气污染必然伴随着庞大的社会性费用。据韩国政府试算，大气污染造成的社会性费用（由于大气污染造成对人体健康和财产造成的损失金额）每年高达 45 兆韩元。据说首尔市民中有将近半数因大气污染曾得过呼吸道系统的疾患。首都圈的大气污染不得不说已经超过了市民能够承受的程度。

为了打破这种局面，韩国政府（环境部）制定了《首都圈大气质量改善特别对策》（以下简称《特别对策》），这是同大都市圈的大气污染真正进行战斗的开始。试看一下这项《特别对策》的内容，其主要目标是污染物 NO_x 和 PM_{10}。这些污染物主要是从汽车排放出来的，所以《特别对策》把重点放在汽车尾气对策上。制定的目标是：在 2012 年前，把 NO_x 和 PM_{10} 的排放量控制在 2000 年排放量的一半以下。作为实现这一目标的政策手段有：强化汽车特别是柴油车（在用车辆）的尾气控制，强化新车的尾气控制，普及低公害车（从2003年的3 000辆增加到2007年的2万辆），推广清洁能源（把低硫重油使用地区从7个增加扩大到20个），引进排放总量控制以及排污权交易制度。

这些对策，除了"排放总量控制"和"排污权交易制度"之外，都是在日本的《汽车 NO_x 和 PM 法》之下实施的单项控制，但究竟能收到什么效果还值得质疑。2003年，韩国政府批准了柴油轿车的生产和销售。迄今的轿车主要都是汽油车，但如果现在重新普及这些靠柴油发动机行驶的轿车，对大都市圈的大气质量必然造成恶劣影响。再有，相比于汽油和轻油，柴油的相对价格是处于相当有利的状况，如不调整这一相对价格就开始销售柴油车，那么，柴油车将迅速普及。今后，这种《特别对策》将会收到怎样的成果，恐怕还需要评估。

3. 水污染与四大江特别法

为了改善首都圈供水水源汉江的水质，韩国政府于1998年公布了《汉江水系供水水源水质管理特别综合对策》。该对策是不同于以往的水质管理政策的重大政策转换，主要特点是引入了"流域管理制度"。之后，政府相继颁布了管理洛东江（Nakton）、锦江（Kum）、荣山江（Yeongsan）水系的《特别对策》相继公布，现在，韩国的四大江的流域管理体制已处于备齐状态。

引进此类流域管理制度反映出了韩国实际状况，从前的个别排放源对策（《水环境保护法》）的界限不明确，为确保饮用水，在很大程度上依靠河流。而流域管理制度的主要特征在于，引进"水边区域制度"，建立"污染物总量控制制度"、"水利用负担制度"、"水系管理委员会"。新设立的水系管理委员会（各个水系分别建立），一方面，从下游地区的自来水利用者那里征收水利用负担金，补助给上游地区的居民或自治体。另一方面，在上游地区重新划定"水边区域”。在水边区域内的土地利用，将受到严格控制。另外，在上游地区，确定了为实现水质目标的污染负荷总量，并进一步把该总量分配到各个小区。因此，各个小区的土地利用、工厂布局等经济活动都受到制约。

如上所述，各个水系的管理体制、费用公平负担规则（受益者负担）、总量控制体制，都在制度上确立了。但是，汉江上游地区的水质仍未得到改善，甚至还不断出现水质恶化的流域。原因是，这些地区的土地利用光靠这项制度是无法控制的。为了制止新交通网络建设和土地的无序开发，越来越清楚，光靠这一个制度远远不够。需要进行比土地利用限制制度更为根本性的改革。

4. 资源再循环和土壤污染处理对策

韩国政府于 2002 年 2 月大幅度修订了《资源节约与再利用促进法》。修订的要点是，明确了固体废物再利用的生产者责任，即全面贯彻“扩大再生产者责任原则”（EPR）。特别值得注意的是，彻底明确了电视机、电冰箱、空调、洗衣机、计算机等家电产品、轮胎、润滑油等 18 种物品的回收与再利用生产者的责任。这些产品，在制度方面也有很大变化，即生产者必须进行回收再利用。特别是家电产品，要求生产者承担免费回收旧产品的义务，今后希望形成新的回收与再利用的渠道。但是，把再利用率（再使用率）定为多少，如何确保旧产品的回收及再利用设施，这些问题仍未解决。

随着美军基地引起的土壤污染问题表面化，土壤污染问题一下子受到了全社会的关注，这也是这一时期的特征。受到这种社会关心高涨的影响，韩国政府大幅度修订了同土壤污染防治与污染土壤净化有关的制度。这次修订的主要特点是，特别强化了污染者及负责污染设施的企业的责任。而且，在对于可能会造成土壤污染的设施进行交易时，重要的是要通过建立事前调查土壤污染状况的制度，引进污染者自身调查土壤污染现状的制度。

但是，土壤污染的现状至今仍未查明。而且，被指定为土壤污染物的物质也主要限于重金属，对于新的化学物质引起土壤污染的实际情况更不清楚。另外，还有一个重大弱点是，在无法确定污染者或其没有负担能力的情况下，只好由国家来承担责任。因此，需要进一步完善相关制度。

5. 今后的课题

已经介绍了金大中政权下若干领域环境政策的开展情况，作为共同课题，列举一下如何以更好的形式来实施这些政策的框架。这些政策，尽管存在一定的局限性，但其引进都是基于预防原则、污染原因者负担原则、国民参与等诸多原则。今后的重大课题是，如何改善这些制度的运营，充分发挥其作用。

遗憾的是，迄今为止，新政权的政策实施情况表明，今后的环境政策很可能还会出现大的后退。新政权在“政权交接委员会”内，根本就没有设置有关环境政策的组织。在经济低迷和不稳定的国际形势下，还继续存在着以下严重的情况，为了振兴经济对策而编制了预算修订，但随之而来的是对于财政赤字的担心、同朝鲜之间的外交停滞、朝鲜半岛的军事紧张升级等，导致政府不能给予环境政策财力和人力的支持。再有，分析过去 5 年里环境相关的政府支出，只占政府预算的 2.3%，其中，环境部的预算还不到政府预算的 1%。这种状况预计今后仍将持续。这就大大低于自 1997 年启动的《第 2 次环境改善中期综合计划》。

另外，严重阻碍环境政策发展的纵向分割的行政制度，完全看不到有什么改善迹象。仅靠环境部“中央政府有关部门间的协议”这种过滤器是无法克服的巨大壁垒。创设整合环境、交通、资源、能源的新的行政机关，是新政权面临的最大政策挑战。

（执笔：郑成春）

中国　The People's Republic of China

1. 威胁论与统计数据的背后

加入世贸组织（WTO）、中国产品席卷市场、萧条的罪魁、能源需求扩大、越境污染问题、黄沙、全球变暖问题、扩充军备……没有哪一天中国不出现在海外媒体上。在向国际社会完全打开国门的过程中，“中国威胁”这一怪物似乎开始飞扬跋扈于世界。这种威胁感的来源，是从表面化地看中国体量之“大”和发展速度之“快”。如果正确地掌握了实际数据，就能够理解在这种背景下的中国人民的生活与生活方式都并没有那么多。

以全球变暖问题为例来分析。关于这个问题，众所周知，美国强烈主张“中国对待温室气体减排的态度是消极的”，日本的政治家、政府官员也发出与美国雷同的评论。

确实，中国是世界上仅次于美国的第二大温室气体排放国。可是，《京都议定书》已经获得通过，至少根据这几年的正式统计，像上面那样的批评，多少有些不合乎道理。原因是，随着煤炭消费量减少（1996 年约 14 亿 t，2000 年约 10 亿 t），中国的二氧化碳排放量从 1997 年以后已经急剧减少。

对此，有人批评说中国的统计数字不完善。实际上，这在一定程度上也被认为是真实的。不可否认，统计上没有出现的黑市交易、特别是未经登记的私人小煤矿、政府为了产业合理化和环境政策应当关闭而实际上却还在生产的小煤矿，这些煤产量合计起来相当可观。

但是，笔者（明日香壽川）在这里希望强调的是，为了理解中国，必须考虑到“造成统计的不确定性因素是其结构性问题”。中国煤炭问题的情况，无非是贫困问题。在中国，按联合国等机构使用的“人均日收入1美元以下”标准来衡量，现在仍有约1亿人处于贫困线以下，其中大部分居住在农村。中国农村剩余劳动力据说有几亿人，加入WTO后，缺水、气候变暖等自然环境恶化都增加了贫困人数，这是确实的。对这些人来说，煤矿工作可说是唯一的、可以保证有点现金收入的工作。

另外，他们的劳动力价值极低。而且，在恶劣的工作环境下，煤矿事故频繁发生，最近国内外大量新闻媒体都报道了煤矿灾难的悲惨程度。例如，2001年9月9日的《华盛顿邮报》详细报道了在距上海约600 km的徐州一座小煤矿发生的瓦斯爆炸事故（死亡92人），死者多是进不了国营煤矿、好不容易才在这个私人小煤矿就业的人。据说其中有的是为挣得抚养孩子费用的母亲，赚取中学学费的16岁男孩，而多数是从几百公里外远处招来的农民工。

中国商务杂志《南风窗》（2001年9月刊）以《地底悲歌》为题概括了这一事件。据此报道，在小煤矿劳动的男（女）矿工的工钱，1天工作十几个小时仅为20元左右（与挖掘量成比例），即便因事故死亡，抚恤金也只有1万～2万元。事故被隐匿的也有不少，有私下操作的，也有在背后可能牵扯到地方政府。1年内的死亡人数约1万人（全世界1年约1.5万人），中国采煤单位产量的事故死亡人数为美国的200倍，印度的8倍。

即使遭遇事故，即使失去家庭，因为没有其他工作，农民只好继续在煤矿干活。尽管政府要关闭矿井，说他们属于“黑矿”，但他们中的多数人除了继续挖煤养活家庭和自己外，没有别的技能。廉价的煤炭作为日常的能源，即便出现大量死亡，也在被使用着。在廉价的能源费用下，廉价的商品并不只在中国使用，而是出口全世界。

作为中国，对外尽可能回避这样的侧面，自己也愿意忘记这些。而其他国家的人们，在自身享受着廉价商品的生活方式时，大多数人也不多考虑，很少有人感到应负有责任。但是，由于没有达成对此的共识，不仅限于环境问题，而且也无法开始改善各种问题的状况和开展真正的国际合作。即对于我们来说，最大的课题是能否超越表面的“中国威胁论”或统计问题发现本质性问题。

2．巩固应予优先的成果基础

2000年是“九五”计划的最后一年，在实现环境政策，尤其是污染控制方面，是决定胜负的一年。这是因为，在国务院于1996年颁布的《决定》中，要求强制淘汰环境负荷重的15种行业的小型工业污染源，同时提出了明确目标，以2000年为限，要实现全国所有工业污染物均能达标排放，一些主要城市达到大气、水质的环境标准等。

根据《中国环境年鉴2001》（中国环境年鉴出版社），可以看到主要工矿企业的污染物排放状况确有一定的改善，从1996年到2000年，排放废水总量（205.9亿→153.1亿t）、COD（化学需氧量）负荷（703.5万→662.4万t）、粉尘排放量（562万→404万t）、烟尘排放量（758万→517万t）等都减少了，排水达标率（59.1%→82.0%）也提高了。但是，还有近20%的企业，没有达到2000年本来必须达到的排放标准，而且省市区级的达标率还不到50%，所以仅从工业污染控制对策看，可以说还不够。而且，在全国各地反复违反限制规定的企业不绝于后。据2001年在各省进行的抽样调查，查明实际情况是：浙江省17%、河北省30%、河南省40%、山东省重点对策流域近50%的企业，或没有遵守排放标准，或没有遵从强制淘汰命令而在继续生产[(1)]。

在中国环境政策中另一重大课题即自然生态系统保护，尽管“九五”计划的目标是“在2000年前基本遏制生态破坏加剧的趋势”，但实际却是不断发生显示出危机性状态的灾害。例如，据2000—2002年上半年《中国环境报》的记事，报道了主要发生在北方地区的大规模沙尘暴、每年反复发生的干旱，甚至连降雨较多的南方也出现河流干涸以及沿岸海域的赤潮等。这些灾害的发生，气候变化无疑是重要原因之一，而不合理的水资源或土地利用等人为因素也引人注目。基于这些方面，自然生态系统保护正被纳入政府议事日程。

《全国生态环境保护纲要》和《防沙治沙法》的制定、《退耕还林还草政策》和《渤海碧水蓝天计划》的实施等，都取得了哪些具体成果，有待探讨。

而且，在“环境建设”这一名义下推进的大规模投资建设工程，例如在西部大开发计划下向内陆地区的基础设施投资和亮点项目“南水北调”水利工程等也有可能会招致新的环境破坏。对此，2002 年 10 月在全国人大通过了包含“规划评价要素”在内的《环境影响评价法》，该法在具体实施阶段能够发挥怎样的作用仍备受关注。

改革开放以来，可以说中国经济增长迅速，但仍然是地区差异很大的“亚洲的发展中大国”，目前的现实路线是，一面推进经济发展，一面力图保护环境。那么，今天所要求政府做的，正是在制定有关环境保护的各项计划与政策措施的同时，为巩固计划与政策的成果扎实地打好基础。这样做，为实现“环境污染状况有所减轻，生态环境恶化加剧的趋势得到初步控制”这样较为谨慎的“十五”计划（2001—2005 年）环境保护目标，(2) 将是比较现实的。

3. 中国社会的“绿色”革命

绿色，本来是涉及素食主义者（Vegetarian）、农业、伊斯兰等诸多涵义的用词，近年来，多用作象征“环境”、“生态”等，在中国尤其显著。例如，毛泽东的“为人民服务”这句象征社会主义与共产主义的话一般都用“红色”书写，而在中国原国家环境保护总局的东门，改用绿色书写，在有关环境保护的场合也以“绿”为主，包括会场使用的帷幕、社会服务活动中的头巾等都变成“绿色”。NGO“东亚环境信息发送站”调查了互联网上的中国环境保护相关网站，该 NGO 的《调查报告》把这些网站使用“绿”字的多少，认为是“中国的环境保护网站正在染绿”的表现。今天在中国社会，这样的绿色正开始迅速扩大。

在环境文学领域，既有已在《亚洲环境情况报告》（第 2 卷）（2000/01）中介绍过的环境文学专业杂志《绿叶》，也有作家徐刚的作品《绿色宣言》。环境文学在商业化发展的中国出版界似乎能够确保市场，并持续增长。特别是涉及特大灾害或位于西藏自治区的“世界最大的大峡谷”之类话题的作品不断得以发表。钟青的《世纪洪水》记述了 1998 年长江水系和松花江水系特大水灾，针对水灾原因和事后对策，言及环境问题和生态系统对策。哲夫的《黄河追踪》和尚莒城的《最后的漂木——我所亲历的长江百日》，分别是黄河和长江的环境纪行，不仅描写了黄河“断流”和长江特大洪灾，而且综合分析了流域环境问题。这些作品多数不是文学家们的作品，而是记者们所写的报告文学。很多作品给人的印象是，在行政部门同媒体合作完成的环境报道计划中的关联，以及出版社与出版形态方面，都比以往更多地体现在体制里。另外，在环境文学之外，也不断出版冠有“绿色”的环境相关系列丛书。

20 世纪 90 年代后半期之后创立的 NGO，也多在名称上冠之以“绿（色）”。中国政府为联合国可持续发展峰会（约翰内斯堡，2002 年）准备的《中华人民共和国可持续发展报告》提到，中国正式申报的环境 NGO 超过 2 000 家，尽管具体有多少团体还不清楚。另一方面，有的环境 NGO 也被国内外评价为“草根性”，他们为了参加约翰内斯堡峰会，其中有 26 个团体（名称中带有“绿”字的团体有 9 个）被集中汇入相互承认“草根性”的中国环境 NGO 的《草根集》（*Introduction to Grassroots Environmental NGOs in China*）。在中国东北地区和内陆地区，这样的组织并不罕见，活动内容越来越多地致力于具体的地区问题，中坚力量是数量不断增加的记者、律师、教师等这些具有本行业知识与经验的人士，并趋于地方化、具体化、专业化，还出现了更有意义的个性化。

在这些团体中，备受关注的是“中国政法大学公害受害者法律援助中心”，该中心从 1999 年 11 月开始，面向环境污染受害者，以电话等方式提供免费的法律咨询与援助服务，目的是向那些产业公害和城市公害受害问题严重但未采取行动的受害者提供救助。截至

2002年8月，受理的电话计3 800次以上，其中有记录的1 500多次，咨询内容广泛，30%以上与噪声有关，20%～30%与大气污染有关，约10%与水污染有关，此外还有固体废物、放射性、电磁波、日照、光污染等。实际上，该中心通过判决等司法手段、行政手段或媒体手段等，给予受害者援助的事件已有30件左右，但因健康损害而起诉大型企业的案例至今1件都没有。另外，判决胜诉并得到赔偿的事例只有几件。据说很多时候都是法院、当地政府担心判决的影响，在形式上不让受害者胜诉。可是，所有受害者都通过诉讼取得了补偿等，从实质上来说状况有所改善。而且，该中心的活动，汇集了行政、立法、媒体相关人员等具有很强社会影响力人士的关注，特别是有关司法人员，通过举办环境法的培训班，提高民众环境意识，间接地援助了受害者。该中心主任王灿发正在考虑，为参与立法过程，通过向立法反映问题与意见来援助受害者。该中心成立后不久，自1998年起，就探索同日本之间的交流，2001年9月在中国首次召开了“环境纠纷处理中日国际研讨会”。这次公开性的国际会议，主题是“环境纠纷处理”，实质上是“环境污染受害者救助”。以此为契机，该中心也开始构想有关公害病的调查。

中国政府对于环境NGO，希望他们能从与政府不同的立场来考虑中国的利益，不可否认当然也希望将其纳入体制中。不管是不肯“妥协”而不在中国大陆设置作为本团体活动现场秘书处的NGO——“地球之友”（Friends of the Earth），还是自身发现在现场设置秘书处的意义而于2001年4月开设作为香港秘书处的北京办事处的“绿色和平组织”，都不能一概地说“高明”。在中国人成立的环境NGO中，没有前者的选择。需要理解的是，他们要在体制许可的范围内，基于最大限度的环境问题意识，探索进行相应的活动。

2001年，环境NGO中也有3名顾问进入了2008年预定作为“绿色奥运”召开的奥运会。然而，环境NGO在奥运会闭幕后，是否会回到从前的状态呢？要最大限度地利用“绿色奥运”的机会，提高人们的环境意识。以前，“环境保护”这一词汇是主流，几乎不使用“环境问题”这一词汇，在最近一两年出版的书籍中也开始用作标题名称。这也可以显示出人们环境意识变化的开端。

毛泽东说过，“革命，不是请客吃饭，不是做文章，不是绘画、绣花，不能那样雅致，那样从容不迫，那样温良恭俭让。”“绿色”革命（或者环境保护），斯然矣[3]。

（执笔：明日香寿川，大冢健司，相川泰）

专栏2　水、土、木

在参加日本某企业的研究班时，在市民参与造林的展板上，看到了“森”字被写成为上“木”、左下“水”、右下“土”。这种想象很丰富。树木得益于土和水而生长，有了树木又能保住土和水。在水土丰富的日本，没有这样的意识，但是在黄土高原的农村连续开展绿化合作的“绿色地球网”对此深有感触。

山岗、丘陵的陡坡都被修成了旱地，根本没有树木。仅在夏季才降落的雨水，成了局部地带集中性的暴雨，洗刷着土地。雨水也不在那里停留。当地人把这种旱地叫做“三逃土地”，即土逃走，肥料逃走，作物逃走。

恢复迄今已遭破坏的自然是非常困难的。即便植树，浇水也很难。据我们对当地21个村庄的调查，当地的人均每日生活用水为23.4 L，用水最少的村庄只有15.6 L。在干旱之年，只能束手无策地眼睁睁看着农作物枯亡，在山上种植的树木也因为缺水而无法成活。

在坡地植树时，挖掘宽40～50 cm、深20 cm的沟，并用挖掘出来的土在斜坡下面制作同样宽和同样高的土台。这种作业，最好是在上一年的8—9月，在降雨期进行。雨水浸透到挖掘的沟里，9月之后，低温抑制蒸发，然后冻结，直至第二年春天，水都被蓄积在沟里。这样做，春天种植树苗的成活率就能高很多，这叫“雨期整地”。

每隔 3 m 修建 1 条沟和土台，在沟底每间隔 1 m 种植 1 棵松树，每公顷种植 3 300 棵，在间隔中间种植豆科或茱萸科的灌木。由于作业工具只是一把铁锹，只是看就会被吓昏。尝试亲自干，土质硬邦邦的，铁锹刃也卷曲了。没干两下，立刻就气喘吁吁。但当地农民说，就这可比浇水松快多了。苗木初期生长很慢，但从 4~5 年之后开始，每年会长高 20~35cm。到那时，草丛也繁茂起来，水土流失也就能减轻了。

自 2001 年开始重新建设实验林场“喜鹊林”，面积有 600 hm^2。当初预计需要 6 年时间，但只用 3 年就完成了。至今，笔者对没能在那里种树仍感惭愧，假如种了的话，也想在“森”字下用上“土”和“水”了。

（高见邦雄）

专栏 3　中国西部地区的环境污染受害者法律援助活动

中国政法大学公害受害者法律援助中心（Center for Legal Assistance to Pollution Victims：CLAPV）的主要活动之一，是通过法院的诉讼援助以及向行政或媒体呼吁等手段，对环境污染受害者提供救助和维护权利。自 2001 年 5 月起，为发展在《西部大开发计划》中闪亮登场的西部地区活动，在英国驻华大使馆的援助下，该中心开展了“中国西部环境权利维护行”。

在该计划中，由于当事者经济贫困，无力支付环境污染、生态破坏事件中的这些诉讼费用、律师费用、鉴定费用等，该中心在组织律师、提起诉讼的同时，还组织新闻媒体，对各个事件进行跟踪报道。为了救助各个事件中的环境污染受害者，在提高人们的环境意识、法律意识以及权利意识的同时，还要全力促进西部地区对于环境法律法规的执法与守法。同时，以各个事件的处理为基础，针对中国的公民环境维权问题，开展律师、法官、行政官员以及学者们的研究讨论，对立法机构也进行环境立法及其实施手段的建议提案。

2001年7月19日，中国政法大学举行了“中国西部环境权利维护行”的开幕式，时任全国人民代表大会环境资源委员会主任曲格平教授到会并作了讲话，中央电视台、中央人民广播电台、《人民日报》《法制日报》《中国环境报》《中国青年报》、新华社、《工人日报》等诸多媒体的记者也都参加了开幕式。从那时起大约1年半的时间，该中心从来自西部地区的大量环境事件的咨询服务中筛选出8起事件，分别进行了援助。如贵州省兴义县柑橘环境污染损害赔偿事件(起诉，但未开庭)、重庆市壁山双木生物化学有限公司水污染与噪声污染事件（一度开庭，但现在休庭)、陕西省韩城东王洗煤厂大气污染事件(起诉前的调查取证阶段)、广西壮族自治区河池市农地污染事件（通过行政途径解决)、内蒙古自治区锡林郭勒草原破坏事件（起诉，但未开庭)、重庆市铜梁红蝶锶业有限公司污染损害事件（作为第二审的再审理，开始代理，败诉)、宁夏回族自治区业裕化工厂污染事件(一度开庭，但现在休庭）以及四川省夹江县万达瓷业有限公司污染损害赔偿事件（起诉前的调查取证阶段)。其中，5起起诉，2起处于调查取证阶段，1起通过行政途径调停。在这8起事件中，不仅有污染损害，也有资源破坏事件。另外，有的事件的原告是由3村500户村民组成的集体诉讼。有些报道也通过新闻媒体，支持该中心对这些环境维权事件的援助。

2002年10月，该中心在西安举办了“中国西部地区环境诉讼解决困难问题研讨会”，参加会议的有环境法学者、最高人民法院以及西部地区的法官、原国家环境保护总局以及西部地区的环境行政执行官员、同环境事件有关的律师、环境监测评价技术人员等。研讨会对于环境诉讼中的证据收集与认定、被告的举证范围与适用、环境污染损害赔偿立法3个重要问题基于具体事件进行了探讨。不同领域的专家和学者从各自不同角度对环境诉讼问题提出了各种观点，达成了要求加强环境损害赔偿立法的共识。最高人民法院的法官以及原国家环保总局的行政官员对最高人民法院下发的《环境诉讼事件审理的司法解释》表示支持。这样，这次“研讨会”本身发挥了促进环境立法的作用。

在该计划开展过程中，明确以下4个问题点：①在地方政府的领导干部中，有人认为西部地区应优先经济发展，走“先污染后治理”的路线，而遭受工业污染损害的农民考虑到同地方政府的关系，对提起诉讼还很犹豫。②在环境诉讼中，在当事人进行调查取证中也有非常大的制约。在怀疑地方政府的监测机构提交的《鉴定报告》的事实关系时，当事人即使自己委托专家进行检查测定，其评价报告也不为法院所采用。再有，在污染损害诉讼中，由于证据保护极其困难，所以对于谋求污染状况得以减少与缓和、污染排放行为得以停止等的当事人，要想胜诉极难。③关于环境诉讼的“举证责任转嫁原则”的适用问题，理解得不充分。在一些事件中，污染受害者被课以过多的举证责任。④在各法院对于环境污染损害赔偿事件的审理中，有些地方缺乏公正性。伴随事件处理给社会经济带来的影响正不断被考虑。

（许可祝）

中国台湾 Taiwan

1. 第四核电站的续建问题

战后中国台湾的能源政策，支撑了以开发为导向的产业政策。但是，在台湾人民对环境问题关心高涨和民主化发展的同时，还存在很大问题，正在面临着转折点。特别是能源利用形态和能源相关产业的发展，直接或间接地都会涉及环境问题，不断变成反对开发运动的焦点。

2000年3月18日，在台湾地区“行政长官”选举中，高举“绿色行政”旗帜的民进党的候选人陈水扁当选，在战后50年间，台湾地区实现了第一次的“政权更替”。尽管这一政权更替是台湾地区民主化进程的重要一步，但同时也给经济社会的结构变化造成了巨大影响(1)。

刚刚成立的新政权，立即设置了关于在建的第四核电站续建问题的复审委员会。该委员会归属经济部门，由产业、官方、学术界有关人士及专家组成，赞成派与反对派各占一半左右，每周五召开例会。会议现场在进行电视转播的同时，还在互联网上公布。该委员会从当年6月一直持续，于9月30日提交了《最终报告》(2)而解散。

在日本，各大报纸对此也都进行了报道，复审委员会的《最终报告》指出，“终止第四核电站建设”，“尽快停止现有核电站运行”，这些内容具有划时代的意义。台湾地区经济部门主管林信义指出，核电已经影响到电力的自由化，在经济性方面核电站没有未来，对台湾地区来说，只有电力自由化才是必要的。台湾如果从脱离核电的立场出发，把其精密仪器技术、信息处理器技术注入节能政策中去，那也会制造出在国际市场优质的产品。可是，后来由于坚持续建第四核电站的在野党（国民党）在政治上出现了混乱局面，新“内阁”于2000年10月成立[3]。

由于台湾地区“行政长官”选举的败北，沦落为在野党的国民党发出警告，停建第四核电站会给将来的电力供应造成不稳定因素，会给台湾的产业投资和经济发展带来严重的负面影响。同时，大力宣传前政权的产业政策、能源政策的正确性。新政权成立后，在“少数党执政内阁”之下，不仅政策难以推行，而且在台南地区的河流污染、河流整治作业的工程现场，相继发生了工作人员被洪水卷走、溺水而亡等突发事件，新政权的执政能力受到质疑。加上目前的状况，第四核电站停建的判断难以获得人们的支持。

10月27日，在陈水扁同国民党主席连战刚会谈后不久，新“内阁”就召开记者招待会，发表了停建已经完成了30%以上工程量的第四核电站的决定[5]。关于停建的理由有以下几点：①即使停止建设，在2007年前电力也不会缺乏；②电力市场的自由化和电源分散政策等使得替代能源的可实现性很高；③核废物最终处理方法尚未确立；④如继续建设，需要追加的预算超过停建造成的损失；⑤一旦事故发生，整个台湾都将置于放射性污染的区域，而且危机处理能力还不够充分；⑥停建造成的损失和赔偿金少于继续建设所必要的追加费；⑦为了台湾经济的可持续发展，需要推行无核电。另外，台湾地区新行政主管张俊雄以1986年发生的前苏联切尔诺贝利核电站爆炸事故等为例，指出了核电站事故影响的严重性[6]。可是，推进建设派的最大在野党国民党强烈反对当局的停建决定[7]。

由于后来的政治混乱，事态发展到司法（宪法解释）介入的局面。结果，在行政同司法部门之间达成了妥协，“同意从长远考虑要实现无核，但第四核电站建设要继续”，行政部门遂于2001年2月14日一改常态，发表了第四核电站计划继续的决定。

总之，中国台湾的第四核电站续建问题已经超越了产业政策论争的范畴，而变成了动摇刚成立的新政权的政治问题。新政权通过“无核电站”以构筑新产业政策意图，特别是为实现其环境方面意义重大的能源政策转换，不得不说其实现的道路将是曲折的[8]。

2. 海岸与海洋管理问题

海岸是具有陆地和海洋相接的、有特色的空间，是多种多样生物栖息与繁衍的宝贵场所，同时也是自古以来人们各种活动所利用的重要空间。在中国台湾海岸，因受波浪侵蚀，残存的奇石怪岩很多，除了这个特征外，还有丰富的海洋生态。例如，在东海岸的太平洋，可看见宽吻海豚（Bottlenose Dolphin 拉丁学名：*Tursiops truncatus*）、长吻原海豚（Spinner Dolphin，拉丁学名：*Stenella longirostris*）、灰海豚（Risso's dolphin 学名：*Grampus griseus*）、沙捞越海豚（Fraser's dolphins 学名：*Lagenodelphis hosei*）和点斑原海豚（spotted dolphin 学名：*Stenella attenuata*）的群落在海面上跳跃。而在南方的垦丁、绿岛和澎湖地区拥有美丽的珊瑚礁，湛蓝美丽的海洋世界一望无际。但是，受惠于海洋资源的台湾地区，由于轻视海岸与海洋管理，所到之处都在推进不合理的海岸开发行为。因此，不仅海岸的环境与景观破坏不断加重，而且也给海洋生态系统带来严重冲击。

1998 年年初，台湾当局通过了《领海与近邻法》和《经济专属区海域与大陆架法》。2000 年 11 月，实施了《海洋污染防治法》。进而于同年，行政部门发行了《海洋白皮书》。“内政部门”长时间研究了《沿岸法》之后，提交给了立法部门。这些健全的主动行动成为 1998 年“国际海洋年”后台湾进行沿岸管理的对策。但是，在沿岸环境方面，无政府状态的不可持续性的开发大大损害了自然生态系统，使海洋环境恶化(9)。2001 年 1 月 14 日，在垦丁国立公园海域，希腊籍货船阿玛斯号（Amorgos）触礁，引起重油泄漏，污染了垦丁海域(10)。

阿玛斯号触礁事故，是近年来在台湾海域发生的最严重的油污染损害事件。阿玛斯号从印度出航，在前往中国江苏省南通的途中，在台湾南端的鹅銮鼻海域失去动力，漂流 12 多小时之后，在鹅銮鼻东约 1 km 的海域触礁。事故发生当时，台湾地区有关部门立即派遣救护队，救出了包括船长和技师长在内的25名船员。可是，船内还留有重油约1 500 t和数万吨矿石。另外在触礁的当时，尽管重油没有泄漏，但受到台湾东海岸强劲的季节风的冲击，船体破损部分逐渐扩大，4天后的18日，重油开始泄漏，不仅污染了垦丁鹅銮鼻海域，而且还通过漂浮波及2 km的自然海岸。

在《海洋污染防治法》之下管理海洋污染的环境保护部门，在接到重油泄漏的报告后，立即察知重油泄漏引起油污染的严重性，马上一面同船主取得联系，一面求助石油公司等部门的合作，致力于事故处理，但由于当时处于农历正月的连休期间，没能招集到作业者。这种事态一直持续到24日，真正的油污清除作业总算于25日得以开始。但是，地区居民面对严重的海洋污染这一事实，对环境保护部门的事故处理对策大为不满，要求追究当事者的政治责任，结果，环境保护部门主管被迫辞职。

刚成立的新政权，继第四核电站问题，在海岸海洋管理问题上也积留着大量的课题。因此，尽管构筑历经数年的重油清除与应对系统，但在保护海洋环境方面，不得不说道路依然漫长。

3. 固体废物管理的现状与课题

中国台湾地区，由于人口密度高和面积有限，有关城市垃圾处理的战略是："焚烧处理为主，填埋处置为辅"。以前，台湾当局为建设焚烧炉及其相关处理设施，投资超过了1 000亿新台币(约3 800亿日元)。例如，通过推进1991年的《台湾固体废物资源再循环设施建设计划》，计划建设21座公设焚烧设施。进而，通过推进1996年的《BOO/BOT方式的焚烧炉建设推进方案》，计划建设15座民营焚烧设施。现在，已经建设了18座公设焚烧设施和1座民营的大型焚烧设施，处理台湾地区约50%的生活垃圾。这样，台湾地区的生活垃圾处理作为焚烧处理系统迅速地体系化了。

在再循环领域，据统计资料，再循环材料总量2001年为96.5万t，再循环率达到12.6%。人均每日垃圾排放量为0.94 kg，同1999年的

1.07 kg 相比，生活垃圾排放量有了一些减少。实现了垃圾产生负增长率这一政策目标。

关于工业固体废物，据环境保护部门的调查发现，2000 年工业固体废物排放量为 3 990 万 t 左右，危险废物排放量为 162.4 万 t 左右。现在，885 万 t 的工业固体废物和 58.7 万 t 的危险废物尚未得到妥善处理，需要添置焚烧设施和其他处理设施。在修改《固体废物处理法》之前，对于当局消极的应对，企业承担了处理本身产生的固体废物的责任。但是，在 1999 年 7 月 14 日修改《固体废物处理法》之后，在工业园区和科学工业园区，要由台湾当局规定管理该产业的“行政主管”部门，承担计划并设置工业固体废物处理设施的责任。该法于 2001 年 10 月 24 日进一步修改，目的在于明确规定台湾当局对于该产业相关企业的主管部门的权限。通过修改，明确了当企业不具备固体废物处理设施或不能处理自家的固体废物的情况下，主管部门必须采取积极措施。因此，工业固体废物处理，就从排放企业自身责任进行处理的体制转向政府积极的公共参与的体制。

受此影响，2001 年由台湾当局批准了环境保护部门的《工业固体废物管理与处理方案（草案）》，基于该草案，该产业的行政主管部门必须在 2001 年 12 月前，完成工业固体临时保管设施，在 2003 年 12 月前，必须完成工业固体废物的处理与处置设施。该项计划的目的是支持工业固体废物的恰当处理和污染削减。工业固体废物的再利用率在 2006 年预定要提高到 73%。

根据《工业固体废物管理与处理方案（草案）》，为了设置一般工业固体废物处理设施，环境保护部门有整合、调整、监督有关工业负责部门的责任。工业管理部门有整合、规划、调整、促进危险废物的处理工作和设置最终填埋处置设施的责任。因此，环境保护部门实行工业固体废物（包括焚烧飞灰）最终处置设施的《以 BOO/BOT 方式推进建设焚烧炉方案》。在该计划中，BOO/BOT（民间拥有、民营经营）模式得到采用。预计到 2003 年年末，12 个县（市）完成最终处置设施建设。

进而，环境保护部门提出了工业固体废物（包括焚烧飞灰）最终处置设施的紧急设置计划。根据该计划，在2002年年底前，为了处理焚烧飞灰和一般工业固体废物，预定要在台湾地区的中部和南部分别建设大型的最终处置场。另外，“经济部门”起草了《台湾特殊工业固体废物处理计划》。特殊工业固体废物处理中心预定分别设在台湾地区的北部、中部和南部。2001年12月，“经济部门”为了支持企业的特殊工业固体废物处理问题的临时性解决，建设了工业固体废物的临时保管设施。中期目标是在2003年年底前完成综合处理中心第一阶段的建设作业，长期目标是在2004年年底前完成综合处理中心第二阶段的建设作业。

上述以焚烧为主构筑的“现代”处理系统，既可以说是正在确立可靠而恰当处理的基础，但反过来看，也同日本一样，可以指出它正在产生伴随着“焚烧主义”的问题。同时，也正在尝试引进以垃圾袋收费为主的经济手段的控制对策和通过国际竞争投标带来世界尖端技术的积极应用等，成效如何，有待关注。

（执笔：陈礼俊，植田和弘）

菲律宾 Republic of the Philippines

1. 环境治理

20世纪80年代以后，菲律宾就开始建立“环境治理”（Environmental Governance）机制。在环境问题的对应与对策方面，不仅靠中央政府，而且包括地方政府、民间部门、NGO 在内的各种主体都与此有关。

首先是中央政府的变化。1986年，阿基诺女士就任总统，以前的自然资源部（DNR）改组为环境自然资源部（EDNR），变成环境保护与对策的主管部门。在1997年的《菲律宾环境法》（总统151号令）之下，构建环境对策框架，把过去分散在若干部门的执行权限，集中到环境自然资源部，以期有效运用。1989年，内阁通过了《菲律宾可持续发展战略》，确认了经济开发要在环境保护框架内进行。这样，在菲律宾中央政府鲜明地表现出致力于环境保护姿态的背景下，20世纪80年代以后，不仅国际性的环境保护意识高涨，而且菲律宾国内的NGO和市民运动也高涨起来了。

相对于导致1986年马科斯总统流放的运动带有浓厚的反体制政治倾向，而在阿基诺执政以后，追求单项目标的运动和自我实现型的运动形态得到了发展。环境领域的市民运动在20世纪80年代以后扩大了。“野鸟会”（HARIBON）开始接触整个环境保护问题，设立环境NGO的联合组织“绿色论坛”（Green Forum）也都是发生在80年代末的事情。在直接遭受环境损害的地区，NGO和市民运动对环境政策施加影响的案例也不断增加。如1989年索索贡省（sorsogon）伊洛辛的反对建设地热发电站的运动和巴拉望省（Palawan）要求禁止商用木材砍伐的请愿运动等。受到这些运动的影响，环境自然资源部设置了负责NGO的部门，同1992年的全球峰会一起，在政府当年设置的“菲律宾可持续发展会议”[1]里，也增加了许多NGO的名字。

1991年，根据《地方自治法》，中央政府的一些权限向省、市、镇、村这些地方政府转移，在开发政策和环保政策的执行中，地方也被赋予一定的自主权。同时，还要求必须让NGO等参加地区开发协商会（RDC），规定要把NGO的意见反映到环境政策中。

这样，阿基诺执政以后，在菲律宾出现了这样的态势，即围绕环境问题与政策，不单是中央政府，而且市民团体、NGO、地方政府也对其制定与执行有了发言权。但现实中，菲律宾的政治经济结构错综复杂，未必能够产生所希望的状况。具体问题叙述如下。

2. 马尼拉首都圈的垃圾问题

替代了因参与违法赌博嫌疑而被议会弹劾下台的埃斯特拉达总统，2000年1月，对于接任的新总统阿罗约来说，最大的悬案之一是马尼拉首都圈[2]的垃圾处理问题。在马尼拉首都圈，每天产生约6 000 t垃圾，而收运能力仅为3 280 t，仅占垃圾产生量的55%。而且，整个菲律宾的垃圾产生量，预计在2010年前将增加40%。1999年，根据《大气净化法》，为避免产生二噁英等污染物，禁止一切垃圾焚烧。垃圾处理方法只能在收集场内堆积。然而，过去使用的马尼拉近邻的甲米地省（Cavite）卡莫纳（Carmona）、黎刹省（rizal）圣马特奥市（San Mateo）等地的收集场，因水质污染等原因受到当地居民抱怨，一个一个地接连关闭了。而在15个备选场地中，只有甲米地省的马加利亚内斯（Magalhanes）获得环境合格证书（ECC: Environmental Compliance Certificate），其他均未取得实际进度。由垃圾收集车集运的垃圾，或被临时堆放在马尼拉港口的第16号码头，或被非法倾倒在空地上或河流中。而未被收集的垃圾在市区街道堆放得四处都是。

在这种状况下，2000年7月发生了帕亚塔斯垃圾场爆炸事件，造成死亡人数据说有200人，也有说300人的。尽管帕亚塔斯作为垃圾场暂时被关闭了，但却以应对马尼拉的垃圾处理危机为由，并以帕亚塔斯居民靠收集垃圾中的可再生利用物品维持生计的自身愿望形式，又继续开始运入垃圾的作业。

阿罗约总统接掌政权后，签署的第一个法律就是2001年的《固体废物管理法》。该法充分反映了NGO的意见，规定：禁止使用一次性包装，要求分类收集垃圾，促进循环市场等，以削减垃圾产生量。但现状是，由于没有法律实施经费预算，而负有执行分类收集职责的马尼拉首都圈各城市也不遵守相关规定。进而，在2001年，不仅马尼拉首都圈的垃圾收集工作，有关垃圾废弃的权限都下放给了各市，这使事态进一步恶化。没有监督体制的权限下放，滋生了政治家、官员和垃圾处理企业间的勾结，助长了企业向河流与港湾的非法倾倒。对此，2002年5月，环境自然资源部部长阿尔瓦雷斯向非法倾倒企业下令停止营业，并警告要以污染环境为由进行刑事起诉。

从长期看，需要采取措施实现垃圾减量和限制无谓消费等。但在现阶段，在尚未确定恰当的倾倒预定地的情况下，就禁止焚烧炉，看来尚未建立起从根本上解决垃圾问题的对策。

3. 1995年《矿山法》带来的矿业复兴

围绕矿业，在政府的政策下，民间部门，特别是跨国企业掌握着主导权，把开发放在优先于环境的位置。菲律宾是世界有名的以金、铜为主的矿物资源国。矿产资源在高峰时曾占出口总金额的25%左右（1973年）。但在20世纪80年代后，由于国际价格低迷和国际竞争激化，开始走向衰退，在最不景气的1997年，仅占出口总金额的3.2%。

矿业公司在自由化进程中，为了尽量削减费用，一方面削减劳动力，另一方面采用更廉价的露天采掘方式。在1992年开采的14座矿山中，有10座矿山为露天开采。由此至少可以降低10%的费用，但同时对周围自然环境的影响也很严重。

1995 年，菲律宾政府为重振衰退的矿山业，制定了《菲律宾矿山法》（共和国法 7942 号）。该法最大特点是规定了“财政与技术援助协定”（FTAA），对于投资在 5 000 万美元以上的大型企业，承认其在广大地域内 25 年（可延长 25 年）的勘探与开采权。对于外资企业，如 100%出资的，也予认可。总之，其着眼点就是想依靠资本与技术力量雄厚的外国企业来重振菲律宾矿山业。尽管法律上要求企业拿出一部分资金投入环境保护，但实际上企业是否遵守还值得怀疑。原因在于，在矿脉勘探阶段就对当地居民采取了明显的非人道对策。

例如，以 1995 年同菲律宾政府缔结了 FTAA 的澳大利亚企业西部矿业集团（Western Mining Company：WMC）为例来分析。为了力求能在 2004—2005 年开工，该公司在横跨棉兰老岛南部的哥打巴托省（Cotabato）的南部与北部、苏丹库达拉特省（Sultan Kudarat）高达 9.94 万 hm^2 的广袤土地上，进行矿脉勘探。进行矿脉勘探与开采，有义务要取得当地居民的同意。WMC 通过对象地区的地方长官和原住民会议，通过提供学校与医院建设、道路铺设、水道建设、地区通电等诸多社会贡献项目，取得了居民对于矿脉勘探与开采的同意。可是，由于项目内容没有明确说明，很多居民在尚未准确理解文书内容的情况下就签了字，卡车就开进村庄，居民才知道矿山开发开始了。而且，对于居民抗拒勘探与开采的不合作行为，1996 年反复出现军队对居民的军事镇压，在一次事件中，6 名布拉安（B’laan）族居民死亡，120 户家庭被强制搬迁。

像这样，在矿业领域把很大权限赋予民间部门的过程中，开发优先于居民生活和环境保护的事态正在发展着。

4. 同经济界的协作

H. 阿尔瓦雷斯被阿罗约总统任命为环境和自然资源部部长。他在就任部长前是议员，曾参与共同提案制定了 1999 年《大气净化法》和 2001 年《固体废物管理法》，与环境问题一直有一定的关联。因此，就任环境长官后，他在推进环境政策方面展现出积极姿态。

例如，作为1999年《大气净化法》（法律定于2000年11月生效但实质性项目尚未进行）的具体化，他把马尼拉首都圈和周边6省（布拉干省（Bulacan），黎刹省，甲米地省等地）作为一个“对象空域”[(3)]，设置了管理委员会（2002年1月）。2002年6月在亚洲开发银行的财政援助下，又提出了实施《马尼拉首都圈大气改善项目》。

再者，阿尔瓦雷斯部长领导下的环境自然资源部的特点还有，更积极地促进出台为推进环境政策而同经济界合作的菲律宾政府政策。关于大气净化政策，2001年6月制定了《大气净化伙伴关系》，包括菲律宾工商协会、石油业界、运输业界等经济界、反对公害市民联盟（CCAP）等市民团体以及亚洲开发银行（ADB）、美国开发援助署等国际机构，致力于汽油的无铅化和大气净化项目。

2002年6月，阿尔瓦雷斯部长本人呼吁“可持续发展伙伴关系”，旨在确立同经济界、市民团体的合作体制。同时，环境自然资源部同大型零售商鞋庄（Shoe Mart）就引进《环境保护计划》事项交换了《备忘录》（2002年3月），同麦当劳公司商定加强环境意识的宣传合作（同年6月），还相继发表了《对经济界的环境政策理解与合作宣言》等。

在推进环境保护政策时，不仅在于行政，而如何充实同企业与经济界、NGO与市民团体的合作为前提的“环境治理”，也是十分重要的。在此意义上，菲律宾最近的动向应该受到好评。但是，如果换个角度看，可以说在很大程度上也隐藏着环境政策可能成为以自由化为前提的市场主义的因变量。即环境政策只是被限制在企业追求利润的框架内，根本性问题有可能仍被等闲视之。实际上，有部分环境NGO批评阿尔瓦雷斯是一名意欲保护旧政治经济体制的“传统政治家”。另有一部分NGO担心，NGO、市民团体同政府的合作可能促进这些体制的内在化和公众批评能力的降低。

近年来呈急速改进态势的菲律宾“环境治理”，对环境保护来说究竟有没有意义？也许可以说这就要看今后的社会环境意识同监管程度是否相符合的程度了。

（执笔：太田和宏）

越南 Socialist Republic of Viet Nam

越南共产党和政府提出了在2020年前成为工业化国家的目标，但工业化和城市化加重了环境破坏的深度，同时还发生了因全球气候变化影响而无法预测的灾害。在此过程中，越南共产党和政府为环境保护正在实施利用民间力量的“环境保护社会化”政策。

1. 森林保护政策与各种问题

越南国会于1997年11月批准了“500万 hm^2 造林计划”，确定目标是在13年时间里把国土森林覆盖率从28%提高到43%。结果，截至2002年年底，森林面积扩大到全部国土33.2%（1 091.559 2万 hm^2）。

在从2001年年初到10月的10个月里，全国16.602 1万 hm^2 土地上新植了树木（其中，5.979 8万 hm^2 为防护林，9.5万 hm^2 为产业林）。另外，为做好森林的管理与保护，把214万 hm^2 委托给了各生产单位、各户和个人。2002年的目标是，保护森林200万 hm^2，努力改善50万 hm^2 森林的生态系统，在28万 hm^2 土地上进行集中性的造林。

上述造林计划批准后，在3年时间内，共发生森林火灾2 100余起，烧失森林超过2.266万 hm^2。由于地方当局和居民对于火烧田农业、非法砍伐木材、预防森林火灾等对策的懈怠、实施森林火灾预防指针的滞后，导致问题恶化。2001年上半年的森林火灾为227起，烧失森林1 282 hm^2（与上年同比增加62%）。违反《森林法》的行为高达24 393起（其中，偷猎645起，林产品走私16 280起）。结果，惨遭偷猎的野生动物35 235 kg，非法砍伐树木21 830 m^3。

2001年1—10月，违反《森林保护与开发法》的案件多达39 417起（其中，林产品违法开发7 051起，农业耕种引起的森林破坏1 401起，偷猎988起，林产品走私25 431起，袭击森林警备队22起）。1993—1995年，在南部的平治天省（Binh Tri Thien）森林保护区和野生动植物保护区，53 000 m^3 以上的树木遭到非法砍伐，35 人受到最高 20 年强制劳役惩罚。2000 年 8 月，该省人民委员会主任因围绕非法砍伐渎职嫌疑而被解职，而且因土地与森林保护失职受到有罪判决。

2. 洪水与干旱

在越南，全国各地经常发生无法预测的事态，与洪水共存的人们，传统生活正受到威胁。

在北部，2000 年 7 月，山岭地区的老街省（Lao Cai）萨帕县发生洪水，引起大规模滑坡，20 人死亡。同月，流过山区地带的红河水系的劳河（Lo River）水位上涨，在河江省（Ha Giang）达到过去 10 年间的最高纪录 7 m。该省在暴雨引起的凶猛洪水中，6 人死亡，1 000 多栋房屋倒塌，1 500 hm^2 稻田和 300 多 hm^2 果园受害，损失总额约 70 万美元。在首都河内（Ha Noi）市，2001 年 8 月，连续 2 天下起了 17 年一遇的瓢泼大雨，市内 120 处受到 30～50 cm 的浸水灾害。

在中部，2000 年 12 月，洪水比常年发生得早，26 600 hm^2 的稻米和 15 000 hm^2 的二茬作物全部绝收。之后，在 2001 年 8 月之以前的几个月里，建江（Kien Giang）、富庆（Phu Khanh）、多乐（Dac Lac）等省全无降雨，气温达 37～38℃。1 个月的日照时间长达 250 h，再达历史最高纪录。除了建江省的 1 000 hm^2 水稻受害外，富庆省的 1 000 hm^2 甘蔗绝收。几乎所有水井和河流都干涸了，遭受海水侵蚀的土地扩大了。由于随后的台风和洪水，在中部，截至 11 月中，111 人死亡。

在南部，2000 年 7 月，湄公河雨季水位开始上升竟比常年提前了 40 天之多，遭遇了 70 年一遇的特大洪水。在这次特大洪水中，截至 11 月末，死亡 410～450 人（其中 300 多人是儿童），450 万人的房屋浸水，15 万 hm^2 稻田被淹没，56 000 hm^2 的大米和 4 000 hm^2 的二茬作物、9 万 hm^2 的果树和经济作物全部绝收，受害总额高达 2.78 亿美元左右。特别是前江省（Tien Giang），农作物受害显著，还有，370 家诊所浸水，1 万多公里的道路没水，12 149 间教室浸水。

2001 年 8 月开始，湄公河水位再次迅速上升，在同塔梅平原（Dong Thap Muoi plain）（横跨同塔省、隆安省、前江省的湿地地带）、龙川四角地带（Long Xuyen Square）（由安江省（An Giang）、芹苴市（Can Tho）构成的湿地地带）发生洪水，死亡 12 人。在隆安省（Long An），3 000 栋房屋浸水，23 km 公路没水，诊所和桥梁遭到损坏。这次洪水，从 8 月到 11 月中，造成死亡 385 人（其中，儿童超过 260 人），20 多万栋房屋和几千间教室浸水，数千公顷的水田和果园等没水，受害总额达 6 670 万美元左右。

3．工业化和城市化引起的污染：河流的污染与固体废物

每年 12 亿 m^3 的工业废水和生活污水，几乎都不经处理就排入河流。污染严重的河流有：红河（Red River）、洮河（Tao River）、（Da River）、（Lo River）、西贡河（Saigon River）、（Ty Vai River）、同奈河（Dong Nai River）、裘河（Cau River）。近 90%的工厂没有污水处理设备，工业地带的河流中，化学物质含量极高。特别是在北部的桂特江工业区的造纸厂和过磷酸盐厂附近，污染已达"危机状态"。在流过北部老街省的红河中，检出了高浓度的石炭酸（苯酚）和其他金属物质。

另一方面，越南 1 天的固体废物产生量，2001 年年末上升到 19 315 t，其中，10 162 t 为工业固体废物，212 t 为医疗废物，8 941 t 为生活垃圾。基于"环境保护社会化"政策，截至 2002 年上半年，在北部的谅山省（Lang Son）、北江省（Bac Giang）部分地区和中部城市岘港市（Da Nang），试行由民间企业进行固体废物的收集和处理，成为垃圾处理民营化的样板。

4．清洁能源与核电站建设计划

2000 年，越南全国的燃料消费为 150 万 t 左右，二氧化碳排放

量 11.37 万 t，能源消费量每年以大约 11%的速度增加。政府限制汽油中所含的铅和香料，燃油含硫量不得超过 3%，进口燃油含硫量为 1.5%。为了促进使用清洁能源（以替代化石燃料）的运输工具的进口与利用，决定实施税金下调和支付补助金等措施。自 2001 年起，禁止进口使用含铅汽油的汽车，从同年 7 月 1 日起，国内使用无铅汽油。

同时，政府完成了在 2003 年前核电站建设项目的预测性调查，发表了核电站最迟在 2019 年可能运行的意向。核电站建设候选地有南部的宁顺省（Ninh Thuan）和平顺省（Binh Thuan）。

国际原子能机构（IAEA）为促进越南和平利用原子能给予了合作。基于《地区合作援助计划》，从援助人员培养，正转向农业、保健、工业领域的核技术应用。

越南同日本之间，通过了《日越关于和平利用核能与经济发展合作框架》，要求日本提供技术转让。

5．民间活力的环境保护

越南共产党政治局于 1998 年 6 月发布指令《关于国土工业化与现代化时期加强环境保护工作的指示 36/CT-TW》。作为其中一环，要推进“环境保护社会化”政策。其主要内容是，私营企业与公众团体、共同体、个人，都是森林保护、固体废物处理、水源净化等事业的主体，这也可以说是环境保护的民营化。在部分城市，私营企业实施垃圾处理，各地方的青年团体和妇女团体向居民募集资金，开展建设净水厂和向山区提供给水设备等示范性项目。

政府还开展运动，把每年 4 月 29 日至 5 月 6 日定为“净水与环境卫生周”，确保工作场所和公共场所都有卫生的生活环境。由此，城市和工业区的绿地面积不断扩大、确保农村水源卫生方面也取得了成果。

通过以上努力，无论在国家层面上还是在社会上，对于环境破坏的问题意识都在高涨。作为今后课题，第一，信息公开问题。即使下达了许多决定，但仍缺乏有关实施过程及其成果的信息。正式规定的“标准”和“容许度”是否普遍适用，都不明了。另外，越南常常只重视数量增长，不倾向于内容公开。第二，环境政策同消除贫困与山区少数民族政策等密切相关，但能否建立起横向的合作体制，克服历来纵向分割的官僚机构，这是有待解决的问题。第三，民间活动进行的环境保护，在贫富差别仍在扩大的当今，担心贫困阶层和贫困地区成为环境破坏的牺牲品。不能允许国家把环境保护的责任推诿给他人。

（执笔：中野亚里）

专栏4 越南的固体废物处理与环境激素（环境荷尔蒙）

在经济增长显著的越南，固体废物处理成了大问题。河内市的情况是，城区的生活垃圾由城市环境公司（Urban Environmental Company，URENCO）负责处理。1997年下半年以来，城市生活垃圾被收运到URENCO管理的泰莫（Tay Mo）最终处置场，1999年年初，每天处理1 060 t固体废物、300 t建筑垃圾和污泥等。可是，面积5 hm^2的处置场不到3年就被填满了，2000年以后，生活垃圾开始被收运到位于距离河内市50 km的南松（Nam Song）处置场进行填埋。各家的垃圾分别堆放在门前道路上的手推车车斗里，每天来收集垃圾的作业人员把手推车推到在马路上处于待机状态的大卡车前，装车后运往处置场。垃圾中，除了厨余垃圾外，还有塑料、玻璃瓶、易拉罐以及在日本超市也可拿到的购物袋那样的聚氯乙烯袋子，可以说，所有这些垃圾都是以混合形式排出的。

在这种状况下，为了考察这些垃圾对最终处置场周边的影响，分析了2个最终处置场渗滤液的水质。泰莫处置场是露天堆放方式，渗滤液没法收集，所以把从处置场各处所见的水坑采集到的水样当作渗滤液。而南松处置场铺设了防水衬层，也铺设了渗滤液集排水管，所以调查了从集排水管收集的渗滤液。调查结果如表1所示，从渗滤液中检出了典型的“环境荷尔蒙”壬基酚（Nonyl Phenol，NP）和双酚 A（Bisphenol A，BPA），另外还检出了被认为是“类环境荷尔蒙物质”的五氯酚（Pentachlorophenol，PCP）及其中间代谢物（表 1 中第 1 行带有数字编号的化学物质）。中间代谢物有时会比亲体物质的毒性更强，虽然这次没有对其测定，但 2,6-DCP 的异构体 2,4-DCP 被指定为环境荷尔蒙。尽管每种物质的检出浓度都不高，但在渗滤液中确实存在着这些物质。NP 是工业用洗涤剂壬基酚乙氧基化物的最终分解物，BPA 存在于塑料中，在密封罐内侧的涂层、超市等最近用于收据的热敏纸中都含有此类物质。PCP 是用作杀虫剂和木材防腐剂的化学品。上述每种化学品都同人们生活密切相关，用途很广。尽管这样的化学物质不多，而从渗滤液中将其检出，具有非常重要的意义。

表 1　南松、泰莫垃圾处置场中的环境荷尔蒙物质分析表　单位：μg/L

处置场	2,6-DCP	3,4-DCP	2,3,6-TCP	2,4,5-TCP	2,4,6-TCP	2,3,4,5-TeCP	2,3,4,6-TeCP	2,3,5,6-TeCP	PCP	NP	BPA
NS1	—	—	—	—	—	—	—	0.19	0.38	19.46	0.14
NS2	—	—	0.33	—	—	—	—	—	0.33	68.08	9.73
NS3	n.d	n.d	n.d	n.d	n.d	n.d	n.d	n.d	n.d	49.89	18.60
NS4	—	—	—	—	—	—	—	0.38	0.33	25.16	0.02
NS5	—	—	—	—	—	—	—	0.21	0.33	52.81	6.80
TM1	—	—	0，72	—	—	0.12	—	1.66	2.29	40.33	21.52
TM2	0.49	—	0.72	—	—	—	—	2.33	2.10	16.74	0.47

注：NS：从南松处置场采取的浸出液样本，编号数字为样本编号，从 5 处采样；
TM：从泰莫处置场采取的浸出液样本，从 2 处采样；
2,6-DCP：2.6-Dichlorophenol（PDP 的中间代谢物）；
3,4-DCP：3.4-Dichlorophenol（PDP 的中间代谢物）；
2,3,6-TCP：2.3.6-Trichlorophenol（PDP 的中间代谢物）；
2,4,5-TCP：2.4.5-Trichlorophenol（PDP 的中间代谢物）；
2,4,6-TCP：2.4.6-Trichlorophenol（PDP 的中间代谢物）；
2,3,4,5-TeCP：2.3.4.5-Tetrachlorophenol（PDP 的中间代谢物）；
2,3,4,6-TeCP：2.3.4.6-Tetrachlorophenol（PDP 的中间代谢物）；
2,3,5,6-TeCP：2.3.5.6-Tetrachlorophenol（PDP 的中间代谢物）；
PCP：Pentachlorophenol；
NP：Nonylphenol；
BPA：Bisphenol A；
n.d.：检出值以下；
—：无数据，表示在本次水样分析中未予测定。

此类污染的实际状态及其变化，事实上在世界水平上仍未解明。如果在发达国家，只要为建立社会性基础设施投入资金，就可以在一定程度上采取对策。而在社会基础设施尚未建立的地区和国家，污染可能会加速。今后，通过这样的调查进行环境荷尔蒙监测，其意义非常大。

参考文献：

Nippon Koei Co. Ltd.，and EX Corporation，The Study on Environmental Improvement for Hanoi City in the Socialist Republic of Vietnam，*Interim Report*，Vol.3，March 1999，p.1-1 and 7-31.

（执笔：立田真文，藤田正宪）

泰国 Kingdom of Thailand

1. 新宪法制定后对环境问题的应对

2001年1月，在1997年制定的新宪法之下，进行了下议院议员的首次选举。结果，泰爱泰党（Thai Rak Thai party）取得了绝对多数，总理职位从民主党党首川立沛（Chuan Leekpai）换成了泰爱泰党党首他信·西那瓦（Thaksin Shinawatra）。

他信在就任总理后不久，就表现出积极解决环境纠纷的态度。首先，同要求打开帕蒙（Pak Moon）水坝大闸的居民一道，在曼谷同进行大规模示威游行的“贫民论坛”（Assembly of the Poor）的领导人一起举办了午餐会。之后，在历届总理中，首次对过去近5年来围绕项目实施引起过激烈争论的巴蜀（Prachuap Khiri Khan）府的2个火力发电厂[(1)]和宋卡（Songkla）府的天然气管道铺设现场进行了视察。

在1997年的新宪法下，上议院议员也选举产生了。正是在2000年1月实施的首次议员选举中，也有NGO的成员成功当选了。后来，在议员中，根据不同主题成立了若干个团组，其中也成立了致力于解决环境纠纷的委员会，他们或总结天然气管道项目的环境影响调查，或访问沙没巴干（Samutprakan）府的污水处理厂建设现场等。

在1997年的新宪法中，明确规定了，当地居民有参与自然资源管理的权利和国家促进当地居民参与的义务。还规定了，在实施可能给环境带来重大影响的开发计划时，要进行环境影响调查与评价；在听证过程中，要向居民提供收集的信息和发表意见的机会。

而现实中，新宪法的制定以及随之实施的选举并没有改变从前的开发事业优先的方针以及国家管理自然资源的方针。更不如说，政府在修改成有利于环境保护的法律与政策以前，已经加快了开发速度。因此，这进一步激化了一些地区的环境纠纷。

下面将要概述的是，1997年新宪法的“居民参与规定”，在大规模开发项目和法律制定过程中，效力程度究竟有多大？根据新宪法选出的上议院议员对于环境纠纷究竟采取怎样的对策？

2. 新宪法与大规模开发项目的实施过程

他信总理于2002年5月对建设宋卡府的天然气管道项目和巴蜀府的燃煤火电厂项目下达了“最终性”判定。其内容为，燃煤火电厂项目在2年内停止实施，天然气管道项目在变更路线后再实施(2)。对于这一判定，宋卡府项目实施所在地现场周边居民的反应强烈(3)。

在这2个开发项目中，共同的争论焦点在于，政府办事程序的不透明；对环境和当地居民生计的恶劣影响；以及对于泰国来说没有事业上的利益乃至经济性。

关于政府的程序不透明，首先指出，依据《宪法》第56条和第59条，项目实施前要举办听证会和《环境影响报告书》须经批准，这些都被政府忽视了。确实，这3个项目都在项目实施前举办了听证会，环境影响报告书也获得了批准。但是，电力买卖契约和政府间的项目实施决定，都是在举办听证会和最终批准《环境影响报告书》之前进行的(4)。因此，听证会上的意见与讨论、对于《环境影响报告书》的建议等，几乎都没有反映到项目的基本设计中，而在实施阶段更没有充分的确保。

再者，对于项目实施单位进行的环境影响调查内容也遭到质疑。博诺发电厂（Bo Nok Site）项目在其《环境影响报告书》得到批准之后，科技环境部检查局长在现场调查中，确认《环境影响报告书》中没有记载珊瑚礁和鲸鱼等稀有动物的存在等，报告书存在明显的杜撰。另外，在天然气管道项目中，在专家委员会尚未得到社会恶劣影响调查并认可其缓和措施的情况下，环境政策立案局就批准了《环境影响报告书》。尽管在此之前约1年内，对先后8次之多提交来的《报告书》均不予批准，但现在就这么办了。

而在开发过程中，关于环境影响和社会冲击的信息都没有向居民充分提供。在宋卡府的天然气管道项目中，国家经济社会开发委员会制订了计划，要把管道连接到宋卡府的工业园区，以吸引石油化工企业，利用天然气分离设施从液化石油气（LPG）分离出来的成分，计划在该地区开发一大片工业园区。可是，对于居民提出的，需要对新工厂和工业园区建设都包括在内的整体环境影响进行调查的要求，任何政府机构都没有采取对策。

在尚不明晰的石油化工园区，宋卡府的居民被搞得神经紧张，是有其充分理由的。在先前已经实施的《东部林海开发计划》，特别是马塔保（Map Ta Phut）工业区，居民们生计丧失和健康受害已持续发生了 10 年之久，到 2002 年环境问题也没有从根本上得到解决。尽管这些负面影响还没有解决，但政府仍在把农田转换成工业用地，不断计划扩大工业区，以吸引更多的企业进驻。

在《亚洲环境情况报告（第 2 卷）》（2000/01）中已经介绍，在巴蜀府的燃煤火电厂周边的居民，针对美莫火电厂不完善的环境管理，连续发起反对运动。在宋卡府天然气项目的反对运动中，可以说也存在相似的情景。

3．对环境保护带来重要影响的法律制定与修改

3-1　矿物资源法的修改法案制定过程

现行的《矿物资源法》规定，泰国国内的矿物资源所有权统统归属于矿物资源局。以此为基础，矿物资源局把开发权（concession）授予开发企业。反过来，开发企业即便有破坏环境的行为，或即便让当地居民痛苦不堪，也没有对这些行为进行处罚的规定。

结果，在北碧府（Kanchanaburi）的吉鲁提溪谷（Klity Creek），尽管矿山开发企业把含汞废水排入溪流，使当地的卡兰族居民健康受到严重损害，但政府既没有采取停产措施，也没能向受害者提供补偿。

但是，自 1992 年起，历经 5 次提出议案，下议院终于在 2001

年通过了《矿物资源法》的“修正案”，这是一个回避环境保护和人权、而进一步推进矿山开发的法案。具体地说，在现行的《矿物资源法》中，矿山开发权的授予面积被限制在 48 hm^2，而在“修正案”中规定，地下矿山开发和海底矿山开发的授予面积分别被扩大到 16 km^2 和 80 km^2。而且规定，在从地下 50 m 以下更深的地方进行矿山开发，即使预计到对环境和生计的负面影响，土地所有者既不能发表自己的意见，也不能拒绝开发事业的实施，而且，只要不亲自证明受害，也不能请求补偿 (5)。

在“修正案”中确实规定，希望在森林保护区、国家公园、野生生物保护区进行地下矿山开发的企业需要取得皇家森林局（Roral Forest Department）的批准。而且，在森林局批准之前，还要进行环境影响评价。因此，如果没有把调查结果充分反映到决策中，森林局也可能避免环境、社会方面的负面影响。但看看过去的一些事例原委，在森林局批准时，不能期待会把调查结果充分反映到决策中。不如说，该“修正案”的目的就是要推进地下矿山的开发，特别是在乌隆（Udon Thani）府和猜也蓬（Chaiyaphum）府的大规模地下钾矿（Potash Mining）的开发 (6)。

在这种情况下，上议院否决了下议院通过的法案，增加了 1 条，即在进行开发之前，开发授权者要征得土地所有者对于开发的同意。随后，下议院呼吁宪法法院，不要对修正案进行再改动。

3-2 社区森林法案

另一方面，对于《社区森林法案》（*Community Forest Bill*），上议院议员之间存在意见分歧，同居民和 NGO 形成对立。《社区森林法案》的背景是 1985 年颁布的《国家森林与野生生物政策》，该政策要把国土面积的 25%作为防护林（由国家公园、野生生物保护区、水源流域、禁猎区构成）进行恢复。因此，在被指定为“防护林”的地区，禁止使用森林 (7)。皇家森林局依据这一政策，扩大了“防护林”的指定地区。

但是，防护林的指定，并不是在详细调查当地土地利用状况以及征求生活在那里的居民意见之后进行的。因此，当地居民正在使用的土地，突然有一天就被指定为防护林地区，只要是像以往那样采集非木材林产品，就会遭到逮捕。

因此，1990 年以后，以“北部农民网”（Northern Farmer's Network：NFN）等 NGO 为主，研究对策，以使居住在高山的山区民族能够继续保持适合高原传统的资源管理和土地利用农业系统。结果，从居民参与、决策多元化和生态系统的观点，以可容许水平上的利用与保护为基础，拟定了《社区森林法案》。后来，1997 年新《宪法》制定，NGO 根据《宪法》第 170 条的规定，征集了 5 万人以上的签名后，向议会提交了自己编制的《社区森林法案》，要求将其法制化。

但是，森林局强硬地反对实行共同体管理。然后，在森林局管理与植树的前提下，提出了对荒地进行再生的方案。另外，在自然保护团体中，也有支持森林局法案，认为由于对生活在森林中的居民难以进行管理，主张应把高原森林作为贵重的生物多样性保护区、粮食和水的供应源、野生生物的栖息地来加以保护。

受到这些议论的影响，内阁在各地举办听证会，对法案进行修改之后，批准了《社区森林法案》。可是，在法案的修正过程中，居民和 NGO 在听证会上提出的内容几乎都没有得到反映。即内阁批准的法案是，政府可以介入社区的设置或取消，以及森林保护项目的内容，这使得新的团体参与社区森林管理更加困难(8)。

经过这样的修正，该法案于 2001 年 11 月在下议院获得通过，当地居民在森林资源管理方面有了法律依据，也规定了政府要为其保护提供资金(9)。同时，对于非法侵入“防护林”的违法行为处罚也得到强化，即最高 15 年的有期徒刑和 30 万泰铢以下的罚款。

但后来在上议院审议过程中，对“社区森林”的基本概念做了颠覆性的修正(10)。即在上议院通过的法案中，把社区的设立条件从居住有成人 50 名以上变更为 100 名以上，而且禁止社区森林地区的扩展(11)。这种变更，几乎是完全关闭了由传统的小村落所进行的森林管理以及通过扩大指定地区以改善森林管理之路。更重要的是，禁止NGO最优先要求，即在“防护林”内设立“社区森林”。上议院还把在社区森林采集林产品规定作为森林局的许可证制度。可以说，上议院的大多数议员尚未打算承认居住在防护林中的居民一直以来保护森林的实际业绩。

（执笔：森晶寿）

专栏5　泰国的土地制度

泰国的土地制度极其复杂，因而产生各种各样的问题，下面对其情况进行简单介绍。

从前，泰国拥有大量的、潜在的、可耕作的无主土地，如果农民自由进行开垦，进行一定期间的连续耕作，其先占有地位就得到承认。这种传统的一贯做法被称作“叉铺桥”。但是，在伴随耕地侵入林野并且不断外延扩展的过程中，泰国政府在建立现代土地制度时，于1964年制定了《森林保护法》，禁止居民进入“保护林”区。然而，在被指定为“保护林”的地区中，包含有农民根据传统惯例大量先占的土地。尽管这样，政府还是把他们看成是“非法侵入者”，强迫他们退出林区。

这里的问题在于，多数农民不拥有完全的土地所有权。1954年制定的《土地法典》，后来从20世纪60年代到70年代被多次修改，农民被不断变更土地所有权的繁琐手续搞得心烦意乱。而且，他们根据历来遵从的土地惯例，土地都集中由家族集团和农村社区进行管理，同基于个人私有原则的现代土地所有权格格不入。实际上，在依据法律获得土地所有权的农民中，不少人也经历过在家族间或亲族间迄今常见的土地继承纠纷。另外，许多农民担心，与其说按照传统土地惯例不变并没有什么不自由，还不如说担心因为现代土地制度将失去以前享受的各种利益。以上所举事例的一个重要背景是，在农民中间，多数人都没有土地权证书，或只有在法律上得不到承认的先占权或利用权。

参考文献：

Anan，Ganjanapan，*Local Control of Land and Forest*：*Cultural Dimensions of Resource Management in Northern Thailand*，Chiangmai：Regional Center for Social Science and Sustainable Development，Faculty of Social Sciences，Chiangmai University，2000；

Anchalee Kongrut，“Changes worry activists”，*Bangkok Post*，July 12，2001；

Kultida Samabuddhi，“Thaksin’s First Year：Little Done for Environment”，*Bangkok Post*，February 6，2002；

Saniysuda Ekachai，“Planned Changes Are a Slap in the Face”，*Bangkok Post*，September 27，2001；

Saniysuda Ekachai，“Art for the Forest Sake”，*Bangkok Post*，March 21，2002；

Sukran Rojanapaiwong（ed），*State of the Thai Environment* 1997-98，Green World Foundation，2000；

田坂敏雄，《尤卡利商业——泰国森林破坏与日本》，新日本新书，1992 年。

马来西亚 Malaysia

1. 马来西亚的经济发展动向与环境政策

这几年，东南亚制造业工厂向中国的转移很显著。2001—2002年，东南亚的主要日资企业关闭或大幅度压缩了 22 个生产据点。结果，东南亚减少了 77 000 个就业岗位，如果把贸易目的地的企业也包括在内，减少的就业岗位就更多了[(1)]。

为了把产业政策重点从劳动密集型的制造业转向知识密集型的产业，1997 年，马来西亚政府启动了以信息产业为核心的《多媒体超级通道计划》（*Multimedia Super Corridor*）[(2)]。为了应对知识产业化，不仅需要向高技术制造业招商引资，还要为吸引从事创造性知识生产的人才营造生活舒适的城市环境，这也是不可缺少的。马来西亚采取了积极的工业化政策，但在扩充与提高城市基础设施建设和服务业以及形成与提升高效率的公共管理能力方面都明显落后。从 20 世纪 90 年代起，马来西亚政府推进了城市环境管理方面的改革。

为了理解现代马来西亚的环境问题，除了由于急速工业化与城市化引起传统的环境问题外，还需要关注马来西亚经济发展战略从工业化进入后工业化阶段所带来的环境政策问题。

2. 固体废物处理广域民营化的新进展

马来西亚决定实行“垃圾处理民营化”（参阅《亚洲环境情况报告》第 1 卷（2000/01）第 2 部第 4 章），由于州政府和地方政府的强烈反对，在过去的 9 年里，《垃圾处理法案》仍然没有在联邦议会上通过（截至 2003 年 8 月）。但在马来西亚全国 13 个州中，有 4 个州作为暂定试行期而接受了垃圾处理企业，尽管这种形式同联邦政府当初的计划有相当差异，但他们还是开始了垃圾处理的广域化和民营化。这是因为，集中性的城市化和垃圾产生量的增加，垃圾收集的高效化和垃圾处置的广域化已不可避免。除了必须协调大范围处置圈内各地区之间的利害关系外，还必须改组垃圾管理系统[3]。

联邦政府把城市生活垃圾、医疗废物和危险废物的处理工作都转向了广域的民营化管理（关于医疗废物，参阅专栏 6）。库奥里提阿拉姆（Kualiti Alam Sdn. Bhd.）公司从联邦政府那里取得了 15 年的独家经营权，从 1998 年 6 月起开始危险废物的处理处置作业。同日本企业相比，库奥里提阿拉姆公司的收费较高。以跨国公司为主的大型企业，按规定必须把废物委托给该公司。考虑到高额处置费用的负担，马来西亚针对污染物排放量少的当地小型企业采取了特别政策，允许这些企业对固体废物采取处置措施，而不必进行无害化处理。为了尽量降低处置费用负担并避免把危险废物放在本厂用地内，非法倾倒事件频繁发生，同周边居民纠纷不断。负责处理这些问题的是州政府环境局。也有这样的事例，州环保局加强了对非法倾倒企业的取缔，受到环境 NGO 的好评[4]。但为了推进恰当的管理，恐怕还需要建立起当地居民和 NGO 参与的危险废物管理体系。

3．水资源管理民营化方面的问题

在马来西亚，给水供应和排水处理都实现了民营化（关于下水道民营化，参阅《亚洲环境情况报告》第 2 卷）。给水供应，以前由州政府水道局管理，20 世纪 90 年代后，改由民间企业经营。

雪兰莪州（Selangor）聚集着马来西亚约 25%的人口，供水量远远高于其他州，管线漏水也最严重。雪兰莪州的“无收益水”（non-revenue water，基本都属于漏水，少量为偷水），1995 年占供水量的 40%，2000 年占 36%。联邦政府计划在 2005 年前把无收益水率降至 29%[5]。

自 1998 年 7 月起，雪兰莪州从州内水库开发与运营直到供水，全部由 1 家民营企业承担。在水需求量增加情况下，供水企业、州政府和联邦政府都主张为了满足治水和稳定的供水，需要推进水库建设。另一方面，环境保护团体和消费者团体对预测的水需求增加量表示怀疑，他们反对破坏森林，反对强制迁移原住民族和当地居民来建设水库，要求改善漏水问题，取缔偷水行为。供水的民营化进而激活了人们对于水库建设的广泛议论。

4. 越境水资源问题

进入 21 世纪以来，水资源管理正在变成超越国境的地区问题，马来西亚也不例外，马、新（加坡）之间一直发生供水纠纷。新加坡大约 50%的国内供水依靠邻国马来西亚柔佛州（Johore）。柔佛州销售原水的水价每 1 000 加仑为 0.03 马来西亚元。同时，柔佛州把原水净化作业委托为新加坡，以 1 000 加仑 0.5 马元的价格购进相当于原水销售量 12%的饮用水。可是，为了在本州内运行新建的净水厂，柔佛州政府宣布从 2003 年 7 月停止从新加坡购买饮用水。马来西亚政府以柔佛州的水需求增加为由，要求提高销售给新加坡的原水水费。马哈蒂尔总理表现出强硬姿态，没有遵守马新协议，便中止了向新加坡的供水。

对此，新加坡政府建设了把排水净化成为给水的“新水”（NEWater）设施，在 2012 年前提供总供水量的 15%。新加坡还建造了海水淡化设施，进而讨论铺设海底管线从印度尼西亚廖内群岛（Riau）购水的问题[(7)]。在新加坡，购买从前那样的廉价水是越来越难了。今后，新加坡恐怕必须解决跨越若干国家的、广域的水资源管理问题。

5. “环境再生”问题

在支撑城市环境的各种社会基础设施和提供服务的领域，马来西亚正在进行其他国家未曾有过的大规模改革。同时，如何解决因工业化和城市化迄今已经遭到破坏的“负遗产”是其重要焦点。

1999年，联邦政府环境局和马来西亚综合大学的调查组，对首都吉隆坡市内正在运营的和关闭的城市生活垃圾处置场开展了环境影响调查。2001年，马来西亚全国有168座最终处置场在运营，但几乎全是露天倾倒，土壤和地下水遭受污染的危险性很高。调查结果表明，固体废物浸出的高毒性渗滤液流进了附近的河流和池塘，渗透到土壤里，污染了地下水，有的处置场还存在沼气爆炸的危险(8)。以调查结果为基础，调查组建议，要清除掉处置场的污染土壤，恢复自然环境。通过垃圾处理民营化，垃圾处理企业从地方政府接管了处置场的管理，但污染净化的费用负担和自然环境的恢复方法等问题尚未解决。

除了工业固体废物含有的危险物质以外，专家指出，担心高科技工厂也有可能正在造成土壤污染和居民与职工的健康损害(9)。而且，随着今后制造业向中国转移的速度加快，也担心工厂旧址的污染。自2003年1月起，日本基于《土壤污染对策法》采取了对策，马来西亚在也在取缔非法倾倒，同时还需要解决衰退工业地区的土壤净化和地区再生问题。同日本一样，马来西亚正开始面临“环境再生”的新挑战。

（执笔：青木裕子）

专栏6　医疗废物处理民营化

20世纪90年代，在马来西亚除放射性废物以外的所有固体废物处理都实现了民营化，其特征是广域的民营化。1995年，联邦政府决定医疗废物处理民营化，把马来西亚全国分成4个地区：北部、中部、南部、东马（由沙巴（Sabah）州和沙捞越（Sarawak）州组成），在各个地区选定1家处理企业（其中，北部地区和东马为同一家企业）。这种广域地区的划分，同城市生活垃圾处理民营化的划分是一致的。

在马来西亚，每张床位每天产生医疗废物为0.3～0.8 kg。处理企业的业务包括：向医院提供医疗废物专用容器，收集、搬运、焚烧将废物进行最终处置。联邦政府规定业务指标，处理企业则有提高业务效率、接受业务评价和财务检查的义务。每个处理企业，要在15年契约期内，建设符合新规定的焚烧场，或对现有设备进行改造，承包起广域地区内所有医疗废物的处理。目前，马来西亚建设了5座大型焚烧设施，焚烧处理中小型医院的医疗废物。大型医院自身配备了焚烧设施，由处理企业负责设备的运营与管理。尽管还没有出台关于医疗废物焚烧处理的规定和指南，但必须遵守《大气污染防治法》的排放标准，并有义务在焚烧设施建设前进行环境影响评价。依据“污染者付费原则”，医院向处理企业支付废物处理费用。

处理企业在引进设备和运营管理时，积极引进国外技术，包括从英国和澳大利亚引进焚烧设施，通过“美国亚洲环境伙伴组织”(US-AEP) 引进技术，吸引总部设在英国的跨国医疗废物处理企业的资本参与等。

医疗废物处理民营化的特点，不仅是通过竞争原理以提高效率，更是利用处理企业的规模化以追求综合性业务的合理化，培育服务产业。马来西亚的城市生活垃圾处理企业，从2002年8月起，开始在中东地区开展业务。今后，在医疗废物处理领域，也希望马来西亚在积累国内的业务经验后，把有关业务扩大到其他国家。

（执笔：青木裕子）

印度尼西亚 Republic of Indonesia

1. 环境管理与权力分散化

伴随1997年的亚洲经济危机，在印度尼西亚发生了急速的民主运动，1998年，执政32年之久的苏哈托总统权威主义政治体制崩溃。建立在1945年《宪法》维持下来的集权式统治结构实际上解体了，印度尼西亚正大步转向民主与分权的宪法结构。2004年为大选而实施的《宪法修正案》，也就标志着2002年实施的《宪法第4次修正案》告一段落。在印度尼西亚，过去也曾发生过关于地方分权的议论[(1)]，但现在的地方分权或地方自治的发展，可以从苏哈托政治体制的崩溃以及后来民主化进程的脉络中去理解。

在苏哈托时代，权力极端地集中在政府手中，司法不能独立，连基于"三权分立"的统治原则都不采用，因此印度尼西亚基本上不是现代法治国家体制。印度尼西亚的民主化与分权化的发展，首先开始于总统权限和国家军队等集权性的中央机构的横向分权，然后影响到向地方的纵向分权。通过纵向分权，中央政府的强大权限分散给地方，通过引进地方自治，使民主化步入轨道。不过，现在的分权化仍在1945年《宪法》中作为统治原则坚持的"单一制"框架内进行。

地方自治的方式，各国不尽相同，中央集权化和地方分权化之间的强弱关系错综复杂。中央同地方关系，究竟是采用"分权与分离型"还是"集权与融合型"？这取决于一个国家的历史背景、所期待的作用和经济社会状况。一般而言，地方自治制度表现出中央同地方之间的权力像拉网似的样式，它是建立在分权与集权之间的紧张与融合关系之上的[(2)]。在这一点上，印度尼西亚的地方分权同环境管理的关联方面的问题在于，究竟是在多大程度上、又是用何种方法去推进的？

印度尼西亚分权化进程现阶段的情况是，地方自治的原则自身仍不明确，《地方自治法》在解释上还很混乱，该法如何修订也正处于研讨中。另一个问题是对于环境管理分权缺乏充分讨论。对于印度尼西亚来说，环境管理分权化，意味着要把迄今连在中央集权下之下都很脆弱的环境管理，转变成为以地方为中心的全新机制。但是，分权化的发展很迅速，这看上去民主，而如果无秩序地进行，实际就可能造成巨大且无法弥补的环境破坏，甚至可能引起政治和社会混乱。

实际上，有许多批评认为，1998 年权威主义的苏哈托体制的崩溃，加快了整个印度尼西亚的环境破坏，或者说导致印度尼西亚处于无管理状态 (3)。苏哈托政权可以说是强权的和暴力的，但对环境管理在一定程度是起了监督功能，而其垮台后，印度尼西亚却出现了权力真空状态，而且由于优先追求利润、法律对策不完善以及缺乏替代手段等，环境恶化反倒加剧了。这个问题不应当看成是伴随民主化进程的一时性混乱，而是分权化政策下的环境管理状况处于无秩序状态所致。

但是，2001 年已经起步的地方分权化是不可能倒退的，印度尼西亚也许应该对解决分权化问题研究出新的、综合性的、可持续的环境管理模式。下面，以印度尼西亚地方分权化的动向为中心，探讨伴随分权化的环境管理的相关课题。依次探讨伴随分权化产生的环境问题、环境管理原则、分权化面临的挑战和环境管理问题。

2. 印度尼西亚伴随分权化产生的环境问题

目前，印度尼西亚的环境破坏正在迅速蔓延。印度尼西亚历来倾向于资源依赖型的经济发展，目前的不可持续开发意味着会丧失将来发展的基础。在加里曼丹（Kalimantan），自 1998 年以来，一些得到当地知名人士、掌权的公务员、军部甚至执法机构和议会支持的人，动员当地和其他地区的民众，进行非法采伐，类似情况正在快速增加[4]。有时，马来西亚军人和第三国的木材买主也参与到非法采伐当中[5]。一家报纸报道说，在西苏门答腊（West Sumatera）省的巴东市（PaDang），17 辆装有违法木材的卡车遭到扣押，但夜间却在警察护卫下被运走了，而当局否认参与其中[6]。不仅是非法采伐，而且非法捕鱼和非法采矿等破坏环境的行为，很多都是通过渎职和贿赂等有组织而无秩序的方式进行的。今后，尤其当政府鼓励地方政府加快国内外的招商引资，把大中规模的森林砍伐审批权授予地方，这恐怕会导致大规模的合法森林破坏。

对苦于贫困与人口问题这双重压力的地方政府来说，增加收入是他们对于地方议会的财政责任。为增加税收而招商引资，为资源开发而乱发许可证，推进不可持续发展的危险性都会越发严重。然而，地方政府由于长期处于苏哈托的压制下，缺乏环境管理的知识与经验，环境保护相关法规的建设和排放标准均不完备，环境管理系统和环境意识也没有得到充分培养和确立。而且，对于中央的政治信任也相当薄弱，在国内可以进行随随便便的环境管理。特别是国内对司法的信任已明显下降[7]，即使中央政府公布环境指南和环境政策，也不能确保地方政府会完全执行。

最近的世界银行报告预测，苏门答腊的低地林将于2005年绝迹，之后 10 年内，加里曼丹的低地林也将消亡[8]。可以说，印度尼西亚分权化过程中的地方环境管理陷入了双重危机。第一，中央政府的综合性环境管理机制脆弱，再加上地方上解决问题的能力不足，对于转向地方为主的环境管理机制造成了很大困难；第二，除了爪哇岛以外的外岛，苦于贫困状态，为确保财政收入而加大对资源的开发力度，违法开发和胡乱开发进一步加快了环境破坏。大量资料表明，在分权化过程中，印度尼西亚的环境破坏正在呈现出加速化倾向[9]。

3. 分权化过程中的环境管理原则

1945 年《宪法》上的统治原则是单一制的，分权化之后也维持着这一原则。迄今为止，爪哇主导了地方资源的开发和管理通过地方统治从自然资源的收益全都被吸引到了爪哇，这样说一点也不为过。在印度尼西亚建立地方自治，需要两大要素：政治权限的分权和地方经济基础的确保。特别对于地方来说，问题在于，为了确保地方财政基础，对于自然资源的管理同利用自然资源的收益应该协调到何种程度？因此，这里需要充分了解印度尼西亚分权化的立场和自然资源管理的原则。

3-1 《国家大纲》与《国家发展计划》

国家环境政策，遵循每5年通过的《国家大纲1999—2004年》（Garisgaris Besar Haluan Negara：GBHN），并由实施其的《国家发展计划》（PROPENAS 2000—2004）来确保。《国家大纲》第4章H——《自然资源与环境保护》中规定，关于中央同地方政府的关系，“中央政府把实施自然资源管理与环境保护的权限有选择性地、分阶段地移让给地方政府，以保护法律规定的生态系统的环境质量”（第3号）。尽管这里明确了中央环境管理权限要逐渐移让给地方的趋势，但不够详细。而在《国家发展计划》第9章中，明确了在地方发展中，要把可持续环境管理置于优先地位，第10章提出了5个方面作为实现环境政策的方法，但对地方自治和环境管理的具体内容并不十分明确。

3-2 国民协议会决定No. XV/MPR/1998(1998年11月13日)

哈比比总统时代的《1998年国民协议会（MPR）决定第15号》（以下简称《决定》）规定，确定了地方分权化的方向。该《决定》规定，在实施地方自治时，应公平地分割国家的自然资源、实现中央同地方之间的财政平衡（第1条），以及基于民主原则、考虑地方特点（第2条）。关于自然资源规定，要公平考虑地区社会和整个民族的繁荣，进行有效率的、开放式的管理，要广泛地向合作社和中小企业提供机会，要把管理自然资源的权限和保护环境的义务赋予地方政府（第3条～第5条）。

该《决定》规定，推进分权化时应注意民主化和地方特性，《决定》确认了地方政府拥有自然资源的管理权限和保护环境的义务，但没有断定国家是否有把自然资源利用收益的权限一起移交给地方政府的意向。问题是，国家对于地方政府能够在多大程度上实施自然资源利用收益的分权化。

3-3 1945 年宪法的第 2 次修正案

1945 年，印度尼西亚《宪法》规定了没有矛盾的“单一制原则”。1999 年的第 2 次《宪法修正案》，规定了地方自治制度不得同“单一制原则”发生冲突。依据这次的宪法修正，印度尼西亚承认省（Provinsi）、县（Kabupaten）、市（Kota）的自治权，并分别设置省议会（DPD）、县议会（DPRD）、市议会（DPRP）、省长（Gubernur）、县长（Bupati）和市长（Walikota）。依据自治原则和事务委任原则，地方政府负责政府事务的行政与管理，因此，地方政府被授予立法权（制定《条例》）。同时，各级地方长官通过民主选举产生（《宪法修正案》第 18 条）。对于特别地区和特殊性地区，国家批准法定的地方政府单位（第 18 条 A，第 18 条 B）。《宪法修正案》规定，中央政府同地方政府之间关于自然资源利用，应当依法、公正且公平地实施[第 18 条（2）]。然而，中央政府和地方政府之间关于自然资源利用的关系，要通过法律另行规定。

3-4 1999 年第 22 号法律与第 25 号法律

具体规定地方分权的是 1999 年第 22 号法律（《关于中央政府和地方政府之间政治性权限的分权化法律》）和 1999 年第 25 号法律（《关于中央政府和地方政府之间财政均衡的法律》）。2000 年的第 25 号政府规则对前者的政治权限做了详细的规定。1999 年第 22 号法律做出的定义是，“地方自治”是指“依据法律和社会愿望，自主地管理和保护地方社会利益的自治体权限”，同时还把“分权”和“分散”进行了概念区分。其中，“分权”（dekonsentrasi）是指“在印度尼西亚单一制国家框架内，把中央政府的行政权限移让给自治体”，而“分散”（desentralisasi）是指“把中央政府的权限移转给地方长官和其他官员”。

第22号法律的地方分权范围涉及所有的统治权限，但不包括外交、国防、司法、财政金融、宗教以及“其他”关系到国家的事项。而“其他”则包括宏观的国家发展、财政均衡、国家行政等广泛事项，其中之一就是“自然资源的有效利用与环境保护”。由于自然资源利用也包括在其中，而其内容的定义既模糊又抽象，在这样的地方自治法之下，导致中央和地方政府之间环境管理的界限仍然模糊不清(10)。

第25号法律规定了，中央政府同地方政府间的财政均衡，作为单一制国家之下的政府财政制度，采用均衡、民主、公正、公开的方式，维持中央政府同地方政府之间的财政分割，地方政府间的平等，进而把地方的潜力、状态、申请等也作为原则加以规定（参照前文）。确认为地方财源共有4种：固有的地方税收、均衡预算、地方债以及其他法定收入。尤其是均衡预算，这依存于国家预算（APBN），由一般均衡预算和特别均衡预算构成，预定包括土地建筑所得税、自然资源税等财源。向地方政府的分割比例为：不动产税的90%，土地建筑所得税的80%，森林、矿山、渔业关联税的80%，石油的15%，天然气的30%，剩余部分归中央政府。可是，能够生产石油天然气的地方政府只有亚齐特区（Aceh District）、廖内（Riau）省、伊里安查亚省（Irian Jaya）、东加里曼丹省共4个省区。

3-5　2000年第25号政府条例

本《条例》对分权化的权限内容分项做了详细规定。《条例》把1999年第22号法律规定的自治体权限以外的内容分成25项 [第2条（3）]，同时还列举了省和县的各种权限（第3条、第4条）。属于中央政府专门权限的环境有关事项包括：制定自然资源和环境评价指南、制定12海里以内自然资源的管理与利用规则、对广域性的社会和（或）预想可能造成广域性环境影响活动的环境影响评价分析、制定环境标准、制定环境污染指南以及制定自然环境保护指南[同第2条（3）第18款]。

可是，环境相关事项并不限于该条例第 18 条规定的内容，它也广泛影响到条例中同自然资源相关的其他事项。因此，中央政府专管的环境事项范围，就同 18 款以外的其他规定有着广泛的关系。例如，同农业有关的农药与化肥、同海洋资源保护与管理有关事项、矿物与能源资源管理、森林资源管理标准与森林环境保护、生态系统保护等，都包含在中央政府专管事项中。

政府《条例》的第 3 条列举了包括在各省权限中的环境事项。涉及多个市县间横向的环境影响、4～12 海里间的海洋自然资源环境管理的协调、覆盖多个市县水资源监测与保护的协调、负面影响有可能波及多个市县的广域环境影响评价分析、涉及多个市县环境保护措施实施与监督以及基于国家环境标准的地方环境标准的制定等各种事项。海洋、矿物与能源、森林等环境相关事项也在同一条另有规定。此外，第 4 条还规定了县市分权化的权限。

3-6　环境管理法

《环境管理法》（1997 年全面修订）是印度尼西亚关于环境的基本法，在 1997 年就指出了环境管理的分权化方向。为推行关于环境管理的国家政策，《环境管理法》承认从中央向地方的分权化（第 12 条）。第 22 条和第 23 条规定了部长和省长的监督责任，但这仅限于权限分散化的范围内。

依据 2001 年 1 月第 2 号总统令，将相当于“环境影响管理厅”的“环境管理局”（BAPEDAL）合并到环境部（2002 年 1 月 7 日开始实施）。在新的环境部机构下，“地方环境管理能力与开发局”负责地方的环境管理。然而，《环境管理法》已经把部分环境管理权限委派给地方政府和把部分环境管理事务移交给地方政府（第 12 条）。现在，印度尼西亚在地方共设置了 168 个地方环境管理局（BAPEDALDA）[(11)]。

随着环境影响管理厅并入环境部，中央在同地方分权有关事务上面临大量的课题（2002 年第 2 号总统令第 16 条），如制定省、市、县在环境领域实施的最低标准的指南、支持与监督地方分权化的实施（包括提供环境领域的指南、指导、培训、明确方向、监督等）以及制定地方政府发放环境领域许可证标准。

4. 环境管理分权化的挑战与问题

政治性的地方分权化和地方的经济性自立这两者是不可分割的。印度尼西亚的发展依靠自然资源，不用说国家财源的最大部分来自石油、天然气和其他自然资源获得的经济利益。在爪洼岛中心极度的集权体制下，各地的资源收入可以说基本上都由中央控制。现阶段对财政分权化的议论主要都集中在确保地方政府独自的资源管理和收益确保、增加中央政府分配给地方政府的均衡预算额以及扩大地方的独自财源等方面。在这个意义上，印度尼西亚分权化过程中的环境管理不仅是把环境管理的政治性权限移让给地方的问题，也是如何协调贫困、人口控制、社会福利发展等地方发展所需的财源确保和同地方的环境保护这些地方层面的“发展与环境”问题。下面，参考目前正在重新审议的环境管理方面的一些意见，来探讨这些问题。

现阶段的地方自治中仍有很多问题不明确，国内以及国外的援助机构等都指出了许多问题[(12)]。其中屡次提到的一个问题是，允许县和市平行自治，而州、县、市之间的关系不明确，州的积极作用存有疑问。另一个常遭批评的问题是法规之间的冲突、重复和模糊不清。而且，同居民参与自治的关系也不明确，中央政府实行的批准授权等很有可能不对现行体制进行改组就移让给了地方政府。关于印度尼西亚的自然资源管理，世界银行提出了4条建议：第一，提高技术能力和地区能力；第二，加强控制均衡；第三，不求进度划一，只求符合各地情况的分权化步伐；第四，分阶段移让权限[(13)]。

因此，要求修改1999年第22号法律的呼声不断高涨。2000年第4号国民协议会《决定》（No.Ⅳ/MPR/2000）提出了关于地方自治的政策建议。该《决定》认为，作为国家发展主要部分的地方发展，有必要实现地方自治和中央与地方政府之间的财政均衡，而“关于自然资源的公正控制”非常重要，而且正在对中央政府和地方政府之间地方自治趋向于失败这件事进行反省，表明了对于1999年第22号法律应予修正的正式判断。另外，2002年第6号国民协议会《决定》指出，《地方自治法》在其适用面上没有完全执行，造成了权限的重复、法律上的空白与地方间的不均衡、法律的不确实性（《政治与治安》1.f 号），并向总统建议，要确保实施有关地方自治法律的适合性，以及对政府条例的制定与实施进行评价等。此外，内务部的报告也声明，“尽管宪法第 18 条和其他条款还存在缺陷，但宪法应当作为修正1999年第22号法律的指南”[14]。进而，2002年9月26日，内务部的政府公开声明表示，对于国民协议会的建议，将对20个地方自治状况实施详细调查并评价，然后对现行法律进行审议[15]。

内务部自治长官乌塔鲁特指出，“国民协议会建议总统修订法律，但没有修正法律的政治决定”[16]，内务部依马戴斯万蒂局长指出，“如果分权化的效果不好，可以有理由恢复集权化”[17]。2002年10月29日，印度尼西亚科学研究院（LIPI）编制并提交了1999年第2号法律的修正草案[18]，但由于担心引进省长、县长、市长的直接选举制度可能搞垮国家的单一制，因而遭到政府反对。这样，关于地方自治，在重新审议迄今分权化政策的同时，也许可以说已经隐约开始了政府的集权化方向。

在一起分析印度尼西亚的分权化和环境管理问题时，要考虑自由主义要素弱点和民主主义要素弱点的相互交织。因此，在如何确保环境管理的长远利益不同于眼前利益这一点上，还存在严重缺陷，即尽管连控制自由主义过头的统一管理原则都尚未完全培育出来，但可以说这是通过过度期望民主主义来解决问题的一种尝试。首先，为了确立中央和地方的环境治理，需要确立全国民主的、现代的治理制度，并作为地方行政制度的模式。探索对于集权环境行政的分阶段分散和分权，并吸取参与型的优点，摸索稳健的发展方法，这对印度尼西亚的可持续发展来说，也许是最值得期待的[19]。

（执笔：作本直行）

印度 India

第 1 节叙述印度的公害对策。印度尽管制定了法律和政策，但在其执行和实施上还面临严峻的挑战。印度的特征之一是，行政部门发挥的积极作用还不如居民、NGO 和司法部门。第 2 节介绍农民们如何重新审视传统知识并将其应用到生活实践中去的动向。这些传统知识都同全世界正在进行的水资源私有化和生物资源知识的产权化申报争议是连动着的。

1. 公害对策概况

1-1　公害对策相关法律

印度关于公害对策的相关法律可以追溯到殖民地时代适用于水污染和噪声污染的《刑法》和《警察法》。独立后，激发印度制定环境法律的契机是 1972 年在斯德哥尔摩召开的联合国人类环境会议。印度于 1974 年制定了《水污染防治法》，1981 年制定了《大气污染防治法》。这些法律更多地体现了“末端治理型”（end-of-pipe）污染控制，而并非从根本上防治污染。

引发印度进行环境整治的契机，是 1984 年在中央邦（Madhya）博帕尔市（Bhopal）发生的印度联合碳公司（India Union Carbide Co.）杀虫剂工厂有毒气体异硫氰酸酯（Isothiocyanate，ITC）泄漏事件。该次事件造成 2 500 多人死亡，10 万多人受伤。印度吸取这起惨案教训，认识到制定包括环境影响评价在内的环境保护综合性法律的必要性，遂于 1986 年通过了《环境保护法》，设置了环境森林部。依据环境保护法，印度还制定了处理危险废物的规定，尽管这一行动晚于大气污染和水污染的防治工作。

1991 年，印度制定了《公害赔偿责任保险法》（The Public

Liability Insurance Act)。这是一项强制性的责任保险制度，目的在于对受害者迅速进行最低限度的基本补偿，而受害者也可以通过诉讼来请求获得超过基本补偿额的赔偿。《公害赔偿责任保险法》同日本的《公害受损健康保险制度》和美国的《超级基金法》一道，当时被认为是世界三大污染救助法[(1)]。

如上所述，印度建立了比较完备的应对污染的环境法律体系（详见表 1）。各邦政府可以制定《宪法》指定的本邦政府管辖事务（例如水）的法律，甚至是比联邦政府更为严格的本邦法规。同时，各个邦政府的污染控制委员会可以对不遵守水和大气排放标准的企业处以罚款或下令停产。实际上，这些裁量权基本上都委任给了现场负责官员实施。特别是在 1991 年开始正式的经济改革之后，各个邦的招商引资竞争激烈，出现了通过放宽环境法在现场层面上的适用来吸引投资的动向。

表 1 主要的环境相关法规

环境和产业	环境保护法（Environment [protection] Act，1986）
大气污染	锅炉法（Boilers Act） 大气污染防治法（Air [Prevention and Control of Pollution] Act，1981） 机动车法（Motor Vehicles Act，1989）
水污染	水污染防治法（Water [Prevention and Control of Pollution] Act，1974） 水污染防治税法（Water [Prevention and Control of Pollution] Cess Act of 1977）
辐射	核能法（Atomic Energy Act，1982）
矿山	矿山矿物管理开发法（Mines and Minerals [regulation and Development] Act，1957）
杀虫剂	毒物法（Poison Act，1919） 杀虫剂法（Insecticides Act，1968）
土地	城市土地法（Urban Land [Ceiling and Regulation] Act，1976） 煤炭矿山保护开发修正法（Coal Mines [Conservation and Development] Amendment Act）

工厂	工厂法（Factory Act，1948） 工业开发管理法（Industries [Development and Regulation] Act，1951）
森林	印度森林法（Indian Forest Act，1927） 野生生物保护法（Wild Life（Protection） Act，1972） 森林保护法（Forest [Conservation] Act，1980）
污染赔偿	公害赔偿责任保险法（Public Liability Insurance Act，1991） 国家环境判决法（National Environment Tribunal Act，1995） 国家环境申诉权法（National Environment Appellate Authority Act，1997）
节能	节能法（Energy Conservation Act，2001）

无疑，印度政府在1991年经济改革开始后，认识到在新产业政策中需要重视环境保护，1992年发表了《减轻污染政策声明》（*Policy Statement for Abatement of Pollution*），但没有明确行政主管部门是哪个，地方政府对该声明的地位也不清楚。1993年12月制定的《环境行动计划》列举了印度应优先解决的环境问题如下共7项：①保护生物多样性与可持续利用资源；②确保水源不受污染；③固体废物，特别是危险废物的减量与公害管理；④促进采用清洁工艺；⑤着力解决城市环境问题；⑥加强对环境问题的科学理解；⑦开发替代能源。

1-2 居民、非政府组织与司法在公害对策中的作用

印度由于为实行这7项政策建立了法律与行政制度，受到好评，但又面临法律与行政制度的执行、遵守和监督问题(2)。下面，介绍非政府组织（NGO）、居民的监督和以最高法院为主的司法监督，在环境政策法规的遵守方面，如何发挥超过各邦的污染控制委员会的积极作用。

首先，NGO加入了关于环境保护5年计划的起草委员会，对政府的政策开始有了影响力。在草根层面上，世界银行曾抽选印度的250家工厂进行了问卷调查，51家工厂回答感受到NGO的压力，102家工厂回答鉴于当地居民的不满已经重视了污染控制(3)。另外，环境NGO“科学与环境中心”（Centre for Science and Environment:

CSE）对企业的环境保护情况进行了分级，2003 年 8 月发表了对造纸纸浆行业、汽车行业和氯碱行业的评价结果[(4)]。这不是印度国内的同行业内相对评价，而是根据国际标准进行的评价，结果表明，包括合资企业在内的所有企业的污染控制整体上都落后。

以公益诉讼（Public Interest Litigation：PIL）为主的司法，也在遵守环境政策法规方面发挥了重要作用。公益诉讼的目的，基本上不是为了获取补偿，而是推动积极地遵守法律。除了采取正常的诉讼程序外，该制度允许一般市民甚至可以直接向最高法院递交文书，请求正当的管辖权。据称，法院每周五审理环境相关问题（Green Friday），现在环境相关的诉讼增加了[(5)]。

具有启发性的案例是最高法院对首都新德里大气污染的判决。据 1980—1984 年世界卫生组织和联合国环境规划署的调查，新德里在世界上悬浮颗粒物浓度最高的城市中居第 4 位，而在 1990 年的调查中居第 7 位。除了汽车尾气引起的一氧化碳和碳氢化合物之外，大量工厂排放的悬浮颗粒物加剧了新德里的大气污染[(6)]。依据新德里市总体规划，最高法院于 1996 年下令关闭或搬迁产生污染的工厂和发电厂[(7)]。1998 年，新德里市要求公交工具中的公共汽车、出租车、三轮车必须使用压缩天然气（CNG），并提高非商用四轮车和两轮车的排放标准（详见表 2）。引进压缩天然气带来了各种各样的社会混乱，如压缩天然气供应量和加气站的数量不足、加气站的汽车排长龙、市内的交通拥挤、压缩天然气费用和公共汽车票价的上涨、市民对压缩天然气公共汽车的声讨等。从关键因素的大气污染状况（2001 年 4 月）看，尽管二氧化硫和二氧化氮的浓度值有所改善，但悬浮颗粒物的浓度值依然如故[(8)]。

2002 年 2 月，使用压缩天然气的机动车情况为，公共汽车 3 800 辆，汽车 10 350 辆，出租车 4 000 辆[(9)]，这表明，执行最高法院的判决仍然还需要时间。除此案例外，很多判决都得不到执行，当务之急是改善最高法院判决的可行性。

表 2　新德里大气污染的最高法院判决（1998 年）及其执行状况

	最高法院判决	判决执行状况
关于公共交通工具燃料的判决	2001 年 4 月前，压缩天然气公共汽车增加到 1 万辆	公共汽车约 5 000 辆，其中 88%以上为柴油车
	1990 年前制造的出租车和三轮车在 2000 年 3 月 31 日前换成“清洁燃料”车	对象车到期全部废弃
	1990 年以后制造的出租车和三轮车以及所有的新车在 2000 年 3 月 31 日前全部换成压缩天然气或“清洁燃料”，新德里政府给予财政补助	对压缩天然气新车，进行财政补贴。12%的出租车、42%的三轮车换成压缩天然气
	车龄 8 年以上的公共汽车如不使用压缩天然气或“清洁燃料”，必须在 2000 年 4 月前报废。包括公营、私营在内的所有市内公共汽车全部换成压缩天然气车	1 200 辆压缩天然气公共汽车运营（1 171 辆公共汽车，29 辆压缩天然气罐改装型公共汽车）
	印度燃气公司（The Gas Authority of India）在 2000 年 3 月 31 日前设置 80 个加气站	开设 73 个
关于非商用车排放标准的判决	非商业四轮车只有满足欧 I 标准（1999 年 6 月 1 日标准）或欧 II 标准（2000 年 4 月 1 日标准）才可以在首都圈注册	在约 90 万辆对象车中，17 万辆遵守标准
	所有的两轮车自 2000 年 4 月 1 日遵守印度阶段 I 标准（Bharat Stage I）	约 200 万辆中，5%遵守
	自 2000 年 4 月，在新德里首都圈引进低硫（最高 500ppm）柴油车	所有加油站都加注低硫柴油

注：判决状况，公共交通工具燃料的判决为 2001 年 7 月 1 日，非商用车排放标准的判决为 2001 年 3 月 31 日。

出处：Tata Energy Research Institute（http：//www.teriin.org/news/aug013.html）。

2. 传统知识的回归

2-1　水

农村生活很多地方都依赖地下水。但是，越来越多的村庄正在苦于地下水的确保问题。自 20 世纪 60 年代后半期，印度就引进了“绿色革命”。所谓“绿色革命”，是指把小麦、大米的高产品种同农药、化肥、农业机械和灌溉一体化的现代农业政策。宏观上看，这一政策提高了大米、小麦等作物的产量，但灌溉用水的大量汲取在各地都造成了盐害和断水等不良现象。结果，在一些邦，不得不放弃耕作的土地占全部耕地的比率高达 20%。

20 世纪 90 年代，跨国饮料企业源源不断地向印度投资，四处建厂，以具有一定购买力的“中间阶层”为目标，销售各种品牌的瓶装水[(10)]。然而，由于饮料工厂过度汲取地下水，一些村庄的地下水位已经下降，农地皲裂。

在这种状况下，备受关注的是印度传统的集水知识和技术。在印度次大陆，公元前 3—前 4 世纪的古代文献就有关于收集雨水灌溉的记载，但自英国殖民地时代，这种知识被渐渐荒废了。《印度环境的现状——市民报告（第 4 版）》（副标题为“将要消失的知识”）介绍了印度各地的传统集水系统[(11)]，书中汇集的集水知识，篇幅长达 400 页，内容涉及水井、水池、灌溉水路等的应用、通过森林和地区社会进行维持管理的方法、农田同牧地之间的空间配置等知识与经验。“科学与环境中心”在该书出版后，又陆续编撰了介绍印度南方各邦储水灌溉的资料，如《印度南方的储水池》[(12)]、《造水是人类的任务——集水的实践与政策》[(13)]等。这些都加快了邦政府和 NGO 开始积极援助集水的实践活动。

2-2　生物资源

具有“自由树”这一阿拉伯词源的印楝（Neem trees），在印度田间和路旁都随处可见。几千年来，印楝产品一直被用于天然的杀虫剂和具有药用和抗菌作用的洁牙用品。姜黄（Turmeric）根粉在印度历经数千年也被传统地用于治疗创伤和疹子。然而，这些印度原有的知识却被带到了外国，不断被申请专利。1985年以后，欧、美、日等国家的企业接连不断地取得了利用印楝药理性质的专利。现在，日本也在销售“善待环境和人类的园艺资材”——印楝树苗及由印楝提取出来的油。

科学技术自然资源政策基金会范达娜·席娃（Vandana Shiva）理事长，抨击发达工业国家的这种专利战略为“生物海盗”（Biopiracy），属于“生物资源的掠夺行为”(14)。1995年，该基金会同35个国家200多个团体联合，针对美国化学企业取得的印楝提取油专利（专利号：5124349），向美国专利商标局申请取消该专利。同样地，印度政府的一所研究机构出示了梵文（Sanskrit）版的古代文献，证明姜黄作为固有知识技术的存在，要求美国专利商标局取消该专利。结果，2000年5月欧洲专利局基于美国的专利而取消了欧洲授权的印楝专利；美国专利商标局认为姜黄专利中没有创新性，1997年8月取消了该专利。这些都是在欧美地区已获专利因依据属于“发展中国家的固有知识”而被取消的最初事例，影响无法估量(15)。印度内外的NGO和研究机构，正是挑战欧美授权的其他生物资源与固有知识专利有效性的基础。

同抗议“生物海盗”相并行，范达娜·席娃还发起了“九种”（Navdanya，印地语意味着“9类种子”）运动，保护原有大米、谷物等物种的基因资源，确保农业的可持续性。具体的活动包括：调查现存种及其侵蚀状况、书面记载和注册“固有种”、把种子发放给农家，等等。固有种的注册是指承认其地区集团的传统知识体系，这是一种保护知识产权构思的尝试。固有知识的权利绝不具排他性，也不具独占性，可以自由使用和交换。同上述的集水实践一样，“九种”发展成为席卷全国的大众运动，它代表着对资源利用的固有知识回归的一种尝试，正在缓慢却强有力地发展壮大。

（执笔：辻田佑子，金沢谦太郎）

专栏7　对水冲厕所的思考

几年前，我去参加在斯德哥尔摩召开的水问题研讨会时，收到了瑞典国王的晚餐会邀请。但是，我没有去出席晚餐会，而是和同行阿尼尔·阿加瓦尔（Anil Agarwal）先生一起外出参观了市内的几个厕所。起初，我并没有完全理解掀开厕所箱子这个任务的必要。这里的厕所，为了堆肥，把大便留在箱内，尿液则被分离出来后用于农业。后来，我们又游逛了市内的店铺，从节水型到自动型乃至粪尿分离型的厕所，各种形式都有。最后，我逐渐开始理解它们之间的联系。

早先我认为，水冲厕所和下水道系统是卫生、清洁环境的代名词。但事实上，这些只是环境问题的一部分，不是解决环境问题的对策。尽管水冲马桶的技术非常简单，但在生态上是不明智的，因为要用大量的清洁水才能冲走少量的排泄物。印度的水冲马桶尤为费水，1次用水超过10L。水由大型水库和其他设施输往城市，利用之后再通过管道流入相当费钱的污水处理设施，最终污染了河流湖泊等大量水源。现在，印度几乎所有河流都由于城市污水的污染而处于死亡状态，河流已化作了污水的排放地。

为了解决污水处理问题，投资进行了《恒河行动计划》（*Ganga Action Plan*）这样巨大的河流净化项目，但这是为有钱人的水冲厕所进行的污水处理，而不是为了帮助穷人的。发展中国家下水道系统的政治经济是极其糟糕的。不论哪座城市，向下水道系统的投资都无法收回。因此，下水道系统的利用者都指望补助金，而它们几乎都是有钱人的。这样一来，下水道就成了有钱人舒适厕所的补助金。在此类排泄物处理的范例中，穷人永远处于“受益面之外”。而且，政府建设污水处理设施的目标事实上也不可能实现。在城市化进程迅速的状况下，高价建设的污水处理设施很多就超过了其负荷，结果演变成污水处理设施建设和投资的交替上升。

据中央污染控制委员会 1999 年的调查，新德里每天排放污水 255 万 t，其中通过污水管网收集处理的不过 88.5 万 t，其余的流入雨水收集管道后，直接进入河流。新德里计划在 2025 年前投资 75 亿卢比（rupee）把现有的污水处理能力提高 2 倍，但即使实现了这个目标，恐怕仍是远远低于需要量。而且，新德里以外的城市污水处理率还不到 3%，所以河流释放恶臭也就无须大惊小怪了。

印度的科学家在考虑登月，完全没把厕所的问题放在眼里，也完全没有进行关于善待环境的污水系统的探讨。但是，我们必须改变。大家不要忘记，有钱人的水冲厕所正是酿成今天环境问题的原因。

（Sunita Narain/金沢谦太郎译）

第Ⅲ部　数据解说篇

[1] 经济不平等、贫困和人类开发

迄今一般采用人均 GDP（国内总产值）这一指标作为判断国民富裕程度的工具。对于 A 国和 B 国这两个国家，假设 A 国国民的人均 GDP 为 3 000 美元，B 国国民的人均 GDP 为 1 000 美元，一般就认为 A 国的人们更富裕。但是，这种判断隐藏着如下问题。

首先，GDP 没有考虑收入的不平等（收入分配）。即使 A 国的人均 GDP 水平为 3 000 美元，而其富裕阶层（占 10%的国民）的人均 GDP 为 27 000 美元，其余 90%的国民人均 GDP 仅为 300 美元。在 B 国，如果全体国民平均都是 1 000 美元的收入水平，那么仅从人均 GDP 水平判断 A 国比 B 国富裕就是不准确的。

第二，GDP 还忽视了贫困问题。如果设定贫困线（poverty line）为年收入 365 美元，以此推算收入水平处于贫困线以下的人口比例（贫困率）。那么，A 国的贫困率为 90%，B 国的贫困率为 0%，在这种情况下得到的判断结果同以 GDP 指标的判断结果完全相反。

第三，人们的实际幸福程度是由经济、社会、环境多种因素组成的。因此，仅从 GDP 这一经济指标就推断其富裕与否是不全面的。对于幸福程度的评价，联合国开发署（UNDP）并没有狭义地仅采用收入或财富增长，而更重视旨在扩大人们各种潜在能力的人类发展[(1)]。

下面，利用关于富裕度的各种指标，来分析一下亚洲经济现状。这里，评价收入不平等采用“基尼指数”（Gini Index）[(2)]，评价贫困问题采用“发展中国家贫苦指数（Human Poverty Index：HPI-1）”[(3)]，评价人类发展采用“人类发展指数（Human Development Index：HDI）”[(4)]。

表 1 为人均实质性 GDP（用“购买力评平价法”折算）的历年变化。由表可见，印度尼西亚、新加坡和泰国因受亚洲金融危机影响，1997—1998 年（数据年度）的经济发展下滑了。印度尼西亚在

金融危机中发生了政治混乱，至1998年5月导致苏哈托（Suharto）政权垮台。由此可以想象，1997—1998年的东南亚各国在经济不平等、贫困和人类发展的指标方面发生了多大的变化。

表2所示为基尼系数的历年变化。基尼系数取值为0～1，数值越接近1，表示不平等的程度越强。单从这张表，并不能看清亚洲金融危机对于收入不平等造成的影响。例如，从表中数据推测，印度尼西亚1999年的经济不平等似乎比1996年有所改善，但这有些不可信。图1所示为1999年的基尼系数同人均GDP的关系。由图可见，印度尼西亚和越南的基尼系数相当于0.3～0.35，马来西亚、菲律宾、泰国的基尼系数为0.4～0.45。但是，与其说政治混乱持续不断的印度尼西亚，其经济不平等比泰国和马来西亚为低，还不如说同日本、韩国处于同一水平那样难以使人相信。关于基尼系数，各国统计数据的精度有很大差异，解释时必须十分注意。

表1　人均实际GDP（购买力平价换算）　单位：美元

公布年	数据年	中国	印度	印度尼西亚	日本	韩国	马来西亚	菲律宾	新加坡	泰国	越南
1997	1994	2 604	1 348	3 740	21 581	10 656	8 865	2 681	20 987	7 104	1 208
1998	1995	2 935	1 422	3 971	21 930	11 594	9 572	2 762	22 604	7 742	1 236
—	1996	—	—	—	—	—	—	—	—	—	—
1999	1997	3 130	1 670	3 490	24 070	13 590	8 140	3 520	28 460	6 690	1 630
2000	1998	3 105	2 077	2 651	23 257	13 478	8 137	3 555	24 210	5 456	1 689
2001	1999	3 617	2 248	2 857	24 898	15 712	8 209	3 805	20 767	6 132	1 860

出处：UNDP，*Human Development Report*，1997—2001.

表 2　基尼系数

年	中国	印度	印度尼西亚	日本	韩国	马来西亚	菲律宾	新加坡	泰国	越南
1990	—	—	0.289	—	0.299	0.429	0.438	—	0.438	0.350
1991	—	—	—	—	0.299	—	0.438	—	—	—
1992	—	—	—	—	0.299	0.429	—	—	0.462	—
1993	—	—	0.317	—	0.294	—	—	—	—	0.350
1994	—	—	—	0.297	0.294	—	0.429	—	—	—
1995	—	—	—	—	0.291	0.437	—	—	—	—
1996	—	—	0.365	—	0.297	0.442	0.462	—	0.434	0.355
1997	—	—	—	—	—	0.442	0.460	—	—	—
1998	—	—	—	—	0.290	0.442	0.468	—	0.414	0.354
1999	—	—	0.310	0.301	0.294	0.442	0.463	—	0.435	0.351
2000	—	—	0.307	—	0.294	0.442	0.461	—	0.435	0.352

出处：日本资料来源，总务省《平成 11 年全国消费实态调查》。日本以外的数据均来自 World Bank，*East Asia Update Special Focus*：*Poverty Reduction and International Development Goals*，April 2001 以及 ARIC homepage（http：//www.aric.adb.org/user_difined_ indicators.asp）.

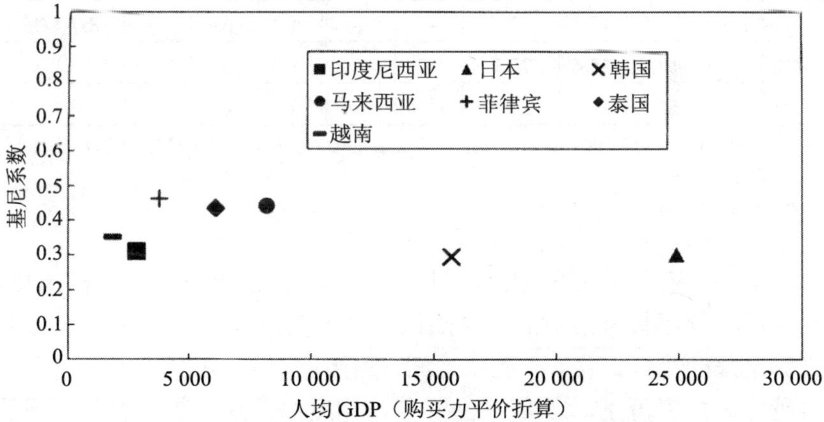

图 1　亚洲各国的基尼系数同人均 GDP 的关系

出处：关于基尼系数，除日本外的数据均来自 World Bank，*East Asia Update Special Focus*：*Poverty Reduction and International Development Goals*，April 2001。日本数据，来自总务省《平成 11 年全国消费实态调查》。关于 GDP，参考 UNDP，*Human Development Report*，2001.

表3中的HPI-1是从“健康长寿的生活”、“知识”、“人类生活水准”这3方面推算出来的指标，取值在0到100之间，数值越大，表示贫困程度越重。亚洲金融危机前后，印度尼西亚和泰国的HPI-1都上升了，这主要是因为当时无法享用保健医疗服务的人数比例增加了。然而，《人类发展报告（2001年版）》（*Human Development Report*）中的计算，由于得不到可信赖的数据而排除了无法得到保健医疗服务的人数比例。表面上，印度尼西亚和泰国1995—1997年HPI-1的增加似乎反映了亚洲金融危机的影响。但实际上还不能马上判断，这种结果究竟是金融危机造成的，还是值得怀疑的数据精度所引起的偶然结果。

表3 发展中国家的人类贫困指数（HPI-1）

公布年	数据年	中国	印度	印度尼西亚	日本	韩国	马来西亚	菲律宾	新加坡	泰国	越南
1997	×	17.5	36.7	20.8	—	—	—	17.7	6.6	11.7	26.2
1998	1995	17.1	35.9	20.2	—	—	—	17.7	6.5	11.9	26.1
1999	1997	19.0	35.9	27.7	—	—	14.2	16.3	—	18.7	28.7
2000	1998	19.0	34.6	27.7	—	—	14.0	16.1	—	18.7	28.2
2001	×	15.1	34.3	21.3	—	—	10.9	14.7	—	14.0	29.1

注：×：无数据年。自2001年版，计算方法发生变化，不可同以前的数据进行严格比较。1996年的数据未公布。

出处：UNDP，*Human Development Report*，2001.

最后，从表4观察HDI随时间序列的变化。同HPI-1一样，HDI也是从“健康长寿的生活”、“知识”、“人类生活水准”这3个方面推算出来的指标，取值0到1之间。越接近于1，表示人类发展进行得越好。由表可见，1995—1999年，印度尼西亚、新加坡和泰国的HDI呈上升趋势，而1998年转为下降。关于这种变化，也许可以解释为亚洲金融危机对人类发展的负面影响。而必须注意的是，问题点在于HDI与GDP有很高的关联度，GDP的变化很可能就那样地单单反映到HDI中(5)。

表4　人类发展指数（HDI）

公布年	数据年	中国	印度	印度尼西亚	日本	韩国	马来西亚	菲律宾	新加坡	泰国	越南
1999	1995	0.679	—	0.665	0.918	0.835	0.755	0.728	0.873	0.746	—
×	1996	—	—	—	—	—	—	—	—	—	—
1999	1997	0.701	0.545	0.681	0.924	0.852	0.768	0.740	0.888	0.753	0.664
2000	1998	0.706	0.563	0.670	0.924	0.854	0.772	0.744	0.881	0.745	0.671
2001	1999	0.718	0.571	0.677	0.928	0.875	0.774	0.749	0.876	0.757	0.682

注：×：无1996年的数据。所有的数据都是根据1999年的计算方式推算出来的。
出处：UNDP，*Human Development Report*，2001.

如此看来的结论是，从这里介绍的这些指标，并不能明确地说明亚洲金融危机对于经济不平等、贫困和人类发展所造成的影响。其原因在于数据缺乏可信度，还有计算方法的频繁变化，所以在各国之间难以进行比较。统计资料提供定量数据的好处往往会受到高估。在统计系统不完善的发展中国家，必须充分注意统计数据的使用问题。然而，只要能够得到可信度高的数据，那么，这里介绍的指标仍能够反映出收入不平等和贫困方面的问题。因此，在进行村落、村镇水平的调查时，通过现场工作等活动，收集到可信度高的数据，编制成不平等、贫困、人类发展的指标，这项工作具有很大意义。

（柴崎茂光）

[2] 人口和性别：生育健康与权利

1994 年，联合国在埃及开罗召开了国际人口与发展大会（International Conference on Population and Development，通称开罗会议或 ICPD 会议）。以往的人口会议都把重点放在国家这一宏观层面上管理人口的数量（和质量），而开罗会议则从每对夫妇和个人，特别是女性的健康与生活这种微观层面上重新提出了人口问题。开罗会议提倡的是生育健康与权利（reproductive health/rights，关于性与生殖的健康与权利）。开罗会议同时还强调了男女平等与对于女性的授权（empowerment，在社会、经济、政治、法律等所有方面赋予女性权利），促进这种方向转变的重要原因之一是性别观点的引进。在 1995 年第 4 届世界妇女大会（The 4th World Conference on Women，通称北京会议）上，生育健康与权利被明确作为女性权利。

“性差”（sex）意味着生物学性质上的差异，有女性与男性，而“性别”（gender）指的是在生长过程中建立在社会方面和文化方面的属性差别。“男像男样，女像女样”，这是社会上的普通观念，“男人工作，女人持家”这种对不同性别的角色分配完全是性别（gender）引起的。因此，这种性别（gender）作用反映出社会上的女人和男人的力量关系，透过性这个滤光镜，女性遭遇的无权局面和利益差别的实情就清清楚楚地呈现出来了。例如，在高生育率的背后，是因为女性本身没有性欲、妊娠和生育的自我决定权，这导致了反复被动的妊娠现状。

首先，这里简单介绍什么是生育健康与权利。所谓生育健康与权利，是从一生中的健康角度，重新抓住个人的性和生殖（妊娠、分娩）有关事项，把健康作为一项基本人权予以保障（详细内容请参阅《亚洲环境情况报告》第 2 卷第Ⅲ部第 4 节“生育健康与生命以及人口问题”）。尽管个体中包括女性和男性，但生育健康与权利对于女性来说尤为重要。因为承担妊娠与分娩的只是女性（生物学性差），而且由于性的差别，在保健、医疗、教育、就业等许多方面，女性都处于不利地位。

开罗会议后的第5年——1999年，为检验开罗协议事项的进展，联合国召开了ICPD+5特别会议。会议认为，许多国家的政府和非政府组织都在努力改善生育健康与权利。确实，从与人口相关指标的关系（表1）分析，统计数据总体上都有改善，但ICPD+5会议认为，以下几个问题令人担心，如有些问题比以往更为紧迫，实施项目所需资金也大大低于在ICPD会议上达成协议的额度目标。

表1　生育健康和权利与人口相关指数

	1 总人口（2001年）/10^6人	2 年均人口增长率（2000—2005）/%	3 合计特殊出生率（2000—2005）/%	4 避孕实行率（现代方法）/%	5 专业技术人员帮助分娩/%	6 婴儿死亡率（对1 000次分娩）	7 产妇死亡率（对1 000次分娩）	8 15岁以上文盲率（男/女）/%	9 人均GNP（1999年）/美元
中国	1 285.00	0.7	1.8	83	67	37	60	8/23	3 550
印度尼西亚	214.8	1.2	2.27	55	56	40	470	8/17	2 660
韩国	47.1	0.7	1.51	67	98	7	20	1/03	15 530
马来西亚	22.6	1.7	2.9	30	96	10	39	8/16	7 640
菲律宾	77.1	1.9	3.24	28	56	29	240	4/5	3 990
泰国	63.6	1.1	2	70	—	21	44	3/6	5 950
越南	79.2	1.3	2.25	56	77	34	95	4/8	1 860
印度	1 025.10	1.5	2.97	43	43	65	440	31/54	2 230
日本	125.6	0.1	1.36	55.9	100	3.2	6.6	—	25 170
中国台湾	22.2	0.8	1.5	—	—	6.9	—	3.7/10.4	12 916

注：中国台湾的1、3、8、9为2000年，2为1995—2000年，6为2001年推算。

出处：根据联合国人口基金《世界人口白皮书2001》编制；日本的1～3、6、7为厚生劳动省《人口动态统计》2000年，4为每日新闻社《第25次全国统计计划民意调查》2000年；中国台湾的统计来自雅虎台湾（http://tw.search.yahoo.com），CIA，*The World Factbook*，2002（http://www.odci.gov/cia/publications/factbook/）.

紧迫性高的课题包括：①减少孕妇死亡率和患病率；②满足避孕的潜在需要（unmet needs）；③青年青春期的对策；④控制 HIV/艾滋病的蔓延等。女性疾病的20%左右源于妊娠、分娩和人工流产。全球的孕妇死亡人数每年为50万人，其中，危险的人工流产导致的死亡多达78 000人。在ICPD+5会议上提出的目标之一是，为了确保安全分娩，要增加在场的护士和医生等人数。为了消除危险的人工流产，人工流产合法化是不可缺少的，而这在不少国家却是非法的；或者即使合法也因缺乏医生和医疗设施而发挥不了法律效力（表2）。由于天主教和伊斯兰各国的强烈反对，开罗会议和ICPD+5会议均未能在人工流产合法化问题上达成明确的协议。

表2 人工流产的法律规定（1997年）

法律规定	国家（地区）	国家数量（世界人口比）
只需女性申请，不问缘由	美国、古巴、北欧各国、德国、法国、意大利、前苏联、中国、越南、土耳其、南非等	49个国家（41%）
社会经济原因	英国、芬兰、印度、日本、中国台湾、赞比亚	6个国家（地区）（20%）
女性身体健康	阿根廷、秘鲁、乌拉圭、波兰、巴基斯坦、泰国、摩洛哥、埃塞俄比亚、莫桑比克、卢旺达、韩国等	23个国家（10%）
女性精神健康	牙买加、葡萄牙、西班牙、瑞士、澳大利亚、马来西亚、伊拉克、以色列、约旦、冈比亚、加纳等	20个国家（4%）
拯救女性生命（事实上非法）	爱尔兰、巴西、智利、哥伦比亚、危地马拉、孟加拉国、印度尼西亚、菲律宾、伊朗、埃及、肯尼亚、尼日利亚、坦桑尼亚等	54个国家（25%）

表 3　不同地区 HIV/艾滋病统计与特征（2001 年 12 月）

	HIV/艾滋病患者（成人和儿童）	新感染者（成人和儿童）	成人感染率/%	成人感染者中的女性比例/%	青年（15～24 岁）		
					女	男	合计
撒哈拉以南非洲	28 100 000	3 400 000	8.4	55	5 700 000	2 800 000	8 600 000
北非、东南亚	440 000	80 000	0.2	40	110 000	41 000	150 000
南亚、东南亚	6 100 000	800 000	0.6	35	930 000	590 000	1 500 000
东亚、太平亚各岛	100 000	270 000	0.1	20	87 000	200 000	280 000
拉丁美洲	1 400 000	130 000	0.5	30	170 000	260 000	420 000
加勒比海国家	420 000	60 000	2.2	50	72 000	59 000	130 000
东欧、中亚	1 000 000	250 000	0.5	20	85 000	340 000	420 000
西欧	560 000	30 000	0.3	25	33 000	55 000	89 000
北美	940 000	45 000	0.6	20	47 000	100 000	150 000
澳大利亚、新西兰	15 000	500	0.1	10	—	—	—
总计	40 000 000	5 000 000	1.2	48	7 300 000	4 500 000	11 800 000

注：1.青年一项的合计为概数；2.据厚生劳动省艾滋病动向委员会统计，日本的 HIV 感染者累计，日本国籍为 3 145 人（男 2 736 人/女 409 人），外国国籍为 1 653 人（男 581 人/女 1 072 人）。艾滋病患者累计，日本国籍 1 767 人（男 1 630 人/女 137 人），外国国籍 621 人（男 422 人/女 199 人）。所有数据均为 2002 年 6 月 30 日。HIV 感染者，艾滋病患者均为该委员会的记录。在 HIV 感染中不包括凝固因子制剂引起的。

出处：根据联合国艾滋病联合计划（UNAIDS），*Report on the Global HIV/AIDS Epidemic*，2001 年编制。

在 ICPD+5 会议上，最大的焦点问题是 HIV/AIDS 和青年对策。HIV/AIDS 在撒哈拉以南非洲正在急剧增加，亚洲地区也在加速蔓延。今天，15～24 岁的青年人口已达世界人口的 20%，而超过 4 000 万起 HIV 感染病例的 1/3 左右正出现在这一年龄段（表 3），且女性的性感染疾病和 HIV/AIDS 均高于男性。这是因为，除了身体结构的不同以外，女性在性地位和社会地位上都是弱者。众所周知，对于女性的暴力、一夫多妻、残暴习俗（割礼：割除女性生殖器）、性买卖等都密切关联到女性人群的 HIV/AIDS。此外，女性也受到信息和医疗的限制。HIV/AIDS 以外的性感染疾病也在蔓延扩大。

同亚洲其他各国相比，日本的孕妇死亡率和患病率很低，但避孕对策依然不是母子保健中心的主要工作。在政府的“健康母子21”《母子保健国民运动计划》（2001—2010年）中包含青春期对策。如果满足《母体保护法》规定的条件，人工流产就不会因《刑法》堕胎罪而受到处罚，一般都是安全且合法地进行，但该法律体系并没有保障女性的自我决定权。因此，一些女性建议，废止堕胎罪和母体保健法，沿用“生育健康与权利”理念，针对避孕和人工流产制定新的法律。随着青春期性行为的活跃，HIV/AIDS 和青年对策成了日本的紧急课题之一，但政府的 HIV/AIDS 对策仍不够完善。性问题也仍未得到足够重视。1999年，日本通过了《男女共同参与社会基本法》，但也有人批评“共同参与”这一词汇本身也把性差别（gender discrimination）问题弄得模糊不清。

即使从全球看，重视性观点，推进生育健康和权利的努力，可以说仍然只是刚刚开始。据联合国按中位数推测，世界人口在2050年将达到93亿，如果女性有分娩与否的选择权，只分娩希望要的孩子，全世界的“合计特殊出生率”（1名女性一生分娩小孩的推算数）确实会降低。男女平等和女性的授权（empowerment）是决定人口问题、发展与环境问题的重要因素，今天正在形成国际社会的共识。

（芦野由利子）

[3] 改善职业伤害与劳动安全卫生的对策

亚洲在加快工业化进程的同时，大量职工面临着各种安全和健康风险。劳动安全卫生活动直接关系到人的生命，所以是制造业和许多行业与工作场所的优先课题。例如，由于矿山事故，中国每年约有近万名工人丧亡。尽管政府关闭了一些高度危险的煤矿，但当地穷人依然非法进行开采，酿成矿难事故。以农业为主的第一产业也存在很多危及安全与健康的风险，如机械事故、暴露于农药等化学物质中、操作重物等。在笔者最近访问过的越南南方一家农场，过去 2 年里有 3 人因农业机械的翻倒事故而死亡，这是在道路没有完备的农场使用老旧农业机械的后果。

国际劳工组织（ILO）推测，全世界的工伤死亡事故每年夺走约 200 万人的生命。ILO 正在实施《国际劳动安全重点计划》，其中设定了 4 个优先课题，这些也都是亚洲安全卫生的优先课题。该计划把资源优先投向那些直接面临安全健康风险但迄今很少有机会得到恰当保护与服务的人们。这些优先课题包括：①对矿山、建筑、农业等灾害发生率高的行业的对策；②扩大对于中小企业和特殊行业（informal sector）的保护；③广泛提高劳动者的健康与福利待遇，特别是更加重视那些工作在高强度、艾滋病毒潜伏与发病（HIV/AIDS）、药物依赖、酒精对策等工作场所的职工健康问题的重要性；④力求使经营者提高意识，即通过改善安全卫生可以提高经济效果。

如表 1 所示，亚洲各国在劳动灾害与职业病统计方面，还存在不少弱点。日本和韩国定期进行报告，而其他国家的报告次数差异很大，在分析或进行各国之间比较时，对此需要充分注意。中小企业、自身营业、特殊行业和农业的劳动灾害与职业病统计，一般都没有涵盖在内。是否能够定期进行可信度高的劳动灾害与职业病统计，本身就表明了作为该国有关对策的进展程度。

表 1　亚洲各国的劳动灾害

		中国	印度	印度尼西亚	日本	韩国	马来西亚	巴基斯坦	菲律宾	泰国	越南
A 就业工人											
A1 就业工人	（1 000 人，2000 年）	711 500	27 941[a]	88 817[b]	64 460	21 061	9 321.7	35 934[c]	27 775	33 001.0	33 664[a]
男	（1 000 人，2000 年）	—	23 515[a]	54 908[b]	38 180	12 353	6 096.2	30 927[c]	17 258	18 164.9	—
女	（1 000 人，2000 年）	—	4 426[a]	33 908[b]	26 300	8 708	3 235.5	5 007[c]	10 516	14 836.1	—
A2 行业劳动人口	（调查年份）	（2000 年）		（1999 年）	（2000 年）	（2000 年）	（2000 年）	（1998 年）	（2000 年）	（2000 年）	（1997 年）
1.农林水产业	（1 000 人）	333 550	—	38 378	3 260	2 288	1 711.8	16 980	10 401	16 095.5	—
2.矿业	（1 000 人）	5 970	—	726	50	18	27.3	69	106	38.9	—
3.制造业	（1 000 人）	80 430	—	11 516	13 210	4 243	2 125.8	3 579	2 792	4 784.8	3 293
4.电气燃气水道	（1 000 人）	240	—	188	340	63	48.1	251	116	172.5	—
5.建筑业	（1 000 人）	35 520	—	3 415	6 530	1 581	798.9	2 251	1 430	1 280.0	977

		中国	印度	印度尼西亚	日本	韩国	马来西亚	巴基斯坦	菲律宾	泰国	越南
6.批发零售宾馆饭店	（1 000 人）	46 860	—	17 529	14 740[d]	5 729	1 790.1	4 984	4 587	4 801.52[e]	—
7.运输储藏通信	（1 000 人）	20 290	—	4 207	4 140	1 265	422.7	1 970	2 024	951.2	856
8.金融保险不动产服务业	（1 000 人）	4 270	—	634	6 160	2 085	462.0	312	678	—	—
9.公务员社会服务	（1 000 人）	20 250	—	12 224	15 640[f]	2 328	1 935.1	55 231	5 636	4 864.82[a]	—
10.其他	（1 000 人）	161 500	—	—	390	1 460	—	17	4	10.2	—
B 劳动灾害											
B1 劳动灾害死伤人数	1996 年（人）	29 036	—	10 037	160 712	71 548	106 508	402	50 320	—	—
	1997 年（人）	26 369	—	8 727	154 490	66 770	86 589	376	—	—	—
	1998 年（人）	—	—	—	144 838	51 514	85 338	360	—	—	—
	1999 年（人）	—	—	—	135 836	55 405	92.074	257	—	52 025	—
	2000 年（人）	—	—	—	133 948	—	—	—	—	50 731	—
B2 劳动灾害死亡人数	1996 年（人）	19 457	229	784	2 363	2 670	1 020	143	240	962	—
	1997 年（人）	17 558	242	1 076	2 078	2 742	1 473	90	—	1 033	—
	1998 年（人）	—	211	—	1 844	2 212	1 273	89	—	790	—
	1999 年（人）	—	—	—	1 992	1 412	912	93	—	610	—
	2000 年（人）	—	—	—	1 889	1 353	—	—	—	616	—

		中国	印度	印度尼西亚	日本	韩国	马来西亚	巴基斯坦	菲律宾	泰国	越南
B3 行业死伤人数	（调查年份）	（1997年）		（1997年）	（2000年）	（1998年）	（1995年）	（1999年）	（1996年）	（2000年）	
1.农林水产业	（人）	140	—	1 794	6 213	919	20 465	—	8 700	5 791	—
2.矿业	（人）	4 403	—	587	760	1 134	1 016	122	370	528	—
3.制造业	（人）	4 384	—	4 486	37 673	22 446	62 483	135	28 220	32 155	—
4.电气燃气水道	（人）	—	—	844	80	127	542	—	540	417	—
5.建筑业	（人）	1 587	—	629	33 599	13 172	4 406	—	1 860	3 652	—
6.批发零售宾馆饭店	（人）	345	—	—	17 054	—	10 187	—	—	4 659	—
7.运输储藏通信	（人）	552	—	286	17 242	4 957	4 826	—	3 170	1 625	—
8.金融保险不动产服务业	（人）	—	—	—	1 173	1 578	4 084	—	880	1 466	—
9.公务员社会服务	（人）	—	—	—	3 487	—	5 320	—	—	183	—
10.其他	（人）	493	—	207	16 667	8 602(g)	805	—	6 580(h)	255	—

注：（a）1997年；（b）1999年；（c）1998年；（d）不包括宾馆；（e）包括金融、保险、不动产，不包括宾馆、餐厅；（f）包括宾馆；（g）包括宾馆、餐厅；（h）包括金融、保险、不动产、宾馆、餐厅、社会服务。

出处：ILO，*Yearbook of Labor Statistics*，2001.

在这种状况下，各国政府、劳资组织以及非政府组织都在不断努力改善安全卫生问题。关于现场层面的改善活动，都把焦点放在首次预防方面，这有很多成功案例。问题在于政府的政策措施如何支持和努力改善劳动现场条件。例如，泰国 2002 年制定了《劳动安全卫生法》，其中的国家优先课题包括充实法律框架、中小企业对策、有效的劳动监督体系、改善劳动灾害与职业病报告体系、为劳资双方提供安全卫生的支持等。

2001 年，ILO 新制定了《国际劳工组织劳动安全卫生管理系统与指南》，旨在作为推进包括中小企业在内的劳动场所安全卫生活动的实践指南，正在亚洲各国推广以发挥作用。基于 ILO 的指南，中国于 2001 年制定了本国的指南。泰国、马来西亚也都在研究本国指南的制定问题。越南正开始利用 ILO 的指南，培训中小企业主，尝试进行安全卫生方面实质性的改善。

在面向特殊行业的安全卫生的进展中，非政府组织（NGO）再次发挥着重要作用。泰国的 NGO——家庭网（Home Net）便是很好的案例。1997 年经济危机以后，泰国的大批职工失去了工作，成为家内劳动者。家庭网起初是以扩大家内劳动者的产品销路为主要活动目的，后来关注改善那些被带入家庭工作场所的化学物质和生产机械安全卫生风险的重要性。在 ILO 的合作下，泰国政府以泰国各地家内劳动者为对象，开展了参与型安全卫生培训。在柬埔寨，当地 NGO 在根除危险的童工劳动问题上发挥了积极作用。NGO 的成员自身首先接受安全卫生培训，然后作为童工问题监督者，访问童工较多的工作场所，在当地推进可行的改善安全卫生措施。

目前的关键是，推进植根于现场的扎实的改善活动，并实现网络化。另一项重要课题是，政策如何具体地支持这些现场活动，拓展领域范围。

（川上刚）

[4] 改善保健与教育

亚洲社会经济的发展结果，在保健与教育方面取得了很大进步，这在婴儿死亡率下降，特别是成人识字率提高等指标上有明显体现。但有必要注意，在亚洲许多社会经济发展落后的国家和地区，进步仍然甚微。

图 1 显示亚洲一些国家的成年女性识字率同婴儿死亡率两者之间的密切相关性。在亚洲国家中，明显地分成 2 组，即取得改善的国家和落后的国家。同时，如果只看国家层面的宏观指标，很多时候都难以充分理解，在社会底层和贫困阶层中，实际上究竟发生了什么。即使在一个国家当中，贫困层同非贫困层之间也存在着巨大差异。如何接触到现场的实际问题，找到可操作的对策，取得扎实的成果，这些都是需要解决的问题。另一个重要问题是，政策如何才能实际支持这类现场水平的保健与教育改善。

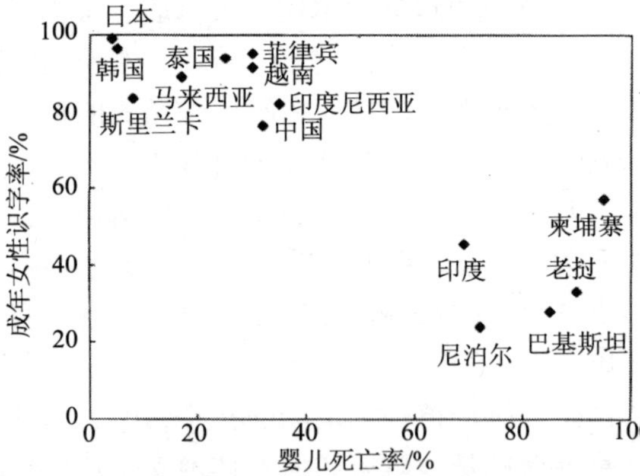

图 1 成年女性识字率与婴儿死亡率（2000 年）

出处：根据 UNDP，Human Development Report，2002 年绘制。

现在，改善有关母婴保健、防治传染病、确保饮用水安全等保健问题的基础设施越发显得重要。此外，亚洲还存在着必须专门解决的、更为特殊的保健问题，如 HIV/AIDS 对策、面向全体国民的平等医疗服务、劳动安全卫生（参考本书资料解说篇[3]）等，这些保健问题的优先度都在亚洲居高。众所周知，在亚洲贫困阶层中有许多新的 HIV/AIDS 感染者，同时，还需要消除对已感染者的歧视，以及充实医疗关怀。为了消除歧视，马来西亚制定了《工作场所 HIV/AIDS 对策指南》。探索全体国民的医疗保险。泰国也在进行一种尝试，通过一定的费用支付，使所有国民都能平等地享受医疗服务。以前，泰国贫困层和富裕层所接受的医疗机构及其服务都是不同的，现在正摸索如何通过有效地使用国家资源给全体国民带来优质的医疗服务。

在改善健康方面和提高人们生活水平方面，普及教育极为重要。学校教育，重要的是要顾及所有人。现在，ILO 正致力于各国童工的改善。例如，在柬埔寨有一个项目，为取缔童工劳动，不可缺少的是要完善人人都能上学的制度和设施。由于政府预算短缺，教师工资被压得很低，或者公共教材置办费用很少，这些都加重学生家长负担。无法负担这些费用的家庭，儿童就不可能上学，结果形成了童工劳动这种恶性循环。

另一个需要重视的是，实现教育机会的男女平等。图 2 显示了女性识字率对于男性识字率的比例。对于一些女性识字率低的国家来说，迫切需要解决教育机会平等的问题。

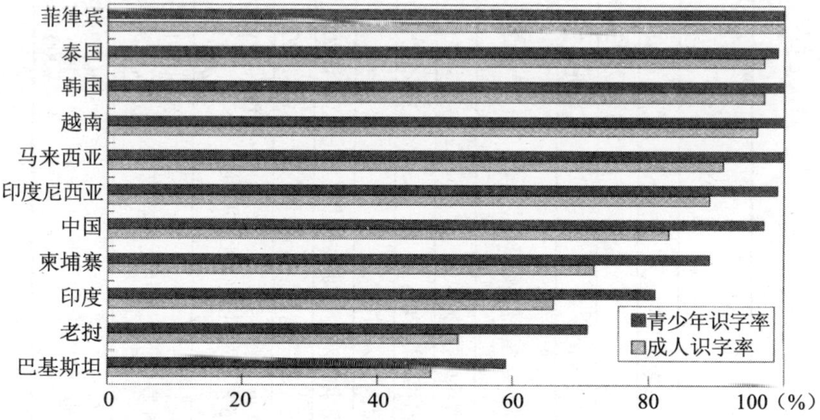

图 2　识字率（女性相对于男性的比例，2000 年）

表 1　保健与教育

		中国	印度	印度尼西亚	日本	韩国	马来西亚	巴基斯坦	菲律宾	泰国	越南
A　社会经济指标											
A1　总人口	（100 万人，2000 年）	1 275.1	1 008.9	212.1	127.1	46.7	22.2	141.3	75.7	62.8	78.1
A2　人均 GDP	（美元，2000 年）	3 976	2 358	3 043	26 775	17 380	9 068	1 928	3 971	6 402	1 996
A3　收入/消费份额（%）	（调查年）	（1998 年）	（1997 年）	（1999 年）	（1993 年）	（1993 年）	（1997 年）	（1996—1997）	（1997 年）	（1998 年）	（1998 年）
贫困阶层 20%		5.9	8.1	9.0	10.6	7.5	4.4	9.4	5.4	6.4	8.0
富裕阶层 20%		46.6	46.1	41.1	35.6	39.3	54.3	41.1	52.3	48.4	44.5
B　保健与人口指标											
B1　出生时平均预期寿命/男	（岁，2001 年）	69.8	60	64.4	77.9	71.2	69.2	61	64.2	65.7	66.9
出生时平均预期寿命/女	（岁，2001 年）	72.7	61.7	67.4	84.7	78.7	74.4	61.5	71.5	72.2	71.8
B2　5 岁以下儿童年死亡率/男	（每出生 1 000 人，2001 年）	34	89	50	5	8	13	105	46	38	44
5 岁以下儿童年死亡率/女	（每出生 1 000 人，2001 年）	40	98	40	4	8	11	115	33	31	35
B3　出生时低体重婴儿	（%，1995—2000 年）	6	26	9	7	—	9	21	18	7	9

		中国	印度	印度尼西亚	日本	韩国	马来西亚	巴基斯坦	菲律宾	泰国	越南
B4　婴儿死亡率	（每出生1 000人，2000年）	32	69	35	4	5	8	85	30	25	30
B5　孕妇产妇死亡率	（每出生10万人，1985—1999年）	55	540	380	8	20	41	—			
B6　1岁婴儿麻疹预防接种率	（%，1999年）	99	50	71	94	85	88	54	79	96	93
B7　HIV/AIDS感染者（成人）	（%，15～49岁，2001年）	0.11	0.79	0.1	>0.10	>0.10	0.35	0.11	>0.10	1.79	0.3
B8　医师数量	（每10万人，1990—1999年）	162	48	16	193	136	66	57	123	24	48
B9　保健支出占GDP的比率	（%，2000年）	5.3	4.9	2.7	7.8	6	2.5	4.1	3.4	3.7	5.2
C　教育指标											
C1　初等教育纯就学率	（%，1998年）	91	—	—	100	97	98	—	—	77	97
C2　进入5年级的儿童	（%，1995—1997年）	94	—	88	—	98	—	—	—	—	—
C3　中等教育纯就学率	（%，1998年）	50	39	—	—	—	93	—	—	55	49
C4　成人识字率/男	（%，15岁以上，2000年）	91.2	68.4	91.8	99	99.1	91.4	57.5	95.5	97.1	95.5
成人识字率/女	（%，15岁以上，2000年）	76.3	45.4	82	99	96.4	83.4	27.9	95.1	93.9	91.4

出处：A1-A3，B3-B8，C1-C4来自UNDP，*Human Development Report*，2002. B1，B2，B9来自WHO，*World Health Report*，200.

亚洲国家也在尝试推进校外的各种教育活动。作为“数码分割”（digital divide）对策，联合国开发计划署（UNDP）正在马来西亚农村尝试利用专用巴士的移动单元向每个人进行类似网络方式的教育。中国等国家也在试行远程教育（distance education），利用工作场所对职工进行技术培训，为年轻一代边工作边学习设置并充实的夜校培训班也都是重要课题。植根于当地的实际情况，努力实现男女教育机会平等，目标是要营造让所有人都能得到的教育机会。

（川上　刚）

[5] 围绕转基因作物与食品限制的纷争

对于生物产业来说，亚洲地区是具有双重意义的重要地区。首先，作为生物资源多样性的宝库，亚洲的焦点在于资源如何获得和利益如何分配问题(1)。其次，作为急速增长的巨大消费地区，焦点是对于在北美与南美地区生产的转基因作物与食品（以下统称GMO）的进口限制。围绕GMO限制和标记规则，欧盟（EU）和美国之间出现明显的对立，而在包括GMO生产增长显著的中国以及今后趋势受到关注的印度在内，亚洲的影响力不可忽视。

在其他事例中曾提及，亚洲各国形成了玉米和大豆进口依赖美国的结构。关于玉米，中国和泰国为亚洲作了点贡献；但绝大多数亚洲国家的大豆需求，一多半都依赖于美国进口（表1）。2001年，美国产的玉米中34%和大豆中75%为GMO(2)。尽管一些国家也增加了从阿根廷和巴西的进口，而阿根廷产的大豆中90%和玉米中30%也都是GMO。围绕GMO生产禁止令，巴西联邦政府和司法当局以及部分州政府、产业界、消费者以及环境保护团体之间发生了对峙(3)。

日本同欧盟各国一样，消费者运动的高涨表明了人们对GMO的食品安全性和对环境影响的担心，1997—1998年，围绕标记问题展开了广泛议论，导致JAS法的修订（2000年4月）以及《食品卫生法标准》的修订（2001年4月）。在农林水产省和前厚生省的管辖下，最终实施了“标记义务化”（容许水平5%(4)）。受到环境风险审查和Starlink issue的影响，日本也在讨论饲料安全性审查的义务化问题（自2003年度）。

表1 亚洲各国的大豆与玉米进口状况

[大豆] 单位：10^3 t

	1999年			2000年			2000年自给率/%
	来自美国	合计	对美国比/%	来自美国	合计	对美国比/%	
日本	3 681	4 908	75.0	3 566	4 767	74.8	4.7
韩国	1 443	1 606	89.9	1 190	1 388	85.7	7.5
中国	4 979	10 106	49.3	6 222	13 246	47.0	57.7
印度尼西亚	1 149	1 275	90.1	1 317	1 317	100.0	41.8
马来西亚	119	433	27.5	199	601	33.1	0.0
菲律宾	443	460	96.3	350	420	83.3	0.2
中国台湾	2 131	2 408	88.5	1 985	2 330	85.2	0.0
泰国	770	1 192	64.6	716	1 286	55.7	20.1

[玉米] 单位：10^3 t

	1999年			2000年			2000年自给率/%
	来自美国	合计	对美国比/%	来自美国	合计	对美国比/%	
日本	15 678	16 117	97.3	14 570	16 275	89.5	0.0
韩国	3 230	8 691	37.2	3 289	8 723	37.7	0.7
中国	0	0	—	0	50	—	93.0
印度尼西亚	194	938	20.7	539	1 337	40.3	80.3
马来西亚	286	2 352	12.2	18	2 613	0.7	2.5
菲律宾	0	600	—	79	181	43.6	92.9
中国台湾	5 219	5 236	99.7	5 003	5 074	98.6	1.1
泰国	0	400	—	0	6	—	109.3
越南	14	165	8.5	0	50	—	93.9

注：各国市场年度：日本、韩国、中国、印度尼西亚、马来西亚、中国台湾为10月到次年9月。泰国和菲律宾的大豆为1月到12月，玉米为7月到次年6月。

出处：USDA-FAS，*Gain Report*，for Each Country.

在韩国，也出现了同样的动向。在发现混入 Starlink 后的 2001 年 2 月，韩国政府规定了 GMO 大豆和玉米的标记义务，几种产品的标记实施起始时间：未加工品（容许水平 3%）为当年 3 月，加工品为当年 7 月，甘薯为 2002 年 3 月。尽管设置了 6 个月的试行期限，但在农林部和食品药品局的管辖下，实际上扎实地实施了。从以前作为自主限制所实施的安全性审查走向了义务化，保健福利部和工商能源部都加快了各自管辖的相关法规建立(5)。

中国台湾地区行政院卫生部门于 2001 年 2 月颁布了《GMO 注册标记规则》，非 GMO 自主标记追溯到上一个月，GMO 义务标记自 2003 年 1 月逐步实施（首先从未加工的 GMO 实施，一次加工的 GMO 自 2004 年 1 月实施，其余加工的 GMO 自 2005 年 1 月实施）。立法院通过一部法律，暂时要求容许水平 1%，但 2001 年 10 月确定了卫生部门要求的容许水平 5%(6)。

中国作为继美国、阿根廷和加拿大之后的 GMO 生产国，也受到关注。目前在中国，商业性栽培的 GMO 仅限于抗病虫害棉花；而一些大学和研究机构，在巨大的财政投资下，正积极地从事各种 GMO 的研究与开发。中国也颁布和实施了《农业转基因生物安全管理条例》（2001 年 5 月），之后又陆续颁布了 3 项农业 GMO 实施规定：《安全审查管理办法》、《进口安全管理办法》以及《标记管理办法》（均于 2002 年 1 月）(7)。尽管在实际应用中还存在不少困难，但总体趋势是 GMO 限制得到了强化。

在 GMO 限制方面，东盟各国也取得了进展(8)。东盟以农林部高官会议（SOM-AMAF）和环境高官会议（ASOEN）为中心，制定了《东盟农业 GMO 风险审查指南》，举办了“生物安全综合处理能力建设研讨会”（2001 年，联合国大学主办）。这些成果依据的是 1997 年达成协议的整合地区内限制的《新加坡动议》。然而，老挝、柬埔寨和缅甸 3 国在立法方面显著滞后，导致同以生物产业立国、采取各种限制对策的马来西亚、菲律宾和泰国之间的差距越来越大。例如，马来西亚在科技环境部（MOSTE）牵头下，努力完善生物安全政策。具体而言，援用现有单行法《食品法》《植物检疫法》等，由该部转基因咨询委员会（GMAC）于1997年制定《关于GMO向环境排放的国家指南》以及2002年修订通过的《生物安全法》都成了根据法。同时，尽管包括进口作物有关的GMO限制法规出台晚，但公众卫生部起草的《GMO规定》将会通过，其容许水平定为3%。

菲律宾是国际水稻研究所（IRRI）的所在地，包括国家研究机构和大学等在内，强劲地推进着生物技术研究。而且，菲律宾也是东盟国家中最早着手生物限制政策的国家，1990年设立的国家生物安全委员会（NBCP）承担了该项任务。依据农业部（向环境排放）和卫生部（食品）的《指南》，该委员会已经完成2起（抗病虫病虫害玉米）安全性审查，但都没有批准商业栽培。2002年4月，菲律宾批准了综合性的《GMO限制指南》，而GMO进口申请手续等从第二年6月之后才开始实施，关于标记的法制建设也迟迟没有开始。

印度尼西亚已经认可了美国蒙山都（Monsanto）公司开发的抗病虫害棉花的环境释放试验（自2001年2月，限于南苏拉威西省的7个地区）。对此，国内外NGO等72个团体于同年6月联合发起诉讼，但政府和农业部还是打算推进到商业栽培阶段。同时，政府于2002年3月发表了引进并实施GMO标记规则的方针。容许水平看来设定为5%。

泰国于1994年（耐存性西红柿）和1995年（抗病虫害棉花）前后进行了现场审查，但尚未发展到商业栽培阶段。尽管泰国延迟了对《生物多样性公约》的签署和批准，但仍致力于生物资源的保护和利用，目前集中在GMO向环境排放的限制上。除了1999年修改的《植物检疫法》（农业部）外，现在制定中的生物安全法制和标记规定（容许水平5%）是作为根据法。

不仅在日本和韩国有大量的消费者团体和环保团体组织反对GMO的运动，在泰国和菲律宾也出现了绿色和平组织东南亚分部等组织的反对活动，并同“农民与科学者开发联盟”（MASIPAG）等国内NGO和小农组织联合起来，很快就掀起了活跃的反对运动。

尽管各国加快制定的生物限制政策是这些运动的成果之一，却自然地遭到了来自出口国美国和产业界的强烈反对。如 2002 年 1 月，美国商务部（USTR）派出高官向韩国施加压力，把其 GMO 标记容许水平从 3%提高到等同于日本的 5%[9]。另一个事例是，中国在制定 GMO 限制规定后，受到美国产大豆和玉米进口下降的影响，2002 年 2—3 月，美国商务部和农业部（USDA）同中国方面进行多次谈判，而且在布什总统访华期间，美国也向中国施加压力，要求推迟 GMO 规定的实施和简化审批程序[10]。对于美国指责中国违反了《世界贸易组织协定》，中国政府作了回应，“我们的限制规定是依据国际惯例。实际上，同欧盟和亚洲各国运用的规则是一样的”。然而，中国还是做了若干让步，如简化审批程序、延长缓期时间等。

蒙山都公司和其他主要生物技术公司正在期盼推出他们业已开发的基因工程小麦和大米。小麦的贸易方式同大豆是一样，但水稻（大米）是亚洲各国的主要农产品，而且是主要粮食作物。此外，除了已进入商业栽培的棉花外，亚洲地区还在不断研究和开发木瓜和甘薯（见表 3）。北美是生物多样性贫乏的地区，其影响评价方法不应被照搬到大量的主要作物原生地——亚洲各国。而且，GMO 会严重影响亚洲各国的农业结构，其中的重要主体是构成农村经济社会的大批零星的中小农家。GMO 限制并不是各国随心所欲的事情，作为亚洲乃至国际社会的共同课题，慎重地制定并实施限制至关重要。

（久野秀二）

表2　亚洲各国的GMO限制状况

		日本	韩国	中国	中国台湾	文莱	新加坡	老挝	缅甸	印度尼西亚	马来西亚	菲律宾	新加坡	泰国	越南
	商业栽培	△[a]	×	○	?	×	×	×	×	○	×	×	×	×	×
	食品流通	○	○	○	○	△[b]	○	○	△[b]	○	○	○	○	○	○
生物安全法制		○	制定中	○	×	×	×	制定中	×	○	制定中	制定中	×	制定中	制定中
安全审查指南	食品	○	○	○	○	×	×	×	×	○	○	○	○	○	×
	环境	○	○	○	○	×	×	×	×	○	○	○	○	○	×
	实验室	○	○	○	○	×	×	×	×	×	×	○	△[c]	○	×
现场审查实施状况		○	○	○	○	×	×	×	×	○	○	○	×	○	×
GMO批准状况		○	○	○	○	×	×	×	×	○	○	×	×	○	×
GMO标记（容许水平）		○（5%）	○（3%）	×	○（5%）	×	×	×	×	○（5%）	○（3%）	制定中	制定中	○（5%）	制定中

注：（a）法律上同意，但除实验产品外，商业栽培尚未批准。（b）虽未批准，但流通可能性高。（c）由研究机构制定。

出处：东盟各国参考 Sakarindr Bhumiratana，*Report on Biosafety Policy Options and Capacity Building Related to Genetically Modified Organisms in the Food Processing Industry of ASEAN*，June 2002.

表 3　亚洲各国有关 GMO 的研究开发事例

作物	实施国	性状	备注	开发阶段
棉花	印度	抗病虫害性（Bt）	孟山都公司的开发品种（2002 年 3 月批准）	商业栽培
	印度尼西亚	抗病虫害性（Bt）	在南苏拉威西省，2 700 户栽培	商业栽培
	中国	抗病虫害性（Bt）		商业栽培
玉米	菲律宾	抗病虫害性（Bt）	自 2000 年开始现场试验，自 2001 年在多个温室试验	现场试验
木瓜	马来西亚，泰国，菲律宾，越南，印度尼西亚	抗病毒性（轮纹病）	在孟山都公司和 ISAAA 公司的援助下，东南亚木瓜生物技术网的项目	商业栽培
水稻	印度+美国	矮化（短茎）	把 *Arabidopsis* 的基因导入 Basmati 水稻中	实验室
	菲律宾	微量元素（维生素 A 前体物）补充	印度、中国、印度尼西亚、越南、孟加拉国、菲律宾、南亚构成的金色大米网项目。IRRI、勒克菲勒财团、Syngenta 公司援助	实验室
	韩国+美国	非生物性抗应激	耐盐、抗旱、耐寒等。在勒克菲勒财团的援助下，康奈尔大学和韩国研究人员进行的项目	实验室
	菲律宾	增强微量元素（铁、锌）	在 IRRI 的合作下，菲律宾大学人类营养学研究所进行的项目	现场试验
	菲律宾+美国	抗菌性（白叶枯病）	加州大学戴维斯分校拥有专利。现场试验由 IRRI 实施	现场试验
甘薯	越南	抗病虫害性（Bt）	夏威夷生物技术研究所的项目。Bt 技术由前 Novartis 公司无偿提供	实验室

注：日本的研究开发事例除外。ISAAA 为促进南北间农业生物技术转让的国际组织。IRRI 为国际水稻研究所（菲律宾）。GM 小麦的研究开发主要在北美进行。

出处：Nuffield Council on Bioethics，*The Use of Genetically Modified Crops in Developing Countries*（Draft for Comment），June 2003，Appendix 3.

[6] 不断减少的森林资源

考虑森林状况时，“最为重要的是共享依据明确的定义与评价方法和来源确切的数据信息”[1]。在这方面具有一定可信度的数据，也许就是2000年的《联合国粮农组织（FAO）世界森林资源评价》（FRA2000）[2]。这是以世界各国的报告和遥感信息等为基础，经过很多专家的研究所提供的。2001年的《FAO世界森林白皮书》[3]，应用了FRA2000公布的结果，分析了全球和亚洲的森林状况。

在FAO2000中，森林的定义是：“树冠投影面积覆盖地表面积的10%、高5m以上的树木繁茂地生长在超过0.5 hm^2地表上的状态”[4]。在刚砍伐后不久、树冠投影面积率占10%、树高不到5m的情况，如果这只是暂时现象，也属于森林。不管其用途如何，天然林也好，人工林也好，都是森林。即便是农田等周边的防护林，如果宽度在20m以上，只要满足上述定义，也属于森林。还有，橡胶、栓皮槠树（软木塞原料）的种植园也属于FRA2000规定的森林。但是，果树之类农业生产用的树木、农业林业（树木同农作物与家畜组合式的农作方法）中所种植的树木被排除出森林范畴之外。

举例来说，树冠投影面积持续低于地表面积的10%时的状态，就不能被定义为森林，从统计上看，森林就消失了。但是，如果树冠投影面积即使从80%（闭锁林）减少到30%（稀疏林），还是定义上的森林。对于这种变化和生物质数量的减少，可以认为是显示出森林质量的下降，表现为森林退化。

森林不仅向我们提供木材和非木材产品（蘑菇之类），而且还发挥着多种功能，如涵养水源、保护土壤、固定碳、保护生物多样性和基因资源、提供文化活动和娱乐场所等。因此，森林消失意味着丧失了这些作用，对于人类和各种各样生物的生存来说，都会引起严重问题。

据 FRA2000，全世界森林面积约为 38.7 亿 hm^2（表 1），其中，56%的森林生存在热带、亚热带地区。人工林不过占全部森林的 5%，所以说，森林的绝大部分是天然林。从全球规模看，森林面积比率为 30%，相当于世界人均森林面积为 0.65 hm^2。FRA2000 中的森林平均蓄积量为 100 m^3/hm^2，所以假定能把所有森林都作为木材来使用的话，1 个人一生中的最大消费量仅限于 65 m^3 (5)。

如上所述，2000 年评价中改变了对于森林的定义，假如把 1990 年的森林面积分别按旧定义和新定义来表示的话，旧定义为 35.1 亿 hm^2，新定义则为 39.6 亿 hm^2。通过发达国家森林面积的增加，加上橡胶种植园等对森林面积的计入，数值上增加了 4.5 亿 hm^2。而如果根据新定义来比较 1990 年和 2000 年的森林面积，10 年间减少了 9 400 万 hm^2，年变化率为–0.24%。所以，不得不说森林减少依然在继续。

从各地区的森林增减来看，在此期间，非洲（年变化率–0.8%）和南美（同–0.4%）在加快减少，亚洲整体为–0.1%，但森林面积减少速度不断放缓，而欧洲森林则在不断增加（表 1）。同其他地区相比，亚洲人工林的比例明显突出，从全球人工林面积比例看，超过 60%，格外地高。可以认为，这种植树造林行动关系到森林面积增加。顺带说一下，从全球热带林地区来看，天然林每年纯减少 1 420 万 hm^2，而通过植树，人工林每年增加 190 万 hm^2，据此算来，森林每年减少 1 230 万 hm^2。

从南亚到东亚，列举一些主要国家进行详细分析（表 2）。看看从 1990 年到 2000 年的森林减少情况，“年减少率明显”的有尼泊尔、斯里兰卡、巴基斯坦、菲律宾、缅甸、印度尼西亚、马来西亚；“面积减少显著”的有印度尼西亚、缅甸、马来西亚、泰国。还存留有较为丰富森林的东南亚大陆、东南亚岛屿国家，多数至今都还在森林减少的道路上猛跑。

表1　世界的森林状况

地区	森林面积/10^6hm^2	森林覆盖率/%	森林变化率/%	天然林/10^6hm^2	人工林/10^6hm^2	人工林率/%	人工林的配置率/%	生物质量/10^6t
非洲	650	22	–0.8	642	8	1	17	70 917
亚洲	548	18	–0.1	432	116	21	12	45 062
欧洲	1 039	46	0.1	1 007	32	3	27	61 070
中北美	549	26	–0.1	532	18	3	14	52 357
东盟	198	23	–0.2	194	3	2	5	12 640
南美	886	51	–0.4	875	10	1	24	180 210
世界合计	3 869	30		3 682	187	5	100	422 256

出处：FAO，*State of the World's Forest*，2001。

表 2　亚洲的森林动态和经济水平

		土地面积（1999年）/10^3hm^2	人口（1999年）/10^6人	人口密度（1999年）（人/hm^2）	GDP（1997年）/（美元/人）	总森林面积（10^3hm^2）		森林覆盖率（2000年）/%	人均森林面积/（hm^2/人）	人工林（2000年）/（10^3hm^2）	森林储蓄量/（m^3/hm^2）	木质生物量/（t/hm^2）	森林面积变化（1990—2000年）/%	年减少率（1990—2000年）/%
						1990年	2000年							
世界合计		13 063 900	5 978.14	0.46	—	3 963 429	3 869 455	29.6	0.65	186 733	100	109	−93 974	−0.24
南亚	孟加拉国	13 017	126.947	9.75	352	1 169	1 334	10.2	0.01	625	23	39	165	1.41
	印度	297 319	998.056	3.36	392	63 732	64 113	21.6	0.06	32 578	43	73	381	0.06
	尼泊尔	14 300	23.385	1.64	216	4 683	3 900	27.3	0.17	133	100	109	−783	−1.67
	巴基斯坦	77 088	152.331	1.98	502	2 755	2 361	3.1	0.02	980	22	27	−394	−1.43
	斯里兰卡	6 463	18.639	2.88	770	2 288	1 940	30.0	0.10	316	34	59	−348	−1.52
东南亚大陆	柬埔寨	17 652	10.945	0.62	303	9 896	9 355	52.9	0.85	90	40	69	−541	−0.55
	老挝	23 080	5.297	0.23	414	13 088	12 561	54.4	2.37	54	29	31	−527	−0.40
	缅甸	65 755	45.059	0.69	—	39 588	34 419	52.3	0.76	821	33	57	−5 169	−1.31
	泰国	51 089	60.856	1.19	2 821	15 886	14 762	28.9	0.24	4 920	17	29	−1 124	−0.71
	越南	32 550	78.705	2.42	299	9 303	9 819	30.2	0.12	1 711	38	66	516	0.55

		土地面积（1999年）/10^3hm^2	人口（1999年）/10^6人	人口密度（1999年）（人/hm^2）	GDP（1997年）/（美元/人）	总森林面积 1990年	总森林面积 2000年	森林覆盖率（2000年）/%	人均森林面积/（hm^2/人）	人工林（2000年）/（10^3hm^2）	森林储蓄量/（m^3/hm^2）	木质生物量/（t/hm^2）	森林面积变化（1990—2000年）/%	年减少率（1990—2000年）/%
						（10^3hm^2）								
东南亚岛屿	文莱	527	0.322	0.61	—	452	442	83.9	1.37	3	119	205	−10	−0.22
	印度尼西亚	181 157	209.255	1.16	1 096	118 110	104 986	58.0	0.50	9 871	79	136	−13 124	−1.11
	马来西亚	32 855	21.830	0.66	4 469	21 661	19 292	58.7	0.88	1 750	119	205	−2 369	−1.09
	菲律宾	29 817	74.454	2.50	1 170	6 676	5 789	19.4	0.08	753	66	114	−887	−1.33
	新加坡	61	3.522	57.74	32 486	2	2	3.3	0.00	—	119	205	0	0.00
东亚	中国	932 743	1 274.106	1.37	668	145 417	163 480	17.5	0.13	45 083	52	61	18 063	1.24
	朝鲜	12 041	23.702	1.97	—	8 210	8 210	68.2	0.35	—	41	25	0	0.00
	日本	37 652	126.505	3.36	43 574	24 047	24 081	64.0	0.19	10 682	145	88	34	0.01
	蒙古	156 650	2.621	0.02	391	11 245	10 645	6.8	4.06	—	128	80	−600	−0.53
	韩国	9 873	46.480	4.71	11 028	6 299	6 248	63.3	0.13	—	58	36	−51	−0.08

注：表中的一部分数值为使用原始数据计算出来的数值。

出处：FAO，*State of the World's Forest*，2001.

再看看人工林的分布情况。在全亚洲 4.16 亿 hm^2 人工林中，中国为 4 508 万 hm^2，印度为 3 257 万 hm^2，集中了亚洲人工林的 2/3。如果没有这些人工林的话，森林减少率可能就会接近 3 倍。在分析亚洲的森林动态时，必须注意中国和印度的影响之大。即在全亚洲所见到的森林减少速度放缓只不过是这两个国家影响所造成的假象。再者，中国正在推进在 2010 年前把森林覆盖率增加 7%的植树造林活动。

从全球看，植树不光是为了提供木材，不少都是以保护土壤与水源、固碳、稳定斜坡地和防风为目的。在亚洲太平洋地区，正在推进以木材供给为目的大面积的产业造林。产业用材中，阔叶树造林的 30%为桉树、12%为刺槐、7%为柚木；针叶树造林的 61%为松树[(6)]。在 20 世纪 90 年代中期前，几年工夫就能成熟并可销售的速生树种备受青睐，而在来自天然林的粗大木材的供给减少过程中，印度和马来西亚这几年开始种植柚木之类可以高价出售的树种。

森林消失继续发展的原因在于，过度的商业性砍伐、薪柴采集、非传统的火种农业、农业开发、土地制度不健全、人口压力等社会经济因素同森林火灾等自然因素交织在一起。另外，近年来非法的森林砍伐和木材贸易问题特别嚣张，正在探讨如何防止上述非法行为的对策。为了遏制森林消失速度，需要采取各种努力。以东南亚为主的发展中国家，需要建立土地制度和环境保护制度，确立适合当地情况树种的植树造林事业和居民参与的森林管理体系等。而且，在振兴地区经济方面，还必须研究有效使用森林与木材的对策。另外，在印度尼西亚和马来西亚开始进行的面向可持续森林经营的确立国家森林认证制度的动向正备受瞩目，如何成功地同国际森林认证制度联手合作也许是解决问题的关键。

（立花敏）

[7] 保护区管理的地区性展望

全世界森林总面积为38.7亿hm^2，涉及地球面积的30%。在这些森林中，热带林和亚热带林占56%，温带林和北方林占44%[(1)]。

但是，这些宝贵的森林正趋于急剧减少。原因是开发种植园、非传统火耕农作、商业砍伐和非法砍伐、转换成牧场与农田、薪柴采集等。另外，1997年的厄尔尼诺现象引起的干旱导致森林火灾对全球森林造成严重影响。特别是在东南亚和南美，由于放火烧田、种植园开发等人为影响，引发了森林火灾。1990—2000年，1 460万hm^2的森林遭到破坏，520万hm^2的森林重新再生，结果是，每年平均有940万hm^2的森林消失了。特别是热带天然林的减少高达年均1 420万hm^2。在亚洲，拥有广袤森林的印度尼西亚，森林减少尤为突出（表1）。

为了防止森林消失，有两个办法可供考虑。一是通过森林的自然生长和树木的人为种植，进行森林再生；二是通过在制度上施加保护区这一限制，阻断自然生态系统之外的原因所引起的破坏，以保护森林。在全球，如果把12 745处、1 000 hm^2以下的森林也包括在内，那么就有30 350处、约13亿hm^2的自然保护区，占全球土地面积的8.81%[(2)]。其中，海洋保护区仅占3 636处[(3)]。在全球，亚洲的自然保护区面积仅次于北美和中美（图1）。在亚洲9国当中，中国、印度尼西亚、印度的保护区数量和面积都很突出，特别是中国，占亚洲的自然保护区面积的25%。另外，在中国和泰国，现存森林的近一半都被划定为保护区，而日本、韩国和马来西亚只有10%左右的森林被划定为保护区（表1）。从保护区面积随不同年代的变化情况看，中国和印度尼西亚从20世纪80年代到90年代，印度和泰国从70年代到80年代，增加得特别显著，每年都在增加，而在其他国家，不过是在某一时期集中性地增加（图2）。

表 1　森林与保护区

	世界	亚洲9国	中国	印度	印度尼西亚	日本	韩国	马来西亚	菲律宾	泰国	越南
A. 土地面积/10^3 hm^2	13 063 900	1 605 053	932 742	297 319	181 157	37 652	9 873	32 855	29 817	51 089	32 549
B. 森林面积/10^3 hm^2	3 869 455	412 570	163 480	64 113	104 986	24 081	6 248	19 292	5 789	14 762	9 819
森林覆盖率/%（2000 年）	30	25.7	17.5	21.6	58.0	64.0	63.3	58.7	19.4	28.9	30.2
C. 1990—2000 年森林年均减少面积/10^3 hm^2	9 391	–144	–1 806	–38	1 312	–3	5	237	89	112	–52
1990—2000 年森林年均减少率/%	0.2	–0.4	–1.2	–0.1	1.2	n.s.	0.1	1.2	1.4	0.7	–0.5
D. 严格自然保护区（I a）								26			
数量/处	1 423	130	22	2	70	8	0	88	2	0	0
面积/10^3 hm^2	97 800	5 797	2 899	196	2 575	24	0	3	15	0	0
平均面积（10^3 hm^2/处）	69	45	132	98	37	3	—		8	—	—
E. 原生自然区（Ib）											
数量/处	654	15	15	0	0	0	0	0	0	0	0
面积/10^3 hm^2	93 901	45 729	45 729	0	0	0	0	0	0	0	0
平均面积/（10^3 hm^2/处）	144	3 049	3 049	—	—	—	—	—	—	—	—
F. 国家公园（II）											
数量/处	2 233	238	20	63	35	15	0	17	5	74	9
面积/10^3 hm^2	399 444	23 464	816	3 251	12 689	1 296	0	815	448	3 947	202
平均面积/（10^3 hm^2/处）	179	99	41	52	363	86	—	48	90	53	22
G. 自然遗迹（III）											
数量/处	409	38	9	0	1	0	0	0	0	28	0
面积/10^3 hm^2	19 119	510	120	0	5	0	0	0	0	385	0
平均面积/（10^3 hm^2/处）	47	13	13	—	5	—	—	—	—	14	—

	世界	亚洲 9 国	中国	印度	印度尼西亚	日本	韩国	马来西亚	菲律宾	泰国	越南
H. 栖息地与物种管理区（IV）											
数量/处	3 622	629	149	313	42	29	6	9	1	37	43
面积/10^3 hm^2	245 097	24 739	5 621	10 822	3 594	478	35	580	89	2 728	792
平均面积/（10^3 hm^2/处）	68	39	38	35	86	16	6	64	89	74	18
I. 陆地与海洋景观保护区（V）											
数量/处	2 418	139	63	1	30	13	20	1	10	1	0
面积/10^3 hm^2	105 147	7 360	4 661	19	366	752	647	1	901	13	0
平均面积/（10^3 hm^2/处）	43	53	74	19	12	58	32	1	90	13	n.s.
J. 资源管理保护区（VI）											
数量/处	1 995	862	330	0	531	0	0	1	0	0	0
面积/10^3 hm^2	359 862	23 573	8 372	0	15 180	0	0	21	0	0	0
平均面积/（10^3 hm^2/处）	180	27	25	—	29	—	—	21	—	—	—
K. 合计											
数量/处	12 754	2 051	608	379	709	65	26	54	18	140	52
面积/10^3 hm^2	1 320 369	131 169	68 218	14 287	34 407	2 550	682	1 505	1 453	7 073	994
平均面积/（10^3 hm^2/处）	104	64	112	38	49	39	26	28	81	51	19
占土地面积的比例/%	10	8 32	7	5	19	7	7	5	5	14	3
占森林面积的比例/%	34		42	22	33	11	11	8	25	48	10

注：按照 IUCN（国际自然保护基金）类型的 I～IV 的保护区中，以面积 1 000 hm^2 以上的保护区为对象。保护区也包含海洋保护区部分。

森林覆盖率=森林面积÷土地面积。

n.s.=不明显。

出处：A-C：FAO，State of the World's Forest，2001. D-K：WCMC and IUCN，*1997 United Nations List of Protected Areas*，1998.

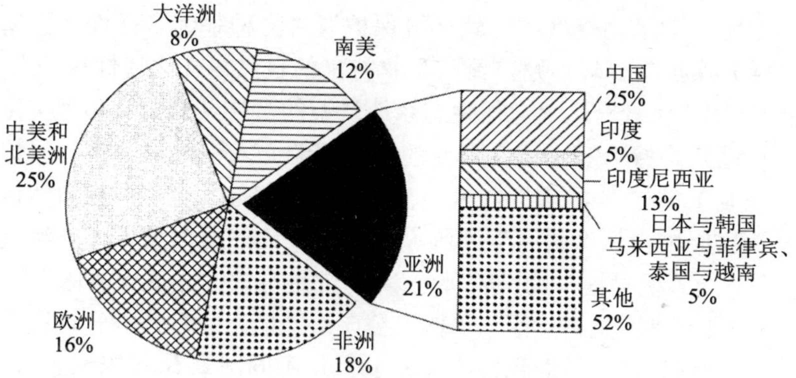

图 1　保护区面积的比例

注：IUCN 类型的 I～IV 保护区中，以面积 1 000 hm^2 以上的保护区为对象。

出处：IUCN，*1997 United Nations List of Protected Areas*，1998.

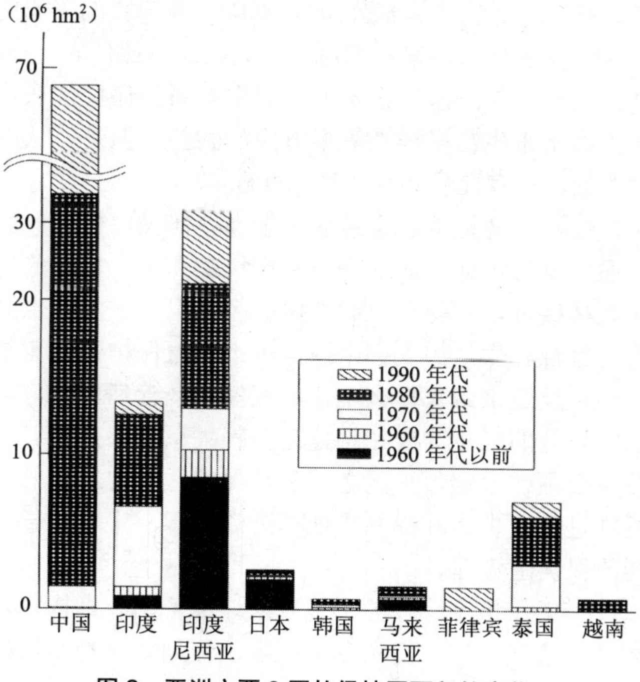

图 2　亚洲主要 9 国的保护区面积的变化

注：IUCN 类型的 I～IV 保护区中，以面积 1 000 hm^2 以上的保护区为对象。但是，不包括设立年份不明的保护区。另外，20 世纪 90 年代的数据是 1997 年以前的。

出处：同图 1。

按照“学术调查”、“自然环境保护”、“物种基因多样性（生物多样性）保护”、“环境财产维持”、“特定的自然与文化特性保护”、“旅游休闲”、“教育”、“自然生态系统资源的可持续利用”和“文化传统特性的维持”等不同管理目的和管理的介入程度来分类，保护区可分成7类[(4)(5)]，从与自然状态接近的顺序分，有“严格自然保护区”、“原生自然保护区”、“国家公园”、“天然纪念物”、“资源管理保护区”、“栖息地与物种管理区”和“陆地与海洋景观保护区”[(6)]。在亚洲9国，“原生自然区”、“国家公园”、“栖息地与物种管理区”、“资源管理保护区”的面积很少（表1）。从不同国家看，中国的“原生自然区”面积大，印度尼西亚的“国家公园”面积多，尽管总数少，但每处的面积都大。印度、越南的“栖息地与物种管理区”，日本、马来西亚、泰国的“国家公园”，韩国、菲律宾的“陆地与海洋景观保护区”在各自的国家里都占有很大的面积比例。

这样，通过“保护区”设定的自然生态系统保护，从全球观点看，会给人类带来生物多样性等多方面的利益。但是，从地区性观点来观察的话，也存在着各种各样的问题。

第一，在热带林地区，生活着大量当地居民，他们一面依赖着森林，一面要维持生计，而这些森林都集中在年年增加的保护区范围内，向森林接近都会受到限制。保护区有也好，没有也好，对于一直不得不靠森林生活的人们来说，也不知道保护区究竟是带来什么利益，还是反过来带来什么不便？在保护区管理方面，当地居民同政府之间充分的意见沟通和构建起信赖关系，都是不可缺少的。为此，政府必须在设定保护区之前和从保护区设定之后的时期起，尽快通过推进居民参与和提高当地的公众意识，实现基于两者之间合作互动的保护区管理。

第二，关于保护区管理的实施方法。尽管国外机构同本国政府合作，制订了管理计划，但实际上由于该计划本身是否根据现场情况制订尚不清楚，管理计划本身有时会变成同理想性建议相提并论的“空头理论”。“边界线”等保护区规划（zoning）是其中最明显的事例之一。在东南亚的许多保护区，地图上所划定的边界很多都是现场并未设定的。结果，外来者往往非法跨越保护区的“边界”，在保护区内进行非法砍伐，或把保护区的森林转变成种植园等农业用地。在现场水平上，如何确定边界线，这是当务之急。另外，还有必要研究通过地方分权加强保护区管理和跨越国境的保护区管理的可能性。

第三，为了管理广大的保护区，必须有管理保护区的国家预算和政府人员，而这些都不能说已有充分保证。再有，政府的行政官员尚未充分掌握保护区管理的基础知识和世界动向。当国家对政府任职人员进行切实培训时，在保护区管理人数有限的情况下，通过国内外的 NGO 和研究者等外来人员的介入，以进一步加强管理，这种体制是不可缺少的。另外，还希望构筑起支持保护区的各国政府机构、国际 NGO、国际组织等相互对话与合作的体制。

（原田一宏）

[8] 野生生物非法贸易的增长

物种灭绝是生物多样性的终点。其最大原因是栖息地的消失和割断，其次是野生生物的滥捕。据国际自然保护联盟（IUCN）报告，作为濒危物种的有37%的哺乳类、34%的鸟类以及全部虫类，捕杀是它们处于濒危状态的主要原因。引起这种滥捕的主要原因是由国际市场形成的野生生物的商业价值。以上濒危物种中，哺乳类和鸟类动物各自的13%都是受到贸易的影响(1)。为了保护生物多样性，有必要关注野生生物的国际贸易。

从近代资本主义发达时代到经济全球化进展到世界各个角落的今天，欧美地区曾经是野生生物“商品”最大的国际市场。在那里贸易的主要“商品”，同自古以来以肉类发挥重要作用的地方性市场差异很大。除了突出存在的木材制品和渔业产品之外，毛皮、爬虫类皮革、宠物、医学试验用的动物活体、作为装饰品原料的动物部分身体（象牙、珊瑚、玳瑁、贝壳等）、观赏用的活的植物、作为药用材料的动物等，都是主力“商品”。

亚洲地区具有得天独厚的物种多样性（因此也叫生物多样性）。例如，从各种分类群来看，在物种数目最为丰富的10个国家中，亚洲国家哺乳类占3个、鸟类占4个、爬虫类占4个(2)。因此，亚洲成了野生生物“商品”的主要供应源。在《华盛顿公约》对象物种（记录在《公约》的附录中）国际贸易的若干主要数据中，如果分析以下有关亚洲地区缔约国的数据，就可分充分了解这些情况（表1）。其中，国际贸易突出的国家有：印度尼西亚（活的灵长类、虫、龟、蜥蜴、蛇、蜥蜴皮、蛇皮）、中国（活的灵长类、龟、野生兰花、猫科动物的毛皮）、菲律宾（活的灵长类）、泰国（野生兰花、蛇皮）、马来西亚（蜥蜴皮、蛇皮）等。

表 1　1997 年作为合法贸易正式记录的华盛顿公约对象物种的国际贸易

	活的灵长类	活虫	活龟	活蜥蜴	活蛇	野生兰花	猫科动物毛皮	鳄鱼皮	蜥蜴皮	蛇皮
世界进口量合计	25 733	235 336	76 079	948 497	258 715	343 801	21 864	850 198	1 637 973	1 457 767
亚洲地区纯贸易合计	–9 787	20 748	26 799	79 529	–19 677	–52 312	–8 013	448 884	–397 934	–794 741
阿美尼亚	—	—	—	—	—	—	—	—	—	—
阿塞拜疆	4	—	—	—	2	—	—	—	—	—
孟加拉国	—	39	—	—	—	—	—	—	—	–4 301
不丹	—	—	—	—	—	—	—	—	—	—
柬埔寨	—	—	—	—	—	—	—	—	—	—
中国	–5 966	4 731	–1 271	103	46 222	–100 210	–17 999	105 946	13 236	867
格鲁吉亚	—	—	—	—	—	—	—	—	—	—
印度	9	7	–1	—	–1	1	—	16	15	–510
印度尼西亚	–3 995	–18 334	–1 784	–10 296	–76 862	–102	—	–260	–511 000	–441 902
日本	3 556	9 413	30 670	39 255	4 772	128 911	–354	82 166	318 159	120 999
哈萨克斯坦	1	4	—	—	—	—	—	—	—	—
朝鲜	—	—	10	21	72	—	—	—	—	—
韩国	62	661	31	45 448	279	100 300	9 550	70 332	20 140	36 416
吉尔吉斯斯坦	2	—	—	—	—	—	—	—	—	—
老挝	—	–1	—	—	—	—	—	—	—	–2 657

	活的灵长类	活虫	活龟	活蜥蜴	活蛇	野生兰花	猫科动物毛皮	鳄鱼皮	蜥蜴皮	蛇皮
马来西亚	74	1 603	–877	1 408	–8 708	–2 837	—	2 702	–237 993	–432 512
蒙古	—	—	—	—	—	—	–40	—	—	—
缅甸	—	—	—	—	—	—	—	—	—	—
尼泊尔	—	574	—	—	—	—	—	—	—	—
巴基斯坦	14	–702	—	—	1	—	—	1	—	—
菲律宾	–2 809	772	10	475	15	197	—	—	—	0
新加坡	17	9 277	60	99	2 376	5 043	—	5 327	–53 097	10 082
斯里兰卡	0	364	—	—	—	—	—	—	—	—
塔吉克斯坦	—	—	—	—	—	—	—	—	—	—
泰国	–6	3 449	1	1 809	—	–207 579	—	146 613	–7 367	–427 079
土库曼斯坦	—	1	—	—	—	—	—	—	—	—
乌孜别克斯坦	31	12	—	—	2	—	—	—	—	—
越南	–819	–246	–394	–394	–7 416	–1 951	—	—	—	–55 718

注：各国的数据为纯贸易量（进口量–出口量）。亚洲各国的数据不包括中东各国。

出处：世界资源研究所，《世界的资源与环境 2000—2001》，2001 年。

但是，亚洲地区并非生产与供给野生生物“商品”的仅仅出口一方。确实，印度尼西亚等国可以说存在这种倾向，而像泰国、马来西亚等因种类不同，有时也是进口国，同时进口各种野生生物（中国台湾因没有加入《华盛顿公约》，其资料没有收录在表 1 中，但属于大量出口活虫类的地区（主要出口日本）。甚至还有大量消费野生生物的专门进口国）。其代表是日本、韩国、新加坡。韩国在猫科动物的毛皮的纯贸易量（进口量减去出口量）方面位居世界第一，野生兰花仅次于日本，居世界第二，活蜥蜴则超过日本，居世界第三。

此外，在亚洲地区，像泰国、新加坡和中国香港的很多地方，都是野生生物国际贸易的中转站或集结的重要地点。

而且，像中国那样，在城乡经济结构差别明显的地方，尽管是国内贸易，却在进行着从农村向城市地区的大规模 “输出”，发生着国际市场引发的那种野生生物大捕杀，这点也应予注意。其事例是供食用的淡水龟类。中国也是野生生物的消费大国，进口也达到相当的程度（活蛇的纯贸易量位居世界第二）。这就是我们担心今后会对整个亚洲乃至全世界的生物多样性造成影响的原因。

这样看来，亚洲地区的特点，在于作为向欧美那种传统野生生物国际贸易市场“商品”的主要供应源、中转站或集结地，同时，亚洲地区作为野生生物“商品”的大型消费地也在不断增长，还有在本地区内进行的大量国际贸易。

1997 年，日本对《华盛顿公约》登记物种的贸易次数为 41 819 起（图 1），排名世界第二，而国民人均贸易次数则凌驾于各国之上。即使在表 1 的各项“商品”纯贸易量方面，活龟和野生兰花位居世界第一，活的灵长类居世界第二，活虫、蜥蜴皮和蛇皮居世界第三。可以说，日本起到了亚洲地区野生生物贸易的中枢作用。此外，作为积极推进野生生物国际贸易政策的国家，日本也很引人注目。例如，非洲的象牙贸易，这件具有悠久历史的野生生物“商品”是个坏典型，它在现代的全球化和机动化的国际市场上销售，结果使各种管理努力成为徒劳，给物种带来破坏性影响，但日本却要求解禁象牙贸易。

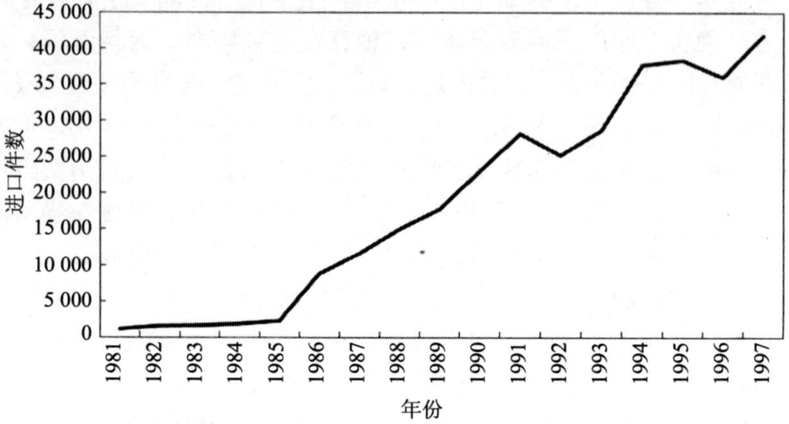

图 1　作为合法贸易正式记录的日本进口《华盛顿公约》对象物种的件数

出处：贸易与日本。

另外，违反《华盛顿公约》的一些贸易“走私”并没有出现在表 1 等的数据中。据报告，野生生物国际贸易的年销售额高达 200 亿美元，其中 1/4 为非法贸易[(3)]。特别是最近发生的大规模走私，2002 年 7 月，新加坡没收了 6 t 象牙。在日本，2000 年海关的进口制止件数为 1 695 起（关于日本的象牙业，包括 500 kg 的象牙走私等处理违反《海关法》事件 11 起），2001 年达 1 658 起（包括处理违反《海关法》事件 14 起）[(4)]。这些数字恐怕也只不过是冰山一角。

（坂元雅行）

[9]　沿岸与海洋环境的危机

亚洲太平洋地区的沿岸与海洋环境由于以下 3 方面重要原因正面临着危机：①陆地与海洋污染源所引起的海洋污染；②水产资源滥捕等威胁海洋生物和破坏海洋生态系统平衡；③城市膨胀、旅游开发等导致对沿岸海洋生态系统的直接破坏[(1)]。

首先来看海洋污染这第一方面的重要原因。生活污水、工业废水、石油流出等污染源复杂繁多。作为概略性了解，可从流入海洋的污染物重量比来看，正如在《亚洲环境情况报告（第 1 卷）》第 I 部第 4 章中所述，起因于陆地的占 40%、经由大气的占 30%、源于海运等活动的占 20%。它们各自的比重都很大，无论针对哪方面的对策都很重要。下面，主要针对陆地起因的污染来分析亚洲太平洋地区的现状（另外，关于油轮事故等为主的船舶起因的油污染问题，请参考本套丛书的第 2 卷）。

流经柬埔寨、中国、马来西亚、泰国、越南等国的河流，每年至少把 63.684 万 t 的氮输送到中国南海的沿岸地区。其中，中国的河段占 55%，越南的河段占 21%，泰国的河段占 20%[(2)]。表 1 列出通过河流流入中国南海的各种污染物重量。表 2 显示了根据其他推算方法得出的、在中国南海沿岸各国生活污水中的生化需氧量（BOD）的产生量和去除量。据此，仅从沿岸 7 国，每年就产生约 600 万 t 的 BOD，其中的 4 个国家通过污水处理去除的 BOD 仅为 11%。如果各国沿岸人口都照现在这样的增长率继续增长的话，预测到 2005 年，BOD 产生量将达 660 万 t[(3)]。同时，在中国南海沿岸 7 国，工业部门每年至少产生 43 万 t 的 BOD[(4)]。

另外，这里要说一下经由大气的“海洋污染”，它是海洋对于大气中二氧化碳的吸收。近年来，由于海洋吸收了二氧化碳，增强了海水的酸性，阻碍了珊瑚礁等形成碳酸盐。如果珊瑚礁对于二氧化碳的吸收量一直减少下去，大气中和海水中的二氧化碳浓度就会加速上升[(5)]。

表1 通过河流的流入中国南海的污染物 单位：t/a

国家及河流	BOD	总氮	总磷	悬浮物	石油
柬埔寨					
金边湖—河流水系	6 022	1 084	303	13 250	—
湄公河（柬埔寨境内）	4 964	894	255	10 950	—
中国					
广东省（5条河流）	566 385	（340 050）	（3 768	（58 531 000）	9 698
广西壮族自治区（3条河流）	57 668	（8 602）	（507）	—	823
海南省（3条河流）	140	—	—	—	368
泰国					
中部、东部、南部的河流	299 224	130 044	7 137	7 137	—
中国南海沿岸合计	1 015 936	636 840	58 202	58 642 827	

出处：根据ESCAP and ADB，*State of the Environment in Asia and the Pacific 2000*，United Nations，2000，p.109，Table 5.6编制。

表2 生活污水的BOD产生量与通过污水处理达到的BOD去除量

单位：10^3 t/a

	产生量	去除量
柬埔寨	36.2	无处理
中国	1 089.4	＜109
印度尼西亚	1 920.2	364
马来西亚	188.6	53
菲律宾	431.3	149
泰国	677.8	89
越南	1 371.0	无处理
合计	5 714.5	655

出处：根据Chia，L.S. and H. Kirkman，*Overview of Land-Based Sources and Activities Affecting the Marine Environment in the East Asian Seas*，Regional Seas Report and Studies Series，UNEP/GPA Coordination Office and EAS/RCU，2000，p.35，Table 11编制。

威胁沿岸与海洋环境的第 2 个重要原因是水产资源的滥捕。在《亚洲环境情况报告（第 2 卷）》第 III 部的[9]节中，介绍过联合国粮农组织（FAO）推算的各个海域水产资源的利用状况，进一步从资源利用的长期动向分析。在太平洋热带地区，这种超过“最大持续产量（MSY）”利用（即不可持续地利用）水产资源的比例，在 20 世纪 80 年代以前还低于 10%，而进入 90 年代就急速上升，已经呈现出超过 20%的态势（参考图 1）。滥捕水产资源主要是受到发达国家水产品进口量的推动。日本特别是世界上最典型的水产品进口大国。在本书第 I 部第 2 章中，围绕日本的水产品进口现状与课题，介绍过食用金枪鱼生鱼片的案例。

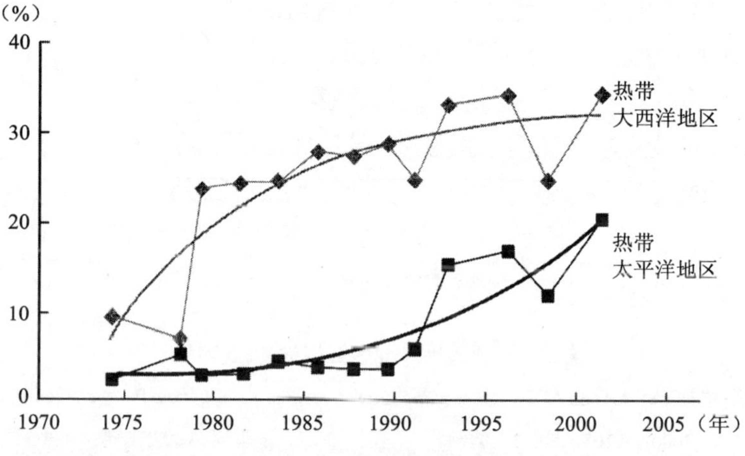

图 1　超过最大持续产量（MSY）水平所利用的热带水产资源的比例

出处：根据 FAO Fisheries Department，*The State of World Fisheries and Aquaculture 2000*，FAO，2000，p.104，Fig. 42 绘制。

另外，由于本节第一段所述的 3 个重要原因全部复合在一起，还引起了沿岸生态系统的破坏。关于这一点，下面分析一下红树林破坏的现状。在全球 1 800 万 hm^2 的红树林中，40%以上集中在南亚和东南亚。这些地区也是红树林物种多样性最为丰富的地区。在南太平洋地区，也存在着世界 10%左右的红树林。这些地区的人口增长和对于自然资源需求的增加，是对红树林生态系统的巨大压力。迄今为止，由于产业、居住、娱乐等各种目的，红树林已经遭到大规模破坏，养殖池建设引起的破坏尤为突出。亚洲红树林的 60%以上（1 100 万 hm^2），因被转成养殖池而消失了（参考图 2）。仅在东南亚地区，高达 300 万 hm^2 的红树林被转换成了养殖池[(6)]。

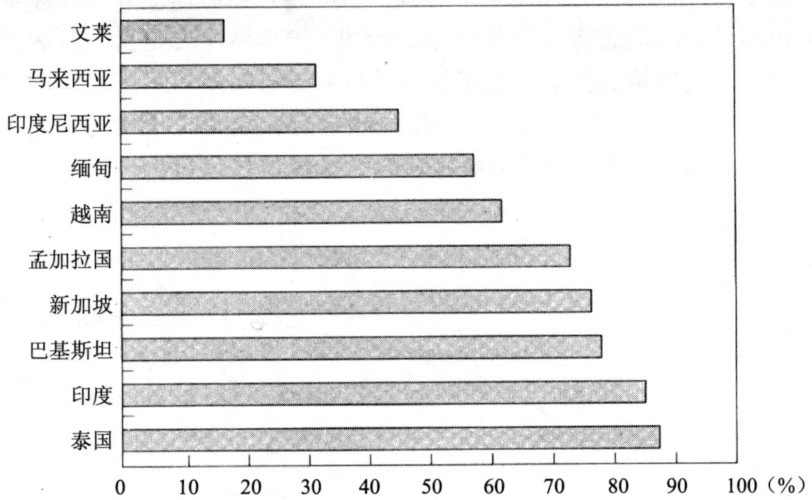

图 2　亚洲太平洋地区红树林的减少情况

出处：根据 ESCAP and ADB，*State of the Environment in Asia and the Pacific 2000*，United Nations，2000，p.103，Fig. 5.2 编制。

如上所述，沿岸与海洋环境的保护确实是紧急要务，面向国家级或国际性的海洋环境保护，正在加快行动[(7)]（本书也参考了其中进行的部分调研成果）。今后，需要进一步提高这些行动的效率，继续推进[(8)]。

例如，广受关注的行动有联合国环境规划署（UNEP）的《地区海域计划》（*Regional Seas Programme*）或《沿岸综合管理》（*Integrated Coastal Management*：*ICM*）等项目（参考《亚洲环境情报报告（第 2 卷）》第 I 部第 4 章）。但是，即便建立起这样的政策框架，如果缺乏当地实际利用海洋环境的居民参与，制度功能也就丧失了。

居民参与的重要性在渔业资源保护方面也得到了强调。作为反映这一观点的项目，可举出联合国粮农组织（FAO）的“社区主导型渔业管理”（community-based fishery management）概念形成为例。FAO 从 20 世纪 80 年代初期，就因为把海域专属利用权作为政策手段而受到关注。这是包括 200 海里水域和日本共同渔业权在内的、一个非常广义的概念。起初，究竟该把这一权利委托给谁并不明确，进入 20 世纪 90 年代后，作为发展中国家的沿岸渔业的管理手段，被固定为“社区主导型渔业管理”模式。在此过程中，把上述海域专属利用权委托给了协会等渔业组织。这是把一些地区的陆地与海面渔业资源的保护等权限乃至责任，都委托给该社区从事渔业的渔民，可以认为，这是居民参与当地自然环境管理的一种形态[9]。

这种当地居民参与的方式也许可以认为是决定海洋环境保护政策动向成功与否的重要因素之一。

（除本理史）

[10] 不断加剧的水危机

近年来，随着人口进一步增长，许多国家都陷入缺水状态。例如，“国际人口行动组织”（Population Action International，PAI）于1997年发表了《维护水源，消除缺水：第二次调查报告》（*Sustaining Water，Easing Scarcity：A Second Update*）。其中指出，2050年，世界总人口的18%将“缺水”，24%将面临“水紧张”。

这里，重要的是缺水标准。PAI使用的标准是以Malin Falkenmark为首提议的“水紧张指标”（Water Stress Index）(1)。通过“人均年水资源赋存量”(2) 相当于下述的等级来判断属于几级缺水状态：第1级，年人均少于 500 m^3/（人·a），为绝对性缺水；第2级，年人均500～1 000 m^3/（人·a），为慢性缺水（所谓 “PAI缺水”是上述这2级的合计）；第3级，人均1 000～1 700 m^3/（人·a），为水紧张（狭义）。所谓“水紧张”是指供水不佳情况开始变成经常性的和大范围的现象。

表1为仿效已有研究、依据最新数据显示出的亚洲各国水利用现状。这里，除了水紧张指标以外，还追加了“基本水需求”（Basic Water Requirement：BWR）指标(3)。以人日均50 L为标准值，如果实际的生活用水量低于这个数值，就被认为生活所需最低水量未得到确保。在这里，因为统计数据的关系，把生活用水取水量通过总人口计算得出。

从分析水紧张指标可知，新加坡属于绝对缺水的国家，这是因为新加坡国内几乎没有什么水源(4)。印度在2000年还没有什么问题，但预测到2025年，其水紧张指标变为1 385 L/（人·d），处于水紧张状态。另一方面，对于包括中国在内的7个国家，从这些指标中还不能看出什么问题。

其次，用基本用水需求（BWR）来分析，韩国和日本的数值格外地高。这主要是由于普及了水冲厕所和洗衣机等，造成了“水浪费结构”的原因。尽管在所有国家都超过了 BWR 指标，但印度、印度尼西亚、新加坡、泰国、越南都低于 100 L/（人·d）[5]。这些国家的生活用水很可能供应得并不充分。

BWR 指标本来是对于一个国家平均化了的指标，需要考虑地区差别。例如，分析中国、印度、印度尼西亚、新加坡、泰国的不同主要城市供水的生活用水量，可以看出其中的差异相当大（图 1）。

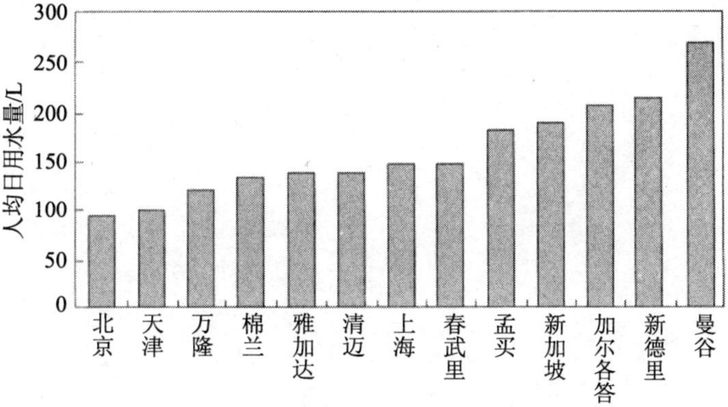

图 1　不同城市供水的生活用水量区别：用水量基础

出处：Asia Development Bank，*Second Water Utilities Data Book*，1997.

一般而言，不同国家的 BWR 指标比不同城市供水的用水量要高。特别是在曼谷、新德里，用水量相当高，恐怕正在不断接近浪费型结构。另一方面，中国的情况是，北京、天津的数值低，还低于 BWR 指标，这也反映了中国北方地区用水的严峻性。

另外，非供水人口多达 5.568 5 亿人，这具有重大意义。特别是在中国和印度，非供水人口占全部人口的 79%，向这一阶层供水，对这两国来说是个重要问题。

在这种意义上，应该考虑不断急速推广的瓶装水问题[6]。城市的贫困层，由于贫穷，无法利用现有的供水系统，只好依靠瓶装水。而享受到供水的人们，如果水不适合饮用，也只好依赖瓶装水。所以，瓶装水的普及意味着现有的整个供水系统或用水系统的问题。

亚洲的许多国家，确保生活用水已成了重要的政策课题，如果考虑到今后的人口增长，还会进行更大的水资源开发。但是，不应该进行类似日本那样的廉价开发。在保护河流生态系统方面，水资源开发需要综合实施水质保护和所需的管理政策。因此，得到准确反映用水实际情况的统计数据显得越发重要。

（野田浩二）

[11]　各国（地区）蔓延的镉污染

亚洲地区的镉污染，仅了解到了日本、中国、中国台湾、韩国等一部分国家（地区）的情况。下面将介绍：据最近报道，中国继日本之后发现骨痛病，受镉等重金属污染的土地扩大到 5 万 hm^2 左右；2000 年中国台湾制定了《土壤污染防治法》；2000 年韩国对废弃矿山周围的重金属污染实施调查；亚洲各国人体的镉摄入量、大米中的镉浓度、大米的镉标准等。

● 中国的镉污染与骨痛病的发现

中国是东亚最大的金属资源拥有国。特别是矿石中含镉的锌矿产量居世界第一，运营中的大小铅锌矿山合计多达 300 座，有 250 多家炼锌厂。同日本一样，中国在有色金属矿山和冶炼厂周围及其下游地区也发现了镉污染。据 1980 年的报告，全中国有 15 处，污染总面积达 11 000 hm^2。后来，在 20 世纪 80 年代后半期，还对污染地区居民的镉暴露和健康影响作过调查研究。

在江西省大余（图 1，图略）有不少矿山，特别是有 4 座号称“世界钨都”那样的大型钨矿山。20 世纪 60 年代以后，建起了现代化的选矿厂，由于含镉废水从选矿厂排入河流，受到镉污染的农地面积约 5 500 hm^2，占全国镉污染农地面积的一半。据报告，水田土壤含镉浓度为 0.89～1.49 mg/kg（自然本底值 0.09 mg/kg），糙米为 0.59～1.0 mg/kg（自然本底值 0.04 mg/kg），这都高于自然本底值的 10 倍以上。

在浙江省温州，铅锌冶炼厂从 1961 年就投产了。每年 10 万 t 左右的工业废水被排入河流，废渣不经处理也不覆盖就堆放在厂内，下雨时被冲进河里。废水中的镉、铅、锌、铜等重金属浓度超过了中国的国家排放标准，而受污染的河水却被用于下游地区的灌溉水。据报道，在严重污染地区，大米中的镉浓度高达 1～5 mg/kg（均值 3.7 mg/kg）。

图 1　中国的镉污染地区与骨痛病发生地区

出处：（财）国际矿物资源开发协力协会“通产省委托平成 4 年度综合开发计划调查发展中国家环境保护对策调查报告书——矿山/冶炼厂环境调查中华人民共和国”1993 年，47 页，图 4-1-2。

上述 2 个镉污染地区居民的镉暴露量和体内负荷量，可以同日本神通河流域等高污染地区相提并论。

山西省太原环境医学研究所，对于从 1960 年投产的冶炼厂（地址不明）和 20 世纪 50 年代投产的铅锌矿山（地址不明）周围进行了镉污染引起的健康影响调查，调查结果于 2001 年 9 月发表。确认冶炼厂出现了肾障碍，判断矿山有 4 人可能患重度的慢性镉中毒症（尚有疑问），其中 1 人极有可能患上骨痛病。

此外，据 2001 年 10 月 18 日的新华社主页报道，在广西壮族自治区南宁市郊外，1965 年投产的铅锑冶炼厂周围，发现了骨痛病疑似患者。

大米中的镉浓度达到 1～6 mg/kg，受害农民起诉冶炼厂，获得了赔偿金并改良土地。如图 1 所示，颇受日本人青睐的旅游地桂林附近的南宁市上游，建有大型的大厂矿山（锡、铅、锌），从该矿山周围的农田检出了含镉最高达 1.38 mg/kg 的大米，很可能是大厂矿山的矿石在南宁的冶炼厂进行冶炼。

尽管中国有些地方报道了镉污染引起的人体影响，但这不过是冰山一角，如果实施详细的全国调查，也许会发现更多的污染。

- **中国台湾的镉污染**

镉污染米，在中国台湾已经不是什么新鲜事了。1988 年，桃园县的高银和基力 2 家化工厂污染了观音乡和芦竹乡周围的水稻。之后，在彰化县和美地区也发生过电镀厂引起的镉污染。

进而，2001 年 9 月发现了云林县虎尾镇生产染料、颜料、塑料稳定剂的台湾色料厂引起的镉污染，土壤中镉浓度超过 10 mg/kg（最高达 59 mg/kg），严重污染农田有 3 hm^2 左右，大米中的镉浓度也高达 0.58～2.13 mg/kg。同年 12 月进行的居民健康调查中，在 630 名受检者的尿液中，185 名发现异常，40 名检出尿蛋白异常，镉污染引起的肾脏障碍得到确认。2002 年 1 月，部分受害农民，依据《公害纠纷处理法》，通过县政府的公害仲裁委员会，以工厂支付赔偿金为条件，同厂方达成和解，但不愿和解的受害农民正准备起诉。

农田土壤的净化，可用稀酸清洗土壤的方法来处理，据说土壤中的镉浓度降不到 5 mg/kg 以下。而用这种方法也会使土壤的营养成分流失，处理后的土壤呈酸性，成为不毛之地。这样，农田土壤的镉、砷和铜引起的污染也会蔓延开来，重金属污染面积达 5 万 hm^2 左右，超过台北（2.72 万 hm^2）和高雄（1.54 万 hm^2）两城市合计面积。污染源是农药、工厂、固体废物填埋场等，台湾当局于 2000 年制定了《土壤污染防治法》。

- **韩国的废金属矿山周围的镉污染**

2000 年，韩国环境部对可能污染土壤的 10 座废金属矿山周围地区的实际污染情况及其影响进行了详细调查。从废金属矿山周围地区的 613 处地点采样，分析了 998 份试样。结果表明，超过《土壤污染担心标准》的地点有 257 处（占 41.8%），超过《土壤污染对策标准》的地点有 145 处（占 23.7%）。《土壤污染对策标准》超标地点，从不同土地利用形态看，从高到低多数依次为旱田、矿山、水田、山、河床、杂种地。

超过《土壤污染担心标准》的污染物，镉最多，有 89 处（占 22.6%），依次为铜 84 处（占 21.3%），砷 76 处（占 19.3%），汞 76 处（占 19.3%），铅 62 处（占 15.7%）；超过《土壤污染对策标准》的污染物，汞最多，有 58 处（占 31.4%），依次为砷 47 处（占 25.4%），铜 32 处（占 17.3%），镉 24 处（占 13%），铅 23 处（占 12.4%）。

- **亚洲各地的镉污染与镉大米标准**

宫城教育大学的渡边孝男等，在亚洲各地实施了饮食调查，调查了来自食物的镉摄入量、大米中的镉浓度等。亚洲各地日均镉摄入量多的国家（地区）为日本、韩国、中国台湾、马来西亚（表 1）。世界各地大米中的镉浓度，日本、中国台湾、马来西亚最高（表 2）。日本、中国台湾是报道土壤污染多的国家（地区），马来西亚也是有色金属矿山和冶炼厂多的国家。

表 1　亚洲各地镉的日摄入量　　单位：μg/d

地区		摄入量
日本	1977—1981	37.5
	1991—1997	25.5
韩国		21.2
吉隆坡		7.3
台南		10.1
中国		9.9
曼谷		7.1
马尼拉		14.2

出处：渡边孝男，《第 20 次骨痛病研究会演讲集》，富山市，2001 年。

表 2　大米（新米）中的镉含量　　单位：μg/kg

地区	大米中浓度
日本	55.70
美国	7.43
印度尼西亚	21.77
澳大利亚	2.67
韩国	15.70
泰国	15.04
中国	15.45
中国台湾	39.55
菲律宾	20.14
马来西亚	27.47

出处：同表 1。

世界各地大米中的镉浓度标准，日本最高，为 1 mg/kg，中国台湾仅次于日本，为 0.5 mg/kg，欧盟、韩国、中国均为 0.2 mg/kg，泰国和澳大利亚最低，为 0.1 mg/kg（表 3）。现在，联合国粮农组织（FAO）和世界卫生组织（WHO）的联合食品规格委员会，已经提出把 0.2 mg/kg 作为安全的国际标准的议案，目前除日本和中国台湾外，其他国家和地区都满足这一国际标准。

表 3　世界各地大米中的镉标准　　单位：mg/kg

地区	标准值
日本	1.0
欧盟	0.2
韩国	0.2
澳大利亚	0.1
泰国	0.1
中国台湾	0.5
中国	0.2
美国	无限制

出处：《每日新闻》2002 年 5 月 22 日。

（佃明郎）

[12] 海外直接投资的增大与公害输出

被称作“公害输出”的现象可大致分成 3 类：①危险物质和有害物质出口；②污染集约型制造工程和工厂转移到海外；③资源开发引起的环境破坏。其发生机制，从产业布局观点看，同环境标准强化而使环境对策费用上升有关。同时，在接受污染集约型产业的发展中国家方面，也有通过发展来脱贫的意愿。

第一种类型的代表性事例是危险废物的越境转移。这是《巴塞尔公约》所禁止的，但大多数汽车的废电池、废家电等危险废物，名义上都是以再循环和回收铅、铂、钯等有用资源为目的而出口的。中国台湾从日本出口的废电池中回收铅的工厂，成了铅的排放源，发生过对人体的铅污染；以回收铜为目的，从日本出口中国的废电线，由于露天燃烧，引发了二噁英污染。

第二种类型的公害输出，同生产费用上升导致的财富竞争力下降有关。由于生产企业必须承担起对环境有害影响的产品环境税和其他控制性手段等追加性的环境对策费用，导致其产品的生产费用上升。结果，消费者需求就会从价格上涨的产品转向其他替代产品，结果导致原产品生产减少。考虑到国际市场时，凡生产此类环境负荷大的产品的企业，因强化环境标准，失去了出口竞争力，受到严重打击。如果不再出口产品，而这种环境负荷大的集约型制造工艺生产的产品又仍是国内必需品，那么，把在海外生产的费用、产品进口到本国的费用、加上关税等费用，只要其合计比在本国的生产费用（包括环境对策费用在内）低，企业就选择向海外投资，把生产据点转到国外。结果，污染集约型产业就从环境标准严格的北方国家转移到环境标准宽松的南方国家。可是，对于上述评论，也有人认为（“波特假说”），强化环境控制也会带来技术革新，从而降低费用并提高质量，提升企业的国际竞争力。

第三种类型的公害输出是通过直接投资、官方发展援助（ODA）

等开发地下资源所导致的污染以及木材贸易引起的森林破坏等。尽管制造方法是有害的，但在产品自身可以通过清洁方式进口时，就谋求向其外国的供应商进行投资和开发。进而，就不用积极地在本国避免污染，而是通过进口产品，结果是实际上扩大了这些生产工艺对环境的不良影响。日本正在大量消费虾，而在虾的进口地东南亚各国（地区），由于开发养殖池，大面积的红松林正在消失。为了养殖日本消费的鳝鱼，在中国及其台湾地区，由于过度汲取地下水，地面已经下沉。

对于公害输出问题的看法未必一致。因为全球化，提高了资源配置效率，环境也将得到改善，持有这种乐观看法的人认为，公害输出的事例只是政策失灵带来的几个特例而已。表 1 是亚洲的一些案例，而公害输出的很多实际情况尚不清楚，这些也不过是冰山一角。解决公害输出问题的难点并非在于通过贸易、直接投资等国际经济活动难以看出加害和受害的因果关系结构，而在于即使问题显露出来了，能够实施超越国境政策的主体和实施规则却并不存在。

在关于贸易与环境的实证研究中，一些研究结果证实了污染集约型产业确实是从发达国家向发展中国家转移，而其起因是否就是发达国家的环境政策，尚未得出明确的结果。公害输出，如果改变一下看法，就变成了在发展中国家缺乏环境对策这种情况下的“生态倾销”。而问题在于，发展中国家因其贫困和其他社会结构问题而十分脆弱，无法应对环境问题。只是简单地用产业竞争力这种看法，会误解公害输出的本质。

有关公害输出的数据几乎没有，现在尝试用日本对亚洲制造业直接投资的变迁情况来替代（图 1）。直接投资自 1986 年前后开始增加，1987 年急剧增加，1988 年达到高峰，之后减少。尽管新投资额有所减少，但依然很大，累积起来，投资金额十分庞大（表 2）。如果考虑亚洲各国今后仍将保持经济持续增长的动向，再不采取任何国际有效对策的话，公害输出今后还很有可能发生。

表1　公害输出年表

运营年	案件	概要
1966	源进人造丝工厂工人二硫化碳（CS_2）中毒（韩国）	在用日本东丽滋贺工厂旧人造丝纺织机连续作业的源进人造丝公司，从20世纪80年代后半期起，工人的二硫化碳中毒成了社会问题。日本的二硫化碳（CS_2）中毒，自战前就有问题，以化学纤维协会为主，推进了二硫化碳的防治研究。源进人造丝公司于1993年停业，工厂出售给中国辽宁省丹东市的化工厂。在日本，减价销售期间7年的工厂现在仍在中国运行
1969	博帕尔毒气泄漏灾难（印度）	1984年12月2日，联合碳化学公司的农药厂（美国资本）泄漏大量剧毒的异氰酸甲酯。2 500人死亡，50万人受害
1970	马穆特（Mamut）铜矿山（马来西亚）	马穆特铜矿山，由日本投资51%的海外矿山资源开发有限公司开发。由于固体废物被投弃入河流，造成下游重金属污染。河水不能用作饮用水，对农业也有影响。1987年，日方抛售股票，但矿石依然出口日本
1975	蔚山无机化学公司引起的六价铬污染（韩国）	进行铬等生产的蔚山无机化学公司是日韩合资公司，日方出资者是当时在日本发生铬矿渣污染的日本化学公司。蔚山无机化学公司开业后，周围农田荒废，1979年蔚山工业园区内的从业人员3 500人的饮用水受到了六价铬的污染
1976	菲律宾辛特尔公司（Philippine Sinter Corporation，PSC）（菲律宾）	菲律宾辛特尔公司（PSC）是川崎制铁的全资子公司。炼铁过程中氮氧化物、硫氧化物产生最多的烧结工艺引发大气污染、工人哮喘，海洋污染使鱼类大量死亡
1978	高丽锌公司引起的镉污染（韩国）	蔚山市工业园区的高丽锌公司，是同日本因二氧化硫气体、镉引起安中公害的东邦锌的合资企业。1979年，废水流出，造成养殖海带受害；1984年，有毒气体泄漏造成9名小学生急性中毒
1978	SDC公司引起的河流污染（印度尼西亚）	生产枸橼酸石灰的斯马兰钻石化学（SDC）公司（昭和化工出资40%，三菱商事出资30%）的工厂废水污染了塔帕克河，鱼类灭绝，污染通过地下水蔓延，对水稻农业、饮水用的井水也都造成影响，周围很多居民出现皮肤病、肿瘤

运营年	案件	概要
1979	亚洲稀土公司（ARE）事件（马来西亚）	生产稀土金属的亚洲稀土（ARE）公司（三菱化成出资35%）的放射性废物，在周围居民中发生癌症、白血病。1985年，起诉要求工厂停业、赔偿损害等ARE于1999年停业
1983	菲律宾联合冶炼公司（PASAR）铜冶炼厂（菲律宾）	利用日本ODA和日本进出口银行融资在菲律宾的莱特（Leyte）岛建设的铜冶炼厂（PASAR，菲律宾联合冶炼公司），丸红、住友商事、伊藤忠商事分别出资16%、9.6%、6.4%。工厂由丸红承包，三井金属矿业、古河矿业（分别发生过骨痛病、足尾矿毒事件的原因企业）设计建设，在周边地区发生了大气污染和海洋的重金属污染

出处：根据日本1联合会公害对策环境保护委员会编《日本的公害输出与环境破坏》等编制。

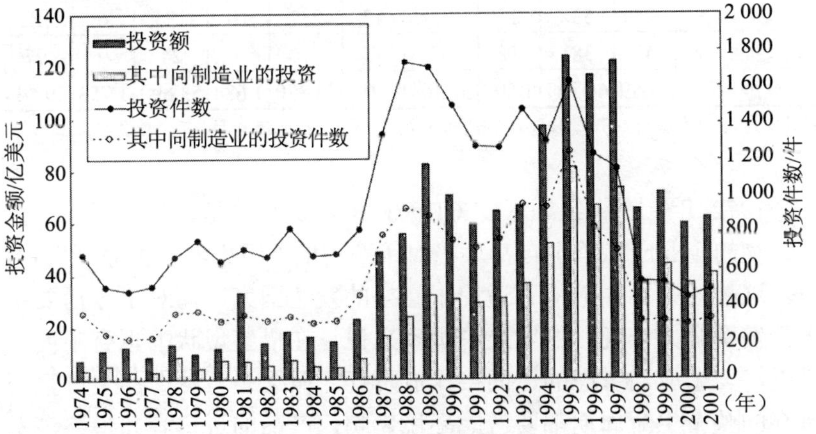

图1　日本对亚洲直接投资的变迁

出处：根据日本进出口银行《海外投资研究所报》，国际协力银行《开发金融研究所报》各刊编制。

表 2 日本近年来对亚洲的直接投资 单位：件，亿日元

年份	1997		1998		1999		2000		2001	
国家（地区）	件数	金额	件数	金额	件数	金额	件数	金额	件数	金额
亚洲	1 151	14 948	537	8 357	528	7 988	448	6 555	495	7 730
东盟 4 国	470	6 989	211	4 276	204	3 208	150	2 248	144	2 944
印度尼西亚	170	3 085	62	1 378	57	1 024	25	457	51	576
泰国	154	2 291	72	1 755	72	910	61	1 029	51	1 102
马来西亚	82	971	32	658	44	586	23	256	18	320
菲律宾	64	642	45	485	31	688	41	506	24	946
NIEs	331	4 186	183	2 259	212	3 567	177	2964	145	2 672
韩国	53	543	47	387	62	1 093	52	899	47	680
中国台湾	67	552	27	287	26	318	51	563	31	399
中国香港	115	853	51	770	75	1 083	51	1 034	37	370
新加坡	96	2 238	58	815	49	1 073	23	468	30	1 223
中国	258	2 438	112	1 363	76	838	102	1 099	187	1 802
印度	28	532	17	329	12	232	10	185	6	181
越南	45	381	12	65	17	110	5	24	9	97
全亚洲合计	2 489	66 229	1 597	52 169	1 713	74 390	1 684	53 690	1 753	39 548

出处：国际协力银行《开发金融研究所报》第 12 号，2002 年 9 月，第 38 页。

1972 年，经合组织（OECD）在考虑贸易的基础上提倡，排放污染物的企业应该承担自身环境对策费用的“污染者负担原则”。但是，这种规则不知道能否适用于富裕的发达国家，而对于今后要挤出开发资金力求脱贫的发展中国家来说，在借鉴现状上也有限度。最近，一个应当考虑的“间接排放责任”概念是，从产品生产直至废弃的整个生命周期都要考虑环境影响，产品的进口者和最终消费者等一系列受益者都对间接污染排放负有责任。为了消除公害输出问题，以这个概念为关键，需要摸索国际商贸政策和环境政策相互援助的可能性，监视跨国企业等的越境活动。

（林宰司）

[13] 急速推进的城市化

世界人口目前已有 60 多亿，今后还将进一步增长，预计 2050 年将达到 93 亿[1]。人口增长显著的地区，也正是当今的发展中国家（地区），尤其是这些国家（地区）的城市人口，增加得更为急剧。

亚洲各国以及其城市和非城市地区人口动向如表 1 所示。亚洲各国，除日本和韩国外，城市人口和非城市人口都在增加，而由于城市人口的增加率非常高，可以说是从非城市地区向城市的人口流动（社会性增加），带来了城市的人口增加。

地区总人口中的城市人口所占比例称作“城市化率”，它是表征城市化状况的指标之一。发达国家的城市化率已经变化不大，而在亚洲，以韩国为主，很多国家都表现出城市化率急速上升的态势。

亚洲城市化进程中，特别要指出的是大都市化。发达国家在产业革命以后的城市化进程中，于 20 世纪 70 年代前后，出现了纽约、伦敦、巴黎、东京这些代表性的大都市，而 20 世纪末以后，以亚洲为中心的发展中国家出现了剧烈的大都市化。如表 2 所示，可以预测，亚洲大都市今后还会急剧增加，人口同时还趋于向更大规模的城市集中，特别是向首都圈的人口集中最为显著。继日本和韩国之后，泰国和菲律宾也都出现了这种动向。这些动向可以说是同已经处于“后工业化”阶段的欧洲城市的指标，形成鲜明对比。

在亚洲看到的大都市化的特点，是由于农村地区的经济疲软。到城市求职的人们，尽管城市的产业空间尚未充分形成，还是向城市流动。城市人口一直膨胀到超过适宜于城市经济发展程度的人口规模，这种现象称作“过度城市化”。即城市内部的经济基础还不成熟，城市本身就巨大化了，变成缺乏巨大产业化的城市化。由于“过度城市化”，在亚洲很多城市的中心区，缺乏现代化的、强有力的市内工业，却形成了就业基础贫乏、建筑质量低劣的居住空间。

表1　人口与城市化率的变化

年份		全世界	发达国家	亚洲	中国	印度	印度尼西亚	日本	韩国	马来西亚	菲律宾	泰国	越南
1960	人口	3 021 908	915 841	1 702 320	657 492	442 344	96 195	94 096	25 004	8 140	27 561	26 392	34 743
	城市人口	1 016 665	562 521	353 895	105 249	79 413	14 031	58 812	6 929	2 165	8 350	3 302	5 107
	非城市人口	2 005 243	353 320	1 348 425	552 243	552 243	82 164	35 284	18 075	5 975	19 211	23 090	29 636
	城市化率	33.6%	61.4%	20.8%	16.0%	18.0%	14.6%	62.5%	27.7%	26.6%	30.3%	12.5%	14.7%
1980	人口	4 440 402	1 082 859	2 641 339	998 877	688 856	150 958	116 808	38 124	13 764	48 316	46 718	53 711
	城市人口	1 757 102	773 994	709 214	196 222	158 851	33 514	88 990	21 678	5 787	18 110	7 961	10 338
	非城市人口	2 683 300	308 865	1 932 125	802 655	530 005	117 444	27 818	16 446	7 977	30 206	38 757	43 373
	城市化率	39.6%	71.5%	26.9%	19.6%	23.1%	22.2%	76.2%	56.9%	42.0%	37.5%	17.0%	19.2%
2000	人口	6 055 049	1 187 980	3 682 550	1 277 558	1 013 662	212 108	126 714	46 844	22 244	75 967	61 399	79 832
	城市人口	2 845 049	902 993	1 351 806	409 965	288 283	86 833	99 788	38 354	12 772	44 530	13 252	15 749
	非城市人口	3 210 000	284 987	2 330 744	867 593	725 379	125 275	26 926	8 490	9 472	31 437	487 147	64 083
	城市化率	47.0%	76.0%	36.7%	32.1%	28.4%	40.9%	78.8%	81.9%	57.4%	58.6%	21.6%	19.7%
2020	人口	7 501 521	1 216 567	4 545 249	1 454 462	1 275 549	262 291	123 893	51 894	29 254	102 404	70 975	102 532
	城市人口	4 176 428	986 079	2 165 601	637 913	498 997	152 636	102 333	46 310	20 082	71 579	23 082	27 992
	非城市人口	3 325 093	230 488	2 379 648	816 549	776 552	109 655	21 560	5 584	9 172	30 825	47 893	74 540
	城市化率	55.7%	81.1%	47.6%	43.9%	39.1%	58.2%	82.6%	89.2%	68.6%	69.9%	32.5%	27.3%

出处：根据 United Nations，*World Urbanization Prospects*：*The 1999 Revision*，2001 年编制。

表 2　亚洲向大城市的人口集中

			1975 年	1995 年	2015 年
亚洲	1 000 万人以上	城市数量	2	7	15
		人口/10^3 人	31 214	98 086	240 750
		占城市人口总数的比例/%	5.3	8.3	12.4
	500 万～1 000 万人	城市数量	7	13	20
		人口/10^3 人	51 101	100 557	137 431
		占城市人口总数的比例/%	8.6	8.5	7.1
	100 万～500 万人	城市数量	77	160	267
		人口/10^3 人	142 410	285 593	510 024
		占城市人口总数的比例/%	24	24.1	26.2
欧洲	1 000 万人以上	城市数量	0	0	0
		人口/10^3 人	0	0	0
		占城市人口总数的比例/%	0	0	0
	500 万～1 000 万人	城市数量	5	5	5
		人口/10^3 人	36 654	38 017	38 376
		占城市人口总数的比例/%	8.1	7.1	6.8
	100 万～500 万人	城市数量	42	58	64
		人口/10^3 人	82 242	107 869	118 480
		占城市人口总数的比例/%	18.1	20.1	20.9

出处：根据 United Nations，*World Urbanization Prospects*：*The 1999 Revision*，2001 年编制。

这种急速的城市化，产生了各种各样的城市问题，增加了环境层面和社会层面的压力。首先是贫困的居住环境问题，而同住宅之类问题一起，还有极不卫生的环境。在中国、泰国的城市，30%～40%的家庭内部还没有厕所，很多城市居民也无法确保充分的饮用水(2)。

另一方面，从20世纪80年代后半期起，各国都采取积极的招商引资政策，城郊地区建立了大量的大规模工业园区等，进行了急速的工业化。同时，由于城市中产阶层等的增长，发展道路汽车交通等“大量消费型社会”迅速普及。由于这些因素的复合，以亚洲大城市的大气污染为主的环境污染正变得越来越严重（表3）。

表3　亚洲主要城市的大气污染状况

	人口/10^3人	TSP（总悬浮颗粒物）/（μg/m^3）	二氧化硫/（μg/m^3）	二氧化氮/（μg/m^3）
曼谷	7 281	223	11	23
北京	10 839	377	90	122
孟买	18 066	240	33	39
加尔各答	12 918	375	49	34
新德里	11 695	415	24	41
雅加达	11 018	271	—	—
吉隆坡	1378	85	24	—
马尼拉	10 870	200	33	—
大阪	11 013	43	19	63
汉城	9 888	84	44	60
上海	12 887	246	53	73
东京	26 444	49	18	68

注：1.数值为年均值。2.WHO的指标中年均值为SO_2μg/m^{3}和NO_2μg/m^3。

出处：The World Bank，*World Development Indicators*，2002。

今后，伴随着城市化，环境问题还会进一步恶化，而其中，城市政府对环境问题的努力将会变得越来越重要。例如，为了实现可持续的社会，地方政府的行动计划——“地方21世纪议程”的制定状况将是其指标之一（表 4）。在这方面，欧洲的地方政府现在占多数，亚洲只有日本和韩国的政策制定较醒目。当然重要的是其内容，而亚洲诸多城市积极制定与实施实现可持续社会的行动计划，这不仅从城市环境的角度，而且从全球环境保护的观点来看，都是十分重要的。

表 4　地区《21 世纪议程》的制订状况

	1996 年	2001 年
世界	1 812	6 416
欧洲	1 576	5 291
亚洲	87	461
中国*	14	25
印度	20	14
印度尼西亚	6	8
日本	26	110
韩国	9	172
马来西亚	—	9
菲律宾	3	28
泰国	6	21
越南	2	20

注：数值为自治体数量。

*不清楚本文作者和 WRI 所指“自治体”的范围，据中国可持续发展研究会（CSSD）的统计，连中西部地区的山西省绛县和云南省昆明市陆良市等县级市县，都在 1992 年的联合国里约大会之后制订了本辖区的《21 世纪议程》。故中国的实际制定情况肯定会大大突破本表所列的数据。——审校者注。

出处：根据 World Resource Institute（http：//www.wri.org）编制。

（浅妻裕）

[14] 道路交通与严重的大气污染

在亚洲的许多城市，同经济增长一起，交通需求随之增加，交通引起的大气污染与噪声等环境问题也日趋严重。亚洲各国同欧美相比，流向大城市的人口极端集中是其特点之一。但是，在几乎所有大城市，还不能说已经得到有计划的发展，至少还没有能够成功地提供可为老百姓服务的廉价且公害低的大规模运输系统。因此，轿车、自动二轮车、自动三轮车乃至公害不太低的巴士等塞满了公路，彼此混杂，恶化了城市环境。因此，亚洲城市，特别是中国城市，占了全球污染严重城市最前列的一大半。

表 1 显示亚洲主要大城市的大气污染状况（年均值）。《世界卫生组织（WHO）指针》规定，TSP（Total Suspended Particulates，总悬浮颗粒物，即燃烧引起的大气中的烟、煤烟子、灰尘等）的标准值为 90 $\mu g/m^3$。在日本、韩国、马来西亚，基本上满足了该指针要求，而在中国、印度、印度尼西亚、菲律宾、泰国等地，都超过了该指针数值，超过 2 倍以上的城市也不罕见。中国的首都北京，其 TSP 高达 377 $\mu g/m^3$。关于 SO_2（二氧化硫）和 NO_2（二氧化氮），《WHO 指针》规定的标准值均为 50 $\mu g/m^3$。这 2 个指标，在日本、韩国的一部分城市稍高一些，而在中国的部分城市却非常高。

但大气污染的原因不限于汽车，一些城市的燃煤火电厂、供暖设备等固定污染源的贡献也很大。粒径 10 μm 以下的颗粒物叫 SPM（Suspended Particulate Matter，可吸入颗粒物）。根据日本前环境厅的报告书，1994 年在人为排放的 SPM 中，由汽车引起的 SPM 在关东地区为 46%，在关西地区为 59%（情况不明与误差除外）。表 2 表示亚洲 5 个城市道路交通对于大气污染贡献的比例。尽管不同城市的情况有差异，但在污染物排放中，道路交通为发生源的比例，NO_x（氮氧化物）为 46%～82%，SPM 为 24%～88%。

表 1　亚洲主要城市的大气污染状况

国家	城市	城市人口（2000 年）/ 10^3 人	TSP（1990—1995 年）/（μg/m^3）	SO_2（1990—1998 年）/（μg/m^3）	NO_2（1990—1998 年）/（μg/m^3）
中国	鞍山	1 453	305	115	88
	北京	10 839	377	90	122
	长春	3 093	381	21	64
	成都	3 294	366	77	74
	重庆	5 312	320	340	70
	大连	2 628	185	61	100
	广州	3 893	295	57	136
	贵阳	2 533	330	424	53
	哈尔滨	2 928	359	23	30
	济南	2 568	472	132	45
	昆明	1 701	253	19	33
	兰州	1 730	732	102	104
	六盘水	2 023	408	102	—
	南昌	1 722	279	69	29
	萍乡	1 502	276	75	—
	青岛	2 316	—	190	64
	上海	12 887	246	53	73
	沈阳	4 828	374	99	73
	太原	2 415	568	211	55
	天津	9 156	306	82	50
	乌鲁木齐	1 643	515	60	70
	武汉	5 169	211	40	43
	郑州	2 070	474	63	95
	淄博	2 675	453	198	43
印度	艾哈迈达巴德	4 160	299	30	21
	班加罗	5 561	123	—	—
	加尔各答	12 918	375	49	34
	真内	6 002	130	15	17
	德里	11 695	415	24	41
	海得拉巴勒	6 842	152	12	17
	喀布尔	2 450	459	15	14

国家	城市	城市人口（2000年）/ 10^3人	TSP（1990—1995年）/ （μg/m³）	SO_2（1990—1998年）/ （μg/m³）	NO_2（1990—1998年）/ （μg/m³）
印度	勒克瑙	2 568	463	26	25
	孟买	18 066	240	33	39
	那格浦尔	2 062	185	6	13
	普内	3 489	208	—	—
印度尼西亚	雅加达	11 018	271	—	—
日本	大阪	11 013	43	19	63
	东京	26 444	49	18	68
	横滨	3 178	—	100	13
韩国	釜山	3 830	94	60	51
	首尔	9 888	84	44	60
	大邱	2 675	72	81	62
马来西亚	吉隆坡	1 378	85	24	—
菲律宾	马尼拉	10 870	200	33	—
新加坡	新加坡	3 567	—	20	30
泰国	曼谷	7 281	223	11	23

注：大气污染状况的年份主要是1995年的数据。出处多样，年份不同，大气污染状况即使在同一城市也有差异，不适于城市间的严格比较。

出处：The World Bank，2002 *World Development Indicators*.

本书的数据，依据WHO健康城市计划的大气管理信息系统（AMIS）以及世界资源研究所整理的多种出处的数据。

表2　亚洲5城市中的道路交通对于大气污染的贡献比例　　单位：%

	年	CO	HC	NO_x	SO_2	SPM
北京	1989	39	75	46	—	—
孟买	1992	—	—	52	5	24
科钦（印度）	1993	70	95	77	—	—
科伦坡	1992	100	100	82	94	88
德里	1987	90	85	59	13	37

出处：The World Resources Institute，The United Nations Environment Program，The United Nations Development Program and The World Bank（eds），*World Resources* 1996—1997，1996.

表 3 为亚洲 5 国（地区）和全球汽车保有量（轿车和商用车合计）的变化情况。1999 年，日本有 7 172 万辆，遥遥领先于其他国家，第二位的中国有 1 453 万辆，第三位的韩国也不过 1 116 万辆。但是，首先，从近年来的增长速度看，日本以外的国家都明显。假定 10 年前的 1990 年的保有量作为 100，日本相对于全球大致为 124，中国为 304，韩国为 329，增长幅度非常大。印度为 187，中国台湾也有 178。其次，分析每 1 000 人汽车保有辆，日本为 567 辆，中国台湾为 250 辆，不到日本的一半，韩国也就 238 辆。而中国只有 11 辆，印度为 8 辆。由此可以预测，亚洲各国今后随着收入水平的提高，汽车保有量也将出现大幅度增加。

如果汽车行驶通畅，污染物排放就相对少些，而因道路混杂不能顺利行驶时，单位行驶距离的污染物排放量就会增加，大气污染就进一步恶化。因此，在预测道路交通需求增加时，通常做法是通过加快道路建设，以解决交通混杂问题。表 4 所列为亚洲 12 国（地区）的汽车保有量和道路建设状况。道路密度，日本和城市国家新加坡格外地高，分别为 3.1 km/km^2 和 5.0 km/km^2。但是，这 2 个国家由于汽车普及，每辆汽车的道路长度都处于低水平，分别为 16 m 和 5 m。这表明，即使推进道路建设，如果双方都在加快普及汽车，而没有恰当地控制道路利用，仍难以维持道路交通的顺畅。特别是像亚洲各国大城市那样人口高度集中地区正在推进之中，只满足无限制的道路交通需求，这样的道路容量在物理上是不可能确保的。因此，不能只靠扩大道路容量，而恰当的交通需求管理也是不可缺少的。

表 4 表示自动两轮车保有量。在收入水平高的日本、韩国和新加坡，自动两轮车的保有量仅为轿车的 30%左右，在中国香港还差一点不到 10%。但是，在亚洲其他国家（地区），两轮车数量超过了轿车。在印度和泰国，超过汽车 4 倍以上，在越南甚至接近汽车的 40 倍。自动两轮车这样大量地普及，可以说是亚洲特色之一。从全球看，自动两轮车保有量位列前 6 名的国家（地区）为：中国、印度、泰国、日本、印度尼西亚和中国台湾，仅这 6 国（地区）就占整个世界的 60%左右。

表3 亚洲5国（地区）和世界的汽车保有量

年份		中国	印度	日本	韩国	中国台湾	世界合计
1970	总保有量	487 557	1 041 600	17 581 843	128 298	98 500	244 760 200
	1990 年=100	10	26	30	4	3	42
	每 1 000 人保有量	1	2	170	4	7	67
1975	总保有量	946 833	1 215 500	28 090 558	193 927	264 302	323 833 00
1980	总保有量	1 680 960	1 666 843	37 856 174	527 729	680 968	413 174 604
	1990 年=100	35	42	66	16	23	71
	每 1 000 人保有量	2	3	323	14	39	93
1985	总保有量	2 887 126	2 536 952	46 157 261	1 113 430	1 344 969	483 787 816
1990	总保有量	4 776 382	3 972 000	57 697 669	3 394 803	2 937 694	579 103 904
	1990 年=100	100	100	100	100	100	100
	每 1 000 人保有量	4	5	467	79	139	110
1995	总保有量	10 400 029	6 085 000	66 853 500	8 468 901	4 487 195	665 844 845
	1990 年=100	218	153	116	249	153	115
	每 1 000 人保有量	9	6	534	189	211	116
1996	总保有量	11 000 764	6 735 000	68 801 378	9 553 092	4 752 760	671 302 482
1997	总保有量	12 190 902	7 267 000	70 003 297	10 413 427	5 080 039	696 998 742
1998	总保有量	13 193 034	7 430 000	70 814 554	10 469 599	5 215 137	700 406 058
	1990 年=100	276	187	123	308	178	121
	每 1 000 人保有量	11	8	560	225	250	124
1999	总保有量	14 529 413	—	71 722 762	11 164 319	—	715 332 811
	1990 年=100	304	—	124	329	—	124
	每 1 000 人保有量	11	—	567	238	—	121

注：车辆为轿车和商用车的合计，年末数值。中国的轿车中包括巴士。

出处：日刊自动车新闻社/（社）日本自动车会议所合编《自动车年鉴手册（2001—2002 年版）》2001 年。本书的数据来自各国汽车工会资料等。

表 4　亚洲 12 国（地区）的汽车及自动两轮车保有辆和道路建设状况

		年份	中国	中国香港	印度	印度尼西亚	日本	韩国	马来西亚	菲律宾	新加坡	中国台湾	泰国	越南
汽车保有量	轿车	2000	5 805 600	350 362	4 820 000	2 900 000	52 437 375	7 837 251	4 212 567	773 835	413 545	4 716 217	2 044 565	142 000
	商用车	2000	6 012 300	139 719	2 610 000	2 305 000	20 211 724	3 327 068	1 029 633	1 587 501	147 325	883 300	4 075 537	83 600
	合计	2000	11 817 900	490 081	7 430 000	5 205 000	72 649 099	11 164 319	5 242 200	2 361 336	560 870	5 599 517	6 120 102	225 600
公路总长/km		1999—2000	1 402 698	1 831	3 319 644	342 700	1 161 894	86 900	65 877	201 994	3 066	35 931	64 600	93 300
公路密度/（km/km^2）		1999—2000	0.15	1.70	1.01	0.19	3.07	0.88	0.20	0.60	4.96	1.00	0.13	0.33
每辆车公路长度/（m/辆）			119	4	447	66	16	8	13	86	5	6	11	414
自动两轮车保有量		1998—2001	37 720 000	33 079	24 691 876	13 563 017	13 719 898	2 274 766	5 609 351	1 216 000	133 358	11 733 202	14 500 000	5 500 000

注：汽车保有量合计不包括自动两轮车。由于数据出处不一样，同表 3 不一致。特别是在中国，差异很大。

出处：汽车保有量来自 Society of Motor Manufactures and Traders Limited, *Motor Industry of Great Britain* 2001 *World Automotive Statistics*, 2001. 公路长度及公路密度来自 International Road Federation，*World Road Statistics 2002*，2002. 自动两轮车保有量来自本田技研工业株式会社《2001 年版世界二轮车概况》2002 年。

而且，东南亚和南亚的诸多城市，自动三轮车也是其特色之一。例如，泰国的“嘟嘟”（tuktuk）、印度的“自动力克莎”（autoriksha）、尼泊尔的“天噗”（tempo）、孟加拉国的“迷秀克”（mishuk），都是乘用车辆。表5为南亚5国的各种机动车的保有量情况。其中每个国家的两轮和三轮机动车合计数量都高达51%～73%，孟加拉国仅自动三轮车就达14%。

表5　南亚5国的各种汽车的保有量

		孟加拉国（1999年）	印度（1997年）	文莱（1999年）	巴基斯坦（1999年）	斯里兰卡（1997年）
轿车	数量/辆	92 000	3 500 000	49 000	670 000	122 000
	比率/%	18	9	21	17	13
出租车	数量/辆	2 300	420 000	—	68 000	6 000
	比率/%	0	1	—	2	1
轻载汽油车	数量/辆	52 000	740 000	2 600	310 000	14 000
	比率/%	10	2	1	8	1
重载柴油车	数量/辆	55 000	5 200 000	46 000	750 000	235 000
	比率/%	11	14	20	19	25
两冲程三轮车	数量/辆	68 000	1 180 000	—	91 000	59 000
	比率/%	13	3	—	2	6
四冲程三轮车	数量/辆	7 600	210 000	5 900	—	—
	比率/%	1	1	3	—	—
两冲程两轮车	数量/辆	200 000	21 800 000	110 000	1 700 000	424 000
	比率/%	38	59	47	43	45
四冲程两轮车	数量/辆	35 000	3 900 000	19 000	250 000	75 000
	比率/%	7	10	8	6	8
合计	数量/辆	523 000	37 200 000	232 000	4 000 000	936 000
	比率/%	100	100	100	100	100

注：合计中不包括拖拉机，所以同表中表示的各栏的数据合计不符。文莱的三轮车，大部分是柴油车。孟加拉国是按假定90%的自动三轮车为2冲程的推算值。各国是假定85%的自动两轮车为2冲程的推算值。

出处：Kojima M.，C. Brandon and J. Shah，*Improving Urban Air Quality in South Asia by Reducing Emissions from Two-Stroke Engine Vehicle*，Working Paper 21911，*The World Bank*，2000.本书数据来自各国政府或汽车团体。

这些交通工具对平民阶层来说是不可缺少的，也给城市增加了丰富的个性。而另一方面，从大气污染和噪声观点看，这又是令人烦恼的事情。自动两轮车和三轮车的一多半都是两冲程发动机。同四冲程发动机相比，两冲程发动机的 NO_x 排放量少，但 PM（细颗粒物）、HC（碳氢化合物）、CO（一氧化碳）的排放量却多，而且噪声也大。在孟加拉国首都达卡调查发现，两冲程三轮车的单位行驶距离 SPM（可吸入颗粒物）排放量是轿车的 8 倍，是四冲程三轮车的 10 倍。

废气排放对策现在主要是控制新车的单体对策。对于 HC 和 CO，开始设定按照欧洲那样的排放标准。同时，在泰国的首都曼谷，一部分“嘟嘟”车换成使用液化石油气（LPG）。在尼泊尔首都加德满都，1999 年禁止使用称作 “比克然天噗”（bikram tempo）的三轮柴油小巴士，换成称作“沙发天噗”（safa tempo）的三轮电动小巴士。但是，PM（细颗粒物）的排放控制一般都很落后。此外，除了新车的排放限制以外，对于在用车的尾气控制也很重要。

同这种单体控制的强化相并行，重要的是总量控制。尽管总量控制未必能在大范围内实施，但在亚洲可以看到若干在全球也属先进的事例。如，新加坡自 1975 年起，对于进入市中心区的汽车，实施了收费的《地区许可证计划》（*Area Licensing Scheme：ALS*），成功地控制了道路混杂问题。1998 年，收费改成电子化，转换成了在时间上、空间上均可灵活定价的“电子收费道路”（Electronic Road Pricing：ERP）。在韩国首都首尔，也从 1996 年实施了使用连接市中心通道的定价制度。而在东京，尽管能否实现尚有不确定性，计划在 2003 年度以后尽早开始实行道路定价措施。

不仅对于这种行驶阶段的总量控制，而且新加坡于 1990 年开始实行车辆比例制，政府在管理新车注册数量的基础上，通过竞标获得车辆购买权。在中国上海，从 20 世纪 80 年代起，采用竞拍车牌号这种形式，实施对于私家车的总量控制。此类总量控制的主要目的是作为道路混杂对策，但由于污染物排放量同道路密集程度有密切关系，所以作为大气污染对策也是有效的。今后，从进一步防止全球变暖和交通事故出发，需要构筑更有计划和更有效的城市交通体系。

（儿山真也）

[15] 固体废物的不断增加与努力控制其产生量的新对策

要想获得亚洲地区有关固体废物的准确数据是困难的。在《亚洲环境情况报告（第 1 卷）》中介绍的 ESCAP（联合国亚洲太平洋经济社会委员会）1995 年调查的修订版，于 2000 年公布[1]。据此推算，亚太地区每日的城市生活垃圾（MSW：Municipal Solid Waste）总产生量，在 2000 年增加到 130 万 t。而 2010 年将增加到 190 万 t。

图 1 为 ESCAP 推算的亚洲地区各城市生活垃圾组成的资料。在许多城市的原生垃圾中，有机废物占一半以上；而在东京、新加坡等地，其他组分所占比例更高。但是，在这种推算中，由于组成的计算基准未予说明，所以结果的解释也是有限的。

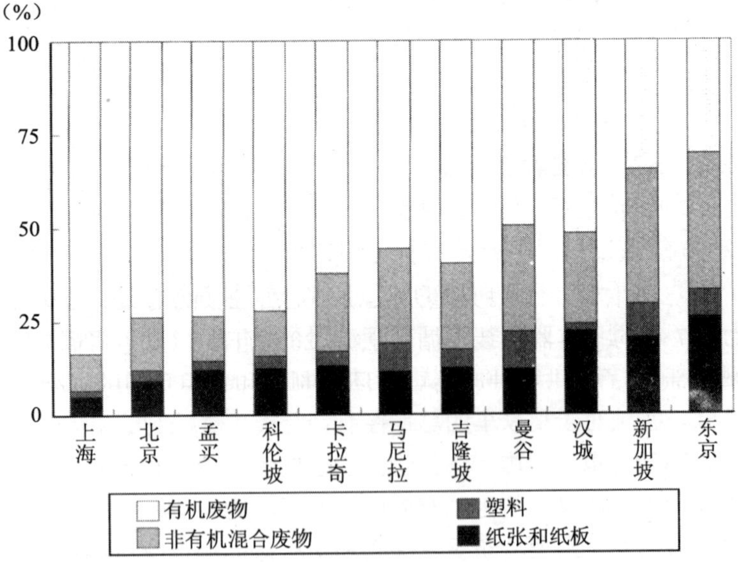

图 1　亚洲地区各城市的城市生活垃圾组成的比较

出处：ESCAP，State of the Environment in Asia and the Pacific，2000，Fig. 8.3.

另一方面，很多工业固体废物，含有的危险废物比城市生活垃圾更为复杂多样，需要更加严格的管理。尽管如此，关于工业固体废物的数据远比城市生活垃圾为少。在这种状况下，ESCAP（联合国亚太经社理事会）推算了亚洲每单位产值的工业固体废物排放量（图 2）。例如，日本每生产 1 美元产品，排放 1 kg 固体废物。这个数字越低，环境负荷就越少。这个数值反映了各国的产业结构、技术水平等方面的差异。迄今可得数据整理成表 1。

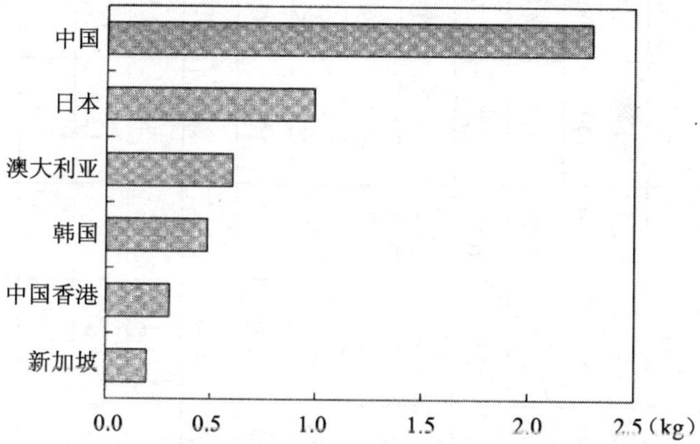

图 2　亚洲地区单位产值工业固体废物排放量的比较

出处：同图 1。

日本、韩国、中国台湾、中国等国家（地区），都引进了促进再循环的法制体系，作为大量排放城市生活垃圾的对策。在日本，根据 1997 年的《容器包装再循环法》、2001 年的《家电再循环法》等法律，制定了促进各种产品再循环的制度和费用负担的框架。

韩国在实施 1992 年的《资源节约与再循环促进法》以后，导入了押金制、固体废物回收从量收费制等制度。从 2003 年起，电视机等废旧家电也成为再循环的对象，在销售新产品时，无偿回收旧产品。在中国台湾，自 1997 年开始，导入制造企业和销售企业支付费用的再循环制度，推进了包装容器、废家电的再循环。

表1 亚洲的固体废物产生状况

	日本	韩国	中国		中国台湾	菲律宾	马来西亚	新加坡	印度尼西亚	泰国	印度
A 城市生活垃圾	全国 FY2000	全国 FY2000	全国 2000	香港 1997	整个地区 1999	马尼拉 2000	吉隆坡 1997	全国 2002	雅加达 1996/97	曼谷 1996	23 城市 1995
A1 产生量/（10^3t/a）	52 360	17 702	138 824	3 168	7 889	10 670	720	1 436	1 007 万 m^3	2 995	11 000
A2 人均/（kg/d）	1.13	1.01	1.81	1.335	0.96	0.71	1.42	0.94		1.450	0.456
A3 重量组成/%	FY2000	FY2001	上海 1998		1999	1999	1993	2002	1994/95		1995
有机物	34	32.8	67.3	24.9	—	49	32.5	39.1	63.6		41.8
纸张	33	23.8	8.8	29.1	35.83	19	28.4	25.0	10.4		5.7
塑料	13	—	13.5	19.6	19.85	17	17.7	20.0	9.8		3.9
玻璃	5	2.8	5.2	5.0	4.99	—	2.2	1.8	1.5		2.1
金属	3	1.0	0.7	5.3	3.8	6	3.3	2.5	1.0		1.9
其他	12	40.6	4.5	12.7	65.67	9	12.2	11.5	13.6		44.6
A4 再循环率/%	16.7	43.1		6.5			6.3				
A5 焚烧率/%	77.4	13.6			53.83			92.2	2		
A6 填埋率/%	5.9	43.3			39.02	69			70		

	日本	韩国	中国	中国台湾	菲律宾	马来西亚	新加坡	印度尼西亚	泰国	印度
B 固体废物										
B1 产生量/（10^3t/a）	406 000	68 541	888 400	2 350	280	379	1 189	15 600	1 200	147 050
B2 成分构成/%	FY2000	FY2000	2001	1999		1996		1998		1999
矿渣	4.1	17.3	50.4	28.4		33.6		—		12.8
砖瓦	14.5	37.8	—	0.5		—		—		—
污泥	46.6	12.8	—	17.7		44.2		—		6.3
煤尘	2.7	8.2	26.9	11.9		—		—		39.4
其他	32.2	23.9	15.1	41.4		22.2		100		41.5

注：在新加坡的城市生活垃圾中不含工业固体废物。另外，在城市生活垃圾和工业固体废物的产生量中不含再循环的量。在韩国的工业固体废物数据中，使用该国定义的排放设施场所固体废物与建筑废物、指定固体废物的合计。在中国的工业固体废物数据中，不含该国定义的危险废物和放射性废物。印度尼西亚的工业固体废物数据仅由有统计的食品加工业的动植物残渣组成。表中的 FY 为财政年度。

出处：日本环境省平成 14 年度废弃物处理等科学研究　研究报告书《亚洲地区的资源再循环和废弃的结构分析》（课题组长为国立环境研究所寺园淳），2003。World Bank，*What a Wasie：Solid Waste Management in Asia*，1999。环境省《产业废弃物的排放及处理状况等（平成 12 年度实绩）》，2003 年（http：//www.env.go.jp/recycle/waste/sanpai.html）和环境省《一般废弃物的排放及处理状况等（平成 12 年度实绩）》（http：//www.env.go.jp/recycle/waste/ippai.html）。韩国环境部主页（http：//www.me.go.kr/）。中国环境年鉴社《中国环境年鉴 2002》。Environmental Protection Agency，*Monitoring of Solid Waste in Hong Kong* 1997。台湾行政院环境保护署《环境白皮书》2001 年版。Malaysia，Ministry of Science，Technology and the Environment，*Environmental Quality Report* 1999。Singapore，National Environment Agency 主页（http：//www.nea.gov.sg）。Indonesia，Central Bureau of Statistics，*Environmenta Statistics of Indonesia* 1999。泰国公害控制局“公害状况报告书 1996”1998。India，Ministry of Environment & Forests，*The State of Environment-India*：2001（http：//envfor.nic.in/soer/2001/soer.html）。

中国的城市生活垃圾的增长率同经济增长率比肩同行，在2001年起始的“十五”计划中，把推进固体废物再循环对策作为目标之一，正在制定城市生活垃圾处理收费制和分类收集等政策。此外，中国还在研究导入促进废家电再循环的法制建设。

（小岛道一，山下英俊）

[16]　再循环的国际化

以再循环为目的的固体废物贸易在全世界日趋活跃。在《亚洲环境情况报告（第 2 卷）》第 I 部第 3 章“漫山遍野的固体废物”、第 III 部[17]“纸再循环中的南北方关系”以及本书第 I 部第 2 章“环境与贸易”中，都已经涉及这一问题。

作为亚洲地区的最近动向，随着强制性再循环的进展，日本向亚洲地区的出口量急剧增加，如在本书第 I 部第 2 章中所介绍，中国的固体废物进口量正在扩大。

在分析再循环的国际化时，由于只把固体废物的贸易作为对象，所以只能掌握现象的一部分。产生固体废物的产品，在哪个国家生产？又在哪个国家消费？在这些产品的生产过程中，又消费了什么资源？其资源来自哪些国家？对于这些问题，需要追溯成为对象的固体废物的物质流程，从资源开采阶段就进行评价。同时，作为对象的固体废物进入再循环之后，又被用于什么样的产品中。这也需要事先了解物质流程。

因此，必须把作为对象的固体废物（再生资源）和所替代的一次资源（替代废纸的纸浆、替代铁屑的铁矿石等）这两者为基础生产的最终产品（从废纸和纸浆生产的纸产品）结合在一起，综合分析物质流程。

图 1 综合表现了亚洲地区以纸资源为原料的物质流程。依据的是联合国粮农组织（FAO）、国际纸与纸浆杂志（Pulp and Paper International：PPI）进行的各国生产统计和各国贸易统计。这里，把各国的纸产品、纸浆、废纸的生产（回收）同消费量、贸易量和贸易伙伴国（地区）的信息整理在一张图上。把各国的生产量与消费量按比例地用规则的正方形来描述各项要素。

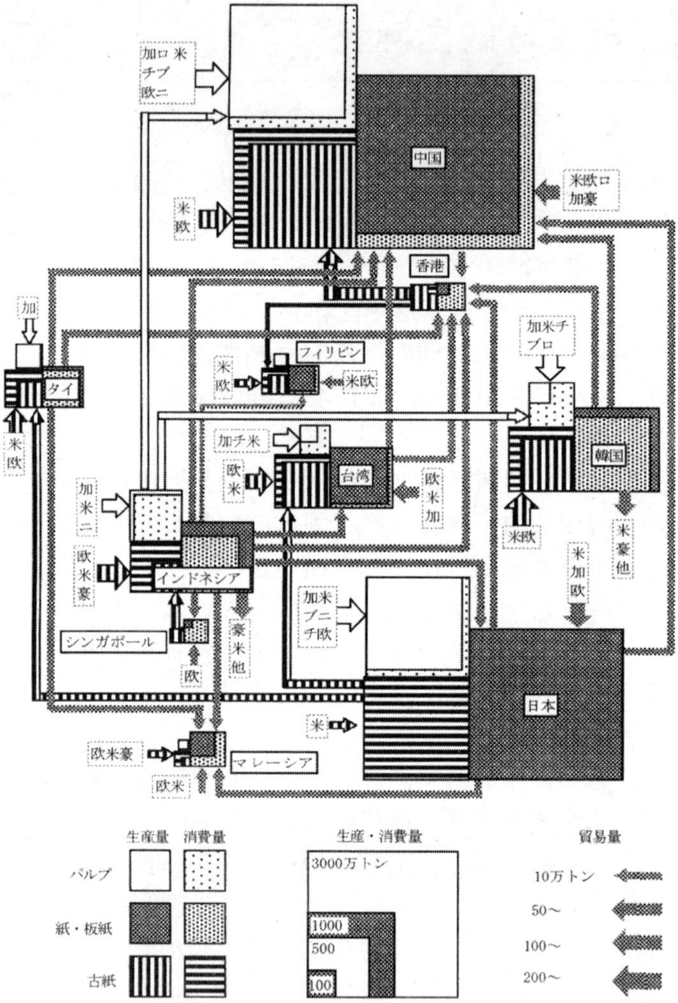

[上方的大图中，每个日文汉字或日文字母（片假名）都代表1个国家或大洲（限于欧洲）]。
米：美国，加：加拿大，欧：欧洲，豪：澳大利亚，ロ：俄罗斯，ニ：新西兰，チ：智利，（大图中的中部左侧）インドネシア：印度尼西亚，该句为：“印度尼西亚的其他联系以伊朗、沙特阿拉伯为主”；
（大图中的中部右侧）该句为：“韩国的其他联系是孟加拉国、越南等”。
进出口伙伴国家，按贸易量多的顺序，多的排在上一行，在同行中，多的位于左列。

图1　亚洲地区纸资源的物质流程图（2000年）

案例之一是，请注意位于图 1 中左下部分的印度尼西亚。关于纸产品的生产与消费，由于生产量领域超过了消费量领域，可知生产出的纸产品数量超过了国内需求，故大量出口。纸浆也同样，生产量领域超过了消费量领域，向韩国和中国等地出口。这样，可以说印度尼西亚正在以产品和原料的形式向亚洲地区提供纸资源。

通过比较印度尼西亚的纸浆消费量和废纸消费量可知，该国生产纸的时候，废纸利用率超过 50%。但是，在印度尼西亚消费的废纸，一大半是来自欧美、新加坡的进口废纸。在这种意义上可以说，用于在印度尼西亚生产的纸产品的纸资源中，主要是来自国产木材的部分和来自欧美废纸的部分。这样，通过分析图 1 中各国的要素，就能够理解该国纸品再循环的状况在物质流程中同其他国家之间的关系。

利用图 1，粗略分析亚洲地区内的物质流可以看出，从纸产品、纸浆的供给国印度尼西亚和泰国，通过接受纸浆供给的韩国、接受纸产品供给的日本和中国台湾，流向中国、马来西亚、新加坡、中国香港。此外，还可以知道，印度尼西亚和新加坡、中国及中国香港都是前者向后者提供纸产品，反过来后者向前者提供废纸，在两个国家（地区）间形成了闭路再循环。这样，通过固体废物以及产品、资源联系在一起的物质流，可以更准确地掌握国际分工的实际状况。

另一方面，图 2 是比较各国纸资源自给率的结果。在此项分析中，需要纸产品、纸浆、废纸的物质流数据。表 1 列出了纸产品的数据。所谓“直接供给率”，是指在各国国内消费的纸产品中，国产纸浆被利用的比例。在这种分析中，由于连接了原料的物质流和产品的物质流，对于在产品阶段进口的物品，反映了在出口所在地生产时的原料构成。

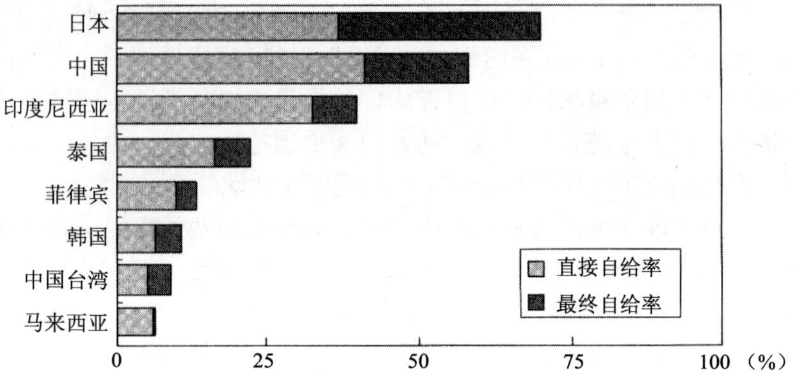

图 2　亚洲地区纸张资源自给率的比较（2000 年）

表 1　亚洲地区纸产品的物质流（2000 年）　　单位：万 t

	(a)	(b)	(c)	(d)	(e)	(f)	(g)	(h)	(i)	(j)	(k)	(l)	(m)	(n)	(o)	*x*
(a)	3 005	12	1	7	4	2	1	1	6	1	2	0	1	1	46	3 090
(b)	0	19	0	0	0	0	0	0	0	0	0	0	0	0	0	19
(c)	63	10	404	14	8	29	5	7	18	7	12	1	15	14	90	698
(d)	36	8	2	3 038	5	16	2	6	11	7	5	0	2	15	26	3 179
(e)	90	18	1	6	696	9	3	6	4	2	12	0	2	40	87	976
(f)	2	1	1	0	0	52	0	6	0	1	0	0	0	0	16	79
(g)	4	0	0	0	0	1	74	2	3	1	0	0	0	0	2	87
(h)	0	0	0	0	0	0	0	9	0	0	0	0	0	0	0	9
(i)	42	16	1	4	0	6	1	0	330	2	0	0	0	1	46	449
(j)	24	4	1	1	0	12	3	5	2	150	3	0	4	4	18	232
(k)	11	0	1	0	0	2	1	2	3	1	239	1	14	5	4	284
(l)	13	0	2	26	5	6	2	2	10	1	12	580	874	304	254	2 092
(m)	65	10	8	27	12	20	10	15	22	10	75	146	5 766	920	1 358	8 463
(n)	92	5	4	76	15	14	15	6	18	5	9	145	249	7 822	181	8 655
(o)	42	0	1	0	2	11	3	4	11	6	10	39	695	242	2 979	4 045
x^*	3 488	104	427	3 201	747	180	121	70	438	192	379	912	7 623	9 369	5 107	

注：（a）～（o）记号表示以下的国家（地区）。（a）中国，（b）中国香港，（c）印度尼西亚，（d）日本，（e）韩国，（f）马来西亚，（g）菲律宾，（h）新加坡，（i）中国台湾，（j）泰国，（k）澳大利亚，（l）加拿大，（m）欧盟，（n）美国，（o）其他地区。x 表示各国的产量，x^* 表示消费量。各国产量与回收量统计依据 FAO 的数据库（http://apps.fao.org/page/collections?subse=forestry），不足部分由 PPI 的 Annual Review 补充。关于贸易统计，从 A 国向 B 国的出口量根据 A 国的出口统计和 B 国的进口统计，两者的数值通常不一致。在本表分析中，把两者的平均值作为贸易量。根据生产量与回收量和贸易量，计算消费量。由于转口贸易的影响，在发现消费量为负值的情况时，把转口贸易相当部分换算成从初期出口国向最终进口国的直接贸易，进行修正，避免了在行列中出现负值。

作为国产纸浆以外的原料，有国产废纸、外国产纸浆、外国产废纸。其中，对于国产废纸，如果追溯到纸产品的根源，同国内消费的纸产品相同的比例部分来自国产纸浆、国产废纸等。例如，在原料组成中，国产纸浆占50%、国产废纸占40%、其他占10%的情况下，如果追溯到物质流，可以说国产废纸40%中的50%源于国产纸浆。即用40%乘以50%的乘积20%，即为“一次间接自给率”。如果无限次地追溯这种间接自给率，求得最终的自给比例，就是“最终自给率”。

日本，在“直接自给率”上逊于中国，但在“最终自给率”上，日本达到了70%，高于中国的58%。同样的位序逆转，也发生在中国台湾和马来西亚之间。最终自给率和直接自给率之差，因国家或地区不同，而有很大变化，其原因是因为各国废纸自给率的不同。

作为整体趋势，自给率超过50%的国家只有中国和日本。而且，在这种分析中没有得到考虑的是，这两国都是纸浆木材的进口国。因此，亚洲地区整体上来说，纸资源强烈地依赖国外。这种信息，是在综合评价产品和资源的物质流之后才得到的[1]。

（山下英俊）

[17] 温室气体排放控制的挑战

东亚9国（地区）的CO_2（二氧化碳）排放量占全球总量的1/4左右，仅次于欧洲。其中属于《联合国气候变化框架公约》附录I的国家（发达国家+前东欧）只有日本，而人口众多的中国和经合组织（OECD）成员国韩国都是排放大国。人均排放量，中国台湾（换算成CO_2）为11.5 t，位居榜首，同越南的0.5 t相比，地区内人均排放量的差异很大。从CO_2排放量的燃料来源看，中国主要是煤炭，其他国家（地区）主要是从石油排放得多（表1）。

从不同部门的排放比例看，东亚地区的特点是工业部门碳排放浓度高。欧美各国工业部门CO_2排放占30%～40%，相反，中国占75%，中国台湾为60%。

据美国能源情报局（EIA）预测资料，全球2020年的CO_2排放量将超过300亿t，发展中国家的排放量将超过发达国家（图1）。尤其是拥有中国和印度的亚洲（未计入中东），排放量增长显著，占全球的40%。

在《京都议定书》中，除二氧化碳（CO_2）外，甲烷、一氧化二氮（N_2O）、氟利昂替代品（HFC、PFC、SF_6）这6种气体是削减对象。对于CO_2，根据燃料消费量可以大致准确推算排放量，而其他温室气体的排放则几乎没有资料。另外，据政府间气候变化专门委员会（IPCC）报告，除了燃料起源的CO_2之外，其他温室气体排放数据的精度很低。现在，许多附件I国家均已提交了3次国别报告书和每年报告排放清单。而中国、巴西等大量排放的发展中国家不公布排放数据。这不只是统计处理的技术性与资金性问题，也有政治考虑，即避免通过提交数据在第二履约期（2013—2017年）以后，要求发展中国家履行减排义务。总之，为了有效地推进削减对策，需要掌握各国的排放状况。也有已经提交国别报告书的发展中国家，如马来西亚等。这些国家把气候变化对策作为最优先课题，

表 1 东亚地区的 CO_2 排放量

		中国	印度尼西亚	日本	韩国	马来西亚	菲律宾	台湾	泰国	越南	合计
1.不同燃料来源排放量（2000 年）/10^2t（CO_2）	排放总量	2 842	252	1 150	423	110	72	255	166	41	5 309
	煤炭	2 157	27	321	146	8	19	119	31	13	2 843
	天然气	59	71	152	40	40	0	13	34	3	411
	石油	626	154	677	237	61	52	123	101	25	2 056
2.占全球排放比例/%		12.0	1.1	4.9	1.8	0.5	0.3	1.1	0.7	0.2	22.5
3.各部门排放比例/%（1998 年）	工业	75.1	46.1	50.1	49.8	51.9	55.0	60.4	41.3	38.1	
	家庭	8.6	23.5	13.2	9.1	7.3	16.1	10.8	10.4	19.6	
	业务	10.9	3.4	11.6	17.1	10.6	6.7	6.5	12.1	8.8	
	运输	5.3	27.0	25.1	24.0	30.2	22.2	22.2	36.2	33.5	
4.人均排放量/t（CO_2）		2.23	1.20	9.07	8.95	4.71	0.93	11.47	2.66	0.53	

出处：1、2，EIA，*International Energy Annual* 2000，Feb. 2002.（http：//www.eia.doe.gov/emeu/iea/carbon.html）

3. EIA，Country Analysis Briefs：East Asia and South Asia，March 2002.（http：//www.eia.doe.gov/emeu/cabs/cabsfe.html）

4. EIA，Per Capita（Person）Total Carbon Dioxide Emissions from the Comsumption of Petroleum Natural Gas，and Flaring of Natural Gas，All Countries，1980—2000（Million（10^6）Metric Tons Carbon Equivalent Per Person），2002.（http：//www.eia.doe.gov/emeu/international/total.html#IntlCarbon）

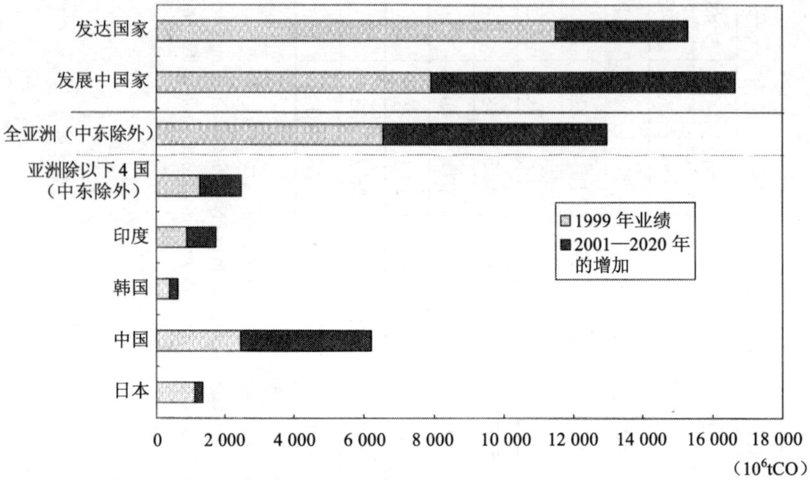

图 1　2020 年的 CO_2 排放量预测

注：1.基于 EIA 的参照情景（reference case），对于 2001—2020 年排放量的预测；
2.CO_2 排放量为化石燃料起源。
出处：EIA，*International Energy Outlook* 2002，DOE/EIA-0484（2002），March 2002，p.189.

努力完善排放数据。对于发展中国家，联合国公约秘书处依据 IPCC 的《导则》（1995 年版，1996 年修正版）对排放数据计算给予奖励，资助一部分必要经费，支援培养专家等活动。

关于第二履约期间的削减义务，在公约谈判中正在进行辩论。在 2002 年的 COP8（德里会议）上，巴西提出了议案，提出要根据以往的排放责任，研究设定第二履约期以后的削减目标。《巴西提案》其意义在于，不像第一履约期（2008—2012 年）那样成为政治妥协的产物，而应遵循公平性和污染者负担原则，构建简便的气候模型，基于科学性来决定控制排放义务。

在该项议案之前，应巴西政府邀请，全球 13 个研究组（都是发达国家）把世界分成 4 个地区（即：①1990 年时的 OECD 国家，②前东欧各国，③非洲与南美国家，④亚洲各国），根据 1890—2000 年的二氧化碳、甲烷、一氧化二氮的排放量，计算出对于 2000 年之前的气温上升责任。比较不同地区的气候变化责任，OECD 国家约占 40%，前东欧国家约15%，非洲与南美国家约20%，亚洲国家约25%，各个研究组的计算结果基本一致（图2）。今后，不仅研究过去的排放责任，也要研究将来责任的量化问题。另外，由于提高不同国家数据精度将会决定气候模型的结果好坏，特别是收集整理发展中国家的数据、提高发展中国家研究机构建立模型的能力，这些都是当务之急。

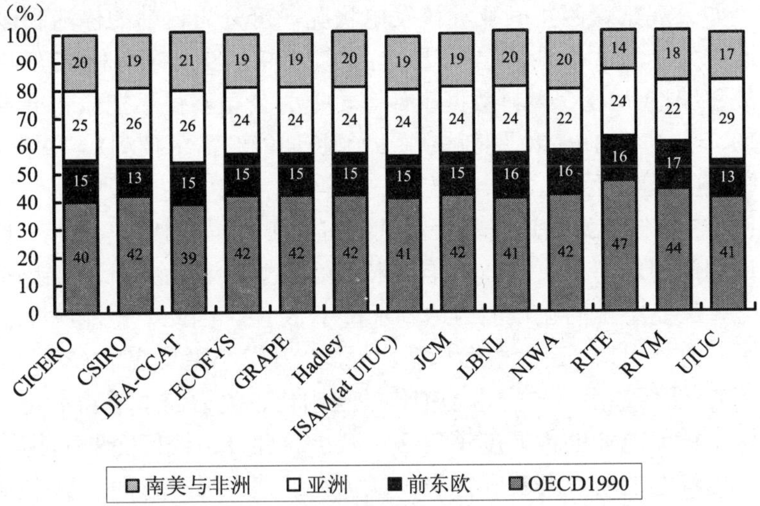

图2　13个研究组的气候模型计算结果比较：1890—2000年的CO_2，CH_4，N_2O排放引起的气候变化的相对贡献率（参照情景的比较）

出处：FCCC/SBSTA/2002/INF. 14，p.7.

（a）Centre for International Climate and Environmental Research（CICERO），Norway；
（b）Commonwealth Scientific and Industrial Research Organisation（CSIRO），Australia；
（c）Climate Change Advisory Team of the Danish Energy Agency（DEA-CCAT），Denmark；
（d）ECOFYS Energy and Environment，Germany；
（e）Institute of Applied Energy（GRAPE），Japan；
（f）Hadley Centre，Meteorological Office，United Kingdom；
（g）University of Illinois at Urban Champaign using the Integrated Science Assessment Model（ISAM），United States of America；
（h）Universite catholique de Louvain using the Java Climate Model（JCM），Switzerland/Belgium；
（i）Lawrence Berkeley National Laboratory（LBNL），United States of America；
（j）National Institute of Water and Atmospheric Research（NIWA），New Zealand；
（k）Research Institute of Innovative Technology for the Earth（RITE），Japan；
（l）National Institute of Public Health and the Environment（RIVM），the Netherlands；
（m）University of Illinois at Urban Champaign（UIUC），Climate Research Group（CRG），United States of America.

（上园昌武）

[18] 核能开发现状与KEDO（朝鲜能源开发机构）的新进展

如果观察这两年间亚洲核发电状况，可分为日韩的停滞和印度急速扩大这两大趋势。其中，日本由于1999年9月东海村JCO临界事故和编造MOX燃料数据事件等，电力公司不得不把原先准备在2010年前建造16～20座新核电站（《长期能源需求预测》，1999年）压缩到13座。因此，20世纪70—80年代“核电站建设时期”每年建设1.5座核电站的速度只好降低到每年1座，如何解决核能产业产能过剩问题悬而未决。2001年年末，核电建设大型企业日立制作所、东芝、三菱重工的建设能力达到了每年6座。因此，核能产业积极着手向海外出口，建设核燃料循环设施，开发小型反应堆（30万kW以下）。然而，由于电力市场销售的自由化、电力需求增长不旺，预测认为核能产业的大幅度销售必将减少。此外，民间企业尤其是矿业、电气业的研究开支和人员削减仍在继续。另一方面，日本原子力研究所和核燃料循环开发机构有望合并。

为了确保新核电站征地的顺利进行，日本政府于2001年1月新制定了《振兴核电法》，把公共事业补助率从50%提高到55%，把地方负担率70%结转到地方上交税的计算标准中。但是，随着核电站的年久老化（运行约30年后），可以预测，类似滨冈一号机组那样的连续性故障与事故将会增加，所以布局征地恐怕依然极难解决。随便提一下，2002年8月，包括运行超过30年的敦贺1号机组与福岛1号机组在内，1975年以前开始运行的核电站多达10座。关于福岛1号机组的情况，2002年8月底，就有内部人员揭发，东电公司隐瞒和编造了点检数据。

在韩国，为了满足预计年增长3.3%的电力需求，正在积极致力于核电站建设，但由于当地居民的反对，新电站征地难以确保。韩国政府已经放弃了8处新征地地点，到2002年8月，只确保了1处。

所以只好采取措施，把已占地附近地区指定为新征地。根据《电力需求基本计划第一期方案（2002—2015年）》，在2015年前，计划运营28座核电站，发电能力占全部设备发电能力的34.8%，而因难以确保新征地，8座核电站都集中在1个地方。另外，把曾经计划分别于2008年和2013年停止运行的古里1号机组（1978年运行）和月城1号机组（1983年运行）的使用寿命从当初计划的30年延长到40年。通过2001年4月的机构改组，从前的韩国电力公司被分为6个子公司，拥有小型水电站和所有核电站的“韩国水力与核电公司”为提高经营效率，只好要求延长核电站的使用寿命。

表1 亚洲的核电站（2002年8月） 单位：座

	日本	韩国	中国	朝鲜	中国台湾	印度	巴基斯坦
运行	53	18	5	—	6	14	2
建设中	4	2	6	2	2	2	—
计划中	8	8	2	—	—	10	—

另一方面，自1989年起一直在进行的低水平放射性废物处置场的选址作业，由于当地居民反对，依然没有取得进展。韩国政府和电力公司希望的处置场，是同日本六所村处置场形态相同的低放废物永久处置场和高放废物的中间贮藏设施。在2001年公开募集处置场时，尽管增加了援助金额（从当初的2 000亿韩元增加到3 000亿韩元）并延长申请期限，但没有1个地方表明有接受意向。2002年8月，朝鲜半岛南端的2个岛屿被选作为候选地。

在中国台湾，朝野各党达成一致方针，以寿命32年为限，依次关闭运行中的核电站；同时，停止第4核电站（龙门）以外的新核电站订货，在亚洲表现出了最快的无核电动向。尤其是，2000年陈水扁当局提出，停止第4核电站的建设，而且通过电视转播围绕其功过争论的公开听证会等，大大推动了无核电的舆论形成。另外，因当地居民反对而停止低放废物移入的中间贮存地的兰屿岛（1982年运行，1996年关闭），金门岛作为替代被选为最终处置场的优先候选地。

在中国，为了实现国内资源的积极利用和发展火力发电以及三峡水电站等的顺利进行，倾向于核电站建设的积极论正在弱化。在2002年前完成建设中的所有核电站，即使全部11座都运行，占总发电装机容量的比例也只有2%多一点。可以说，采取的方针是，不放弃可持续的核电站开发，今后要进一步加快核电站的国产化和标准化。另一方面，也在努力建设从中亚各国以及俄罗斯的伊尔库茨克的天然气管线等。

在经常面临供电不足（平常缺电为8%）的印度，依然采取以核电为主的供电政策。最近，正在从以前的CANDU堆（加拿大的重水堆）作为中心的核电站政策，转向引进俄罗斯支援的VVER-1000堆。但是，由于当地居民的强烈反对，预定在俄罗斯援助下（建设费用的85%）建设的库丹库兰核电站，2001年召开了印度首次公众听证会。

顺便提一下，印度尼西亚的核电建设计划因经济原因遭到挫折，而最近的越南共产党第9届代表大会（2001年4月）上通过了《调查计划》，目标是在2010年之后建设300万～400万kW的核电站，2017年开始运行。

2002年8月，由KEDO（朝鲜半岛能源开发机构）进行的，朝鲜的轻水反应堆主体工程开工，为配合2008年第1号机组的完工，出现了新动向。这就是日、韩、美、朝围绕核电站运行不可缺少的核损害赔偿制度的动向。KEDO 正在制定设置条件的《核能损害赔偿法》，只要不是以国营方式运营的核电站，所有国家从核电事故导致的严重损害赔偿中，对于零部件和核器材公司等作为免责对象，把所有的赔偿责任集中到核电站业主身上。另外，为应对核电事故的越境污染，正在起作用的还有地区性的或国际性的赔偿公约，如《巴黎公约》、《维也纳公约（修正议定书）》和《补充补偿公约》等。尤其是，《核能损害赔偿法》的目的不仅是对受害者进行救济，而且要保护核能产业免受核电事故的重大伤害，并减轻保险业的负担。

为朝鲜轻水反应堆提供部件和器材的公司，向朝鲜和KEDO秘书处强烈要求，对于核电事业者的责任要集中，即供货者的责任要免除。2000 年 12 月，涡轮机与发电机的供应商，从担心赔偿责任的美国 GE 公司转给日本的日立公司与东芝公司的联合财团。另外，在不得不考虑越境污染时的赔偿问题的日、韩之间，也有重要的悬而未决事项。KEDO 相关国家，尤其是日、韩、美 3 国，需加紧批准以前不愿加入的《维也纳公约》的“修订议定书”以及《补充赔偿公约》，促使朝鲜制定国内的核损害赔偿制度，并批准上述 2 个赔偿公约。2002 年 8 月底，当时仅有 2 个国家批准的 2 个赔偿公约，只要日、韩、美批准，即可生效。

2002 年 8 月，尽管朝鲜政府拒绝制定赔偿制度，拒绝加入国际赔偿公约，但围绕赔偿主体，发表了不同意见。即朝鲜主张国家的赔偿责任，但 KEDO 相关国家对朝鲜政府的赔偿能力表示担心。能够解决这种对立的唯一方法是，朝鲜建立核能保险池，并同外国的核能保险池之间签订再保险契约。可喜的是，朝鲜正在接受外国保险公司的咨询。

由于朝鲜远程导弹试验等引起的工程延期，轻水反应堆的建设费用从 1998 年的 46 亿美元将飙升到 90 亿美元。在当初的 46 亿美元建设费用中，主要的财源筹措国有韩国（相当于 32.2 亿美元的韩元）和日本（相当于 10 亿美元的日元），而剩下的 8%除欧盟（8 750 万欧元×5 年）外，筹措办法尚无着落。

（张贞旭）

[19] 日趋活跃的环境NGO之间的国际交流

不仅是环境非政府组织（NGO），凡是市民和市民团体，如果想解决任何问题，不可避免地要对国家政策，尤其是向行政机关呼吁，可以说，其中必然包括一定的政治主张与活动。因此，通过国家在一定程度上承认市民和 NGO 表明的政治意见，这样，NGO 活动状况就会发生大变化。应该说，环境 NGO 的活动深刻地影响到本国的国家体制方面。

在亚洲几乎所有国家，市民与市民团体的活动过去都是受限制的，而近年来，以东亚和东南亚地区为中心，在经济发展的同时，扩大了市民和 NGO 的政治自由，市民和市民团体的活动也活跃起来了。同时，关于 NGO 的法律建设也取得了进展。例如在中国，国家过去限制 NGO，1989 年 10 月，制定了《社会团体登记管理条例》，加强了对于 NGO 的管理。但在改革开放的路线下，对 NGO 的限制变得宽松了，在 1998 年启动的民间组织管理制度中，社团法人和民办非企业单位，这两类都作为合法组织得到承认。此外，NGO 或注册为公司（企业），或作为现有社会组织的下部组织进行活动的也很多。而且，在 1998 年的政府机构改革中，在国家环境保护总局的职能中，还设定了“促进非政府组织的发展”这一项。在朝鲜战争后，韩国经历过长期的军政独裁时代，终于在 20 世纪 80 年代后迎来了民主化时代。其典型的变故是 1987 年 6 月的民主化斗争。尽管在此之前也有过反独裁的民主化运动，但属非法活动，没有发展成为市民运动。军政权倒台和民主化才可能有合法的市民运动，自 20 世纪 80 年代后半期起，韩国的市民运动应该说取得了“文艺复兴式”的发展。1986 年，菲律宾马科斯政权崩溃，阿基诺政权一成立，就在 1987 年的《宪法》修正案中，增添了评价与奖励民间非营利部门所起作用的条文，取得了迅速发展。在中国台湾，尽管民间团体的活动也曾受到严格限制，但在 20 世纪 80 年代后半期之后民主化进展的同时，NGO急速增加，活动也活跃起来了。

- **亚洲的环境NGO的状况**

亚洲各国，究竟存在多少环境NGO，活动情况如何，有关这些的资料与调查很少，近乎不可能了解到准确数字和详细情况。NGO的定义，本来就因国家不同而五花八门。这种事情在日本也是一样的。现根据少量的调查、报告和论述等资料，尝试概览一下亚洲主要国家的环境NGO状况。

（中国） 据中国政法大学“公害受害者法律援助中心”王灿发的报告，在2000年的统计中，中国的民间社会法人为13.6万个，其中，自称NGO的保护团体达数千个。在清华大学NGO中心从1999年到2000年对北京的NGO进行的问卷调查中，根据活动领域分布看，在299家团体中，环境保护有16家，占15.4%（多项回答）。作为专门的环境NGO——中华环保基金会（成立于1993年）被认为是代表性的社会型NGO。在草根NGO中，有以北京大学教师为主成立的“自然之友”（1994年）和北京地球村环境中心（1996年）等。此外，一些法律专家和学者于1998年创建了上述“公害受害者法律援助中心”。据王灿发说，在中国直接进行公害受害者救援的NGO，到2001年11月，仅有公害受害者法律援助中心这1家。

（印度） 在印度，有传统的、带有宗教背景的慈善活动，NGO的活动也很活跃，被评价为NGO大国。特别是在20世纪80年代以后，NGO的数量急剧增加，近80%都是在80年代以后成立的。关于环境问题，印度政府的态度是积极的，NGO的活动也很活跃。在1998年调查的3 289家NGO的数据中，以“环境与污染问题”作为活动领域的高达2 301家（占70.4%），占第二位的是以“健康与营养问题”为活动内容（多项回答）。作为代表性的环境NGO是1980年成立的“环境科学中心”（Centre for Science and Environment: CSE）。长勤人员为75名，以关于环境问题的研究和咨询为目的，在气候变化问题上也开展积极的活动。

（印度尼西亚） 印度尼西亚的NGO进行实际活动是20世纪70

年代以后的事了，而环境NGO开始活动则是在80年代。1978年，只有12家环境NGO，到90年代后半期就发展到750家左右。据2000年的《NGO名录》，在大约400家NGO中，以环境问题为活动领域的NGO达160家(40%)。1980年，成立了印度尼西亚各地的环境NGO网络——“印度尼西亚环境论坛”（WALHI）。WALHI在成立后不久的1982年，同环境部合作，协助制定了《环境管理法》，而进入90年代后，围绕森林保护、反对水库建设等问题，同政府之间的关系开始紧张。WALHI的长勤人员为20名，参加团体估计有260家。

（韩国） 据《韩国环境民间团体总览2000》，在1999年的调查中，市民社会团体为4 023家，加上分部组织在内，约2万家。其中，环境NGO为287家，占7.1%。同日本相比，韩国环境NGO的特点是有大规模的环境NGO。致力于韩国国内反对公害运动等的8家团体联合起来，于1993年创立了“韩国环境运动联盟”（KFEM），会员有7万人，仅长勤人员就达70名。1994年，3家团体联合创立的“绿色联盟”（Green Korea），会员也有1万人，长勤人员有20名。在2002年8月的约翰内斯堡峰会上，韩国的环境NGO和市民大量参加，开展各种各样的活动，使人们强烈感受到韩国NOG运动的力量。

（中国台湾） 在台湾注册的社会团体数量，1999年为15 328家，“社会服务慈善团体”为4 740家。在这些团体中，致力于环境问题的NGO数量尚不清楚。作为代表性的环境NGO，有“台湾环境保护联盟”（TEPU）。20世纪80年代，各地反对环境污染和大规模开发的运动，进而以反对核电站运动为背景，于1987年7月的“戒严令”解除不久的同年11月，结成了各地环境运动的网络——“台湾环境保护联盟”(TEPU)。该联盟在台湾地区有11个分部，拥有1 000多名会员。

- **亚洲环境NGO的国际交流**

1992年，联合国在里约召开“地球峰会”（环境与发展大会），之后亚洲环境NGO的国际交流也活跃起来了。同时，还诞生了一些亚洲级的网络。这些环境NGO的国际交流、日常信息交换和经验交流的网络，在全球规模环境问题严重化的同时，变得越来越重要。但是，大量的 NGO 都缺乏必要的活动资金，在后续活动方面也有一些问题要解决。

（气候行动网） 图 1 所示为加入致力于气候变化问题的环境 NGO 国际网——“气候行动网”（Climate Action Network，CAN）在各地的详情。CAN 成立于 1989 年，是一个国际网，现有 81 个国家（地区）共计 334 家环境 NGO 参加。亚洲有 60 家 NGO 参加，数量之多仅次于西欧。东亚没有 CAN 的网络组织，迄今只有中国台湾的 NGO 参加。最近，韩国的韩国环境运动联盟和中国台湾地区的台湾环境保护联盟都准备参加。

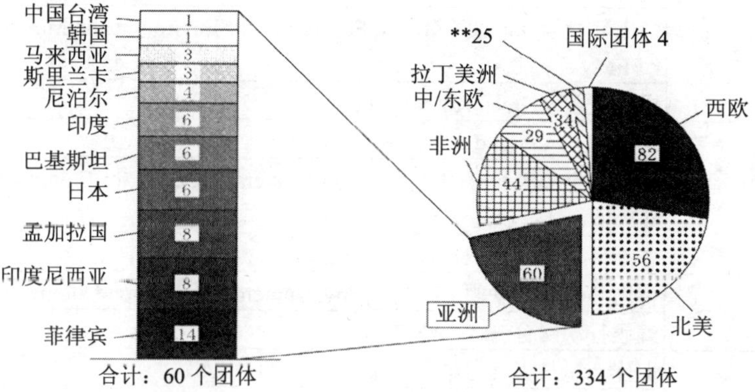

图 1　亚洲各国加入 CAN 的团体情况（2002 年）

图 2　CAN 加入团体各地区情况（2002 年）

出处：Climate Action Network International NGO Directory 2000（http://www.climnet.org/）.

（东亚大气行动网） 1995 年，韩国、中国、中国台湾、中国香港、俄罗斯、蒙古、日本这 7 个国家（地区）的环境 NGO 结成了东亚环境NGO网络——“东亚大气行动网”（Atmosphere Action Network East Asia：AANEA）（成员见表 1）。AANEA 的目的在于，针对当地的大气污染问题、越境大气污染问题的酸雨、全球环境问题氟利昂引起的臭氧层破坏和全球变暖等问题，构筑信息网，交流经验，进行共同研究与调查，构筑监测体系，提高市民和环境 NGO 的能力等。迄今已在各国（地区）举办了 6 次全会，进行信息交换和经验交流。建立 AANEA 的全会，1995 年 8 月在韩国首尔举行，1996 年 3 月在日本大阪举行第 2 届全会。之后，第 3 届全会于 1997 年在中国香港，第 4 届全会于 1999 年 9 月在中国台北，第 5 届全会于 2000 年 10 月在韩国汉城，第 6 届全会于 2001 年在日本名古屋。

表 1　参加东亚大气行动网络（AANEA）的环境 NGO 一览

韩国	韩国世民财团（Semin Foundation of Korea）
	环境正义实践市民联盟（Citizen's Movement for Environmental Justice：CMEJ）
	韩国环境运动联盟（Korean Federation for Environmental Movement：KFEM）
	绿色联盟（Green Korea United）
中国	自然之友（Friend of Nature）
	北京大学环境科学中心（Peking University Center for Environmental al Science）
中国香港	香港环境中心（长春社，Conservancy Association：CA）
中国台湾	台湾环境保护联盟（Taiwan Environmental Protection Union：TEPU）
	气候行动网台湾（CAN Taiwan）
日本	地球环境与大气污染全国市民会议（CASA）
	市民论坛 2001　地球温暖化研究会
	全国公害患者会联合会
	酸雨调查会
	热带林行动网（JATAN）
	市民的大气污染调查活动（CAPS）
蒙古	蒙古自然环境保护联盟（Mongolian Association for Conservation of Nature and Evironment：MACNE）
	蒙古发展与环境 NGO（Development and Environment NGO：D&E）
俄罗斯	远东地理协会（Geographic Society）
	俄罗斯野生生物保护协会（Khabarovsk branch of Wild Life Foundation）

〈可持续与和平的能源网•亚洲〉　以 1997 年 12 月在日本京都召开的《联合国气候变化框架公约》第 3 次缔约国会议（COP3）为契机，印度尼西亚、泰国、菲律宾、马来西亚、韩国、日本、中国台湾、中国、印度等国（地区）致力于能源问题的环境 NGO 和研究人员，于 1998 年在韩国会聚一堂，成立了“可持续与和平的能源网•亚洲”（Sustainable and Peaceful Energy Network Asia：SPENA）。SPENA 的目的是“构筑亚洲地区的可持续的与和平的能源政策”。1999 年在泰国曼谷、2000 年在日本东京、2001 年在雅加达，环境 NGO 和研究人员集合在一起，举办了研讨会。另外，在 2002 年的约翰内斯堡“联合国可持续发展峰会”上，SPENA 也举办了研讨会。

〈环境再生 NGO 国际会议〉　2001 年 11 月，中国、印度、日本、韩国、菲律宾、中国台湾、泰国等国家（地区）的环境 NGO 和研究人员聚集在日本北九州市，举办了题为“21 世纪——环境再生的时代”NGO 国际会议。举办目的是，把国内的、亚洲的、欧洲的致力于环境再生的 NGO 汇聚在一起，交流有关公害与环境破坏的经验教训，交流行动经验，相互学习，编制提案等，在为期 2 天的会议期间，来自海外的参会者还访问了发生骨痛病和能本水俣病的现场。

（早川光俊，川阪京子）

[20] 环境 ODA 的动向与需要加强的事后评价

日本在参加 1989 年的“拱门峰会”（Summit of the Arch）和 1992 年的联合国环境与发展大会（UNCED）之际，作为国际贡献的一环，正式约定增加环境 ODA 援助额（UNCED 主要文件《21 世纪议程》经各国谈判通过，规定发达国家应为支持发展中国家的可持续发展提供 ODA 不低于本国 GDP 的 0.7%。——审校者注）。这里的环境 ODA 指的是“对于改善居住环境、防灾减灾、保护与营造森林、公害对策、自然环境保护（野生生物保护等）以及臭氧层保护等全球环境问题进行的援助”，援助金额依据上述分类提供。

但是，这个定义只是日本单独设定的。其他援助国则按不同的定义提供援助，或完全不作分类。在这种背景下，一是能够为环境保护掌握援助金额系统的机构还是少数；二是环境保护在很多情况下都成为援助案例中的次要因素，而且即使想掌握分配到次要因素中的资金比例，也很困难；三是除了少数援助国以外，对峰会约定的面向环境的援助资金数值目标是消极的；四是由于环境定义上的困难，产生了判断上的失误和分类上的混乱。实际上，在日本的援助案例中，有的被分类成上下水道领域，全然不含环境保护要素；有的被分类成农业或水产业等生产部门，增加了对于转向现有环境负荷高的生产方式的援助，以往的分类和定义的恰当性正在变得越来越模糊。

因此，OECD 的开发援助委员会（DAC）公布了独立的关于环境 ODA 的分类和定义的试行方案，并基于该方案对各个援助国进行分类。现在，依据该定义编制的统计，是唯一有可能在各援助国之间进行环境 ODA 的定量比较的依据。

在 DAC 提出的分类中，首先，“环境援助”被定义为“把环境保护作为主体部门的 ODA”和“受援国、受援地区或受援对象集团的物理的或生物的环境改善，或旨在产生被判断为产生出改善成果的活动”和“通过构建制度乃至形成能力，包括以环境保护为开发目的的、综合的和具体的活动”。在此基础上，只把“基本目的（principal objective）的活动”（第二种）和“重要目的（significant objective）的活动”（第一种）定义为环境ODA，把环境作为附带目的的案例或不过是单一效果的案例全都排除在外。这种分类的特点是，对“作为主体部门的环境保护”之外的主体的援助案件也能给环境保护引出积极的效果。

依据这一定义来分析环境ODA，1995—2000年，向东亚和东南亚地区提供了2 470项、合计281亿美元的环境ODA。其中，第二种为1 107项，约80亿美元；第一种为1 363项，约201亿美元。这在提供给发展中国家的所有环境ODA中，东亚和东南亚地区在项目数量上占14.6%，而援助金额是最多的（表2）。对东亚与东南亚的环境ODA的金额，占向该地区ODA援助额的45.3%，乍一看，可见ODA的“绿色化”是增加了。但在项目数量上，环境ODA不过占ODA项目的17%，并非在金额数量上看到的加快“绿色化”了。

表1 各地区环境ODA的受理案件数量（1995—2000年）

	受理件数	比例/%
欧洲/俄罗斯	1 001	5.93
非洲	4 542	26.90
中南美洲	3 112	18.43
近中东/北美	984	5.83
南亚	1 536	9.10
东/东南亚	2 470	14.63
其他	292	1.73
一般发展中国家	2 948	17.46
合计	16 885	

出处：依据OECD，*International Development Statistics*，2003年编制。

表2 各地区环境ODA的受理额度量（1995—2000年） 单位：10^3美元

	受理额度	比例/%
欧洲/俄罗斯	2 186 599	3.64
非洲	5 628 239	9.37
中南美洲	6 560 811	10.92
近中东/北美	4 653 249	7.75
南亚	9 885 452	16.45
东/东南亚	28 083 846	46.75
其他	259 527	0.43
一般发展中国家	2 818 538	4.69
合计	60 076 261	

出处：同表1。

就这样，对于东亚与东南亚的环境ODO，在不同地区上比较，接受环境ODA的金额最多，而在项目数量上比较，接受环境ODA不多，日本对此发挥了很大作用。日本ODA的一大特点是，每个项目的援助金额都比其他援助国大。因此，日本的贡献，在金额上很大，但项目数量却少。在东亚与东南亚1995—2000年受援的ODA中，来自日本的比例，金额上占64%，项目数量上不过40%。在环境ODA上，这种分离还进一步扩大，金额上占89%，项目数量上还不到20%。

其次，根据不同国家来分析环境ODA的受援状况，1995—2000年，中国接受了最多的金额，接着依次为印度尼西亚、泰国、菲律宾、越南，都接受了大量金额（表3）。在金额基础上分析，马来西亚在1999年以后不断增加，泰国和印度尼西亚缓慢减少。马来西亚受援额的增加，是由于亚洲经济危机后，把经济基础设施建设的筹资目标从民间转向ODA。其中，日本援助以减排温室气体为目的的大型国立发电厂改造的金额发挥了很大作用。而在项目数量上，特别是向中国、越南、蒙古、柬埔寨、老挝这些“体制转型国”的援助项目，在1998年以后增加了。因此，地区内的环境ODA受援额度比例，在“金额基础”上不到1%的蒙古、柬埔寨、老挝3个国家，在“项目基础”上都占4%左右的比例（表4）。

表3　东亚东南亚各国环境 ODA 受援额（1995—2000 年）

	受理额/10^3美元	比例/%
柬埔寨	119 586	0.43
中国	8 148 881	29.2
印度尼西亚	6 043 093	21.52
老挝	111 778	0.40
马来西亚	1 676 867	5.97
蒙古	182 005	0.65
菲律宾	4 255 293	15.15
泰国	4 460 944	15.88
越南	279 4970	9.95
其他	290 429	1.03

出处：同表 1。

表4　东亚东南亚各国环境 ODA 受援项目（1995—2000 年）

	受理项目	比例/%
柬埔寨	116	4.70
中国	602	24.37
印度尼西亚	379	15.34
老挝	104	4.21
马来西亚	72	2.91
蒙古	62	2.51
菲律宾	305	12.35
泰国	166	6.72
越南	384	15.55
其他	280	11.34

出处：同表 1。

需要注意的是，即使接受了许多项目和金额的环境 ODA，也未必能带来受援国环境负荷的削减或环境改善。首先，即使是以环境保护为第一目的的 ODA，提供的技术在环境改善效果上也有限。例如，下水处理设施的建设，尽管可能改善了直接排放污水地区的环境，但也可能使设施周围的环境恶化。由于居民对于这种环境恶化的担心，在泰国曼谷郊外，作为环境ODA项目，预先设定的生活污水和工业废水一体化处理设施的建设被迫一时停止（参见《亚洲环境情况报告》第2卷）。

其次，受援国政府或援助国设想的“受益者”对于环境ODA的有效实施没有充分的诱因或能力，也存在着此类政治的、行政的、社会的制约。很多发展中国家优先发展经济，没有把最高优先度放到环保上。在这种情况下，像从前的日本那样，以“申请主义”为原则，等待发展中国家来申请，实际上申请的并不多，环境ODA的援助也变少了。因此，如果援助国要提高环境ODA的援助业绩，就不得不主导援助项目的发掘或决定。但是，援助国主导的项目未必能同受援国希望实施的项目相一致。在这种情况下，为了取得政治上乃至社会上的协商一致，有时或援助项目本身没有实施，有时或没有取得很好效果。在旨在通过环境ODA支持受援国改进环境政策或部门政策的项目方面，这种趋势特别明显。

另外，假如受援国具有实施的诱因，但没有能力构筑制度和管理系统来运用所提供的环境技术，那么，对受援国也带不来充分的环保效果（参见《亚洲环境情况报告》第2卷）。

最后，在以环保为重要目的的ODA中，有时为了实现主要目的而忽视环保目的。例如，用于建设高速公路或高架铁路的ODA，以建设运输基础设施为直接目的，但由于能够由此带来减少交通堵塞和减轻健康损害的利益，很多被分类成环境ODA。但是，如果没有编制环境容量计算及同其相符合的公路结构或土地利用计划就开工，反过来也可能使环境恶化（参见《亚洲环境情况报告（第1卷）》第29～31页）。在这种意义上，以环境保护作为主要目的的ODA，不光根据主要目的，还要从保护环境的观点，进行充分的、意义深远的事后评价。然后，在积累事后评价的事例中，还需要进一步慎重研究环境ODA的分类问题。

（森晶寿）

[21]　环境公约与协议书的进展与课题

●　多国间环境公约的批准与实施进展

主要国家多国间环境公约的批准与实施确实取得了进展(表 1)。

进展显著的环境公约之一是《拉姆萨尔公约》。这 3 年来，日本登记的湿地从 10 处增加到 13 处，登记面积大约扩大了 550 hm^2。中国登记湿地的数量增加 3 倍，登记面积也增加了 3 倍多。泰国登记的湿地呈现跨越式的增加，湿地数量从 1 处增加到 10 处，登记面积从 494 hm^2 一举增加到 37.6 万 hm^2。印度登记湿地的数量从 6 处增加到 19 处，增加 2 倍多，登记面积也增加 2 倍左右。从 1999 年到 2002 年 11 月，全亚洲新登记湿地 76 处，登记湿地数量约增加 1 倍，湿地登记总面积变成 820 万 hm^2（占世界登记湿地面积的 8%左右）。在这种背景下，各国的国内环境政策、环境规划在《拉姆萨尔公约》上的义务考虑、湿地中心的设置、作为湿地保护与管理手段的拉姆萨尔湿地登记的普及、共同训练与能力构筑以及信息交换的地区合作上都取得了进展（Ramsar COP8DOC.26）。

控制破坏臭氧层物质的《蒙特利尔议定书》的实施也取得了显著进展。《蒙特利尔议定书》在 1989 年生效后，经过 4 次修改，其控制对象扩大了，控制力度也强化了。

这 4 次修正的批准状况表明了主要国家对臭氧层保护的积极努力（表 2）。日本、马来西亚、印度都已经批准了所有的修正案。中国批准修正案较为迟缓，但也在 2000 年以《通知》方式发给国内所有的汽车制造企业，在 2001 年年底前，必须把汽车空调中使用的 CFC-12（《蒙特利尔议定书》的控制物质）转换成 HFC（氟利昂替代品之一）。在此类进展中，通过实施《议定书》的“多边基金”和“全球环境基金（GEF）”，向发展中国家提供削减破坏臭氧层物质的资金，确实削减了受控物质的生产，援助发展中国家履行义务的机

表1　多国间环境公约的批准状况

	拉姆萨尔公约 1971年2月2日签署 1975年12月21日生效	华盛顿公约 1973年3月3日签署 1975年7月1日生效	巴塞尔公约 1989年3月22日签署 1992年5月5日生效	气候变化框架公约 1992年5月9日作成 1994年3月21日生效	京都议定书 1997年12月11日作成 尚未生效	生物多样性公约 1992年6月5日作成 1993年12月29日生效	荒漠化防治公约 1994年6月17日作成 1996年12月26日生效	有毒化学品农药公约（PIC公约） 1998年9月10日通过，尚未生效
日本	1980年10月17日	1980年8月6日承诺	1993年9月17日加入	1993年5月28日承认	2002年6月4日承诺	1993年5月28日承诺	1998年9月11日加入	未批准
	13个自然保护区（84 089hm²）		1993年12月16日	1994年3月21日				（1999年8月31日署名）
韩国	1997年7月28日	1993年7月9日加入	1994年2月28日加入	1993年12月14日批准	2002年11月8日批准	1994年10月3日批准	1999年8月17日批准	未批准
	2个自然保护区（960hm²）		1994年5月29日	1994年3月21日				（1999年9月7日署名）
中国	1992年7月31日	1981年1月8日加入	1991年12月17日批准	1993年1月5日批准	2002年8月30日承认	1993年1月5日批准	1997年2月18日批准	未批准
	21个自然保护区（2 547 763hm²）		1992年5月5日	1994年10月31日				（1999年8月24日署名）
菲律宾	1994年11月8日	1981年8月18日批准	1993年10月21日批准	1994年8月2日批准	未批准	1993年10月8日批准	2002年2月10日批准	未批准
	4个自然保护区（68 404hm²）		1994年1月19日	1994年10月31日	（1998年4月15日署名）			（1998年9月11日署名）
越南	1989年1月20日	1994年1月20日加入	1995年3月13日加入	1994年11月16日批准	2002年9月25日批准	1994年11月16日批准	1998年8月25日加入	未批准，未署名
	1个自然保护区（12 000hm²）		1995年6月11日	1995年2月14日				

	拉姆萨尔公约 1971年2月2日签署 1975年12月21日生效	华盛顿公约 1973年3月3日签署 1975年7月1日生效	巴塞尔公约 1989年3月22日签署 1992年5月5日生效	气候变化框架公约 1992年5月9日作成 1994年3月21日生效	京都议定书 1997年12月11日作成 尚未生效	生物多样性公约 1992年6月5日作成 1993年12月29日生效	荒漠化防治公约 1994年6月17日作成 1996年12月26日生效	有毒化学品农药公约（PIC公约） 1998年9月10日通过，尚未生效
马来西亚	1995年3月10日	1977年10月20日加入	1993年10月8日加入	1993年7月13日批准	2002年9月4日批准	1994年6月24日批准	1997年6月25日批准	2002年9月4日加入
	1个自然保护区（38 446hm²）		1994年1月6日	1994年10月11日				
印度尼西亚	1992年8月8日	1978年12月28日加入	1993年9月20日加入	1994年8月23日批准	未批准	1994年8月23日批准	1998年8月31日加入	未批准
	2个自然保护区（242 700ha）		1993年12月19日	1994年11月21日	（1998年7月13日署名）			（1998年9月11日署名）
泰国	1998年9月13日	1983年1月21日批准	1997年11月24日批准	1994年12月28日批准	2002年8月28日批准	未批准	2001年3月7日加入	2002年2月19日加入
	10个自然保护区（370 600hm²）		1998年2月22日	1995年3月28日		（1993年6月12日署名）		
印度	1982年2月1日	1976年7月20日批准	1992年6月24日批准	1993年11月1日批准	2002年8月26日加入	1994年2月18日批准	1996年12月17日批准	未批准，未署名
	19个自然保护区（648 507hm²）		1992年9月22日	1994年3月21日				

注：批准状况为2003年7月底的数据。“批准”（ratificaiton）、“接受”（acception）、“同意”（approval）、“加入”（accession）都是遵守条件的国家同意的表明（公约法公约第2条（b），在国际法上具有相同的效果。拉姆萨尔公约的下段，被缔约国指定作为国际上的重要湿地，是记载在登录簿上的湿地数量及其面积）。

表2 《臭氧层保护议定书修改案》的批准状况

	伦敦修正案	哥本哈根修正案	蒙特利尔修正案	北京修正案
日本	1991年9月4日承诺	1994年12月20日承诺	2002年8月30日承诺	2002年8月30日承诺
韩国	1992年12月10日加入	1994年12月2日承诺	1998年8月19日承诺	—
中国	1991年6月14日加入	2003年4月22日加入	—	—
菲律宾	1993年8月9日批准	2001年6月15日批准	—	—
越南	1994年1月26日加入	1994年1月26日加入	—	—
马来西亚	1993年6月16日加入	1993年8月5日加入	2001年10月26日批准	2001年10月26日批准
印度尼西亚	1992年6月26日加入	1998年12月10日加入	—	—
泰国	1992年6月25日批准	1995年12月1日批准	2003年6月23日批准	—
印度	1992年6月19日加入	2003年3月3日加入	2003年3月3日加入	2003年3月3日加入

制发挥了很大作用。在亚洲地区，尤其是向中国和印度提供了大量资金。2002年1年，通过多边基金理事会认可的世界银行、联合国环境规划署（UNEP）、双边基金等，向中国和印度的资金援助，高达6 250万美元。其中，印度得到1 450万美元左右。

批准《京都议定书》的进展也受到关注。2001年的《京都议定书实施细则方案的协议》（《马拉喀什协议》）的达成提高了《京都议定书》走向生效的机遇，而且，以2002年8—9月召开的“联合国可持续发展首脑会议”（约翰内斯堡峰会）为契机，加快了批准进程。在温室气体排放总量中，排放12.6%的中国，排放5.1%的日本，排放4.8%的印度，排放1.7%的韩国都相继批准了《京都议定书》。

鉴于伴随亚洲各国排放量所占比例的多少和经济增长带来今后排放量增加的预测，加上从应对全球变暖问题的立场普遍性观点，这些国家批准《京都议定书》的意义不小。

多边环境公约的批准与实施，尽管从总体上看取得了进展，但尚留下实施方面的问题。第一，尤其是在发展中国家，由于缺乏资金和人才，在实施公约方面存在很多困难。例如，为了实施《生物多样性公约》和《禁止濒危物种野生动植物国际贸易的华盛顿公约》，发展中国家对非法砍伐森林、非法捕猎动植物都处以严厉的刑罚，并对执行取缔非法行为的职工进行培训，但由于资金和人才不足，仍不能进行充分的控制和监督。

第二，需要考虑实施公约对其他环境问题带来的影响，在国内实施时，需根据情况同国际相协调。事例之一是，像《蒙特利尔议定书》实施的 HFC 等温室气体的转换问题。用作替代破坏臭氧层物质的 HFC 等气体，温室效应强，是《京都议定书》下的控制物质。尽管在技术上向温室效应弱的替代品转换已经不可能，但向这些温室气体的转换应作为破坏臭氧层物质的对策进行实施。而且，“多边基金”已把冰箱、汽车空调等的制冷剂转换成 HFC 作为削减项目予以承认，在最近的“多边基金”理事会上，提供相关的替代项目的资金也继续得到承认。另外，在双边资金提供方面，日本和其他一些国家的资金也被提供给向温室气体的转换项目。《臭氧层保护公约》的体制（regime）和《气候变化框架公约》的体制都是具有不同目的的单个体制，但在各国实施国内政策时，在这 2 个公约之间，应当进行适当调整，以免损害相互的目的。

第三，危险废物正在继续流向亚洲的发展中国家，非法出口事件屡有发生。典型事例有，医疗废物未经许可从日本出口到菲律宾的非法出口事件，日本政府被作为替代的出口商（1999—2000 年）；工业塑料废物从德国非法出口到中国的事件，出口的德国企业还利用集装箱再次进口（2000 年）。中国于 2000 年禁止电视机、微波炉、计算机等电器废物进口，2001 年批准了禁止危险废物从 OECD 国家（发达国家）向非 OECD 国家（发展中国家）的《巴塞尔公约》修正案。《巴塞尔公约》修正案的批准，在亚洲只停留在中国、马来西亚等5个国家，出口固体废物的发达国家的批准也落后了。

因此，控制固体废物的产生和确保恰当的环境管理，构筑和加强对于非法越境转移的监视，其重要性不断增加。而且，对于缺少这种能力和财源的缔约国，还需要加强国际上技术与资金支持的机制。

- **亚洲地区性环境条约的进展**

东南亚地区，以东南亚国家联盟（ASEAN，东盟）为轴心，开展了活跃的地区行动。在其他地区，主要是基于政治因素，以双边条约为基础开展环境领域的国际合作。东盟除了迄今的各种协议外，2002年还缔结了《关于烟雾越境污染的ASEAN协议》。

此间引人注目的地区性环境条约是在日本、澳大利亚、新西兰之间于1993年缔结的《南太平洋地区南金枪鱼保护条约》。南金枪鱼是濒危物种，需要限制捕捞量，《南太平洋地区南金枪鱼保护条约》规定了不同国家的捕捞配额，力求恢复南金枪鱼资源。事件过程是，在没有得到澳大利亚、新西兰的同意，日本进行的捕捞调查违反了《联合国海洋法》，1999年7月，澳大利亚和新西兰把纠纷解决委托给《联合国海洋法公约》附件Ⅶ下进行仲裁，接着，向国际海洋法院提起诉讼，临时措施是要求裁定日本暂时停止调查捕捞。国际海洋法法院决定了以下暂时措施：在法院判决下达前，要确保每年捕捞量不超过纠纷当事国最后协议的每年配额，在算定1999年和2000年的年捕捞量时，要考虑因调查捕捞于1999年捕捞的捕捞量，要控制捕捞南金枪鱼的调查捕捞计划等。法院在2000年8月，没有对此事件认定本身的管辖权。

国际海洋法法院的暂时措施命令，关于预防原则的法律地位等，显示了意义深远的判断，另一方面，也暗示了有效保护南金枪鱼这种观点的《南太平洋地区南金枪鱼保护条约》的有限性。中国台湾、印度尼西亚、韩国等条约非缔约国在条约适用地区的南金枪鱼的捕捞（条约外捕捞）增加，1997年合计约4 500 t，达到了《条约》可捕捞量的 40%。结果是，尽管条约缔约国采取了保护措施，但这一条约的目的——保护南金枪鱼恐怕难以实现。其中，为了逃避捕捞限制，把船籍换成条约非缔约国或捕捞限制宽松的国家进行捕捞，这种“权宜改置国籍船”（FOC）的存在是个大问题。今后的课题是，要让在海域进行捕捞的非缔约国都加入条约，同时，要构筑起能够切实遵守条约所规定规则的机制。

- **亚洲的双边环境条约的进展**

印度和孟加拉国于 1996 年缔结的《分享恒河水条约》（Ganges Water Sharing Treaty）下，进行共同监测，由两国专家组成的联合科学委员会，进行了缺水原因的调查。另外，关于提斯塔河（Teesta River），1999 年在两国之间设立了联合河流委员会，第二年就签署了提斯塔河水共有的短期协定。

在自然保护领域，1999 年菲律宾和马来西亚为了共同管理苏禄海（Sulu Sea）海龟岛缔结了《建立海龟岛遗产保护区协定》。2000 年，印度和孟加拉国之间签署了《保护国境地区老虎议定书》。

- **东亚地区的环境合作的扩大**

东亚地区，由于政治背景，没有缔结地区条约，但近年来丰富多彩的合作关系正在构筑中。

为了构筑和推进东北亚地区处理环境问题的合作关系，1993 年以来，作为该地区初次的政府间谈判场所，举办了东北亚环境合作高官级会议。中国、日本、蒙古、韩国、俄罗斯、朝鲜（自 1994 年第 2 次会议）都参加了。1993 年的第 1 次会议，通过了《东北亚地区环境合作计划》（NEASPEC），确认为优先领域的有三个：能源与大气污染；生态系统管理（聚焦于森林砍伐和荒漠化）；能力建设。1996 年的第 3 次会议决定了 NEASPEC 的地理适用范围、目的、高官级会议的功能与责任、合作的调整、管理、资金提供机制等。1998 年的第 4 次会议，就信托基金的构成设想达成了协议，2000 年的第 5 次会议通过了《东北亚环境合作应有姿态的声明》。

为了保护封闭性高的国际海域环境，作为 UNEP 推进的地区海域计划之一，日本、中国、韩国、俄罗斯 4 国于 1994 年通过了以日本海和中国黄海为对象的《西北太平洋地区海域计划》（NOWAP）。基于计划的重要工作有 7 项[关于对象海域的海洋环境数据库建设、各国海洋环境保护法令等的调查、对象海域海洋监测项目的编制、海洋污染事故（油污染）的准备与应对、各领域活动据点地区活动中心的指定、海洋/沿岸环境的普及启发教育、对于陆地污染的评价与管理]。1999 年，决定建立地区活动中心（RAC），负责各个项目的实施，推进地区活动。在 2000 年的第 6 次会议上，把地区协调机构同时设置在日本富山和韩国釜山。

以 1993 年针对 SO_x、NO_x 排放量增加导致酸雨恶劣影响召开的专家会议成果为基础，从 1998 年起约 2 年间，“东亚酸雨监测网”（EANET）开始试运行。参加试运行的有中国、印度尼西亚、日本、马来西亚、蒙古、菲律宾、韩国、俄罗斯、泰国、越南共 10 国，该网络自 2001 年 1 月正式运行。EANET 的目的在于：①形成对于东亚酸雨问题状况的共识；②为防止酸雨对环境的恶劣影响，为各个国家和亚洲地区水平上的决策提供信息；③推进参与国之间关于酸雨问题的合作。将来在其成为联合国环境规划署（UNEP）的秘书处之前，日本环境省继续承担临时秘书处工作，日本酸雨研究中心被指定为 EANET 网络中心。

（高村由香）

[22]　环境政策手段的多样化：对于经济手段和自主性行动的重视

亚洲许多国家在宪法或判例中都承认环境权，制定了关于环境的基本法，系统地、有计划地制定实施环境政策的趋势正在加强。

从环境行政组织看，一般都设置了部级的国家机关。在印度尼西亚，从前建立了双重组织结构，即负责制定政策的环境部和实施政策机构的环境管理局。为了加强环境行政，已把环境管理局纳入环境部。另一方面，新加坡为了环境部集中精力致力于长期性政策，把监督遵守环境控制、固体废物处理设施运行等政策实施部门作为环境局分离出来了（2002 年）。

作为环境政策手段，除了传统的控制手段外，计划手段、经济手段、启蒙教育手段都受到重视。关于经济手段的应用，中国走在了前面，如降低低公害车辆的物品税、征收水和固体废物领域的排污费、部分地区实行水权购买以及二氧化硫排放权交易等。对于最近制定的《二氧化硫减排计划》，也在寻求引进美国《空气净化法》的排放权交易制度作为模式。税赋、引进环境税等也扩大到其他国家。在泰国，计划征收容器包装税。在韩国，对于利用化石燃料的产业引进以征税等为支柱的《防止全球变暖法案》已被提交给国会，但因产业界强烈反对，至今尚未通过。

关于促进自主性行动，韩国很积极，制定了《环境产业发展战略（2001—2003 年）》，应用基于《环境技术开发与援助法》的“生态标志认证制度”，发布《环境报告书指针》，引进“生态公司认证制度”等。还有，以低息融资和税收优惠措施作为激励，促进企业参与自主性的 CO_2 减排计划。

此外，在菲律宾，政府要求企业公开有关遵守环境法规的信息，并应用“产业生态观察制度”（Industrial Ecowatch System，IES）对企业按 5 阶段进行评级。

作为单个课题看，首先，2002 年在中国通过的《环境影响评价法》备受关注。从前，只有对于大型建设项目才进行环境影响评价，但随着该法的实施（预定 2003 年 9 月），包括政府的开发计划在内，在更广泛的范围内，都必须进行环境影响评价。另外，在韩国，将对《环境政策基本法》进行修订，要求在政策立项时就必须提交环境影响评价的指标等。在战略性环境评价方面，也出现新的动向。

在环境风险管理和化学物质控制领域，中国正在推进制定新的《化学物质环境管理法》，对于新的化学物质的生产/进口必须履行事前申报取得同意的义务。关于污染土壤的净化，中国台湾、日本都通过了新法，而在中国台湾，对于要建立让污染土地的相关企业承担费用的机制，正在围绕费用负担的细则开展争论。

关于固体废物问题，2000 年在菲律宾通过了《固体废物管理法》。该法的主要内容包括："3R" 的推进，对先驱企业的优惠措施，自治体有义务设置循环中心，位于水源地的处置场必须封闭等。在中国，公布了实现危险废物的"减量化、资源化、无害化"的《危险废物污染防治技术政策》，除了于 2002 年通过的要求企业有义务必须回收再循环义务产品和包装的《清洁生产促进法》之外，还准备制定《再生资源回收利用管理条例》等。韩国为了加强扩大生产者的责任，修改了《资源节约再利用法》，采用了新机制，针对特定产品设定再利用目标率，对于未达标企业进行征税。在印度，2001 年颁布了《电池管理与处理规则》，德里州于 2000 年制定了《高分子塑料非生物降解垃圾限制法》。在新加坡，通过 1999 年《环境卫生法》的修正，提高了对于非法倾倒行为的罚款力度，并创设了没收从事非法倾倒行为的车辆的规定。

关于大气污染，菲律宾制定的《大气净化法》和中国修订《大气污染防治法》中（2000 年）强化对汽车尾气的控制（在北京市实施更严格控制）等均受到关注。关于水污染，韩国制定了包括河流地区指定制度和非点源对策在内的《个别河流特别法》（2001 年）。

表 1　亚洲的环境法制

	中国	印度	印度尼西亚	日本	韩国	马来西亚	菲律宾	中国台湾	泰国	越南
A. 行政主管部门	国家环保总局	环境森林部	环境部	环境省	环境部	科技环境省	自然资源环境部和环境管理局	环境保护部门	自然资源环境部 国家环境委员会	科技环境部
B. 环境基本法	环境保护法	环境保护法	环境管理法	环境基本法	环境政策基本法	环境质量法	环境基本政策 环境法典	环境保护基本法	国家环境质量保护提高法	环境保护法
C. 环境影响评价法	环境影响评价法	环境影响评价告示	环境影响评价总统令	环境影响评价法	环境影响评价法	环境影响评价规则	环境影响评价令	环境影响评价法	环境影响评价告示	
D. 水质和土壤相关法	水污染防治法 排污费征收使用管理条例	水污染防治法	水污染防止规则	水污染防治法 土壤污染对策法	水质保护法 下水系统法 土壤环境保护法	工厂排水规则	水资源保护法	水污染防治法 饮用水管理法 土壤污染防治法	工厂法 地下水法 公众卫生法	
E. 大气和气候相关法	大气污染防治法	大气污染防治法		大气污染防治法 全球变暖对策推进法	大气保护法 地下空间大气质量控制法	大气污染规则	大气净化法	空气污染防治法	工厂法	

	中国	印度	印度尼西亚	日本	韩国	马来西亚	菲律宾	中国台湾	泰国	越南
F. 噪声和振动相关法	环境噪声污染防治法	噪声防止规则	噪声标准令 振动标准令	噪声控制法 振动控制法	噪声振动控制法	汽车噪声控制规则		噪声管制法		
G. 废物再循环相关法	固体废物污染环境防治法 排污费征收使用管理条例	危险废物管理规则 医疗废物规则 再循环塑料制造与使用规则 电池管理与操作规则 城市垃圾管理规则	危险与有毒废物管理规则	循环型社会基本法 资源有效利用促进法 容器包装法 家电再循环法 建材再循环法 食品再循环法 汽车再循环法 固体废物处理法	固体废物管理法 节省资源与再利用促进法 废物处理设施与地区团体促进法	产业废弃物规则	危险废物与有毒废物及核废物法 固体废物管理法	固体废物处理法 资源回收再利用法	工厂法 公众卫生法	
H. 化学物质控制法		危险化学品制造储存与出口规则		PRTR 法 化审法 二噁英对策法	危险化学品控制法			危险化学品控制法	危险品法	

	中国	印度	印度尼西亚	日本	韩国	马来西亚	菲律宾	中国台湾	泰国	越南
I. 自然保护和资源保护相关法	野生动物保护法 草原法 森林法 海洋环境保护法 沙漠化防治法	野生生物保护法 森林保护法 生物多样性法	自然资源与生物多样性保护法 森林火灾防治规则	自然环境保护法 自然公园法 鸟兽保护法 物种保存法 自然再生推进法 转基因生物控制法	自然环境保护法 湿地保护法 自然公园法 鸟兽保护法	国立公园法 国有林法 野生生物保护法	森林保护区法 生物与遗传因子资源令 矿物资源法 洞窟与洞窟资源管理保护法		野生生物保护法 森林法 渔业法 矿物法	森林保护开发法 矿物法 石油法
J. 纠纷处理和受害者救济		公害赔偿责任法	环境纠纷处理机关设置规则	公害纷争处理法 公害健康受害补偿法	环境纠纷调整法			公害纠纷处理法		
K. 环境刑法等	刑法（破坏环境与资源保护罪）			公害罪法	环境犯罪处罚特别措置法					违反环境行政处罚令
L. 自主性促进行动	清洁生产促进法			绿色采购法 环境教育推进法	环境技术开发与支援法					

在自然保护和全球环境保护领域，除了印度的《生物多样性法》（2002年）和中国的《荒漠化防治对策法》（2001年）受到关注外，菲律宾也在加快制定《可持续森林管理法》，禁止25年内对于森林的商业砍伐。

法律效力的欠缺，依然是亚洲各国的共同问题。其原因有如下几点：①即使制定了法律，其实施细则仍不完善；②法律要素不明确；③在多项法律之间存在矛盾；④行政负责人的意识不高。例如在中国，若干行政机关正在讨论如何统一不同部门单独制定的《汽车尾气排放标准》，并对违法行为如何进行严格处罚。在韩国实施《早期通告制度》，旨在让企业能够正确应对环境控制，在实施控制之前设置5～10年缓冲期限。

关于法院之外的纠纷处理，韩国修正了1997年的《环境纠纷调整法》，承认环境NGO有资格参与重大自然生态系统破坏的争论，这值得参考。

（大久保规子）

注释及参考文献

(1), (2), (3), ……は注の番号を示す.
1., 2., 3., ……は参考文献の番号を示す.

序　文

(1) 国連開発計画『人間開発報告書1999——グローバリゼーションと人間開発』国際協力出版, 1999年.

(2) アマルティア・セン／大石りら訳『貧困の克服——アジア発展の鍵は何か』集英社新書, 2002年, 167ページ.

(3) 井上真「『統治』から『協治』へ——住民参加の森林政策を」『論座』2003年 8 月号.

(4) 寺西俊一『地球環境問題の政治経済学』東洋経済新報社, 1992年, 136-140ページ.

第Ⅰ部　テーマ編

第 1 章　軍事活動と環境問題 :「平和と環境保全の世紀」をめざして

(1) 『朝日新聞』2003年 3 月19日社説. 豊田利幸「アイゼンハワーの痛恨の思い」『軍縮問題資料』2003年 4 月, 2-7ページ.

(2) 『環境と公害』第32巻 4 号, 2003年 4 月号の特集「軍事基地の閉鎖・返還と環境再生」の「座談会　軍事と環境」14-15ページにおける宮本憲一氏の発言を参照.

(3) 『世界緊急増刊　NO WAR!』岩波書店, 2003年 6 月に世界のイラク攻撃反対運動についてのまとめがある.

(4) Stockholm International Peace Research Institute (SIPRI) 調べ. <http://projects.sipri.org/index/mex_major_spenders.pdf> 参照.

(5) ディフェンス・リサーチ・センター『軍事データで読む日本と世界の安全保障』草思社, 2002年, 92ページ.

(6) ディフェンス・リサーチ・センター, 前掲書, 28ページ.

(7) レスター・ブラウン編著『地球白書1991-92』ダイヤモンド社, 232ページ.

(8) Office of the Deputy Under Secretary of Defense, *Department of Defense Base Structure Report*, 1999, より推計.

(9) 「普天間飛行場代替施設の基本計画」2002年 7 月29日. <http://www.city.nago.okinawa.jp/nago_koho/hiroba0209/futenma.html #01>.

(10) ジュゴン保護キャンペーンセンター編『ジュゴンの海と沖縄』高文研, 2002年,

50ページ．また，本書の他に『魚（いゆ）まち』第18号「特集　ジュゴンのすむ海（Ⅰ）」，同第28号「特集　ジュゴンのすむ海（Ⅱ）」等を参照．

(11) 真喜志好一・崎浜秀光・東恩納琢磨・高里鈴大・真志喜トミ・国政美恵・浦島悦子・南くみ子『沖縄はもうだまされない』高文研，2000年，49-174ページ．

(12) CGR2.CNV004xCNV005 Rev1, Conservation of Dugong（*Dugong dugon*）, Okinawa Woodpecker（*Sapheopipo noguchii*）and Okinawa Rail（*Gallirallus okinawae*）in and around the Okinawa Island. 邦訳はジュゴン保護キャンペーンセンター編，前掲書，189-195ページ．

またこの経緯については，ジュゴンネットワーク沖縄『「沖縄のジュゴン保護のために（資料集）」（2000年7月）追録（第2版）』2001年2月28日，ジュゴン保護キャンペーンセンター編，前掲書，193-198ページ，WWF『Monthly Magazine WWF』（特集：ジュゴンと沖縄の環境問題），2002年1・2月号，等を参照されたい．

(13) 原科幸彦「維持可能な発展のための環境配慮」『環境と公害』第30巻4号，2001年4月，10-15ページ．

(14) 柳在弘・原科幸彦「環境影響評価制度における環境NGOの役割と方向性――沖縄市泡瀬干潟における東部海浜開発計画を事例に」『環境と公害』第32巻第2号，2002年10月，58-64ページ．

(15) 「第1回軍事と環境に関する国際ワークショップ」3日目（2003年3月21日）のセッション「環境調査の手法」におけるソウル・ブルーム（アーク・エコロジー）氏の報告に基づく．

(16) 梅林宏道『在日米軍』岩波書店，2002年，152-172ページに日本の核兵器持ち込みに関する詳しい説明がされている．

(17) 在沖米海兵隊環境部に対して2003年3月に筆者（大島）が行ったインタビューに基づく．同環境部は地元環境NGOや日本国内の研究機関とも積極的に協力する姿勢をみせている．今後の一層の取組みに期待したい．

(18) 宇井純「米軍基地と環境問題――沖縄の現況」『軍縮問題資料』2003年5月，18-25ページ．また，沖縄の軍事基地と生活環境の破壊に関しては，『おきなわ環境ネット』（沖縄環境ネットワーク通信）第8号，12-13ページに詳しい年表が掲載されている．

(19) 原子力空母の横須賀母港問題を考える市民の会『基地の汚染と原子力空母の母港』1998年．

(20) 『神奈川県保険医新聞』1999年12月15日，呉東正彦「米海軍横須賀基地12号バースの重金属汚染と原子力空母の母港計画」『第1回軍事と環境に関する国際ワークショップ報告集』2003年3月，18-27ページ，および，2002年6月に神奈川県保険医協会に対して筆者（大島）らが行ったインタビューに基づく．

(21) 梅林，前掲書，150-152ページ．

(22) 呉東，前掲論文，また，『神奈川新聞』2003年2月15日，2月21日，を参照．

(23) フィリピンの環境汚染被害の全容については，さしあたって次の文献を参照のこと．除本理史「在比米軍基地による環境汚染問題——スービック海軍基地の事例」東京経済大学学術研究センター　ワーキング・ペーパー・シリーズ2002-E-01，2002年9月20日．大島堅一「フィリピン・クラーク空軍基地跡地の環境汚染被害」『立命館国際地域研究』第21号，2003年3月，65-77ページ．なおこの問題については，各種新聞紙上でも報道されるようになっている（『朝日新聞』2002年9月23日，*The Daily Yomiuri*, March 15, 2003)．

(24) *Committee Report No.237*, Eleventh Congress of the Republic of the Philippines, Second Regular Session, May 16, 2000, pp.12-15.

(25) フィリピンの訴訟については，2002年8月10日に筆者（大島）らが行った担当弁護士アレキサンダー・ラクソンに対するインタビューに基づく．

(26) <http://homepage2.nifty.com/banjan/html/torikumi.htm>.

(27) *Committee Reoprt No.237*, Eleventh Congress of the Republic of the Philippines, Second Regular Session, May 16, 2000, pp.35-47.

(28) *Philippines Daily Inquirer*, December 3, 2002 <http://www.inq7.net/nat/2002/dec/04/text/nat_6-1-p.htm>.

(29) 筆者がアレキサンダー・ラクソンに対して2003年3月に行ったインタビューに基づく．

(30) 小松健一・下原護「アスベスト被害に苦しむフィリピン元米海軍基地労働者」『週刊金曜日』1996年7月5日号，31ページ．

(31) この事件の他に，韓国では駐韓米軍による環境汚染事件が数多く発生している．以下の文献を参照されたい．駐韓米軍犯罪根絶のための運動本部編／徐勝・広瀬貴子訳『駐韓米軍犯罪白書』青木書店，1999年；「老斤里から梅香里まで」発行委員会編・キップンチャユ（深い自由）日本語版翻訳委員会編『駐韓米軍問題解決運動史　老斤里から梅香里まで』宇多出版企画，2002年．

(32) 駐韓米軍犯罪根絶運動本部『駐韓米軍犯罪白書2000-2002』（韓国語）2002年．

(33) 邦訳については，『「第20回日本環境会議／アジア国際環境会議・松江大会」報告集』90-91ページ．

(34) 2000年以前にも，日米間には「環境に関する協力について」と題した合意があった．合意は1973年につくられたものだが，日本で一般国民に発表されたのは2003年1月23日であった．県や市町村に基地内立入りを可能にするこの合意は，30年間秘密にされてきた．この経緯については，宇井，前掲論文，参照．

(35) 梅林，前掲書，192ページ．

(36) 韓国外交通商部報道資料（「SOFA合同委員会特別会議開催，SOFA改善成果発表」）<http://www.mofat.go.kr/ko/news/issue_view.mof?seq_no＝194&b_code＝issue&total_record＝192&page＝168&search>.

(37) 地位協定研究会『日米地位協定逐条批判』新日本出版社，452ページ．

(38) 『琉球新報』2002年1月10日．また，琉球新報社編『ルポ　軍事基地と闘う住民たち——日本・海外の現場から』日本放送出版協会，2003年，219ページ．

(39) 福地曠昭『基地と環境破壊』同時代社，1996年，64-65ページ．筆者（大島）が行った韓国での現地調査においても，地域住民は同様の被害を訴えている．例えば，韓国群山市の被害者は，騒音・振動のために自宅に亀裂が入るなどの被害が出ている．

(40) 同上書，72ページ．なお，嘉手納基地周辺での騒音被害と爆音訴訟については，嘉手納基地爆音訴訟原告団・弁護団『静かな夜を返せ——嘉手納基地爆音訴訟16年の闘い』2001年3月，参照．

(41) 韓国の基地騒音問題については，「老斤里から梅香里まで」発行委員会編・キップンチャユ（深い自由）日本語版翻訳委員会編，前掲書，137-138，147，177ページ，を参照．

(42) 1995年までの判決一覧については，日本弁護士連合会編『日本の安全保障と基地問題——平和のうちに安全に生きる権利』明石書店，353-357ページ，を参照．

(43) 駐韓米軍犯罪根絶運動本部，前掲書，2002年；『琉球新報』2002年2月22日．

(44) 劣化ウラン研究会編『放射能兵器・劣化ウラン——核の戦場・ウラン汚染地帯』技術と人間，2003年，96-105ページ．

(45) 宇井，前掲論文，19-20ページ．

(46) 大田昌秀『代理署名裁判　沖縄県知事証言——基地のない平和な島へ』ニライ社，1996年，105-106ページ．

(47) Quy Vo, "Military Activities during the Vietnam War and Environmental Problems"『第1回軍事活動と環境に関する国際ワークショップ報告集』2003年3月，55-65ページ，および，「第1回軍事活動と環境に関する国際ワークショップ」(2003年3月）での報告に基づく．

(48) 沖縄県資料．

(49) 大田，前掲書，105ページ，および，沖縄県への筆者（大島）のインタビューに基づく．

(50) Quy Vo, "Environmental Research on the Effects of Massive Defoliation on Forest Ecosystems of Southern Vietnam during the War," "The Effect of Massive Defoliation on the Forest Ecology of Southern Vietnam during the War and Environmental Restoration Program"『第1回軍事と環境に関する国際ワークショップ報告集』2003年3月，85-89，122-126ページ．

(51) 劣化ウラン研究会，前掲書，2003年，34-38ページ．

(52) 湾岸戦争は，単一の事件としては最大の環境汚染を引きおこした事件であった．油井炎上による大気汚染はヒマラヤ山脈にも到達した．この環境破壊については，三重大学名誉教授・谷山鉄郎氏の次の調査研究結果を参照されたい．谷山鉄郎「湾岸戦争による環境汚染と植物影響」『海外森林酸性雨被害対策調査事業平成4年度調査事業報告書』(財)国際緑化推進センター，1993年3月，135-171ページ；地球環境と大気汚染を考える全国市民会議（Citizens Alliance for Saving

the Atmosphere and the Earth: CASA）緊急シンポジウム「イラク戦争と環境破壊」資料集.

(53) UNEP, *Desk Study on the Environment in Iraq*, 2003, p.68 ⟨http://postconflict.unep.ch/publications/Iraq_DS.pdf⟩.

(54) *Ibid*., p.80. ⟨http://postconflict.unep.ch/publications/Iraq_DS.pdf⟩.

(55) 国連環境計画による劣化ウラン使用に関する調査については次の文献を参照されたい．すべて国連環境計画戦後評価部（UNEP Post Conflict Assessment Unit）のホームページ ⟨http://postconflict.unep.ch/⟩ からダウンロード可能である．また，国連環境計画は1999年以来，大きな紛争や戦争の後，その環境影響についての報告書を出すようになっている．UNEP, *Desk Study: The Potential Effects on Human Health and the Environment Arising from Possible Use of Depleted Uranium during the 1999 Kosovo Conflict,* 1999；UNEP, *Final Report: Depleted Uranium in Serbia and Montenegro-Post-Conflict Environmental Assessment in the Federal Republic of Yugoslavia*, 2002；UNEP, *Final Report: Depleted Uranium in Kosovo-Post-Conflict Environmental Assessment,* 2001. *UNEP, Depleted Uranium in Bosnia and Herzegovina: Post-Conflict Environmental Assessment*, 2003.

(56) 森住卓『イラク・湾岸戦争の子どもたち――劣化ウラン弾は何をもたらしたか』高文研，2002年；江川紹子・森住卓『イラクからの報告』小学館，2003年；Takashi Morizumi, *A Diffrent Nuclear War: Children of the Gulf War*, 2002, 等を参照.

(57) 霍見芳浩「超保守の“ネオ・コン神政”は米国経済を弱体化させる」『エコノミスト臨時増刊　2003米国経済白書』pp.19-22，参照.

(58) 梅林宏道「米軍基地閉鎖と環境回復」『環境と公害』第32巻第４号，2003年４月，4-9ページ.

(59) 『琉球新報』2002年４月12日.

第２章　環境と貿易：環境保全につながる貿易に向けて

(1) Anon., *TRAFFIC Dispatches*, No.18, TRAFFIC International, November 2001, を参照した.

(2) 広義の「マグロ」には，マグロ類，カツオ類，カジキ類が含まれる．スズキ目サバ科マグロ属には，クロマグロ，ミナミマグロ，メバチ，キハダ，ビンナガ，タイセイヨウマグロ，コシナガの７種がある．そのうち最初の４種は，特に刺身向けとして重要である.

(3) マグロ属７種の合計．⟨http://www.fao.org/⟩ による.

(4) 三宅眞「大西洋マグロ資源の現状と将来の展望」山本忠・真道重明編『世界の漁業　第１編　世界レベルの漁業動向』㈶海外漁業協力財団，1998年.

(5) 世界のカツオ・マグロ・カジキ類の漁獲量のうちおよそ３分の２が缶詰原料とな

っている.『かつお・まぐろ年鑑1997年版』水産新潮社，1997年，206ページ.

(6) 生鮮マグロについては，次の文献を参照．除本理史「日本の水産物輸入と漁業資源管理——刺身向けマグロを事例として」『東京経大学会誌』第234号，2003年.

(7) 福家洋介「空飛ぶマグロと『近代化』」村井吉敬編著『検証 ニッポンのODA（第2版）』コモンズ，1997年，50-53ページ.

(8) 廣吉勝治「水産物卸売市場機構再編成の現段階：消費地卸売市場を中心に」『漁業経済研究』第26巻第4号，1981年，12ページ.

(9) 『かつお・まぐろ年鑑2001年版』水産新潮社，2001年，409ページ.

(10) 中井昭「マグロの消費と流通」小野征一郎編著『マグロの生産から流通まで』成山堂書店，1998年，第9章，288ページ.

(11) 金基洙ほか「韓国におけるマグロ漁業の構造変化——存立条件の今日的検討のために」『漁業経済研究』第43巻第3号，1999年，6ページ.

(12) 東京水産振興会編『水産物の貿易構造——韓国，インド，カナダ・アメリカにおける水産業の実態と我が国商社の活動』東京水産振興会，1983年，26-28ページ.

(13) 金ほか，前掲論文，9-10ページ.

(14) 宮原正典「マグロの国際資源管理と便宜置籍船」『国際漁業研究』第5巻第1号，2002年，21ページ．蔡坤州・宮澤晴彦「台湾におけるマグロ漁業の展開過程」『漁業経済研究』第43巻第1号，1998年，69-71ページ.

(15) カジキを含み，ビンナガを除く．2002年現在，この輸入量制限は毎年延長されてきている．1990年代末には，個別船別のクオータとなった（宮原，前掲論文，21ページ）.

(16) 宮原，同上論文．前掲『かつお・まぐろ年鑑1997年版』236ページ.

(17) 宮原正典氏（水産庁資源管理部参事官）の大日本水産会会合における配布資料（2002年12月25日）．以下，宮原資料という.

(18) レスター・ブラウン編著『ワールドウォッチ研究所 地球白書2001-02』家の光協会，2001年，297ページ.

(19) 宮原資料.

(20) Carl, Safina, *Song for the Blue Ocean*, Henry Holt, 1998, pp.13-15, 64-66（鈴木主税訳『海の歌』共同通信社，2001年，32-35，115-117ページ）.

(21) *Ibid*., pp.110-112（同上訳書，191-195ページ）.

(22) この輸入制限措置と並んで，旗国の発行する統計証明書を付さないと大西洋産クロマグロ製品の国際取引ができなくなる統計証明制度なども導入された．宮原，前掲論文，20-21ページ.

(23) 伊澤あらた・除本理史「マグロの国際貿易と資源管理・環境保全」『政経研究』第77号，2001年.

(24) 熊崎実『地球環境と森林（林業改良普及双書No.114）』㈳全国林業改良普及協会，1993年，および，永田信・井上真「森林資源と地球環境」武内和彦・田中学

編『生物資源の持続的利用（岩波講座　地球環境学 6 巻）』岩波書店，1998年，23-58ページ.

(25) Ross, Michael L., *Timber Booms and Institutional Breakdown in Southeast Asia*, Cambridge University Press, 2001.

(26) 立花敏・加藤隆・山本伸幸・古井戸宏通「マレーシア・サバ州におけるロイヤリティー制度——木材生産に与えた影響」『アジア経済』第37巻第 1 号，22-39ページ，1996年.

(27) FAO, *State of the World's Forests 2001*, 2001.

(28) 荒谷明日兒『インドネシア合板産業』日本林業調査会，1998年.

(29) Forest Trends, *Market for Forest Conservation*, September 2001.

(30) 黄霞，胡洪営，藤江幸一，久保田宏「連載　中国における紙・パルプ産業の現状と排水対策——第 1 回　紙・パルプ産業の実態」『資源環境対策』第32巻第13号，1996年. 大塚健司「中国における工業汚染源規制の実施過程——1990年代後半以降の規制政策の実効性とその条件」寺尾忠能・大塚健司編『「開発と環境」の政策過程とダイナミズム——日本の経験・東アジアの課題』アジア経済研究所，2002年.

(31) 『朝鮮日報』（英語版），2002年 7 月 8 日.

(32) 小島道一「中小企業及びインフォーマル・セクターの公害対策——鉛リサイクルにおける日本の経験とアジア諸国の模索」寺尾・大塚編，前掲書.

(33) Global Ecolabelling Network のホームページ 〈http://www.gen.gr.jp/〉 参照.

(34) 立花敏・根本昌彦・美濃羽靖「森林認証制度の可能性——国際的森林認証の動向とインドネシア・マレーシアの動向」井上真編著『アジアにおける森林の消失と保全』中央法規，2003年，272-291ページ.

(35) Shiraishi, N., "Progress of the Forest Certification Systems in the World and Japan," *Policy Trend Report 2002*, IGES Forest Conservation Project, 2002, pp.95-104.

(36) 例えば，田坂興亜『アジア輸入食品汚染』家の光協会，1991年.

(37) TBS「報道特集」の「大国の経済制裁——ウミガメ保護に潜む思惑」（2001年 1 月14日放映）.

(38) IFAT のホームページ 〈http://www.ifat.org/〉 による.

第 3 章　農業・食糧と環境：持続可能な農業発展の行方

(1) 本章でいう「限界地」とは，気温，農地の肥沃土や傾斜度，農業用水の利用条件などの点で，農業生産に不利な土地を指す.

(2) この点については，久馬一剛『食糧生産と環境——持続的農業を考える』化学同人，1997年，20-21ページより，示唆を受けた.

(3) FAO, *FAOSTAT*, より計算. 1964年から1966年までと1998年から2000年までのそれぞれ 3 年間の平均値で，食料需要量＝飼料用＋種子用＋加工用＋減耗量＋

粗食料である．穀物のうち米は精米重量に換算されている．なお，FAO の統計では，中近東諸国を含む合計47カ国をアジアとしているが，このうち，アルメニア，アゼルバイジャン，グルジア，カザフスタン，キルギス，タジキスタン，トルクメニスタン，ウズベキスタンは1992年に新たにアジアに加えられた国である．ここでは時系列比較を可能にするため，これらの 8 カ国を除外している．本章の第 2 節と第 3 節でアジアについて示される統計数値は，特に断らない限り，この手続きを経たものである．

(4) FAO, *FAOSTAT*, より計算．

(5) 大塚茂「アジア“食”市場の変貌とアグリビジネス」中野一新・杉山道雄編『グローバリゼーションと国際農業市場』筑波書房，2001年，197-223ページ．

(6) FAO, *FAOSTAT*, より計算．

(7) もとより，経済成長のみが食生活を規定するのではない．伝統的な食習慣の存在，とりわけヒンズー教における牛肉食の禁忌やイスラム教における豚肉食の禁忌は，食生活の変化の内容や速度に影響を及ぼす．今日のアジア地域における食生活は，各国固有の伝統的食習慣を背景としながらも，経済成長や経済のグローバル化を重要な要因として変化の道をたどりつつあると捉えることができる．

(8) 例えば，小林弘明・小山修・多田稔「タイの食糧需給と国際市場」堀内久太郎・小林弘明編『東・東南アジア農業の新展開——中国，インドネシア，タイ，マレーシアの比較研究』農林水産省国際農林水産業研究センター，1999年．

(9) 世界銀行／小浜裕久監訳『世界開発報告1999/2000』東洋経済新報社，2000年，402-405ページ．

(10) FAO, *FAOSTAT*, より計算．

(11) 農林水産省『農林水産物貿易レポート2001』2001年，13ページ．

(12) 久馬，前掲書，111ページ．

(13) 以下は特に断らない限り，特定非営利活動法人緑の地球ネットワーク『地球温暖化対策クリーン開発メカニズム事業調査——中国・黄土高原における緑化の可能性調査報告書』2001年，に基づいている．

(14) 中国農村部では基本的に〈省―市―県―郷〉の順に行政単位が構成される．日本と異なり，市が県の上位に位置することに注意されたい．

(15) 例えば，金沢夏樹『変貌するアジアの農業と農民』東京大学出版会，1993年，204ページ．

(16) 〈http://www.riceweb.org./riceprodasia.htm〉（2002年4月17日閲覧）より．

(17) FAO, *FAOSTAT*, より計算．

(18) FAO, *FAOSTAT*, より計算．

(19) 真勢徹「灌漑農業」田中明編『熱帯農業概論』築地書館，1997年，434ページ．

(20) 例えば，海田能宏「水文環境と水利用」渡辺弘之ほか編『熱帯農学』朝倉書店，1996年，189-194ページ．

(21) 平易な解説として，久馬，前掲書，34-35ページ．

(22) Umali, Dina L., *Irrigation-Induced Salinity: A Growing Problem for Development and the Environment*, World Bank Technical Paper, No.215, 1992, pp. 12-15.

(23) 真勢，前掲論文，441ページ．

(24) Umali, Dina L. *op. cit.*, p.18. いずれも1990年代はじめの数値で，アジアの範囲は明示されていない．また，水路灌漑による塩類化だけでなく，地下水灌漑による塩類化を含むとみられる．

(25) *Ibid.*, p.44.

(26) 真勢，前掲論文，434ページ．

(27) 同上論文，433ページ．

(28) Government of India, *Indian Agriculture in Brief* (27th ed.), 2000, p.13, 33.

(29) *Ibid.*

(30) Dhawan, B.D., *Studies in Minor Irrigation: With Special Reference to Ground Water*, Commonwealth Publishers, New Delhi,1997, p.35.

(31) 佐藤宏『インド経済の地域分析』古今書院，1994年，80ページ．杉本大三「"緑の革命"先進地域における農業構造の変容——インド・パンジャーブ州を中心に」『経済論叢別冊　調査と研究』第18号，1999年10月，79ページ．

(32) Government of India, Ministry of Water Resources, *Annual Report 1999-2000*, 2000, p.92. ここでは地下水行政の最小単位を便宜上「地区」と呼んでいる．ほとんどの州では，district の下に置かれる block が，この「地区」にあたり，インド全体で7063地区が設定されている．

(33) Singh, Joginder et al., *Changing Scenario of Punjab Agriculture: An Ecological Perspective*, Indian Ecological Society and Centre for Research in Rural and Industrial Development, 1997, p.27.

(34) Government of India, Ministry of Water Resources, *op. cit.*

(35) Government of India, *Cultivation Practices in India*, NSS 54th Round, Report No.451, 1999, pp.33-35.

(36) 須田敏彦「途上国における食糧増産の高い代償——バングラデシュで拡がる農薬汚染」『農林金融』第45巻第11号，1992年11月．

(37) 衛生害虫用の DDT が流用されている事例として，須田，同上論文，を参照．

(38) Bhatnagar, V. K., "Pesticide Pollution: Trends and Perspective," *ICMR Bulletin*, Vol.31, No.9. September 2001, p.4.

(39) 平易な解説として，倉田亮・吉野敏行監修，春日和夫『食品公害・農薬汚染——揺れる「食」の安全』一橋出版，2002年，24-25ページ．

(40) 例えばフィリピンについては，風野光「フィリピン農薬モニタリング体制改善計画の現状と問題点」『農林業協力専門家通信』第20巻第4号，1999年11月，37ページ，を参照されたい．また，インドについては，Singh, Joginder et al., *op.*

cit., pp.42-43が参考になる.

(41) 1990年代はじめの状況. 上垣隆夫「東南アジアにおける農薬規制とその課題」『国際農林業協力』第18巻第3号，1995年，17ページ.

(42) インドにおけるメチル・パラチオンの消費量は，1996/97年で2236トンであった. Government of India, *Indian Agriculture in Brief* (27th ed.), 2000, pp.13, 60. ディルドリンとリンデンは，使用が制限されている農薬として，インド・パンジャーブ州の農業指導書に記載されている. Punjab Agricultural University, *Package of Practices for Crops of Punjab, Rabi, 2000-2001*, 2000.

(43) 上垣，前掲論文，19ページ，風野，前掲論文，33ページを参照のこと.

(44) Smith, Carl, "Pesticide Exports from U.S. Ports, 1997-2000," *International Journal of Occupational and Environmental Health*, Vol.7, No.4, October-December 2001 <http://www.fasenet.org/pesticide_report97-00.pdf> より，2002年8月5日閲覧). 空路・陸路による農薬輸出は含まれていない. また，通関統計の記録には不備が多いため，農薬の種類が判明したのは，港湾からの全農薬輸出量の46%に過ぎない. 本文中に示した，合衆国内で使用が禁止，もしくは著しく制限されている農薬の輸出量は，この46%について集計した結果であり，実態はこれをはるかに上回るとみてよい.

(45) PIC条約とPOPs条約については，以下のホームページを参照 <http://www.fao.org/ag/agp/agpp/pesticid/pic/pichome.htm>（2002年8月15日閲覧），<http://www.chem.unep.ch/pops/>（2002年8月15日閲覧）.

(46) なお，表掲以外の数字は，UNCTAD, *Handbook of Statistics 2001*, 2002, pp.A-8&9より算出.

(47) この議論については，McMichael, P., *Development and Social Change*, Pine Forge Press, 1996；岩佐和幸「途上国における国際農業開発プロジェクトとアグリビジネス」中野・杉山編，前掲書，参照.

(48) アグリビジネスについては，中野一新編『アグリビジネス論』有斐閣，1999年，序章および第III部を参照.

(49) 1998/99年の途上国の生鮮・冷凍魚類輸出では，1位と3位が中国と台湾（途上国全体の14.8%と11.8%）で，以下，4位韓国，6位インドネシア，7位タイ，8位シンガポール，9位インドとなっている. UNCTAD, *op. cit.*, p.189, を参照.

(50) ここでの生産・貿易データは，特に断りがない限り，FAO, *Yearbook of Fishery Statistics: Aquaculture Production 1999*, Do., *Yearbook of Fishery Statistics: Capture Production 1999*, Do., *Yearbook of Fishery Statistics: Commodities 1999* より算出.

(51) CPグループとは，タイ最大の華人系アグリビジネスで，ブロイラーやエビの種鶏・稚魚供給から加工処理・輸出までの垂直的統合を通じて発展し，今やアジア各地で事業展開する東南アジアの代表的な多国籍企業へと成長している.

(52) アジア各地でのエビ養殖による環境破壊については，特に断りがない限り，川辺みどり「アジアにおけるエビ養殖の展開と外部不経済の発生」『漁業経済研究』第46巻第2号，2001年10月；"Focus on Mangroves and Shrimp Farming," *WRM Bulletin*, No.51, October 2001；Hagler, M., *Shrimp: The Devastating Delicacy*, Greenpeace, 1997，またウナギ養殖については，銭紅雨『中国における輸出用鰻生産の展開』京都大学大学院経済学研究科修士論文，2000年1月，を参考にしている.

(53) また，インドネシアでは，エビ養殖や工業団地・宅地開発により，425万ヘクタール（世界全体の18～23%）あったマングローブが，実に220万ヘクタールにまで減少したと伝えられている（『IPS（日本語版）』2001年3月23日）.

(54) 具体的には，中国，ベトナム，タイ，ミャンマーである．『JETRO Food & Agriculture』2381号，2002年4月1日.

(55) 山本博史「アジアにおける市場の国際化と食料・環境問題」三国英美編『アジアの食料・農産物市場と日本』大月書店，2000年，34-35ページ.

(56) Goss, J., Burch, D., and Rickson, R., "Shrimp Aquaculture and the Third World," in Burch, D., et al.(eds.), *Australasian Food and Farming in a Globalised Economy*, Dept. of Geography and Environmental Science, Monash University, 1998, pp.152-154.

(57) タイにおけるアグリビジネスと乱開発の関係については，Skladany, M. and Harris, C., "On Global Pond: International Development and Commodity Chains in the Shrimp Industry," McMichael, P. (ed.), *Food and Agrarian Orders in the World-Economy*, Praeger, 1995, pp.182-185，を参照.

(58) 例えば，「特集　ウナギ養殖の行方」『養殖』第35巻第13号，1998年12月；足立倫行『海洋ニッポン——未知の領域に挑む人びと』岩波書店，2000年，181-202ページ等を参照．ちなみに2003年7月には，日本の水産総合研究センター養殖研究所で，ウナギの完全養殖に世界で初めて成功したことが伝えられたばかりであり，完全養殖の普及にはしばらく時間がかかると予想される.

(59) 『農林水産省海外農業情報』2001年8月15・20日，98年までは，『アジア環境白書2000/2001』232-234ページを参照．ちなみに，この解禁問題については，CPグループ元会長秘書のピタック副首相が提案したものだったが，農民や研究者の他にプミポン国王の批判的な発言もマスコミで伝えられるほどの論争になった.

(60) 詳しくは，岩佐，前掲論文，ならびに，Casson, A., *The Hesitant Boom: Indonesia's Oil Palm Sub-Sector in an Era of Economic Crisis and Political Change*, Center for International Forestry Research, 2000，を参照.

(61) ちなみに両国では，民間企業以外に政府主導の小農の入植計画が重要な役割を果たしている．マレーシアでは，連邦土地開発庁（Federal Land Development Authority: FELDA）が生産ベースで最大規模を誇っており，インドネシアでも，プランテーションの周囲に小農を配置させる"PIR"と称する中核農園プログラム（Nucleus Estates and Smallholders: NES）が実施されている．本文中の「農園開発」には，上記も含め検討している点を断っておく．

(62) 岩佐和幸「マレーシアにおけるパームオイル市場の形成とアグリビジネス」『農業市場研究』第9巻第2号，2001年4月，Chidley, L., *Forests, People and Rights*, International Campaign for Ecological Justice in Indonesia, 2002, Part I, Casson, A., *op. cit*., pp.13-14, 64, を参照.

(63) Tenaganita and Pesticide Action Network Asia and the Pacific, *Poisoned and Silenced: A Study of Pesticide Poisoning in the Plantations*, 2002. ちなみに，最近では，インドネシア人を中心とする外国人労働者が農園内労働の主力になりつつある点も，注意を要する.

(64) Chidley, L. *op. cit*., Part I &II. また，現地の状況については，井上真「農園開発で火災頻発——伐採・植林，消える熱帯林：インドネシア」『朝日新聞』2002年8月24日付，も参照.

(65) 『JETRO Food & Agriculture』第2341号，2001年6月11日.

(66) Chidley, L. *op. cit*.

(67) 大野和興・西沢江美子『あぶない野菜』めこん，2001年，122，123ページ.

(68) 藤島廣二『リポート輸入野菜300万トン時代』家の光協会，1997年，49-60ページ；『毎日新聞』2002年8月11日；陳永福『野菜貿易の拡大と食糧供給力』農林統計協会，2001年，23-37，50-85ページ．ちなみに，台湾企業の対中投資は，中国からの対日輸出が目的であるが，そこでは中国側と日本企業とのパイプ役を主に担っている（陳，前掲書，32ページ）．

(69) 陳，前掲書，68，70ページ.

(70) 瀧井宏臣「激増する輸入野菜は安全か」山下惣一編『安ければ，それでいいのか!?』コモンズ，2001年，111-123ページ；石黒昌孝・瀧井宏臣「いま食卓に急増する中国野菜は安全か」『農民』第533号，2002年4月1日．その一方，日本での輸入届出件数は，1997～2000年に118万件から155万件に増えたのに対して，輸入農産物の検査員は1997～2001年の間，264人のままで，検査率も1995～2000年に13.4%から7.2%へ下がっている．輸入農産物急増の中で，検査体制が追いつかない実情を反映している（『毎日新聞』2002年8月11日，厚生労働省『輸入監視統計』2000年）．この点，本書第I部第2章も参照されたい.

(71) 『毎日新聞』2002年8月4日付．なお，農薬汚染は，中国国内でも問題化している．2001年第3四半期に行った抜き取り検査で，47.5%の野菜から基準値以上の残留農薬が検出されている．また，中国第2の輸（移）出先・香港では，農薬まみれの中国産野菜は「毒菜」と恐れられている（石黒・瀧井，前掲記事，参照）.

(72) 陳，前掲書，108ページ，野菜供給安定基金『中国におけるにんにく，しょうが等の産地動向——山東省を中心として』1996年，27，44，49ページ.

(73) 野菜供給安定基金，前掲書，35，36ページ．ちなみに，ニンニクでは，日本へ輸出できるのは，全体の２～３割とされている（藤島，前掲書，51ページ）．また，規格の厳格さについては，大野・西沢，前掲書，120，121ページ，も参照．

(74) 山本博史「アジア経済の不均等発展と食料・農産物貿易」三国編，前掲書，112-115ページ；Australia Department of Foreign Affairs and Trade, *Agrifood Globalisation and Asia*, Vol.1, 2001.

(75) GMOの商業栽培における中国の割合は，2001年時点で150万ha（世界全体の4%．米国，アルゼンチン，カナダに次いで４位）であるが，前年比３倍と急増している（"Global GM Crop Area Continues to Grow and Exceeds 50 Million Hectares for First Time in 2001," ISAAAホームページ，January 10, 2002）．ちなみに，"Bt"とは，土壌微生物であるBacillus thuringiensis菌の毒素タンパク質を産出する遺伝子を組み込んだ品種のこと．特定の害虫に特異的に作用することで，殺虫剤使用量の削減や害虫被害による収量減の抑止を目的としている．

(76) GMO技術の「途上国利益論」に関する批判的検討については，久野秀二『アグリビジネスと遺伝子組換え作物』日本経済評論社，2002年，第７章，を参照．

(77) "Philippine Farmers Uproot Bt Corn"；"Bt Cotton in Indonesia", Pesticide Action Network Asia and the Pacificホームページ〈http://www.poptel.org.uk/panap/fge.htm〉を参照．

(78) これについては，例えば，『アジア環境白書1997/98』68-78ページ；FAO, *The State of Food and Agriculture*, 1998（国際食糧農業協会訳『世界食料農業白書1998年』1999年），89-103ページ；岩崎美佐子・大野和興編『アジア小農業の再発見』緑風出版，1998年，124-204ページ，等を参照．

(79) 例えば，食料・飲料以外に，衣類や家財道具等も取り扱う団体も含まれるが，アジアでは現在54団体が，オルタナティブ貿易国際連合（International Federation for Alternative Trade）に加盟しており，それ以外にも各種団体が活動を行っている．

(80) アグロエコロジー的視点については，例えば，Altieri, M., "Ecological Impacts of Industrial Agriculture and the Possibilities for Truly Sustainable Farming," Magdoff, F. et al.(eds.), *Hungry for Profit*, Monthly Review Press, 2000, M. Z. ラーマン／矢野泉訳「持続的農業発展と環境保護」三国編，前掲書，237-256ページ，を参照．

(81) 「食料主権」については，国際農民運動La Via Campesinaによる"Food Sovereignty and International Trade," October 6, 2000〈http://ns.rds.org.hn/via/theme-food.htm〉や，田代洋一『食料主権』日本経済評論社，1998年，を参照．

第４章　森林と水田の生物多様性：住民参加に基づく総合的管理の実現を

(1) FAO, *State of the World's Forests 2001*, 2001.

(2) FAO, *Forest Resources Assessment 1990：Global Synthesis*. アジア・太平洋地

域の1980～1990年の平均値.
(3) IGES森林保全プロジェクト『第一期戦略研究報告書』㈶地球環境戦略研究機関, 2001年, 95ページ.
(4) Yamane, M. and Chantirath, Khampha, "Lao Cypress Forests: Causes of Degradation and the Present State of Conservation in Lao," *P.D.R. International Review for Environmental Strategies*, Vol.1, No.1, 2000, pp.119-133.
(5) 2000年7月の沖縄G8サミットでは違法伐採問題が公式の議題となり，その重要性と早急な対策の必要性が確認され，アジア地域でもインドネシアで開催された「森林法の施行に関する東アジア閣僚会合」において輸出国と輸入国その両方による取組みの重要性が確認された．さらに，2002年3月に開催された第2回UNFF会合でも林産物の違法な国際貿易に対処する取組みの実施が主要な閣僚メッセージとして盛り込まれるに至った.
(6) Verolme, H. J. H. and Moussa, J., *Addressing the Underlying Causes of Deforestation and Forest Degradation, Case Studies, Analysis and Policy Recommendations*, Biodiversity Action Network, 1999, Washington, D. C., USA. Ii＋141pp.
(7) 田淵俊雄『世界の水田　日本の水田』農村漁村文化協会, 1999年, 160ページ.
(8) 同上, 166ページ.
(9) 守山弘『水田を守るとはどういうことか』農村漁村文化協会, 1997年, 49ページ.
(10) Rieley, J. O., Susan, P. E. and Notohadiprawiro, T., *The Mega Rice Land Conservation Project in Central Kalimantan, Indonesia: Unsustainable Development*, 2000.
(11) 鈴木研二・後藤章「東北タイ天水田稲作の立地環境と農業生産構造」藤田和子編『モンスーン・アジアの水と社会環境』世界思想社, 2002年, 124ページ. Sansanee, Choowaew, "Ricefield Agro-ecosystem and Biodiversity Conservation in the Lower Central Plain of Thailand," 国際生態学会第6回国際湿地シンポジウム（INTECOL VI）発表原稿, 2000年.
(12) Tsujii, Tatsuichi, "Paddy Field of Hokkaido: The Transition of Rice Agro-ecosystem in Northern Limit of Japan and its Impact on the Environment," 国際生態学会第6回国際湿地シンポジウム（INTECOL VI）発表原稿, 2000年.
(13) Moriyama, Hiroshi and Sprague, David, S., *Traditional Paddy Field Landscape Acted to Preserve Japanese Dragonfly Fauna*, 2000.
(14) Nakamura, Reiko and Hironaka, Kazumi, "Role of Rice Paddy as Wintering Habitat for Grus Monacha: A Case of Yashro Valley, Japan," 国際生態学会第6回国際湿地シンポジウム（INTECOL VI）発表原稿, 2000年；Yamamoto, "Management and Conservation Strategies of Katano-Kamoike which is the Smallest Ramsar Site in Japan," 国際生態学会第6回国際湿地シンポジウム

(INTECOL VI) 発表原稿, 2000年.

(15) Harada, Yuriko, "The Domestic Laws on the Conservation of Biodiversity of Rice Agro-ecosystem in Japan," 国際生態学会第6回国際湿地シンポジウム (INTECOL VI) 発表原稿, 2000年.

(16) Hossain, Sanowar, "Rice Agro-ecosystem of Bangladesh: Sustainability through Integrated Farming Approach," 国際生態学会第6回国際湿地シンポジウム (INTECOL VI) 発表原稿, 2000年, Hossain, MZ, "Sustainable Use of Wetland Flood Plain Paddy Fields in Bangladesh," アジア湿地シンポジウム要旨集, 2001年.

(17) Ali, Ahyaudin Bin, "Fish sauna biodiversity in the Malaysian rice agro-ecosystem," 2000. Mansor, Mashor, "Biodiversity of aquatic flora in the rice agro-ecosystem of Malaysia: the impact of human intervention," 国際生態学会第6回国際湿地シンポジウム (INTECOL VI) 発表原稿, 2000年.

(18) Salmah, Che, "Biodiversity of dragonfly in the rice agro-ecosystem of Malaysia as an indicator of ecosystem robustness," 国際生態学会第6回国際湿地シンポジウム (INTECOL VI) 発表原稿, 2000年.

(19) 磯崎博司『国際環境法』信山社, 2000年, 83ページ.

第II部　地域・各国編

第1章　環日本海地域：環境協力型地域構築への現状と課題

(1) 島崎美代子・二瓶剛男「"北東アジア"圏における地域経済協力の諸相」ユーラシア研究所編『ユーラシア研究』第27号, 東洋書店, 2002年, 22ページ, を参照. ただし, 表現を適宜修正した. なお, 参照論文では, さらに, 3.として, 2.にシベリア全地区, 中国・内モンゴル自治区, モンゴル国を加えた地域, もある, とし, 主に3.の範囲について議論しているが, 本書では別にアジア内陸部について扱う部分があるため, この範囲についての検討は割愛する.

(2) この他, ハバロフスクの南西・興凱湖＝ハンカ湖の北に位置する三江(さんこう)平原(黒竜江＝アムール川, 松花江＝スンガリ川, 烏蘇里江＝ウスリー川流域)の湿地帯でも, 自然保護指向のロシアと開発指向の中国という同様の構図がみられる. 三江平原は, ロシア側では自然保護地区になっているが, 中国側ではこの湿地帯を干拓し, 大豆や米, 麦などを栽培し, 北東アジアの穀倉地帯にしようという三江平原開発計画があり, 新潟県亀田郷土地改良区の指導で, すでに農業技術の導入が進められている.

(3) 大気汚染に関しては, 既刊の『アジア環境白書』や本書の他章と重なる部分が多い. したがって本章では, 財団法人酸性雨研究センター(1998年設立, 新潟市)の活動および国際協力体制の最新動向についてのみ記述する.

(4) ENVIROASIA ホームページ 〈http://www.enviroasia.info/〉.

1. 陳才「論図們江地区国際合作開発的特徴及趨勢」『東北亜論壇』1994年2月.

2．「中国吉林省地域総合開発計画調査（長春～琿春）最終報告書——第8巻　環境」㈶国際開発センター，1998年3月.
3．Lawn, Dan, Steiner, Rick and Wills, Jonathan, *Doing It Right*, Sakhalin Environment Watch and the Pacific Environment and Resources Center, 1999.
4．「北東アジアのエネルギーと環境——インフラストラクチャー開発のオプション」環日本海経済研究所調査研究部，2000年1月.
5．稲葉一雄「政府としての油濁事故への対応体制——危機管理の観点から」2001年3月1日，油流出に関する国際シンポジウム「主要各国の油流出対応体制の変遷と最近の油濁補償体制の動き」（主催石油連盟）資料〈http://www.pcs.gr.jp/doc/jsymposium/2001/2001_kazuo_inaba_j.pdf〉.
6．石川県環境安全部消防防災課『ロシアタンカー油流出災害の記録』石川県,1998年.
7．金田一郎「環日本海時代の可能性と北陸の役割——環境関連の三大プロジェクト」1999年.
8．桂木健次「中国東北とソ連・シベリア·極東における環境の現状と問題点」『富山大学教養部素要（人文·社会科学篇）』23巻2号，1991年.
9．桂木健次「変革期韓国の経済と環境問題」『環日本海経済交流に関する調査・研究（韓国編）』富山大学日本海経済研究所，1994年3月.
10. 桂木健次「極東ロシアの経済条件と環境問題」『環日本海経済交流に関する調査・研究（ロシア編）』富山大学日本海経済研究所，1996年3月.
11. 小島朋之編『中国の環境問題——研究と実践の日中関係』慶應大学出版会，2000年.
12. 「国立環境研究所ニュース」15巻5・6号，国立環境研究所，1996年.
13. Lawn, Dan, Steiner, Rick and Wills, Jonathan, *Sakhalin's Oil Doing It Right*, Sakhalin Environment Watch and the Pacific Environment and Resources Center, Alaska, 1999.
14. 李鳳吉「シープリンス号事故とその後の油流出対応体制の変遷」2001年3月1日，油流出に関する国際シンポジウム「主要各国の油流出対応体制の変遷と最近の油濁補償体制の動き」（主催石油連盟）資料〈http://www.pcs.gr.jp/doc/jsymposium/2001/2001_lee_bong_gil_j.pdf〉.
15. 李昌燮「韓国の海洋油類汚染の現状と防除対制」『日本海の環境保全—環日本海学国シンポジウム報告書』国際シンポジウム「日本海の環境保全」実施委員会，1997年12月12日実施.
16. 森田恒幸・浜田充「北東アジア地域における地球温暖化問題への対応」国立環境研究所，2000年.
17. 村上隆編『サハリン大陸棚——石油・天然ガス開発と環境保全』北海道大学出版会，2003年.
18. 野間清二「ナホトカ号事故とその後の油流出対応体制の変遷」2001年3月1日，

油流出に関する国際シンポジウム「主要各国の油流出対応体制の変遷と最近の油濁補償体制の動き」（主催石油連盟）資料〈http://www.pcs.gr.jp/doc/jsymposium/2001/2001_seiji_noma_j.pdf〉.

19. 「21世紀のエネルギー選択——将来世代エネルギーの理工学シンポジウム集録」京都フォーラム，2002年1月.

20. 小川和男・菱木勤治『入門　環日本海経済圏とロシア極東開発』ジェトロ，1994年.

21. パーヴェル・ミナキル「プーチン政権下のロシア極東経済と林産業の動向」『ロシア東欧貿易調査月報』ロシア東欧貿易会（ROTOBO），2001年2月.

22. ミファイル・イ・ブディコ博士（ロシア国立水文学研究所気候変化研究部長）「気候温暖化のゆくえ」旭硝子財団，1998年10月.

23. 「ロシア極東の林業・木材加工業の現状」『Warm Topics』Vol.39，北陸AJEC，2001年5月.

24. 「ロシアの解体プルトニウム処分」『さいくる』第12号，核燃料リサイクル機構，2002年1月.

25. 劉樹海・桂木健次「21世紀中国東北部における環境保全型経済発展に関する考察：大連経済技術開発区における立地企業の環境管理行動」『平成11年度富山県受託調査研究報告書』富山大学環日本海地域研究センター，2000年3月.

26. 龍世祥「悪循環構造とその共同的脱却——調和型循環社会構築の国際地域的課題」『金沢経済大学論集』35巻3号，2002年3月.

27. 佐尾邦久「繰り返される事故」『重油汚染・明日のために「ナホトカ」は日本を変えれるか』海洋工学研究所出版部，1998年.「朝鮮民主主義人民共和国国土計画法」『ERINA情報』環日本海経済研究所，2002年4月.

28. 沢野伸浩「大規模油流出による沿岸油汚染と地形要素——ナホトカ号重油流出事故から3年後の状況」『環境情報科学』30巻33号，73-80ページ，2001年.

29. 島津朝美「ロシア材の産地事情と日ロ木材貿易」『ロシア東欧貿易調査月報』ロシア東欧貿易会（ROTOBO），1999年9月.

30. 宍戸駿太郎「北東アジア地域産業連関表の完成について」環日本海経済研究所調査研究部，2000年5月.

31. 富野一郎「米ソ冷戦終結後における環日本海（東海）の意味」，および関寛治「グローカリズム時代の自治体の国際活動と国際秩序形成」『環日本海研究』No.3，環日本海学会，1997年.

32. 對馬勝年「富山と中国黒龍江省の酸性雪」『環日本海地域の開発と環境：予稿集』環日本海学会，1997年12月.

33. ヴィクトル・D・カラシニコフ「ロシア極東の電力事情」『ロシア東欧貿易調査月報』ロシア東欧貿易会（ROTOBO），1999年9月.

34. 『ワールドウォッチジャパンニュース（WWJ News）』No.003，2002年6月13日.

35. 山内康英「CIS諸国の核解体・原子力安全支援と日・米協力（核兵器の解体と日

本の貢献)」『Glocom Review』第27号，国際大学グローバル・コミュニケーション・センター，1998年4月.

36. Zhu Jun and Katsuragi, K., "Exporting Oriented Enterprises and Environmental Management Strategy,"『富大経済論集』富山大経済学部，2001年11月.

37. Jin, Jian and Katsuragi, K., "Tumen River Basin Projects and Environmental Problems,"『富大経済論集』富山大経済学部，2003年7月.

第2章　メコン地域：地域全体の市民社会の声を反映する仕組みを

(1) 本章では一貫してビルマという国名を使う.

(2) Upper Mekong Associated Survey Team of China, Laos, Myanmar and Thailand, *Report on an Investigation of Waterway Transportation along the Upper Mekong River of China, Laos, Myanmar and, Thailand*, May 19, 1993.

(3) The Joint Experts Group on EIA of China, Laos, Myanmar, and Thailand, *Report on Environmental Impact Assessment: The Navigation Channel Improvement Project of the Lancang-Mekong River from China-Myanmar Boundary Marker 243 to Ban Houei Sai of Laos*, September 2001.

(4) 3つの報告書は，McDowall, R. M., "Evaluation of 'Report on environmental impact assessment: The navigation channel improvement project of the Lancang-Mekong River from China-Myanmar Boundary Marker 243 to Ban Houei Sai of Laos' prepared by the Joint Expert Group on EIA of China, Laos, Myanmar and Thailand, September 2001；The Fisheries Impacts Reviewed, prepared for Mekong River Commission," January 2002；Finlayson, Brian, "Report to the Mekong River Commission on the 'Report on Environmental Impact Assessment: The Navigation Improvement Project of the Lancang-Mekong River from China-Myanmar Boundary Marker 243 to Ban Houei Sai of Laos' prepared by the Joint Experts Group on EIA of China, Myanmar and Thailand September 2001," February 2002；Cocklin, Chris and Hain, Monique, "Evaluation of the EIA for the Proposed upper Mekong Navigation Improvement Project Report, prepared for the Mekong River Commission：Environment Programme," December 2001, である.

(5) Southeast Asia Rivers Network et al., *Mekong Rapids Under Fire*, October 2002.

(6) *Bangkok Post*, July 19, 2002.

(7) *The Nation*, Auguse 1, 2002.

(8) 他には，『青蔵鉄道』『南水北流』『西気東送』がある.

(9) AP通信，2002年1月24日.

(10) *Bangkok Post*, March 16, 2002.

(11) 筆者（松本）による聞取り調査，2002年9月10日.

(12) The Fisheries Office, *A Study of the Downstream Impacts of the Yali Falls Dam in the Se San River Basin in Ratanakiri Province, Northeast Cambodia*, May 29, 2000.

(13) *Phnom Penh Post*, Vol.9, No.9, 2000年 4 月28日～ 5 月11日.

(14) Baird, Ian, *An Update on the Situation in Communities Located along the Se San River Impacted by the Yali Falls Dam in Northeast Cambodia, and Consultations with Local People Regarding Establishing a Network of Se San Communities*, NTFP Project, July 2001.

(15) *Vietnam New Agency*, June 15, 2002.

(16) CEPA, Press Release: Villagers voice outrage over plans to build Sesan 3.

(17) *Vietnam New Agency* (Asia Pulse), August 29, 2002.

(18) この節は，World Resources InstituteのMekong Regional Environmental Governance Projectの成果を参照した．Badenoch, Nathan, *Transboundary Environmental Governance*, World Resources Institute, 2002（メコン・ウォッチ訳『国境を越える環境ガバナンス』世界資源研究所，2003年）．

(19) 筆者（松本）による聞取り，2003年 3 月 9 日．

(20) <http://www.rwesa.org/statement/statement20021212.html>.

(21) <http://www.unece.org/env/eia/>.

第 3 章　アジア内陸地域：生態環境保全と社会経済発展の両立に向けて

(1) 高谷好一『新編「世界単位」から世界を見る――地域研究の視座』京都大学学術出版会，2001年，36-122ページ．

(2) 1950～70年代中期のデータ（1560㎢/年）と1970年代中期～80年代中期のデータ（2100㎢/年）は，劉明興・韓小紅・高金虎・陳志林・魏智海「我国沙漠化土地発展趨勢及治沙新思路」（『地域研究与開発』1996年第1期）から，1985～95年のデータ（2460㎢/年）は鄒建栄「全力遏制土地沙化」（『法制日報』2001年12月27日）から引用．また，最新発表データ（3436㎢/年）は1995～99年の平均値であり，沙漠化された土地の面積（174.31㎢）は1999年のデータである（林萱「国家林業局発布第二次全国荒漠化，沙化土地監測結果」『人民日報』2002年1月31日）．

(3) 黄砂や国の植林プロジェクトや沙漠化の原因などのデータと資料は，沈孝輝「第九章　沙漠化」鄭易生・王世汶主編『中国環境与発展評論』社会科学文献出版社，2001年，を参照．

(4) 以下，内蒙古自治区の沙漠化の事例は，澤田裕之・包智明・烏蘭図雅「中国内蒙古自治区科爾沁（ホルチン）沙地の沙漠化と防止対策」恩和・額尔墩布和主編『内蒙古草原荒漠化問題及其対策』内蒙古大学出版社，2002年，を参照．

(5) T・ナムジム／村井宗行訳『モンゴルの過去と現在（上・下）』日本・モンゴル民族博物館，1998年；National Statistical Office of Mongolia, *Mongolian Statis-*

tical Yearbook, Ulaanbaatar, annual；State Statistical Office of Mongolia, *Agriculture in Mongolia 1971-1995*, Ulaanbaatar 1996；安田靖『モンゴル経済入門』日本評論社，1996年；国連モンゴル"Dzud in Mongolia"ホームページ 〈http://www.un-mongolia.mn/news/disaster/〉を参照.

(6) 異常気象の影響については，加茂義明『モンゴル国における環境問題と環境保全制度に関する研究』(修士論文)，2002年，を参照.

(7) モンゴル国国家統計局の調査による.

(8) Humphrey, Caroline and Sneath, David (eds.), *Culture and Environment in Inner Asia* (*1-2*), The White Horse Press, 1996；Humphrey, Caroline and Sneath, David, *The End of Nomadism?* The White Horse Press, Cambridge, 1999；鬼木俊次「モンゴル高原の遊牧経済と草原の砂漠化問題」環境経済・政策学会編『アジアの環境問題』東洋経済新報社，1998年，279-291ページを参照.

(9) このような声は，*Ödriin sonin*, 2000.12.8.No.289(542), Ulaanbaatar.(『毎日のニュース』紙，モンゴル語)でも紹介されている.

(10) この地域における家畜過密化の調査としては，Müller, Franz-Volker and Bold, Bat-Očir, "On the Necessity of New Regulations for Pastoral Land Use in Mongolia," *Applied Geography and Development*, Vol.48, pp.29-5, 1996がある.

(11) 小宮山博「遊牧の国モンゴル」『世界の農林水産』2001年1月号，37-42ページ.

(12) Buyantsogt Bat and Noel P. Russell, "Environmental Impacts of the Mongolian Economic Transition" in Nixon, Frederic, Bat Suvd, Luvsandorj, Puntsagdash and Walters, Bernard (eds.), *The Mongolian Economy: A Manual of Applied Economics for an Economy in Transition*, Edward Elgar, 2000, Chapter 9, pp.175-188；UNEP, *Nature and Environment in Mongolia*, UNEP, Ulaanbaatar, 1999.

(13) 紙幅の関係上具体例をあげられなかったが，それらの伝統については以下を参照. Ad'yaasůren, Chimediin, Nyambuu, Khandyn and Bat-Ireedůi, Jantsangiin, *Mongol yos zanshilyn ih tailbar tol'* (*I-IV*), Ulaanbaatar, 1992-2001.(『モンゴル慣習大辞典』(I-IV)，モンゴル語)；Batjargal, Z., "Sustainable Development: The Mongolian Experience," in Akiner, Shirin, Tideman, Sander and Hay, Jon (eds.), *Sustainable Development in Central Asia*, St. Martin's Press, 1998, Chapter 4, pp.93-103；Means, Robin, "Environmental Entitlements: Pastoral Natural Resource Management in Mongolia," *Cahiers des Sciences Humaines*, Vol.32, No.1, 1996, pp.105-131；Means, Robin, "Community, Collective Action and Common Grazing: The Case of Post-Socialist Mongolia," *The Journal of Development Studies*, Vol.32, No.3, 1996, pp.297-339；坪内俊憲「厳しく脆弱な自然環境への村落社会の適応——モンゴル遊牧民の自然との共生」草野孝久編『村落開発と国際協力』古今書店，2002年，第7章，pp.105-119.

(14) Mongol Bank, *Monthly Statistical Bulletin*, June 1995.

(15) 経済指標，人口指標とも，Монгол Улсын Үндэсний Статистикийн Газар, *Монгол Улсын Статистикийн Эмхтгэл,* 1998, 2000, 2001, Улаанбаатар による．

(16) ウランバートル市民になるためには，子ども（16歳未満）1人当たり2.5万トゥグリク，おとな（16歳以上）同5万トゥグリクを登録料として支払う必要がある．この金額が高いか安いかを判断する1つの材料として，ウランバートル市内で働く人々の1カ月当たりの平均収入（ヒアリング調査結果：2001年，02年）を以下に示す．

中学校の教師（30～35歳）：約6～8万トゥグリク／月，国家公務員（25～40歳）：約5～10万トゥグリク／月，トラック運転手（40～45歳）：約6～10万トゥグリク／月，商店従業員（20～39歳）：約4～8万トゥグリク／月，国立大学教員（35～58歳）：約7～20万トゥグリク／月．

(17) モンゴル国立大学生物学部加茂研究室推計，2002年．推計にあたっては，関係機関からの資料提供・ヒアリング調査の実施，石炭燃焼実験データや既存文献等を参照したが，モンゴルでは国内産出の石炭（主に褐炭）が使用され，その品質に差異があること，運搬・保存状況がまちまちであることなどから実際の燃焼過程での発生量にはバラツキがみられる．本推計値は1つの目安としていただきたい．なお，発電所には集塵装置が設置されているがメンテナンスに問題を抱え外して運転されている場合も多い．また，他の設備には集塵装置や脱硫・脱硝装置が付帯されていない．

(18) 全国の自動車登録台数は1990年に4.4万台であったが，2001年には9.3万台（うちウランバートルには4.8万台が登録されている）に倍増している．

(19) モンゴル科学アカデミー地理学研究所資料，2000年．ただし，マンダル村も室内で使用されるストーブにより呼吸器系疾患の発生が認められるとしている．

(20) Public Health Center of Ulaanbaatar City, 1995.

(21) すでに，日本による火力発電所改修事業（1992～96年）や世界銀行による低排煙型ゲル用ストーブプロジェクト（2000年～）等が実施されている．しかし，火力発電についてはもともとの発電設備や排煙処理装置が旧式であることから計画的な運転効率の確保が困難となっている．また，世界銀行のプロジェクトは，大気汚染の改善を図るため改良型のストーブを製造・販売するというものであるが，販売価格（4.7～5.8万トゥグリク／台）がゲル居住者の平均的な世帯収入（3～5万トゥグリック／世帯／月）に対して非常に高価であること，購入者からの反応として従来使用していたストーブと比べて実感をともなうほどの差を感じることがないことなどから，製造された2000台の約半数（982台）が売れ残っている（2002年7月末現在）．

(22) Монгол Улсын Байгаль Орчны Яам, *Байгаль Орчны 2000 Оны Төлөв Байдлын Тайлан*, 2001, Улаанбаатар.

(23) ウランバートル市統計局資料による．

(24) 市内やその周辺部には，羊毛・カシミア工場，皮なめし工場，靴・衣類製造，印刷工場等の立地がみられる．このような工場では，例えば皮なめし工場ではクロム，硫化物等，印刷業ではクロム，シアン，カドミウム，銅，亜鉛，マンガン等の化学物質が使用されている可能性がある．

(25) 注(23)と同じ．

(26) ダリエヒン＝オボー（2001年から新たな廃棄物の搬入を中止），ウランチュルート，モリンギーン＝ダワーの3カ所．これらは，市街地やゲル集落に隣接した谷間を利用しただけの処分場である．すべて国によって管理されているが，柵や塀がなく出入りが自由なため，廃棄物の中から有価物を集めている人びとや生ごみ等を餌としている家畜の姿が多く見られる．

(27) 本節は日本カザフ研究会（JRAK）が1991年から継続している現地調査を基にして書かれたものである．「中央アジア乾燥地における大規模潅漑農業の生態環境と社会経済に与える影響」と題した調査報告書を毎年1巻刊行している（JRAK調査報告書 No.1［1993］～No.10［2002］）．その調査内容は自然科学，社会科学の多方面にわたっている．また，ゴールドマン『ソ連における環境汚染』岩波書店，1973年，が最初にアラル海問題全般について日本に紹介した文献である．

(28) 楠美順理「アラル海の周りでの生活と声」日本カザフ研究会『中央アジア乾燥地における大規模灌漑農業の生態環境と社会経済に与える影響——2001年調査報告書』2002年8月，97-113ページ．

(29) Tudeviin Baasan, "Types of Desert In Mongolia," および岡田朋和「モンゴル国の環境事情——ゴビアルタイ県（アイマク）の砂漠化を取材して」『㈳海外環境協力センター（OECC）会報』第34号，2001年．

第4章　フォローアップ編

［日本］

1．原田正純ほか「〈特集〉水俣病・残された課題」『環境と公害』第26巻第3号，1997年1月．

2．淡路剛久・礒野弥生ほか「〈特集〉環境法制の新展開」『環境と公害』第29巻第3号，2000年1月．

3．寺西俊一・淡路剛久・礒野弥生ほか「〈特集〉環境再生と公共政策」『環境と公害』第31巻第1号，2001年7月．

4．礒野弥生・淡路剛久・寺西俊一ほか「〈特集〉『循環型社会』を問う」『環境と公害』第31巻第2号，2001年10月．

［中国］

(1) 『中国環境報』2001年5月2日，5月30日，7月11日，7月18日．

(2) 環境保護に関連する第10次5カ年計画の内容については，国家環境保護総局政策法規司編『走向市場経済的中国環境政策全書（2002年）』化学工業出版社，の巻末付録を参照．

(3) 中国語の「緑色革命」には，農業面での「緑の革命」（新品種導入による多収量化．一方，充実した灌漑施設や肥料・農薬の多投入が必要となるため，高コスト化・貧富格差の拡大，環境への悪影響などの諸問題も）の意味もある．

[中国台湾]

(1) 特に，国民党政権の時代に着工され，2004年に完成する予定の「第四核能發電廠」（第四原発）に関して民進党の林義雄前党首は，かつて「新政権が第四原発の建設を中止しなければ，党の綱領に違反する」と宣言した．

(2) 詳細は，経済部能源委員会の「核四計畫再評估委員會」のホームページ〈http://www.moeaec.gov.tw/nuclear4/nuclear4.htm〉を参照．

(3) 台湾国内および中国との対立関係を緩和するため，陳水扁は国民党出身の前国防長官唐飛を起用し，行政院長（内閣総理大臣）に任命した．しかしながら，「第四原発問題」をめぐって意見が激しく対立したため，行政院長は辞任に追い込まれた．

(4) 2000年10月27日に行われた世論調査によると，政府の第四原発の建設中止の決定について，「支持」31%，「不支持」50%と，不支持が上回った．陳水扁総統の執政に「満足」と答えた人は44%で，前行政院長が辞任した10月4日の43%に次ぐ低さとなった．「不満足」は41%で，人気急落ぶりを示している．

(5) 10月27日に建設中止を発表した理由については，①野党は立法院（国会）で過半数を占める立場を生かし，新たな立法措置（第四原発を予算案から法律案へ変更する）によって，第四原発の建設継続の正当性を固める動きに対抗することと，②10月27日は金曜日で，建設中止の発表は株市場などの経済面に与える影響は比較的小さいと判断されたこと，がある．

(6) 詳細は，「張俊雄・行政院長が第四原発廃止を発表電力供給問題——核廃棄物，支出，道義を強調」『中華週報』1978号，2000年11月16日，を参照．

(7) 2000年の大統領選挙で勝利を得た民進党は，国会における議員の数は，220席のうち，67席しかなく，さまざまな政策の推進は困難に直面している．

(8) われわれの文明および生活を支えてきた様々な最終エネルギー消費のうち，電力産業の急速な発展は，電力化率の上昇をもたらしたが，エネルギー転換（発電など）にともなって，さまざまな環境問題を引起こしている．特に電源設備（発電所）の集中化や巨大化とともに，環境へのインパクトが増大した．

(9) 邱文彦・陳禮俊「台湾における環境問題の今日的課題」『環境と公害』第32巻第1号，参照．

(10) 墾丁国立公園は台湾の最南端に位置し，台湾唯一の熱帯海岸である．東は太平洋，南はバシー海峡，西は台湾海峡と，三方を海に囲まれている．公園の広さは，陸地1万7700ヘクタール，海域1万4900ヘクタールに及ぶ．盛り上がったサンゴ礁，天然のモンスーン林，熱帯雨林がよく知られている．

〈フィリピン〉

(1) 同会議はフィリピンの開発と環境の課題を示した以下の報告書を出している．Philippine Council for Sustainable Development, *Philippine Agenda 21,*

Republic of the Philippines, 1997.

(2) マニラ首都圏（National Capital Region）はマカティ市，パシッグ市，ケソン市などの16の市町から構成される．

(3) 対象空域 Airshed は，1999年大気浄化法の第9条において「類似の気候，気象，地形を有し，大気中の浮遊汚染物質による同様の影響を受ける地域，または開発プログラムや問題を共有する地域」と定められている．

〈ベトナム〉

1．「東南アジア月報」㈳東南アジア調査会．

2．*Nhan Dan*（『人民』，ベトナム共産党機関紙）．

3．*Tap Chi Cong San*（『共産雑誌』，ベトナム共産党政治理論誌）．

〈タイ〉

(1) ヒンクルット（Hin Krut）発電所とボーノーク（Bo Nok）発電所．

(2) その後，石炭火力発電所のうち1つは，ラチャブリ県に移し，燃料を天然ガスに転換して建設するとの話が進んでいる（*Bangkok Post*, February 26, 2003）．

(3) *Bangkok Post*, May 23, 2002.

(4) ボーノーク発電所に関しては，環境影響調査書は契約締結前に承認された．

(5) 鉱物資源局の副局長は，広い地域への開発権の一括譲渡は，開発速度を減少させることで環境破壊を減少させることになり，かつ地下での鉱山開発を進めることはより環境影響の大きい地上での開発を減少させるので，環境に優しいと主張している（*Bangkok Post*, July 12, 2001）．

(6) *Bangkok Post*, November 6, 2001；November 26, 2001.

(7) 大規模な森林伐採だけでなく，薪や炭のための枝，あるいはきのこや昆虫等の非木材資源の採取も禁止された．

(8) 具体的には，設置される国家コミュニティ森林委員会は，コミュニティ森林の基準の一元的な管理と県の査閲委員会の監視の責任を負うことになる等，意思決定を政府が集権的に行うものに変更された．またコミュニティ森林の設立要件が，団体や村落ではなく，最低5年以上森林保全に積極的にかかわってきた大人50人以上とされた．さらに住民の定住や移住とリンクさせることで，伝統的な移動耕作を行ってきた山岳民族によるコミュニティ森林設置を困難にした．

(9) *Bangkok Post*, November 9, 2001.

(10) 上院で法案が修正の上可決されたのは，2002年3月のことであった．しかし法律としてそのまま法律として規定されるわけではない．修正法案は下院に戻されて再び検討されることになっている．

(11) *Bangkok Post*, March 24, 2002.

〈マレーシア〉

(1) 『日本経済新聞』2002年7月25日．

(2) マルチメディア・スーパー・コリドール計画は，クアラルンプール・シティセンター（Kuala Lumpur City Center, KLCC）から，南方の新行政都市プトラ・ジャヤ（Putra Jaya），新情報産業都市サイバー・ジャヤ（Cyber Jaya），新国際空港まで，50kmにおよぶ帯状の地域を，高速光ファイバーで結び，情報産業・ネットワークのハブを構築する計画である．

(3) 青木裕子『マレーシアにおける地域的ごみ管理システム』横浜国立大学大学院国際社会科学研究科（博士論文），2003年３月．

(4) *Activities Report July 2000 Newsletter*, Malaysia Nature Society, 2000.

(5) *Eighth Malaysia Plan (2001-05)*, Economic Planning Unit, Prime Minister Department, Malaysia, 2001, pp.283-284.

(6) *The Star*, August 7, 2002.

(7) *Associated Press*, November 6, 2001.

(8) Department of Environment, Ministry of Science, Technology and the Environment, Malaysia/University of Putra Malaysia (DOE/UPM), *Investigation and Assessment of Municipal Landfill Sites in the Federal Territory of Kuala Lumpur*, Vol.1,Vol.2, 2000.

(9) IT 産業がもたらした環境汚染・健康被害およびマレーシアを含むアジア各国の汚染問題については，吉田文和『IT 汚染』岩波新書，2001年，参照．

〈インドネシア〉

(1) 1903年のオランダ植民地時代の地方分権化法，スハルト時代における1974年の地方政府法と1979年の農村統治法の制定など．

(2) 地域の固有性や多様性，あるいは参加の必要性を維持する立場から分権化が強調される一方で，経済性，効率性と均質性，画一性を重視する立場からは，集権制が強調される傾向がある．

(3) ICG Group, "Indonesia: Natural Resources and Law Enforcement," *ICG Asia Report*, No.29, 2001年.

(4) Department of Forestry, "Overcoming Illegal logging and the Distribution of Illegal Forest Products," *ICG Asia Report*, No.29, 2001.

(5) 前掲，*ICG Asia Report*, No.29.

(6) *Jakarta Post*, April 5, 2002.

(7) 2002年６～７月に国連の法律顧問官はインドネシアの裁判所が著しく腐敗しているとの報告を行った．スハルトの息子であるトミーが自分に不利な判決を下したとの理由で担当の最高裁判事を暗殺したとされており，最高裁判所を含む司法の腐敗は大きな社会問題である．

(8) World Bank, *Indonesia: Environment and Natural Resource Management in a Time of Transition*, 2001.

(9) Suwondo, Kutut, *Decentralization in Indonesia*, INFID Annual Lobby, 2000；Aden, Jean, *Decentralization of Natural Resource Sectors in Indonesia*, East Asian Environment and Social Development Unit, 2001；Kuswanto, SA, "Antara Sentralisasi dan Desentralisasi Penglolaan Sumber Daya Air"；

Baktiar, Irfan, "Desentralisasi Penglolaan Sumber Daya Hutan di Kabupaten Wonosobo" 〈http://www.arupa.or.id/papers/02.htm〉; Potter and Suimon Badcoc, "Reformasi and Riau's Forests" 〈http://www.insideindonesia.org/edit65/potter.htm〉; "Shrimp Farmers Charged with Destroying Mangrove Forests," *Jakarta Post*, August 12, 2002; "Illegal Sand Mining Runs along Cianjur Southern Coast," *Jakarta Post*, August 12, 2002; "Fisherman Complain about Trawlers, Dynamite Fishing," *Jakarta Post*, March 19, 2002; "Deforestation Leaves Dieng Plateau Barren," *Jakarta Post*, March 19, 2002; "Agar Tidak Tumbuh Raja-Raja Kecil," *Media Transparensi* 〈http://www.transparensi/or.id/majalah/edisi6/6berita_5.html〉ほか．

(10) 政治的な分権化にかかわる問題点として，州の下での自治地域の人口，面積等の規模が明らかでない，条例制定の手続きや制定の範囲，地方議会議員の任命方法が明確でない，スハルト時代の政治犯罪者への議員立候補資格，資源開発に関わる投資関連で地方社会との協議制度が確立されていない，州・県・市間の自治は並列的が認められているが，これらの間の権限関係が不明，手続きの透明性確保に不十分，天然資源保護の責任帰属が不明，地方自治審議会の権限不明，住民参加の仕組みが不明といった問題点が指摘されている（"Indonesian Local Autonomy Legislation," *Down to Earth*, March 2000 〈http://dte.gn.apc.org/index.htm〉．

(11) インドネシア環境管理庁 BAPEDAL のホームページによる（2002年8月9日現在）．

(12) GTZ，世界銀行，Smeru などが，インターネット等を通して多くの問題点を指摘している．

(13) World Bank, *op. cit*., p.121.

(14) Ferrazzi, Gabe, *Legal Standings and Models of Local Government Functions in Selected Countries: Implications for Indonesia* (*SfDM Report 2002-1*), Department Dalam Negeri, March 2002, p.11.

(15) Ministry of Home Affairs, Republic of Indonesia, *Consultative Group on Indonesia; 3rd Quarterly Review*, September 26, 2002.

(16) "Tak Ada Revisi UU Otonomi" 〈http://www.kontan-online.com/html/politik.html〉.

(17) "Pembahasan Substansi Revisi UU Otonomi Daerah Perlu Dekedepankan," *Kompas*, April 9, 2002.

(18) 2002年10月29日の *Jakarta Post* によると，LIPI の研究チームは，州知事，県長，市長が直接に住民から選出されることを提案している．現行法下では，地方議会に議席を持つ政党指名の候補者のみが議会で選出されることになっている．また，大統領は，国家の解散になるような政府転覆罪や他の犯罪があった場合，州議会の了解なく州知事を直接に罷免できる旨と提案している．さらに地方議員の質の低さが問題となっており，これに対しても，刑事犯罪の有罪者と被疑者を除き，大学卒以上を議員の立候補資格を条件にすることを提案している．分権化に伴い，インドネシア商工会議所（KADIN）も数千もの矛盾した関係法令が地方の経済活動を妨害していること，地方自治の専門家であるリャアス・ラシッド（Ryaas Rasyid）氏も，鉱業，教育，保健，森林，投資，商工業に関する何百，何千もの地方規則と197の大統領令をただちに廃止すべきだと主張している．

(19) 本項脱稿後の2003年7月29日付 *Jakarta Post* によると，1999年法律第22号を改正して，2003年10月の国民代表議会（DPR）に上程予定の内務大臣の正式発表を行った．

〈インド〉

(1) 野村好弘・遠藤貴子「インドの環境法と行政制度」野村好弘・作本直行編『発展途上国の環境法――東南アジア・南アジア』アジア経済研究所，1994年．

(2) World Bank, *India's Environment: Taking Stock of Plans, Programs and Priorities, India Nepal Bhutan Country Department*, South Asia Regional Office, World Bank, 1994.

(3) Pargal, Sheoli, Mutyukumara, Mani and Mainul, Huq, *Inspections and Emissions in India: Puzzling Survey Evidence about Industrial Pollution*, Policy Research Working Paper 1810, World Bank, 1997.

(4) Centre for Science and Environment, *Green Rating Project: Environmental Rating of Indian Automobile Sector*, 2001, 参照.

(5) Anil Agarwal, Sunita Narain and Srabani Sen, *State of India's Envioronment: The Citizen's Fifth Report*, Centre for Science and Environment, 1999, pp.376.

(6) 2002年末，デリーの一部区間で地下鉄（デリー・メトロ）が開業した．市内中心部を異動できるようになるのは，2005年9月の予定である．排気ガス公害や交通混雑の緩和を目的とするこの事業は，日本など海外からの融資により進められている．しかし，ハザード・センター（Hazard Center）のデュヌ・ロイ（Dunu Roy）代表によれば，デリー・メトロが「環境にやさしい」市民の足となるには，適正な運賃設定や電力の安定確保などの面で課題も少なくないと指摘している．

(7) 1996年以降の最高裁判決と対応状況，工場移転のコストとベネフィットについては，Vinish Kathuria, "Delhi: Relocating Polluting Unites: Parochialism vs Right to Live?" *Economic and Political Weekly*, January 20, 2001, を参照．

(8) 2001年12月，Tata Energy Research Institute（ニューデリー）でのヒアリングによる．ただし，2002年6月22日付の *The Hindustan Times* は，中央公害規制委員会（Central Pollution Control Board）の観測では，デリー市内の7地点ですべての観測値が改善したと報じている．

(9) <http://www.cseindia.org/html/cmp/air/cng/cng¥cngorder¥note8.htm>.

(10) 辻田祐子「インド——新しい市場の出現と伝統的知恵復活の試み」『アジ研ワールド・トレンド』73号，2001年，14-15ページ.

(11) Centre for Science and Environment, *State of India's Environment: The Citizen's Forth Report: Dying Wisdom*, 1997.

(12) Centre for Science and Environment, *Tanks of South India*, 2001.

(13) Centre for Science and Environment, *Making Water Everybody's Business: Practice and Policy of Water Harvesting*, 2001.

(14) Shiva, V., *Biopiracy: The Plunder of Nature and Knowledge*, South End Press, 1997；松本丈二訳『バイオパイラシー——グローバル化による生命と文化の略奪』緑風出版，2002年.

(15) 山名美加「生物資源と伝統的知識の法的保護—— "bio-piracy" をめぐるインドの提言」『京都女子大学現代社会学研究』119号，2000年，119-132ページ.

第Ⅲ部　データ解説編

[1] 経済的不平等・貧困・人間開発

(1) UNDP, *Human Development Report 1990*, Oxford University Press, 1990，参照．また人間開発に関する日本語の文献としては，西川潤『人間のための経済学——開発と貧困を考える』岩波書店，2000年，参照．なお，人間開発という考えは，ノーベル経済学者のアマルティア・センが提唱した潜在能力アプローチに依拠している．

(2) 経済的不平等を表す指標として，この他に範囲（range），変動係数（coefficient of variance），タイルのエントロピー測度などがある．これらの詳細な説明については，Cowell, F. A., *Measuring Inequality*, 2nd edition, Prentice Hall/Harvester Wheatsheaf, 1995；Sundrum, R.M., *Income Distribution in Less Developed Countries*, Routledge, 1990；Sen, A.K., *On Economic Inequality*, Oxford University Press, 1973, などを参照されたい．また，日本語の文献としては，前掲書の邦訳版として出版されたアマルティア・セン著，鈴村興太郎・須賀晃一訳『不平等の経済学』東洋経済新報社，2000年，速水佑次郎『開発経済学』創文社，1995年，などを参照されたい．

(3) HPI-1は，*Human Development Report* の1997年版から公表されている．本分析で用いる途上国のための人間貧困指数（HPI-1）の算出方法であるが，この指数は「長寿で健康な生活」，「知識」，「人間らしい生活水準」という3つの側面に注目し，それぞれの側面の剥奪状況を測定する．

①40歳まで生きられない出生時確率（P_1），②成人識字率（P_2），③改善した水源を利用できない人口と5歳児未満の低体重児の非加重平均（P_3）

$$\text{HPI-1}=\frac{\frac{1}{3}(P_1^3+P_2^3+P_3^3)}{3}$$

によって算出される．なお詳細な算出方法は，UNDP, *Human Development Report 2001*, Oxford University Press, 2001, 参照．

(4) HDIは，人間開発を表す代表的な側面として「長寿で健康な生活」，「知識」，「人間らしい生活水準」の3つをあげ，それぞれについて「出生時寿命指数 (D_1)，教育指数 (D_2)，1人当たりGDP指数 (D_3)」を作成し，3つの指数を単純に平均化することでHDIを算出している．具体的には，

①平均寿命指数$(D_1)=\frac{\text{ある国の平均寿命}-25}{60}$

②教育指数$(D_2)=\frac{2}{3}$(ある国の成人識字率)$+\frac{1}{3}$(ある国の初・中・高等教育の総就学率)

③GDP指数$(D_3)=\frac{\log(\text{ある国の1人当たりGDP})-2}{\log(40000)-2}$

$$\text{HDI}=\frac{1}{3}(D_1+D_2+D_3)$$

によって算出される．なおGDP指数で用いられるGDPとは購買力平価・ドル換算であり，対数は常用対数を用いる．なおHDIの詳細な算出方法は，前掲書，参照．

(5) HDIの問題点については，McGillivrary, "The Human Development Index: Yet Another Redundant Composite Development Indicator?" *World Development*, Vol.19, No.10, 1991, pp.1461-1468；T. Ogwang, "The Choice of Principle Variables for Computing the Human Development Index," *World Development*, Vol.22, No.12, 1991, pp.2011-2014；M. Qizilbash, "Pluralism and Well-Being Indices," *World Development*, Vol.25, No.12, 1997, pp.2009-2026, などを参照されたい．

[5] 強化される遺伝子組換え作物・食品の規制をめぐるせめぎ合い

(1) 例えば，日本のバイオインダストリー協会が監修した渡辺幹彦・二村聡編『生物資源アクセス——バイオインダストリーとアジア』東洋経済新報社，2002年，を参照．

(2) USDA National Agricultural Statistics Service (NASS), "Acreage," a supplement report to *Crop production*, June 28, 2002.

(3) S. Hisano and S. M. Altoe, "Brazilian Farmers at a Crossroads: Biotech Industrialization of Agriculture or New Alternatives for Family Farmers?" a paper presented at the conference of CEISAL, July 3-6, in Amsterdam: The Netherlands.

(4) 許容水準とは，GM（義務）表示と非GM（自主）表示との境界線となるGM

原料作物の混入比率のこと．

(5) USDA Foreign Agricultural Service (FAS), "Republic of Korea, Biotechnology: A Summary of Korean Regulations on Agro-Biotechnology Products 2002," *GAIN Report*, No.KS2034, July 31, 2002.

(6) FAS, "Taiwan, Biotechnology: Bioengineered Food Regulation Update," *GAIN Report*, No.TW1041, October 12, 2001.

(7) FAS, "People Republic of China, Biotechnology: GMO Administration Regulation 2001," GAIN Report No.CH1024, June 15, 2001.

(8) Sakarindr Bhumiratana, "Report on Biosafety Policy Options and Capacity Building Related to Genetically Modified Organisms in the Food Processing Industry of ASEAN," a report prepared for UNIDO, June 2002.

(9) Korea Times, "Activists oppose promotion of genetically modified products from U.S.," January 25, 2002.

(10) Reuters, "U.S. says more talks needed on China's GMO rules," February 7, 2002；"U.S. senators ask China to delay biotech food rules," February 19, 2002, etc.

[6] 進行する森林資源の減少

(1) 小林弘明「書評 インターネット版 *State of the World's Forests 2001*」『和光経済』34巻2・3号，2002年，83-89ページ．

(2) FAOによる森林資源調査は1947年に初めて公表されたが，当初は各国からの回答が単純にまとめられていたため，信頼度にばらつきがあり，また，各国の森林の概念や分類に大きな違いがあった．それから数度公表された後，1978年からのFAO/UNEPの熱帯林森林資源評価プロジェクトは統一の定義に基づいて行われた（1980年公表）．1990年には，既発展国も含めて森林資源評価が行われ，文献調査やリモートセンシングデータを活用するなどして信頼度を増すよう手立てされた．

(3) FAO, *State of the World's Forests 2001*, 2001, ならびに〈http://www.fao.org/forestry/〉.

(4) かつては，既発展国について樹冠投影面積率20%（樹高7m以上の樹木），発展途上国については同10%（樹高5m以上の樹木）と定義されていた．FAO, *State of the World's Forests 1997*, 1997参照．

(5) もちろん保護するべき森林や伐採不可能な箇所の森林があるから，この数量よりは大幅に少なく考えて消費しなければならない．ちなみに，世界の森林面積の12%は保護地域に存在すると推定される．

(6) FAO, *State of the World's Forests 1999*, 1999.

[7] 保護地域管理に求められるローカルな視点

(1) FAO, *State of the World's Forests*, 2001.

(2) IUCN, *1997 United Nations List of Protected Areas*, 1997. Prepared by

WCMC and WCPA. IUCN, Gland, Switzerland and Cambridge, UK.
(3) 世界資源研究所・国連環境計画・国連開発計画・世界銀行『世界の資源と環境2000-2001（日本語版）』日経 BP 社，2001年．
(4) IUCN, *Guidelines for Protected Area Management Categories*. CNPPA with the assistance of WCMC. IUCN, Gland,1994, Switzerland and Cambridge, UK.
(5) IUCN の類型では，保護地域は，類型 Ia：「厳正自然保護地域」（学術研究を主目的として管理される保護地域），類型 Ib：「原生自然地域」（原生自然の保護を主目的として管理される保護地域），類型 II：「国立公園」（生態系の保護とレクリエーションを主目的として管理される保護地域），類型 III：「天然記念物」（特別な自然現象の保護を主目的として管理される保護地域），類型 IV：「生息地および種の管理地域」（管理を加えることによる保全を主目的として管理される保護地域），類型 V：「陸地および海洋の景観保護地域」（陸地および海洋の景観の保護とレクリエーションを主目的として管理される保護地域），類型 VI：「資源管理保護地域」（自然生態系の持続的利用を主目的として管理される保護地域），に分類されている．
(6) 類型 VI の「資源保護管理地域」は，1994年に新たに設定されたもので，保護および持続可能な利用の密接な結びつきが強調され，地域住民の自然資源の利用が考慮された保護地域である．

［8］増大する野生生物の違法取引

(1) IUCN, *2000 IUCN Red List of Threatened Species*, 2001.
(2) R.B.プリマック著，小堀洋美訳『保全生物学のすすめ——生物多様性保全のためのニューサイエンス』文一総合出版，1997年．
(3) 2002年のイギリス環境・食糧・地方事業省発表．
(4) 財務省資料．

［9］沿岸・海洋環境の危機

(1) ESCAP and ADB, *State of the Environment in Asia and the Pacific 2000*, United Nations, 2000, p.100.
(2) *Ibid*.
(3) Chia, L.S. and H. Kirkman, *Overview of Land-Based Sources and Activities Affecting the Marine Environment in the East Asian Seas*, Regional Seas Report and Studies Series, UNEP/GPA Coordination Office and EAS/RCU, 2000, p.35.
(4) *Ibid*., p.39.
(5) ESCAP and ADB, *op.cit*., p.102.
(6) *Ibid*.
(7) *Ibid*., pp.112-120.
(8) この点に関しては，除本理史「海洋環境政策——『海の倫理』の確立を求めて」寺西俊一編『新しい環境経済政策——サステイナブル・エコノミーへの道』東洋経済新報社，2003年，を併せて参照されたい．

(9) 例えば，タイにおける動向については山尾政博らが紹介している．山尾政博『開発と協同組合——タイにおける農漁村協同組合の発展』多賀出版，1999年．同「タイ沿岸水産資源管理の現段階と課題——チュンポン県パイロットプロジェクトの経験を踏まえて」漁業経済学会第50回大会報告，2003年5月31日．

[10] 進行する水危機

(1) Falkenmark, Malin, Jan Lundqvist and Carl Widstrand, "Macro-scale Water Scarcity Requires Micro-scale Approaches: Aspects of Vulnerability in Semi-arid Development," *Natural Resources Forum*, Vol.13, No.4, 1989. ただしここでは，オリジナルではなくその後に修正されたランクを用いた．Gleick, Peter H., *The World's Water 2002-2003: The Biennial Report on Freshwater Resources*, 2002, Island Press, Chapter 4. なおこの文献は，水不足指標のサーベイとして有用である．

(2) ここでの年間水資源賦存量とは，FAOの"Total Actual Renewable Water Resources"を指す．これは理論上，自国で最大限に利用可能な水量で，国内分と国外からの流入分からなる．ただしこの値は，公式・非公式の取決めに基づく他国の取水量分も考慮されるので，その時々の状態によって変動する（FAO, *Review of World Water Resources by Country*, 2003）．

(3) Gleick, Peter H.,"Basic Water Requirements for Human Activities: Meeting Basic Needs," *Water International*, No.21, 1996.

(4) シンガポールは，生活・工業用水の約半分をパイプラインを通じてマレーシアから購入している．しかし最近になって，両国が水の価格で対立するに至った（『朝日新聞』2002年7月13日付）．

(5) この結果は，Gleick, *op. cit.* の数値と大きく異なる．たとえばベトナムの値を，Gleickは28.8ℓ/人・日とした．この原因の1つとして，ここでは取水量データを利用した関係で過大な数値となった可能性がある．データの整合性の問題は，今後検討すべき課題である．

(6) この点は，『アジ研ワールド・トレンド』第73号（2001年）の特集，特にそのなかの小島道一の論文を参照した（小島道一「統計からみた発展途上国の飲み水」『アジ研ワールド・トレンド』第73号，2001年）．

[11] 各国に広がるカドミウム汚染

1．㈶国際鉱物資源開発協力協会『通産省委託　平成4年度総合開発計画調査発展途上国における環境保全対策調査報告書　鉱山・製錬所環境調査中華人民共和国』1993年．

2．畑明郎「進む鉱山開発と繰り返される鉱害」『アジア環境白書2000/01』東洋経済新報社，2000年．

3．渡辺孝男「米を主食とする人々のカドミウム曝露」『第20回イタイイタイ病セミナー講演集』富山市，2001年．

4．韓国環境部：翻訳·金恵珍『2000年度廃止金属鉱山汚染実態精密調査結果』2001年.
5．樊建軍·青島恵子·加須屋實「中国におけるカドミウム環境汚染と健康影響」『北陸公衆衛生学会誌』第28巻第1号，2001年.
6．劉占旗・高増林：翻訳・樊建軍「環境カドミウム汚染による慢性カドミウム中毒診断基準の検討」『環境紛争処理日中国際ワークショップ報告書』中国・北京，2001年.
7．牛功剛・覃広華「吃米吃出“痛痛病”」〈http://news.xinhuanet.com/china/20011018/922656A.htm〉：翻訳・劉彬，監訳・畑明郎「中国のイタイイタイ病」『環境再生にむけたNGO国際会議報告要旨集』あおぞら財団，2001年11月.
8．李秀容「カドミウム米事件からみた台湾の公害鑑定及び公害処理モデル」同上.
9．邱文彦・陳禮俊「台湾における環境問題の今日的課題」『環境と公害』第32巻第1号，2002年.
10．畑明郎・李秀容他「台湾・雲林県虎尾鎮カドミウム汚染地調査活動」2002年11月.

[13] 急速に進む都市化
(1) United Nation, *World Population Prospects*, 2002.
(2) World Resource Instituteのホームページ〈http://www.wri.org/〉に各国別データが掲載されている.

[14] 道路交通と深刻化する大気汚染
(1) アジアにおける自動車による環境問題への対策オプションの包括的な解説については以下の文献に詳しい．Economic and Social Commission for Asia and the Pacific, *Road Transport and the Environment: Areas of Concern for the Asia and Pacific Region*, United Nations, 1997；Kojima M., C. Brandon and J. Shah, *Improving Urban Air Quality in South Asia by Reducing Emissions from Two-Stroke Engine Vehicles*, Working Paper 21911, The World Bank, 2000.

[15] 増大する廃棄物と発生抑制に向けた新政策
(1) United Nations Economic and Social Commission for Asia and the Pacific, *State of the Environment in Asia and the Pacific 2000*, 2000〈http://www.unescap.org/enrd/environment/Activities/soe.htm〉

[16] リサイクルの国際化
(1) 本稿に関するデータの扱いや分析手法などについては，山下英俊「越境するリサイクルをデータで追う」東京大学大学院新領域創成科学研究科環境学専攻国際環境協力コース『国際環境協力』No.2，pp.115-125，2002年，参照.

[17] 温室効果ガス排出抑制への課題
1．U.S. Energy Information Administration, *Country Analysis Briefs: East Asia and South Asia*, March 2002〈http://www.eia.doe.gov/emeu/cabs/cabsfe.

html〉.
2．U.S. Energy Information Administration（EIA), *International Energy Outlook 2002*, DOE/EIA-0484(2002), Washington, DC, March 2002 〈ftp://ftp.eia.doe.gov/pub/pdf/international/0484(2002).pdf〉.
3．ブラジル提案：United Nations, FCCC/SBSTA/2002/INF.14, October 2002 〈http://unfccc.int/resource/docs/2002/sbsta/inf14.pdf〉.
4．K.Ramakrishna eds., *Asia: Looking ahead—Initial Stages of National Communications Reporting*, The Woods Hole Research Center, U.S., 2000.
5．歌川学「国家目録と国家通報」高村ゆかり他編『京都議定書の国際制度』信山社，2002年.

[19] 活発化する環境NGO間の国際交流

1．重冨真一編『アジアの国家とNGO——15カ国の比較研究』明石書店，2001年.
2．在日韓国民主人権協議会編『韓国NGOデータブック』みずのわ出版，2000年.
3．㈶日本国際交流センター監修『アジア太平洋のNGO』アルク，1998年.
4．「CANダイレクトリー2000」.
5．『環境再生にむけたNGO国際会議』あおぞら財団，2001年11月.

[22] 多様化する環境政策手法：経済的手法・自主的取組みの重視

1．C. Cory, L. Kurukulasuriya, W. Kiatsinsap, V. Sirisumpam, P. Sukonthapan eds., *Southeast Asia Handbook of Selected National Environmental Laws*, Mekong Region Law Center (MRLC), 1998.
2．野村好弘・作本直行編『発展途上国の環境政策の展開と法』アジア経済研究所，1997年.
3．作本直行「アジア環境法の現状と今後の展開」『ジュリスト増刊——環境問題の行方』1999年，365ページ以下.
4．世界の環境法規制 〈http://eco.goo.ne.jp/world_ekokisei/files/world_ekokisei/index.html〉
5．シンガポール大学アジア太平洋環境法センター 〈http://law.nus.edu.sg/apcel/〉
6．日中友好環境保全センター 〈http://www.zhb.gov.cn/japan/#〉
7．インド環境農林省 〈http://envfor.nic.in〉
8．インドネシア環境省 〈http://www.menlh.go.id/eng/〉
9．日本環境省 〈http://www.env.go.jp/〉
10．韓国環境部 〈http://www.me.go.kr/〉
11．マレーシア科学技術環境省 〈http://www.jas.sains.my/DOE/egfirst.htm〉
12．タイ天然資源・環境省 〈http://www.deqp.go.th/english/index.html〉
13．フィリピン天然資源環境省 〈http://www1.denr.gov.ph/〉
14．台湾環境保護署 〈http://www.epa.gov.tw/english/〉
15．シンガポール環境省 〈http://www.env.gov.sg/default1.htm〉

编辑、执笔、协作者一览表

〈顧問〉

宮本　憲一（滋賀大学学長）
原田　正純（熊本学園大学教授）
柴田　徳衛（東京経済大学名誉教授）
宇井　　純（沖縄大学名誉教授）
岡本　雅美（日本大学教授）
石　　弘之（在ザンビア日本大使）
宇沢　弘文（東京大学名誉教授）

〈編集委員〉

淡路　剛久（立教大学法学部教授）（編集代表／監修／第II部第4章〈日本〉担当）
寺西　俊一（一橋大学大学院経済学研究科教授）（編集代表／監修／第II部第4章〈日本〉担当）
井上　　真（東京大学大学院農学生命科学研究科助教授）（編集事務局長／責任編集／第I部編集総括）
小島　道一（アジア経済研究所開発研究部研究員）（編集事務局／責任編集／第II部編集総括／第I部第2章担当）
大島　堅一（立命館大学国際関係学部助教授）（編集事務局／責任編集／第III部編集総括／第I部第1章担当）
山下　英俊（東京大学大学院新領域創成科学研究科助手）（編集事務局補佐／責任編集）
岩佐　和幸（高知大学人文学部助教授）（第I部第3章担当）
磯崎　博司（岩手大学人文社会科学部教授）（第I部第4章担当）
明日香壽川（東北大学東北アジア研究センター助教授）（第II部第1章担当／第II部第4章〈中国〉担当）
松本　　悟（メコン・ウォッチ代表）（第II部第2章担当）
大塚　健司（アジア経済研究所開発研究部研究員）（第II部第3章担当）
鄭　　成春（韓国対外経済政策研究院副研究委員）（第II部第4章〈韓国〉担当）

陳　　禮俊（山口大学経済学部専任講師）（第II部第4章〈台湾〉担当）
太田　和宏（神戸大学発達科学部助教授）（第II部第4章〈フィリピン〉担当）
中野　亜里（早稲田大学他非常勤講師）（第II部第4章〈ベトナム〉担当）
森　　晶寿（京都大学大学院地球環境学堂助教授）（第II部第4章〈タイ〉担当）
青木　裕子（横浜国立大学エコテクノロジー・システム・ラボラトリー講師）（第II部第4章〈マレーシア〉担当）
作本　直行（アジア経済研究所経済協力研究部研究員）（第II部第4章〈インドネシア〉担当）
金沢謙太郎（神戸女学院大学人間科学部専任講師）（第II部第4章〈インド〉担当）
礒野　弥生（東京経済大学現代法学部教授）
吉田　文和（北海道大学経済学部教授）

〈**執筆者**〉（執筆順／括弧内は担当の部分）
淡路　剛久（まえがき，第II部第4章〈日本〉）
寺西　俊一（まえがき，第II部第4章〈日本〉）
井上　　真（序文，第I部第4章，あとがき）
大島　堅一（序文，同〔コラム〕，第I部第1章）
小島　道一（序文，第I部第2章〔1〕，同〔2－4〕，同〔3－2〕～〔3－4〕，同〔コラム2〕，第III部〔15〕）
諌山　憲司（立命館大学大学院国際関係研究科研修生）（序文〔コラム〕）
除本　理史（東京経済大学経済学部助教授）（第I部第1章，第III部〔9〕）
谷　　洋一（アジアと水俣を結ぶ会）（第I部第1章，第II部第1章〔コラム〕，第II部第4章〔コラム1〕）
千　　暻娥（立命館大学大学院国際関係研究科修士課程）（第I部第1章）
林　　公則（一橋大学大学院経済学研究科修士課程）（第I部第1章）
羅　　星仁（広島修道大学人間環境学部助教授）（第I部第1章）
中野　亜里（第I部第1章〔コラム1〕，第II部第4章〈ベトナム〉）
明日香壽川（第I部第1章〔コラム2〕，第II部第1章，第II部第4章〈中国〉－1）
清野比咲子（トラフィック・ジャパン）（第I部第2章，第II部第4章〈中国〉－1）
除本　理史（第I部第1章，第I部第2章〔2－2〕，同〔コラム1〕，第III部〔9〕）
伊澤あらた（東京水産大学大学院博士後期課程）（第I部第2章〔2－2〕）
山下　東子（明海大学教授）（第I部第2章〔2－2〕）
立花　　敏（森林総合研究所林業経営・政策研究領域主任研究官）（第I部第2章〔2－3〕，同〔3－1〕，第III部〔6〕）
吉田　　綾（東京大学大学院工学系研究科博士課程）（第I部第2章〔コラム2〕）
松本　泰子（国立環境研究所地球温暖化プロジェクトNIESフェロー）（第I部第2

章〔コラム3〕)
杉本　大三（京都府立大学福祉社会学部非常勤講師）(第Ⅰ部第3章，同〔コラム〕)
岩佐　和幸（第Ⅰ部第3章）
磯崎　博司（第Ⅰ部第4章〔1〕，同〔4〕)
山根　正伸（神奈川県自然環境保全センター研究員）(第Ⅰ部第4章〔2〕，同〔コラム1〕)
中村有利子（早稲田大学大学院法学研究科／ボアソルテ研究員）(第Ⅰ部第4章〔3〕，同〔コラム2〕)
龍　世祥（金沢星稜大学助教授）(第Ⅱ部第1章〔1〕，同〔5〕)
桂木　健次（富山大学経済学部教授）(第Ⅱ部第1章〔1〕，同〔2〕，同〔4〕～〔6〕)
相川　泰（日本学術振興会特別研究員）(第Ⅱ部第1章〔1〕，同〔2〕，同〔5〕および〔6〕，同〔コラム〕，第Ⅱ部第4章〈中国〉-3)
金　堅（通訳）(第Ⅱ部第1章〔2〕)
沢野　伸浩（星稜女子短期大学助教授）(第Ⅱ部第1章〔3〕)
松本　悟（第Ⅱ部第2章）
秋元　由紀（米国弁護士）(第Ⅱ部第2章〔コラム〕)
大塚　健司（第Ⅱ部第3章〔1〕，同〔5〕，同第4章〈中国〉-2)
包　智明（中国中央民族大学教授）(第Ⅱ部第3章〔2〕)
湊　邦生（神戸大学大学院国際協力研究科博士課程）(第Ⅱ部第3章〔3-1〕)
加茂　義明（モンゴル国立大学生物学部客員専門研究官）(第Ⅱ部第3章〔3-2〕)
石田　紀郎（市民環境研究所代表理事）(第Ⅱ部第3章〔4〕)
岡田　朋和（モンゴル環境同人）(第Ⅱ部第3章〔5〕)
楠美　順理（中京大学教養部助教授）(第Ⅱ部第3章〔5〕)
礒野　弥生（第Ⅱ部第4章〈日本〉-2)
鄭　成春（第Ⅱ部第4章〈韓国〉)
高見　邦雄（緑の地球ネットワーク事務局長）(第Ⅱ部第4章〔コラム2〕)
許　可祝（中国政法大学公害被害者法律援助センター副センター長・副教授）(第Ⅱ部第4章〔コラム3〕)
陳　禮俊（第Ⅱ部第4章〈台湾〉)
植田　和弘（京都大学大学院経済学研究科教授）(第Ⅱ部第4章〈台湾〉)
太田　和宏（第Ⅱ部第4章〈フィリピン〉)
立田　真文（富山県立大学短期大学部環境システム工学科助教授）(第Ⅱ部第4章〔コラム4〕)
藤田　正憲（大阪大学大学院工学研究科教授）(第Ⅱ部第4章〔コラム4〕)
森　晶寿（第Ⅱ部第4章〈タイ〉，第Ⅲ部〔20〕)

遠藤　　元（大東文化大学国際関係学部助教授）（第II部第4章〔コラム5〕）
青木　裕子（第II部第4章〈マレーシア〉，同〔コラム6〕）
Theng Lee Chong（マレーシア総合大学環境科学学部研究助手）（第II部第4章〔コラム6〕）
作本　直行（第II部第4章〈インドネシア〉，同〔コラム7〕）
辻田　祐子（アジア経済研究所地域研究第1部）（第II部第4章〈インド〉－1）
金沢謙太郎（第II部第4章〈インド〉－2）
Sunita Narain（インド／Centre for Science and Environment 代表）（第II部第4章〔コラム7〕）
柴崎　茂光（東京大学大学院農学生命科学研究科助手）（第III部〔1〕）
芦野由利子（日本家族計画協会参与）（第III部〔2〕）
川上　　剛（ILO アジア太平洋地域総局産業安全保健専門家）（第III部〔3〕〔4〕）
久野　秀二（北海道大学大学院農学研究科助手，現在オランダ・ワーヘニンゲン大学社会科学部客員研究員）（第III部〔5〕）
原田　一宏（地球環境戦略研究機関研究員）（第III部〔7〕）
坂元　雅行（野生生物保全論研究会（JWCS）事務局長，弁護士）（第III部〔8〕）
野田　浩二（一橋大学大学院経済学研究科博士課程）（第III部〔10〕）
畑　　明郎（大阪市立大学大学院経営学研究科教授）（第III部〔11〕）
林　　宰司（高崎経済大学経済学部講師）（第III部〔12〕）
浅妻　　裕（北海学園大学経済学部講師）（第III部〔13〕）
兒山　真也（神戸商科大学商経学部講師）（第III部〔14〕）
山下　英俊（第III部〔15〕〔16〕）
上園　昌武（島根大学法文学部助教授）（第III部〔17〕）
張　　貞旭（松山大学経済学部助教授）（第III部〔18〕）
早川　光俊（地球環境と大気汚染を考える全国市民会議（CASA）専務理事，弁護士）（第III部〔19〕
川阪　京子（地球環境と大気汚染を考える全国市民会議（CASA））（第III部〔19〕）
髙村ゆかり（静岡大学人文学部助教授）（第III部〔21〕）
大久保規子（甲南大学法学部教授）（第III部〔22〕）

〈執筆協力者〉（APNEC 等の会議での報告，コメント，その他協力）
Rick Davis（Japan Environmental Monitor 代表／翻訳業）
森住　　卓（フォトジャーナリスト）（第I部第1章・写真提供）
目崎　茂和（南山大学総合政策学部教授）（第I部第1章・写真提供）
Corazon Valdez Fabros（フィリピン／Nuclear Free & Independent Pacific Movement/Pacific Concerns Resource Centre 議長，Peoples Task Force

for Bases Cleanup 名誉議長）（第 I 部第 1 章）

O'lola Ann Zamora-Olib（フィリピン／Peoples Task Force for Bases Cleanup 常務理事）（第 I 部第 1 章）

Alexander Lacson（フィリピン／弁護士，Peoples Task Force for Bases Cleanup）（第 I 部第 1 章）

全　晚奎（米軍の射爆場の閉鎖を求める梅香里対策本部代表）（第 I 部第 1 章）

金　福女（通訳）（第 I 部第 1 章）

金　恵玉（立命館大学大学院国際関係研究科修士課程）（第 I 部第 1 章）

高見　邦雄（第 I 部第 3 章）

宇佐美好文（大阪府立大学大学院農学生命科学研究科助教授）（第 I 部第 3 章）

田渕　人司（信濃むつみ高等学校教諭）

一ノ瀬俊明（国立環境研究所地球環境研究センター主任研究員）

浅野　昌弘（龍谷大学理工学部環境ソリューション工学科助手）

石垣　智基（国立環境研究所）

Pham Hung Viet（ベトナム／ベトナム国立大学ハノイ校環境技術持続開発センター長）

池　道彦（大阪大学大学院工学研究科環境工学専攻助教授）

Kim Jung Wk（韓国／ソウル大学環境大学院院長，アジア・太平洋 NGO 環境会議事務局長）

王　曦（中国／上海交通大学環境資源法研究所教授）

王　燦発（中国／中国政法大学教授，公害被害者救済法律援助センター長）

許　可祝（中国／中国政法大学助教授，公害被害者救済法律援助センター副長）

Chiau Wen-Yan（台湾／台湾国立中山大学助教授，台湾海洋基金事務局長）

Chou Loke Ming（シンガポール／シンガポール国立大学教授）

Surya Dhungel（ネパール／弁護士）

原书后记

今天是盂兰盆节。在寒舍（妻子的娘家）的庭园内，全村的小学生及其家长们都聚集在此，忙于准备迎接精灵。作为迎接精灵的礼仪，在日本到处可见的是“迎火”，而在筑波市南部农村的上大井村落，自古以来就举行“盆纲”仪式。

在头天的 8 月 12 日，孩子们就在全村挨家挨户地拜访，以收集稻草秸秆，大人们则准备好细绳。在 13 日上午，大家一起搓捻细绳，编织直径 20cm、长 10m 左右的绳索。最后，在绳索前端，用稻草秸秆制作一个粗 40cm 左右的龙颜，再添上眼睛（茄子）和嘴巴（红辣椒）后，至此，“盆纲”的准备工作就完成了。指导此项作业的都是孩子们的爷爷们。

此项作业，往年都在我家院内角落的一个小竹林边进行的。尽管如此，我也只参加过一回。今年，我很想参加而且还有年假，但结果却是关在书斋里，撰写书稿。

从 13 日傍晚到深夜这段时间才是正式的“盆纲”仪式。首先，孩子们一边反复齐声高喊“迎—接—佛—主—”，一边把“盆纲”从村落拖向公共墓地。然后，在墓地正中间，拖着“盆纲”转 3 圈。在这里，先祖们的灵魂骑上了“盆纲”。之后，在一边反复齐声高喊“盆—纲—来—也—”声中，一边访问全村各户。各家在听到孩子们的声音越来越近时，就打开大门，等候“盆纲”的到来。孩子们一面在每家门前齐喊“盆—纲—来—也—”，一面拖曳着“盆纲”绕房转一圈，这时，这家祖先的灵魂就从大门进到自己家里了。孩子们在这种场合，收取小费（从新盆的家收 500 日元，其他家收 300 日元），接着再去下一家。这样，在转完所有各家之后，孩子们集中起来，数清钱币，平均分配。

这种传统的民间活动，给人们提供了超越村落世代的共同作业机会。就在如此一想的瞬间，可以品味到精神世界的富有，也能够确认自己同周围人们之间的“关联”，觉得十分安心。即便处于单程要花2小时到东京上班的生活方式，这也有了可以喘口气的机会。在去加里曼丹进行现场调查或去山梨县省亲的时候，这种地区性的年事活动（正月、盂兰盆、春秋分等节日）对我来说正如文字那样，成了一种修养。这样一来，尽管因为工作关系难以参加当地的民间活动是实际情况。

我在想，今后也一直要把这种小小的幸福感保持下去。而为此，我们必须维持世界处于和平的状态。这是因为，在普通生活中感受到的小小幸福会由于战争、环境破坏等反和平的行为，一下子毁灭得无影无踪。所以，我们绝不能封闭在个人的生活里。现在，公害与战争的受害者大量存在，他们整日苦于挣扎。我们要站在这些人的立场上，去思考，去行动。

正如广岛市长的《和平宣言》（2003年8月6日）中所说的那样，令人遗憾的是，“没有核武器、没有战争的世界还很遥远，所到之处都是乌云密布”。现状如此，我们必须面对这些问题。但是，如果对于国内外的事情都采取漠不关心的态度，那就什么都开始不了。在本书序论中所说的“关联主义”，正是为了从这种闭塞状态中摆脱出来的理念。通过基于“关联主义”的具体行动，制止在亚洲各地发生的环境破坏，同时应该能够孕育出植根于这块土地中的些许幸福。

日本环境委员会（JEC）自1979年成立以来，从“环境”观点，逐步涉及“军事”、“贫困”、“开发”、“贸易”等各种各样问题。即以环境为切入口，力争实现和平的社会。JEC的特征是，不同党派、不同领域的人们一直继续志愿的活动（研究与实践）。JEC的业绩是，为日本环境政策的发展持续作贡献。今后，不仅为日本，而且要为亚洲环境政策的发展，留下切实的足迹。

为此，希望在我年龄（40～45岁）以下的这一代更加努力。JEC的各位前辈都是代表各个领域的巨匠。如果只是崇拜他们的能力，我们自身是没有将来的。我们必须继承伟人前辈们的问题意识与实际业绩，并力求有新的发展。尽管一个人的力量没有同巨匠相比的实力，但通过每个人共有的问题意识的网络，有希望获得强大的力量。不可缺少的是，要进一步扩大超越国境的研究人员和NGO有关人员的人际网络。

幸运的是，许多骨干和年轻的研究人员、实践家，在这次《亚洲环境情况报告》第3卷的出版中，作为编辑委员、执笔者、合作者给予了很多帮助。如前述及的"盆纲"一样，作为从年轻人到老将们超越代际共同作业的成果，本书出版的意义很大。

如"前言"所述，本人从寺西俊一（一桥大学）手中接过了编辑部秘书长的重担。包括本人在内，编辑部秘书处是4人体制。规划负责人小岛道一（亚洲经济研究所）、会计负责人大岛坚一（立命馆大学）、秘书处助理山下英俊（东京大学），和这些有才干的同志们在一起工作，对我来说确实是一件愉快的事情。另外，对于所提交原稿的编辑与校对工作，井上真负责编辑第I部，小岛道一负责第II部，大岛坚一负责第III部，分工明确，想必能够见效吧。

这里需要坦率说明的事实是，作为编辑代表之一、担任本书监修的寺西俊一先生作出了巨大贡献。寺西俊一先生作为上两卷的编辑部秘书长参与了所有工作，每当我们需要时，他都给予我们中肯的意见。另外，他在编辑阶段对于执笔内容的评论一针见血，他在校对阶段对我们未曾注意之处及时指点。新的编辑部秘书处就像是在老凤的守护下，摇摇晃晃学步的凤雏。

谨此，向所有的编辑委员、执笔者、合作者和相关人员，应我们这些摇摇晃晃学步的新编辑秘书处的请求而愉快地给予合作，深深表示谢意。同时，向创刊以来一直接受《亚洲环境情况报告》系列丛书出版的东洋经济新报社和该社出版局的小岛信一先生，以及承担本书责任编辑的佐藤敬先生，表示衷心感谢。

期待本书能得到致力于亚洲环境保护或全球环境保护的诸位以及将要从事环境保护工作的诸位阅读，并得到广泛应用。出版《亚洲环境情况报告》第4卷的目标预定从今年9月开始。今后，依然期望继续得到诸位的各种支持与合作。

在筑波市私宅，有感于盆纲
编辑部秘书长　井上真
2003年8月13日